国网河北省电力有限公司技能等级评价培训教材

配电抢修指挥员

国网河北省电力有限公司人力资源部 编

主　编：曾　军　高　岩

副主编：关　巍　朱　斌

参　编：王迎春　高　上　王亚楠　徐鸣阳　万　强　宋　梅

　　　　未　超　刘滨滨　杨　明　李军宁　张　郁　付楚强

　　　　王海涛　方　芳　刘江伟　高金鑫　谷江波

西安交通大学出版社
XI'AN JIAOTONG UNIVERSITY PRESS

国家一级出版社
全国百佳图书出版单位

图书在版编目(CIP)数据

配电抢修指挥员 / 国网河北省电力有限公司人力资源部编. —西安：西安交通大学出版社，2021.9
ISBN 978 - 7 - 5693 - 2199 - 9

Ⅰ.①配… Ⅱ.①国… Ⅲ.①配电系统-故障修复-职业技能-鉴定-习题集 Ⅳ.①TM727-44

中国版本图书馆 CIP 数据核字(2021)第 127146 号

书　　名	配电抢修指挥员
	Peidian Qiangxiu Zhihuiyuan
编　　者	国网河北省电力有限公司人力资源部
策划编辑	曹　昳
责任编辑	曹　昳　刘艺飞
责任校对	张　欣

出版发行	西安交通大学出版社
	(西安市兴庆南路 1 号　邮政编码 710048)
网　　址	http://www.xjtupress.com
电　　话	(029)82668357　82667874(市场营销中心)
	(029)82668315(总编办)
传　　真	(029)82668280
印　　刷	西安日报社印务中心

开　　本	787 mm×1092 mm　1/16　　印张 26.25　　字数 600 千字
版次印次	2021 年 9 月第 1 版　2021 年 9 月第 1 次印刷
书　　号	ISBN 978 - 7 - 5693 - 2199 - 9
定　　价	82.50 元

如发现印装质量问题,请与本社市场营销中心联系。
订购热线:(029)82665248　(029)82667874
投稿热线:(029)82668804
读者信箱:phoe@qq.com

版权所有　侵权必究

前言

  2016年以来，中共中央、国务院下发《新时期产业工人队伍建设改革方案》《关于分类推进人才评价机制改革的指导意见》等一系列改革文件，持续把深化人才发展作为主攻方向。为了进一步适应国家职业资格改革要求，充分发挥企业主体作用，建立技能人员多元化评价机制，国家电网公司于2018年底正式下发了《关于组织开展技能等级评价工作的通知》（国家电网人资〔2018〕1130号），标志着一套以岗位职责为导向、以岗位能力为核心的企业内部评价体系初步建立。新下发的技能等级评价工种目录，根据电网发展及技能人员需求将评价工种拓展为52个，基本实现了技能员工全覆盖。

  为进一步加强国网河北省电力有限公司技能等级评价标准体系建设，使技能等级评价适应河北电网生产要求，贴近生产工作实际，让技能等级评价工作更好地服务于公司技能人才队伍成长成才，国网河北省电力有限公司人力资源部组织省内配电运检、送变电施工、物资供应专业专家、骨干，历经1年时间，依据《国家电网公司技能等级评价标准》中针对配电运检、送变电施工、物资供应专业的作业规程，紧跟企业战略业务发展和专业技术发展趋势，紧密结合河北生产实际，依据"用什么学什么考什么"的原则，遵循技能人才成长规律，编制审定《国网河北省电力有限公司技能等级评价培训教材》系列丛书，本套丛书共六册，分别是配网自动化运维工、配电抢修指挥员、机具维护工、土建施工员、物资仓储作业员、物资配送作业员技能等级评价题库。

  技能等级评价题库建设是技能等级评价体系建设的基础性工作，题库质量直接关系到人才培养工作的成效，本套丛书以新战略新形式下最新岗位能力要求为重点内容，围绕实际业务场景、常见业务难点、各工种技能人才能力短板等设置考核点，分初级工、中级工、高级工及技师四个等级梳理各工种理论大纲、技能操作大纲。其中理论题库按照单选题、判断题、多选题、计算题、识图题等题型进行选题，题目按照难易程度依次排列组合。技能操作大纲系统规定了各工种相应等级的技能要求，设置了与技能要求相适应的技能培训项目与考核内容，其项目设置充分结合了河北电网企业现场生产实际。技能操作题库对各考核项目的操作规范、考核要求及评分标准进行了量化规范。这样既保证考核评定的独立性，又能充分发挥对培训的引领作用，具有很强的系统性和可操作性。题库的匹配性、标准性、牵引性、可操作性的显著提高，对技能人才的专业知识及技能操作能力提升有指导作用，同时也可为提升技能人员培训的针对性、有效性提供重要输入。

本套丛书内容覆盖了配网自动化运维工、配电抢修指挥员、机具维护工、土建施工员、物资仓储作业员、物资配送作业员工种行业新技术新设备新工艺等发展趋势，明确配网自动化运维工、配电抢修指挥员、机具维护工、土建施工员、物资仓储作业员、物资配送作业员工种技能人才的关键活动及必备知识技能。本书以提高员工理论水平和实操能力为出发点，以提升员工履职能力为落脚点，对配网自动化运维工、配电抢修指挥员、机具维护工、土建施工员、物资仓储作业员、物资配送作业员工种必备专业知识、实操技能及实际作业中重点、难点及常见问题以知识点＋考题的形式进行了梳理，既可作为技能等级评价学习辅导教材，又可作为技能培训、专业技能比赛和相关技术人员能力提升的学习材料。在国网河北省电力有限公司范围内公开考核内容，统一考核标准，有助于进一步提升职业技能等级评价考核的公开性、公平性、公正性，高效提升生产技能人员的理论技能水平和岗位履职能力。

由于编写时间仓促、水平有限，加之政策、技术等更新速度较快，书中难免存在疏漏之处，为更好地发挥教材的匹配性、适用性、指导性作用，恳请配网自动化运维工、配电抢修指挥员、机具维护工、土建施工员、物资仓储作业员、物资配送作业员工种专家及广大读者批评指正，使之不断完善。

目 录
CONTENTS

第一部分　初级工

第二部分　中级工

第三部分　高级工

第四部分 技 师

第一部分

初级工

第1章

理论

▶ 1.1 理论大纲

配电抢修指挥员——初级工技能等级评价理论知识考核大纲

等级	考核方式	能力种类	能力项	考核项目	考核主要内容
初级工	理论知识考试	基本知识	安全生产相关规定	安全生产相关规定	国家电网公司电力安全工作规程
			电工基础	电工基础	电阻的串联、并联和混联
					基尔霍夫定律
					欧姆定律和电阻元件
			计算机基础知识	计算机基础知识	办公软件相关知识
					操作系统相关知识
		专业知识	配电网基础	配电网设备	变压器原理、结构
					开关设备原理、结构及作用
					配电线路的结构
				配电网调度术语	相关开关、刀闸、线路下令调度术语
				配电设备带电检测	配电设备带电检测管控流程
				配电网运维规程	配电设备缺陷与隐患一般要求
					配电架空线路、电力电缆线路巡视
				电力系统分析	电力系统基本知识
				电能质量相关规定	电能质量指标
				配网综合评价业务	配电网技术导则
			配电运营管控	故障研判预警	线路干线、分支及配变停电研判原理
				配电设备在线监测	配电设备的供电能力监测
				主动预警业务	配电设备的电压质量监测
				配电设备异常工况处理指挥	配电设备的供电能力异常及电压质量异常工况主动检(抢)修工作单处理
				配网停运管控分析业务	线路、配变停运分析

续表

等级	考核方式	能力种类	能力项	考核项目	考核主要内容
初级工	理论知识考试	专业知识	配网抢修指挥	故障报修业务	故障工单填写标准
					故障报修工单全过程处理
					故障工单处置时限要求
				停送电信息业务	停电信息类型
					停送电信息报送规范
					停电信息报送时限要求
			客户服务指挥	非抢工单业务	服务申请业务工单诉求处理
					表扬工单业务工单诉求处理
					业务咨询工单全过程处理
					接收客户投诉工单的渠道
				知识库管理业务	95598 知识管理
			专业系统应用	供电服务指挥系统	供电服务指挥系统查询应用
				营销业务应用系统	系统功能综合应用
				用电信息采集系统	用电信息采集系统应用
				PMS 系统	系统功能综合应用
		相关知识	法律法规	法律法规	《营业规则》《95598 业务管理办法》《民法典》电力部分等
			专业素养	职业道德	国家电网公司员工职业道德规范
					沟通技巧和团队角色分工
			企业文化	企业文化	国家电网公司企业文化理念

▶ 1.2 理论试题

1.2.1 单选题

La1A3001 为了加强全员的安全意识,对于企业员工的信息系统安全培训,必须做到( )。

(A)培训工作有计划　　　　　　　(B)培训工作有总结

(C) 培训效果有评价　　　　　　　(D)以上全部

【答案】 D

La1A3002 使用具有无线互联功能的设备处理涉密信息,违反了国网公司信息安全( )。

(A)三不发生　　(B)四不放过　　(C)五禁止　　(D)八不准

【答案】 C

La1A3003 对于关键业务系统的数据,每年应至少进行( )次备份数据的恢复演练。

　　　　(A)1　　　　　　　(B)2　　　　　　　(C)3　　　　　　　(D)4

【答案】　A

La1A3004　保障信息安全最基本、最核心的技术措施是(　　)。

　　　　(A)信息加密技术　(B)信息确认技术　(C)网络控制技术　(D)反病毒技术

【答案】　A

La1A3005　采取措施对信息外网办公计算机的互联网访问情况进行记录,记录要可追溯,并保存(　　)以上。

　　　　(A)3 个月　　　　(B)6 个月　　　　(C)12 个月　　　　(D)24 个月

【答案】　B

La1A3006　国网公司管理信息系统安全防护策略是(　　)。

　　　　(A)双网双机、分区分域、等级防护、多层防御

　　　　(B)网络隔离、分区防护、综合治理、技术为主

　　　　(C)安全第一、以人为本、预防为主、管控结合

　　　　(D)访问控制、严防泄密、主动防御、积极管理

【答案】　A

La1A3007　办公终端 IP 地址(　　)。

　　　　(A)如果有需要可以改动　　　　　　　(B)不得改动

　　　　(C)部门领导同意后可以改动　　　　　(D)公司分管领导同意后可以改动

【答案】　B

La1A3008　当导体没有(　　)流过时,整个导体是等电位的。

　　　　(A)电流　　　　　(B)电压　　　　　(C)有功　　　　　(D)无功

【答案】　A

La1A3009　将以下 4 个标有相同电压但功率不同的灯泡,串联起来接在电路中,最亮的应该是(　　)。

　　　　(A)15 W　　　　　(B)60 W　　　　　(C)40 W　　　　　(D)25 W

【答案】　A

La1A3010　功率为 100 W,额定电压为 220 V 的白炽灯,接在(　　)V 电源上,灯泡消耗的功率为 25 W。

　　　　(A)55　　　　　　(B)110　　　　　　(C)100　　　　　　(D)50

【答案】　B

La1A3011　阻值分别为 R 和 $2R$ 的两只电阻并联后接入电路,则阻值小的电阻发热量是阻值大的电阻发热量的(　　)倍。

　　　　(A)2　　　　　　　(B)4　　　　　　　(C)1/2　　　　　　(D)1/3

【答案】　A

La1A3012　两只阻值不等的电阻并联后接入电路,则阻值大的发热量(　　)。

(A)大　　　　　　　　　　　　　　　(B)小

(C)等于阻值小的电阻发热量　　　　　(D)与其阻值大小无关

【答案】 B

La1A3013　电阻 $R_1>R_2>R_3$,并联使用消耗的功率是(　　)。

(A)$P_1>P_2>P_3$　　(B)$P_1=P_2=P_3$　　(C)$P_1<P_2<P_3$　　(D)$P_1=P_2>P_3$

【答案】 C

La1A3014　有一电源其电动势为 225 V,内阻是 2.5 Ω,其外电路由数盏"20 V,40 W"的电灯组成,如果要使电灯正常发光,则最多能同时使用(　　)盏灯。

(A)5　　　　　　　(B)11　　　　　　(C)20　　　　　　(D)40

【答案】 B

La1A3015　欧姆定律告诉我们,(　　)是直流电路的重要元件参数。

(A)电压　　　　　(B)电流　　　　　(C)电阻　　　　　(D)电导

【答案】 C

La1A3016　全电路欧姆定律数学表达式是(　　)。

(A)$I=R/(E+R_0)$　　　　　　　　(B)$I=R_0/(E+R)$

(C)$I=E/R$　　　　　　　　　　　(D)$I=E/(R_0+R)$

【答案】 D

La1A3017　在一个由恒定电压源供电的电路中,负载电阻 R 增大时,负载电流(　　)。

(A)增大　　　　　(B)减小　　　　　(C)恒定　　　　　(D)基本不变

【答案】 B

La1A3018　欧姆定律阐述的是(　　)。

(A)导体电阻与导体长度、截面及导体电阻率的关系

(B)电流与电压的正比关系

(C)电流与电压的反比关系

(D)电阻、电流和电压三者之间的关系

【答案】 D

La1A3019　欧姆定律阐明了电路中(　　)。

(A)电压和电流的正比关系　　　　　(B)电流与电阻的反比关系

(C)电压、电流和电阻三者之间的关系　(D)电阻与电压的正比关系

【答案】 C

La1A3020　在电路中,电压、电流和电阻三者之间的关系为(　　)。

(A)$I=R/U$　　　　(B)$R=I/U$　　　　(C)$R=IU$　　　　(D)$I=U/R$

【答案】 D

La1A3021　在欧姆定律中,电流的大小与(　　)成正比。

(A)电阻　　　　　(B)电压　　　　　(C)电感　　　　　(D)电容

【答案】 B

La1A3022 欧姆定律只适用于( )电路。

(A)电感 (B)电容 (C)线性 (D)非线性

【答案】 C

La1A3023 ( )是:在闭合电路中的电阻与电源电压成正比,与全电路中电流成反比。用公式表示为:$R=U/I$。

(A)基尔霍夫电流定律 (B)基尔霍夫电压定律

(C)全电路欧姆定律 (D)戴维南定律

【答案】 C

La1A3024 在一电压恒定的直流电路中,电阻值增大时,电流( )。

(A)不变 (B)增大 (C)减小 (D)变化不定

【答案】 C

La1A3025 一段导线,其电阻为 R,将其从中对折合并成一段新的导线,则其电阻为( )。

(A)R (B)$2R$ (C)$R/2$ (D)$R/4$

【答案】 D

La1A3026 将一根导线均匀拉长为原长的 2 倍,则它的阻值为原阻值的( )倍。

(A)2 (B)1 (C)0.5 (D)4

【答案】 D

La1A3027 并联电路的总电流为各支路电流( )。

(A)之和 (B)之积 (C)之商 (D)倒数和

【答案】 A

La1A3028 在一恒压的电路中,电阻 R 增大,电流随之( )。

(A)减小 (B)增大

(C)不变 (D)或大或小,不一定

【答案】 A

La1A3029 导线的电阻值与( )。

(A)其两端所加电压成正比 (B)流过的电流成反比

(C)所加电压和流过的电流无关 (D)导线的截面积成正比

【答案】 C

La1A3030 欧姆定律是反映电阻电路中( )。

(A)电流、电压、电阻三者关系的定律 (B)电流、电动势、电位三者关系的定律

(C)电流、电动势、电导三者关系的定律 (D)电流、电动势、电抗三者关系的定律

【答案】 A

La1A3031 三个阻值相等的电阻串联时的总电阻是并联时总电阻的( )倍。

(A)6 (B)9 (C)3 (D)12

【答案】 B

La1A3032 两只阻值相同的电阻串联后,其阻值( )。

(A)等于两只电阻阻值的乘积 　　　　(B)等于两只电阻阻值的和

(C)等于两只电阻阻值之和的 1/2 　　(D)等于其中一只电阻阻值的一半

【答案】 B

La1A3033 三个相同的电阻串联总电阻是并联时总电阻的( )倍。

(A)6 　　　　(B)9 　　　　(C)3 　　　　(D)1/9

【答案】 B

La1A3034 两只阻值为 R 的电阻串联后,其阻值为( )。

(A)$2R$ 　　　　(B)$R/2$ 　　　　(C)R 　　　　(D)$4R$

【答案】 A

La1A3035 ( )是负载三角形接法示意图。

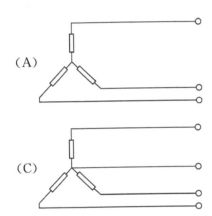
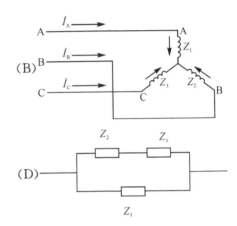

【答案】 D

La1A3036 并联电路中的总电流等于( )。

(A)各支路电阻电流的和 　　　　(B)各支路电阻电流的积

(C)各支路电阻电流的倒数和 　　(D)各支路电阻电流的倒数积

【答案】 A

La1A3037 配电网是从( )接受电能分配到配电变电站后,再向用户供电的网络。

(A)输电网 　　　　(B)发电厂 　　　　(C)变电站 　　　　(D)输电线路

【答案】 A

La1A3038 按配电网电压等级分类方法,10 kV 配电网属于( )配电网。

(A)低压 　　　　(B)中压 　　　　(C)高压 　　　　(D)超高压

【答案】 B

La1A3039 低压配电线路中,以下绝缘子不能用于耐张横担上的是( )。

(A)针式绝缘子 　　(B)蝶式绝缘子 　　(C)悬式绝缘子 　　(D)茶台

【答案】 A

La1A3040 一般普通拉线下端利用（　　）与拉线盘延伸出土的拉线棒连接。

(A)延长环　　　(B)楔形线夹　　　(C)拉线绝缘子　　(D)UT线夹

【答案】 D

La1A3041 为加强电力生产现场管理,规范各类工作人员的行为,保证人身、电网和设备安全,依据国家有关法律、法规,（　　）,制定《电力安全工作规程》。

(A)结合电力行业特点　　　　　　(B)根据工作实际

(C)结合电力生产的实际　　　　　(D)为满足现场需要

【答案】 C

La1A3042 作业人员对本规程应（　　）考试一次。因故间断电气工作连续三个月及以上者,应重新学习本规程,并经考试合格后,方可恢复工作。

(A)每月　　　(B)每半年　　　(C)每年　　　(D)每两年

【答案】 C

La1A3043 配电站、开闭所户内高压配电设备的裸露导电部分对地高度小于（　　）m 时,该裸露部分底部和两侧应装设护网。

(A)2.8　　　(B)2.5　　　(C)2.6　　　(D)2.7

【答案】 B

La1A3044 配电设备的防误操作闭锁装置不得随意退出运行,停用防误操作闭锁装置应经（　　）批准。

(A)工区领导　　　(B)工作负责人　　　(C)公司　　　(D)工区

【答案】 D

La1A3045 装有 SF6 设备的配电站,应装设强力通风装置,风口应设置在（　　）,其电源开关应装设在门外。

(A)室内中部　　　(B)室内顶部　　　(C)室内底部　　　(D)室内电缆通道

【答案】 C

La1A3046 高压手车开关拉出后,（　　）应可靠封闭。

(A)绝缘挡板　　　(B)柜门　　　(C)箱盖　　　(D)隔离挡板

【答案】 D

La1A3047 配电站、开闭所户外 20 kV 高压配电线路、设备所在场所的行车通道上,车辆(包括装载物)外廓至无遮拦带电部分之间的安全距离为（　　）m。

(A)0.7　　　(B)0.95　　　(C)1.05　　　(D)1.15

【答案】 C

La1A3048 使用金属外壳的电气工具时应戴（　　）。

(A)线手套　　　(B)绝缘手套　　　(C)口罩　　　(D)护目眼镜

【答案】 B

La1A3049 作业现场的生产条件和（　　）等应符合有关标准、规范的要求,作业人员的劳动防护用品应合格、齐备。

(A)安全措施　　　(B)技术措施　　　(C)组织措施　　　(D)应急措施

【答案】　A

La1A3050　工作任务单应一式两份,由工作票签发人或工作负责人签发,一份由(　　)人留存,一份交小组负责人。

(A)工作许可人　　(B)工作负责人　　(C)工作票签发人　(D)专责监护人

【答案】　B

La1A3051　工作负责人应由有本专业工作经验、熟悉工作范围内的设备情况、熟悉本规程,并经(　　)批准的人员担任,名单应公布。

(A)工区(车间)　　(B)单位　　　　(C)上级单位　　　(D)公司

【答案】　A

La1A3052　工作许可人在接到所有工作负责人(包括用户)的终结报告,并确认所有工作已经完毕,所有(　　)已撤离,所有接地线已拆除,与记录簿核对无误并做好记录后,方可下令拆除各侧安全措施。

(A)工作许可人　　(B)小组负责人　　(C)工作票签发人　(D)工作人员

【答案】　D

La1A3053　降压变电站全部停电时,应将(　　)的部分接地短路,其余部分不必每段都装设接地线或合上接地刀闸(装置)。

(A)电源侧　　　　　　　　　　　(B)各个可能来电侧

(C)负荷侧　　　　　　　　　　　(D)来电侧

【答案】　B

La1A3054　室外低压配电线路和设备验电宜使用(　　)。

(A)绝缘棒　　　　　　　　　　　(B)工频高压发生器

(C)声光验电器　　　　　　　　　(D)高压验电棒

【答案】　C

La1A3055　采用间接验电判断时,至少应有(　　)的指示发生对应变化,且所有这些确定的指示均已同时发生对应变化,才能确认该设备已无电。

(A)两个非同样原理或非同源　　　(B)三个非同样原理或非同源

(C)两个非同样原理和非同源　　　(D)三个非同样原理和非同源

【答案】　A

La1A3056　雨雪天气室外设备宜采用间接验电;若直接验电,应使用(　　),并戴绝缘手套。

(A)声光验电器　　　　　　　　　(B)高压声光验电器

(C)雨雪型验电器　　　　　　　　(D)高压验电棒

【答案】　C

La1A3057　成套接地线应用有(　　)的多股软铜线和专用线夹组成。

(A)绝缘护套　　　(B)护套　　　(C)透明护套　　　(D)橡胶护套

【答案】 C

La1A3058 接地线拆除后,(　　)不得再登杆工作或在设备上工作。

(A)工作班成员　　(B)任何人　　　(C)运行人员　　　(D)作业人员

【答案】 B

La1A3059 配合停电的交叉跨越或邻近线路,在线路的交叉跨越或邻近处附近应装设(　　)接地线。

(A)一组　　　　　(B)两组　　　　(C)相应　　　　　(D)三组

【答案】 A

La1A3060 接地线截面积应满足装设地点短路电流的要求,且高压接地线的截面积不得小于(　　)mm^2。

(A)10　　　　　　(B)16　　　　　(C)25　　　　　　(D)35

【答案】 C

La1A3061 杆塔无接地引下线时,可采用截面积大于190 mm^2、地下深度大于(　　)m的临时接地体。

(A)0.6　　　　　(B)0.8　　　　(C)1　　　　　　(D)1.2

【答案】 A

La1A3062 装设、拆除(　　)应在监护下进行。

(A)空调　　　　　(B)灯泡　　　　(C)标识牌　　　　(D)接地线

【答案】 D

La1A3063 低压配电设备、低压电缆、集束导线停电检修,无法装设接地线时,应采取(　　)或其他可靠隔离措施。

(A)停电　　　　　(B)悬挂标示牌　　(C)绝缘遮蔽　　　(D)装设遮拦

【答案】 C

La1A3064 (　　)及电容器接地前应逐相充分放电。

(A)避雷器　　　　(B)电缆　　　　(C)导线　　　　　(D)变压器

【答案】 B

La1A3065 工作地点有可能误登、误碰的邻近带电设备,应根据设备运行环境悬挂(　　)标示牌。

(A)"从此上下!"　　　　　　　　　(B)"在此工作!"
(C)"止步,高压危险!"　　　　　　(D)"当心触电!"

【答案】 C

La1A3066 高压开关柜内手车开关拉出后,隔离带电部位的挡板应可靠封闭,禁止开启,并设置(　　)标示牌。

(A)"止步,高压危险!"　　　　　　(B)"禁止合闸,有人工作!"

(C)"禁止合闸,线路有人工作!"　　　　　　(D)"当心触电!"

【答案】 A

La1A3067　配电设备检修,若无法保证安全距离或因工作特殊需要,可用与带电部分直接接触的( )隔板代替临时遮拦。

(A)绝缘　　　　　(B)木质　　　　　(C)塑料　　　　　(D)泡沫

【答案】 A

La1A3068　环网柜部分停电工作,若进线柜线路侧有电,进线柜应设遮拦,悬挂"( )"标示牌。

(A)止步,高压危险!　　　　　　　　(B)禁止合闸,有人工作!

(C)禁止攀登、高压危险!　　　　　　(D)从此进出

【答案】 A

La1A3069　装设于( )的配电变压器应设有安全围栏,并悬挂"止步,高压危险!"等标示牌。

(A)室外　　　　　(B)室内　　　　　(C)柱上　　　　　(D)地面

【答案】 D

La1A3070　被电击伤并经过心肺复苏抢救成功的电击伤员,都应让其充分休息,并在医务人员指导下进行不少于( )h的心脏监护。

(A)12　　　　　(B)24　　　　　(C)36　　　　　(D)48

【答案】 D

La1A3071　触电急救应分秒必争,一经明确心跳、呼吸停止的,立即就地迅速用( )进行抢救,并坚持不断地进行,同时及早与医疗急救中心(医疗部门)联系,争取医务人员接替救治。

(A)心脏按压法　　(B)口对口呼吸法　　(C)口对鼻呼吸法　　(D)心肺复苏法

【答案】 D

La1A3072　成人胸外心脏按压时,胸外心脏按压与人工呼吸的比例关系通常是( )。

(A)30∶2　　　　(B)40∶2　　　　(C)50∶02　　　　(D)60∶2

【答案】 A

La1A3073　触电急救,在医务人员( )前,不得放弃现场抢救,更不能只根据没有呼吸或脉搏的表现,擅自判定伤员死亡,放弃抢救。

(A)未到达　　　　　　　　　　　　(B)未接替救治

(C)做出死亡诊断　　　　　　　　　(D)判断呼吸或脉搏表现

【答案】 B

La1A3074　电势的方向规定为( )。

(A)正极指向负极　　　　　　　　　(B)负极指向正极

(C)正极指向正极　　　　　　　　　(D)负极指向负极

【答案】 B

La1A3075 我们把两点之间的电位之差称为（　　）。

(A)电动势　　　　(B)电势差　　　　(C)电压　　　　(D)电压差

【答案】 C

La1A3076 （　　）的含义是指该点与参考点间电位差的大小。

(A)电压　　　　(B)电流　　　　(C)电阻　　　　(D)电位

【答案】 D

La1A3077 电源电动势的大小表示（　　）做功本领的大小。

(A)电场力　　　　(B)外力　　　　(C)摩擦力　　　　(D)磁场力

【答案】 B

La1A3078 电路开路时,开路两端的电压（　　）为零。

(A)突变　　　　(B)一定　　　　(C)不一定　　　　(D)一定不

【答案】 C

La1A3079 如果把一个 24 V 的电源正极接地,则负极的电位是（　　）V。

(A)－24　　　　(B)24　　　　(C)0　　　　(D)－48

【答案】 A

La1A3080 电动势与电压的方向（　　）。

(A)相反　　　　(B)相同　　　　(C)不相关　　　　(D)与参考点有关

【答案】 A

La1A3081 导体中的自由电子时刻处于（　　）运动中。

(A)规律的　　　　(B)杂乱无章的　　　　(C)波动的　　　　(D)有序的

【答案】 B

La1A3082 某导体在 $T=5$ min 内均匀流过的电量 $Q=4.5$ C,其电流强度 $I=$（　　）A。

(A)0.005　　　　(B)0.01　　　　(C)0.015　　　　(D)0.02

【答案】 C

La1A3083 当电路中某一点断线时,电流 I 等于零,称为（　　）。

(A)短路　　　　(B)开路　　　　(C)分路　　　　(D)离路

【答案】 B

La1A3084 （　　）的热效应是电气运行的一大危害。

(A)电流　　　　(B)电压　　　　(C)电感　　　　(D)电抗

【答案】 A

La1A3085 两只额定电压相同的灯泡,串联在适当的电压上,则功率较大的灯泡（　　）。

(A)发热量大　　　　　　　　　　(B)发热量小

(C)与功率较小的发热量相等

【答案】 B

La1A3086 电阻负载并联时功率与电阻关系是（　　）。

(A)因为电流相等,所以功率与电阻成正比

(B)因为电流相等,所以功率与电阻成反比

(C)因为电压相等,所以功率与电阻大小成反比

(D)因为电压相等,所以功率与电阻大小成正比

【答案】 C

La1A3087 烘干用的 500 W 红外线灯泡,每 20 h 要消耗( )kW·h。

(A)10 (B)500 (C)10 000 (D)500 000

【答案】 A

La1A3088 加在电阻上的电流或电压增加一倍,功率消耗是原来的( )倍。

(A)1 (B)2 (C)3 (D)4

【答案】 D

La1A3089 在 100 Ω 的电阻器中通以 5 A 电流,则该电阻器消耗功率为( )W。

(A)500 (B)2500 (C)100 (D)50 000

【答案】 B

La1A3090 交流电的电流( )。

(A)大小随时间做周期性变化,方向不变

(B)大小不变,方向随时间做周期性变化

(C)大小和方向随时间做周期性变化

(D)大小和方向都不随时间做周期性变化

【答案】 C

La1A3091 有一电源,额定功率 125 kW,端电压为 220 V,若只接一盏 220 V、60 W 的电灯,此灯( )烧毁。

(A)会 (B)不会 (C)无法确定 (D)都有可能

【答案】 B

La1A3092 两只电灯泡,当额定电压相同时,( )。

(A)额定功率小的电阻大 (B)额定功率大的电阻大

(C)电阻一样大 (D)额定功率一样大

【答案】 A

La1A3093 欧姆定律是阐述在给定正方向下( )之间的关系。

(A)电流和电阻 (B)电压和电阻

(C)电压和电流 (D)电压、电流和电阻

【答案】 D

La1A3094 容易通过电流的物体叫导体,导体对电流的阻碍作用称为导体的( )。

(A)电阻 (B)电抗 (C)电容 (D)电感

【答案】 A

La1A3095 纯净半导体的温度升高时,半导体的导电性(   )。

(A)不变   (B)降低   (C)增强   (D)不一定

【答案】 C

La1A3096 目前的架空输电线路广泛采用(   )。

(A)铜导线   (B)铝导线   (C)钢导线   (D)铁导线

【答案】 B

La1A3097 金属导体的电阻与导体的截面积(   )。

(A)成正比   (B)的平方成正比   (C)成反比   (D)无关

【答案】 C

La1A3098 (   )是表征导体对电流的阻碍作用的物理量。

(A)电阻   (B)电抗   (C)电容   (D)电感

【答案】 A

La1A3099 将两根长度各为 10 m,电阻各为 10 Ω 的导线并联起来,总的电阻为(   )Ω。

(A)5   (B)2.5   (C)20   (D)40

【答案】 A

La1A3100 把一条 32 Ω 的电阻线截成 4 等份,然后将 4 根电阻线并联,并联后的电阻为(   )Ω。

(A)2   (B)8   (C)128   (D)16

【答案】 A

La1A3101 一段导线的电阻为 R,如果将它从中间对折后,并为一段新导线,则新电阻值为(   )R。

(A)2   (B)4   (C)$\dfrac{1}{2}$ (D)$\dfrac{1}{4}$

【答案】 D

La1A3102 在两个以电阻相连接的电路中求解总电阻时,把求得的总电阻称为电路的(   )。

(A)电阻   (B)等效电阻   (C)电路电阻   (D)波阻抗

【答案】 B

La1A3103 在(   )电路中,流经各电阻的电流是相等的。

(A)串联   (B)并联   (C)串并联   (D)电桥连接

【答案】 A

La1A3104 在串联电路中,(   )。

(A)流过各电阻元件的电流相同

(B)加在各电阻元件上的电压相同

(C)各电阻元件的电流、电压都相同

(D)各电阻元件的电流、电压都不同

【答案】 A

La1A3105　几个电阻(　　)的总电阻值,一定小于其中任何一个电阻值。

(A)串联　　　　(B)并联　　　　(C)串并联　　　　(D)电桥连接

【答案】　B

La1A3106　串联电路中各电阻消耗的功率与电阻值成(　　)。

(A)正比　　　　(B)反比　　　　(C)非比例关系　　(D)不确定

【答案】　A

La1A3107　在并联电路中每一个电阻上都承受同一(　　)。

(A)电流　　　　(B)电压　　　　(C)电量　　　　(D)功率

【答案】　B

La1A3108　在(　　)电路中,各支路中的电流与各支路的总电阻成反比。

(A)串联　　　　(B)并联　　　　(C)串并联　　　　(D)电桥连接

【答案】　B

La1A3109　两个电阻并联,其等效电阻为 5.5 Ω;串联,其等效电阻为 22 Ω。这两个电阻分别为
(　　)。

(A)11 Ω 和 11 Ω　　　　　　　　(B)22 Ω 和 22 Ω

(C)5.5 Ω 和 5.5 Ω　　　　　　　　(D)44 Ω 和 44 Ω

【答案】　A

La1A3110　有三个电阻并联使用,它们的电阻值比是 1∶3∶5,所以,通过三个电阻的电流之比
是(　　)。

(A)1∶3∶5　　(B)5∶3∶1　　(C)15∶5∶3　　(D)3∶5∶15

【答案】　C

La1A3111　某导线为铝绞线,导线股数为 7 股,每股直径为 3.0mm,该导线的型号为(　　)。

(A)LJ—50　　　(B)LJ—70　　　(C)LGJ—50　　　(D)LGJ—70

【答案】　A

La1A3112　需要(　　)操作设备的配电带电作业工作票和需要办理工作许可手续的配电第二
种工作票,应在工作前一天送达设备运维管理单位。

(A)带电作业人员　(B)运维人员　　(C)监控人员　　(D)值班调控人员

【答案】　B

La1A3113　高压验电前,验电器应先在有电设备上试验,确证验电器良好;无法在有电设备上
试验时,可用(　　)高压发生器等确证验电器良好。

(A)工频　　　　(B)高频　　　　(C)中频　　　　(D)低频

【答案】　A

La1A3114　当验明确已无电压后,应立即将检修的高压配电线路和设备接地并(　　)短路。

(A)单相　　　　(B)两项　　　　(C)三相　　　　(D)中相和边相

【答案】　C

La1A3115 配电站户外高压设备部分停电检修或新设备安装,工作地点四周围栏上悬挂适当数量的"止步,高压危险!"标示牌,标示牌应朝向(   )。

(A)围栏里面　　　　(B)围栏外面　　　　(C)围栏入口　　　　(D)围栏出口

【答案】 A

La1A3116 进行心肺复苏法时,如有担架搬运伤员,应该持续做心肺复苏,中断时间不超过(   )s。

(A)5　　　　(B)10　　　　(C)30　　　　(D)60

【答案】 A

La1A3117 起重机械的任何部位(   )进入架空线路保护区进行施工。

(A)都可以

(B)不得

(C)经相关人员批准后可以

(D)经县级以上地方电力管理部门批准,并采取安全措施后可以

【答案】 D

La1A3118 将未安装终端管理系统的计算机接入信息内网,违反了公司信息安全(   )。

(A)"三不发生"　　(B)"四不放过"　　(C)"五禁止"　　(D)"八不准"

【答案】 D

La1A3119 使用防违规外联策略对已注册计算机违规访问互联网进行处理,(   )项是系统不具备的。

(A)断开网络　　　　　　　　　　(B)断开网络并关机

(C)仅提示　　　　　　　　　　　(D)关机后不允许再开机

【答案】 D

La1A3120 (   )项不属于外网邮件用户的密码要求。

(A)首次登录外网邮件系统后应立即更改初始密码

(B)密码长度不得小于 8 位

(C)密码且必须包含字母和数字

(D)外网邮件用户应每 6 个月更改一次密码

【答案】 D

La1A3121 电位高低的含义,是指该点对参考点间的(   )大小。

(A)电压　　　　(B)电流　　　　(C)电阻　　　　(D)电容

【答案】 A

La1A3122 电路中各点电位的高低是(   )。

(A)绝对的　　　　(B)相对的　　　　(C)不变的　　　　(D)可调的

【答案】 B

La1A3123 室内照明灯开关断开时,开关两端电位差为(   )V。

(A)0　　　　(B)220　　　　(C)380　　　　(D)400

【答案】 B

La1A3124 外力 F 将单位正电荷从负极搬到正极所做的功,称为这个电源的(   )。

　　(A)电动势　　　　(B)电压　　　　(C)电能　　　　(D)电量

【答案】 A

La1A3125 在一个电路中,选择不同的参考点,则两点间的电压(   )。

　　(A)变大　　　　(B)保持不变　　　　(C)变小　　　　(D)不确定

【答案】 B

La1A3126 电流的方向规定为(   )运动的方向。

　　(A)正电荷　　　　(B)负电荷　　　　(C)离子　　　　(D)电子

【答案】 A

La1A3127 直流电指电流方向一定的电流;交流电指方向和大小随(   )变化的电流。

　　(A)电流　　　　(B)电压　　　　(C)时间　　　　(D)电阻

【答案】 C

La1A3128 通常规定把(   )定向移动的方向作为电流的方向。

　　(A)正电荷　　　　(B)负电荷　　　　(C)离子　　　　(D)电子

【答案】 A

La1A3129 在外电路中电流的方向总是从电源的(   )。

　　(A)正极流向负极　　　　　　　　(B)负极流向负极

　　(C)正极流向正极　　　　　　　　(D)负极流向正极

【答案】 A

La1A3130 阻值分别为 R 和 $2R$ 的两只电阻串联后接入电路,则阻值小的电阻发热量是阻值大的电阻发热量的(   )倍。

　　(A)1　　　　(B)$\dfrac{1}{2}$　　　　(C)2　　　　(D)$\dfrac{1}{3}$

【答案】 B

La1A3131 两只额定电压相同的电阻串联接在电路中,则阻值较大的电阻(   )。

　　(A)发热量较大　　　　　　　　(B)发热量较小

　　(C)没有明显差别　　　　　　　　(D)不发热

【答案】 A

La1A3132 两只额定电压相同的电阻串联在适当的电压上,则额定功率大的电阻(   )。

　　(A)发热量较大　　　　　　　　(B)发热量较小

　　(C)与功率小的发热量相同　　　　(D)不发热

【答案】 B

La1A3133 导体的电阻值不仅与材料的性质及尺寸有关,而且会受到(   )的影响。

　　(A)温度　　　　(B)湿度　　　　(C)海拔　　　　(D)气压

【答案】 A

La1A3134 导体的( )大小和导体的几何尺寸有关。

(A)电阻 (B)电流 (C)电压 (D)功率

【答案】 A

La1A3135 阻值不随外加电压或流过的电流而改变的电阻叫( )电阻。

(A)常性 (B)定阻 (C)恒阻 (D)线性

【答案】 D

La1A3136 电流通过( )会产生热的现象,称为电流的热效应。

(A)电阻 (B)电抗 (C)电容 (D)电感

【答案】 A

La1A3137 如果一个 220 V、40 W 的白炽灯接在 110 V 的电压上,那么该灯的电阻值变为原阻值的( )。

(A)1/2 (B)2 倍 (C)4 倍 (D)不变

【答案】 D

La1A3138 导体、半导体和绝缘体也可以通过( )的大小来划分。

(A)电阻 (B)电导 (C)电阻率 (D)电导率

【答案】 C

La1A3139 一根长为 L 的均匀导线,电阻为 8 Ω,若将其对折后并联使用,其电阻为( )Ω。

(A)4 (B)2 (C)8 (D)1

【答案】 B

La1A3140 将一根电阻等于 R 的均匀导线,对折起来并联使用时,则电阻变为( )。

(A)R/2 (B)R/4 (C)2R (D)4R

【答案】 B

La1A3141 如图所示,当开关 S 打开时( )。

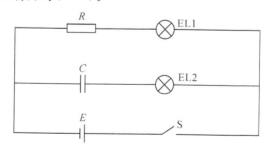

(A)EL1 不熄

(B)EL2 先熄

(C)EL1 先熄,然后 EL1 和 EL2 微亮后全熄

(D)EL1 和 EL2 同时熄

【答案】 C

La1A3142　如图所示,ELA 灯与 ELB 灯电阻相同,当电阻器滑动片向下滑动时,(　　)。

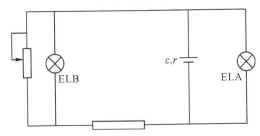

(A)ELA 灯变亮、ELB 灯变暗

(B)ELA 灯变暗、ELB 灯变亮

(C)ELA 灯变暗、ELB 灯变暗

(D)ELA 灯变亮、ELB 灯变暗

【答案】　C

La1A3143　几个电阻的两端分别接在一起,每个电阻两端电压相等,这种连接方法称为电阻的
(　　)。

(A)串联　　　　　　(B)并联　　　　　　(C)串并联　　　　　　(D)电桥连接

【答案】　B

La1A3144　在串联电路中,各个电阻通过的(　　)都是相同的。

(A)电压　　　　　　(B)电量　　　　　　(C)电流　　　　　　(D)功率

【答案】　C

La1A3145　(　　)是一只开关控制两盏电灯接线图。

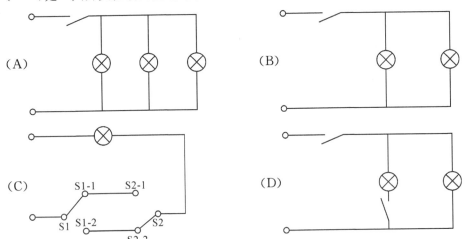

【答案】　B

La1A3146　n 个相同电阻串联时,求总电阻的最简公式是(　　)。

(A)$R_t = 2nR$　　　　(B)$R_t = nR$　　　　(C)$R_t = R/n$　　　　(D)$R_t = n/R$

【答案】　B

La1A3147 非连续进行的故障修复工作,应使用( )。

(A)故障紧急抢修单 (B)工作票

(C)施工作业票 (D)口头、电话命令

【答案】 B

La1A3148 同一电压等级、同类型、相同安全措施且依次进行的( )上的不停电工作,可使用一张配电第二种工作票。

(A)不同配电线路或不同工作地点 (B)不同配电线路

(C)不同工作地点 (D)相邻配电线路

【答案】 A

La1A3149 配电工作,需要将高压线路、设备停电或做安全措施者,应填用( )。

(A)配电线路第一种工作票 (B)配电线路第二种工作票

(C)配电第一种工作票 (D)配电第二种工作票

【答案】 C

La1A3150 配电第一种工作票,应在工作( )送达设备运维管理单位(包括信息系统送达)。

(A)前两天 (B)前一天 (C)当天 (D)前一周

【答案】 B

La1A3151 使用同一张工作票依次在( )转移工作时,若工作票所列的安全措施在开工前一次做完,则在工作地点转移时不需要再分别办理许可手续。

(A)同一工作地点 (B)不同工作地点

(C)邻近工作地点 (D)同一平面

【答案】 B

La1A3152 填用配电第二种工作票的配电线路工作,可不履行( )手续。

(A)工作票 (B)工作许可 (C)工作监护 (D)工作交接

【答案】 B

La1A3153 工作许可时,工作票一份由工作负责人收执,其余留存于( )处。

(A)工作票签发人或专责监护人 (B)工作票签发人或工作许可人

(C)工作许可人或用户负责人 (D)工作许可人或专责监护人

【答案】 B

La1A3154 所有许可手续(工作许可人姓名、许可方式、许可时间等)均应记录在( )上。

(A)工作票 (B)值班日志 (C)作业指导书 (D)记录簿

【答案】 A

La1A3155 高架绝缘斗臂车操作人员应服从( )的指挥,作业时应注意周围环境及操作速度。

(A)工区负责人 (B)工作负责人 (C)工作许可人 (D)工作票签发人

【答案】 B

La1A3156 专责监护人由具有相关专业工作经验,熟悉工作范围内的( )情况和本规程的
人员担任。

(A)设备　　　　　(B)现场　　　　　(C)接线　　　　　(D)运行

【答案】 A

La1A3157 工作期间,工作负责人若需暂时离开工作现场,应指定能胜任的人员临时代替,离
开前应将工作现场交代清楚,并告知( )。

(A)被监护人员　　　　　　　(B)部分工作班成员

(C)全体工作班成员　　　　　(D)专责监护人

【答案】 C

La1A3158 电气设备( )在母线或引线上的,设备检修时应将母线或引线停电。

(A)直接连接　　(B)间接连接　　(C)可靠连接　　(D)连接

【答案】 A

La1A3159 在一定的电流作用下,流经人体的电流大小和人体阻抗成( )。

(A)正比　　　　　　　　(B)反比

(C)无规律性变化　　　　(D)非线性变化

【答案】 B

La1A3160 对正常人体,感知电流阈值平均为( )mA,且与时间因素无关。

(A)0.5　　　　(B)0.8　　　　(C)1.2　　　　(D)1.5

【答案】 A

La1A3161 人体工频总阻抗一般为( )Ω。

(A)1000～2000　(B)1000～3000　(C)2000～3000　(D)2000～4000

【答案】 B

La1A3162 紧急救护时,发现伤员意识不清、瞳孔扩大无反应、呼吸及心跳停止时,应立即在现
场就地抢救,用( )支持呼吸和循环,对脑、心重要脏器供氧。

(A)心脏按压法　　　　　(B)口对口呼吸法

(C)口对鼻呼吸法　　　　(D)心肺复苏法

【答案】 D

La1A3163 各类作业人员在发现直接危及人身、电网和设备安全的紧急情况时,有权( ),
并立即报告。

(A)停止作业在采取可能的紧急措施后撤离作业场所

(B)加强监护人员继续工作

(C)结束工作票

(D)立即离开作业现场

【答案】 A

La1A3164 作业人员应具备必要的( )和业务技能,且按工作性质,熟悉本规程的相关部

分,并经考试合格。

  (A)电气知识   (B)理论知识   (C)安全知识   (D)实践经验

【答案】 A

La1A3165 高架绝缘斗臂车操作人员应服从工作负责人的指挥,作业时应注意周围环境和( )。

  (A)现场温度   (B)液压油量   (C)支腿情况   (D)操作速度

【答案】 D

La1A3166 在进行高处作业时,下列说法错误的是( )。

  (A)除有关人员外,不准他人在工作地点的下面通行或逗留

  (B)工作地点下面应有围栏或装设其他保护装置,防止落物伤人

  (C)如在格栅式的平台上工作,为了防止工具和器材掉落,应采取有效隔离措施,如
    铺设木板等

  (D)较大的工具可平放在构架上

【答案】 D

La1A3167 安全带可以挂在( )物件上。

  (A)隔离开关(刀闸)支持绝缘子   (B)CVT 绝缘子

  (C)母线支柱绝缘子   (D)牢固的钢结构

【答案】 D

La1A3168 ( )不是正弦交流量的三要素。

  (A)角频率   (B)初相角   (C)时间   (D)幅值

【答案】 C

La1A3169 ( )不是交流正弦量的三要素。

  (A)最大值   (B)频率   (C)初相角   (D)瞬时值

【答案】 D

La1A3170 以下不属于电伤的是( )。

  (A)电流的热效应   (B)电流的化学效应

  (C)电流的机械效应   (D)电流的物理效应

【答案】 D

La1A3171 识读配电线路接线图时,首先要( )。

  (A)分清电源侧和负荷侧   (B)正确识别图中的图形符号

  (C)确定干线和支线   (D)掌握设备信息

【答案】 B

La1A3172 永久删除文件的快捷键为( )。

  (A)Shift＋Delete (B)Shift   (C)Delete   (D)Ctrl＋Delete

【答案】 A

La1A3173 输入法切换快捷键,是( )。

(A)固定不变的   (B)可自行设置

(C)只能是 Ctrl+Shift   (D)Shift+Alt

【答案】 B

La1A3174 某家庭装有 40 W 电灯 3 盏、1000 W 空调 2 台、100 W 电视机 1 台,则计算负荷为( )W。

(A)1140   (B)2220   (C)1000   (D)40

【答案】 B

La1A3175 一段导线的电阻为 8 Ω,若将这段导线从中间对折合并成一条新导线,新导线的电阻为( )Ω。

(A)32   (B)16   (C)4   (D)2

【答案】 D

La1A3176 通过电阻上的电流增大到原来的 2 倍时,它所消耗的功率增大( )倍。

(A)32   (B)16   (C)4   (D)2

【答案】 C

La1A3177 一根导线的电阻是 6 Ω,把它折成等长的 3 段,合并成一根粗导线,它的电阻是( )Ω。

(A)2   (B)18   (C)2/3   (D)54

【答案】 B

La1A3178 几个电阻( )后的总电阻等于各串联电阻的总和。

(A)串联   (B)并联   (C)串并联   (D)电桥连接

【答案】 A

La1A3179 两只灯泡 A、B,其额定值分别为 220 V、100 W 及 220 V、220 W,串联后接在 380 V 的电源上,此时 B 灯消耗的功率( )。

(A)不变   (B)变小   (C)变大   (D)不确定

【答案】 B

La1A3180 影响电力系统频率高低的主要因素是( )。

(A)电力系统的有功平衡关系   (B)电力系统的无功平衡关系

(C)电力系统的潮流分布   (D)电力系统的网络结构

【答案】 A

La1A3181 频率的( )调整是指由发电机调速系统频率静态特性增减发电机的功率所起到的调频作用。

(A)一次   (B)二次   (C)三次   (D)四次

【答案】 A

La1A3182 作业人员应接受相应的安全生产知识教育和岗位技能培训,掌握配电作业必备的电气知识和业务技能,并按工作性质,熟悉本规程的相关部分,经( )合格上岗。

(A)培训 　　　　(B)口试 　　　　(C)考试 　　　　(D)考核

【答案】 C

La1A3183　作业人员应被告知其作业现场和( )存在的危险因素、防范措施及事故紧急处理措施。

(A)办公地点 　　(B)生产现场 　　(C)工作岗位 　　(D)检修地点

【答案】 C

La1A3184　参与公司系统所承担电气工作的外单位或外来人员应熟悉本规程;经考试合格,并经( )认可后,方可参加工作。

(A)工程管理单位 　(B)设备运维管理 　(C)单位公司领导 　(D)安监部门

【答案】 B

La1A3185　作业人员对本规程应每年考试一次。因故间断电气工作连续( )个月及以上者,应重新学习《配电安规》,并经考试合格后,方可恢复工作。

(A)1 　　　　　(B)2 　　　　　(C)3 　　　　　(D)6

【答案】 C

La1A3186　触电急救,胸外心脏按压频率应保持在( )次/min。

(A)60 　　　　　(B)80 　　　　　(C)100 　　　　(D)120

【答案】 C

La1A3187　触电急救,当采用胸外心脏按压法进行急救时,伤员应仰卧于( )上。

(A)柔软床垫 　　(B)硬板床或地 　　(C)担架 　　　　(D)弹簧床

【答案】 B

La1A3188　创伤急救过程中,平地搬运时伤员头部在前,上楼、下楼、下坡时头部( ),搬运中应严密观察伤员,防止伤情突变。

(A)在前 　　　　(B)在后 　　　　(C)在上 　　　　(D)在下

【答案】 C

La1A3189　创伤急救时,外部出血立即采取( ),防止失血过多而休克。

(A)固定措施 　　(B)搬运措施 　　(C)包裹措施 　　(D)止血措施

【答案】 D

La1A3190　创伤急救时,如果伤员颅脑外伤,应使伤员采取( ),保持气道通畅,若有呕吐,应扶好头部和身体,使头部和身体同时侧转,防止呕吐物造成窒息。

(A)平卧位 　　　(B)仰卧位 　　　(C)俯卧位 　　　(D)止血

【答案】 A

Lb1A3001　配变负载率大于100%且持续( )h以上为配电过载。

(A)0.5 　　　　(B)1 　　　　　(C)1.5 　　　　(D)2

【答案】 D

Lb1A3002　配变重载是指负载率介于80%与100%之间且持续( )h以上。

(A)0.5　　　　　　(B)1　　　　　　(C)2　　　　　　(D)24

【答案】 C

Lb1A3003 配变三相不平衡,当月平均负载大于20%,Yyn0接线配变不平衡大于(　　)%、Dyn11接线配变不平衡大于(　　)%,持续1 h,月度累计5天。

(A)20、15　　　　(B)15、20　　　　(C)25、15　　　　(D)15、25

【答案】 D

Lb1A3004 配变出口低电压是出口相电压低于(　　)V。

(A)175　　　　　　(B)180　　　　　　(C)198　　　　　　(D)204.6

【答案】 D

Lb1A3005 供电服务指挥系统中客户低压指标是指用户电压低于(　　)V且累计时长48 h以上。

(A)180　　　　　　(B)198　　　　　　(C)220　　　　　　(D)380

【答案】 B

Lb1A3006 供电服务指挥系统中客户过压指标是指用户电压高于235.4 V且持续(　　)h以上。

(A)24　　　　　　(B)48　　　　　　(C)72　　　　　　(D)120

【答案】 A

Lb1A3007 省公司,地市、县供电企业应在国网客服中心受理客户咨询诉求后(　　)个工作日内进行业务处理、审核并反馈结果。

(A)3　　　　　　(B)4　　　　　　(C)6　　　　　　(D)7

【答案】 B

Lb1A3008 咨询工单通过(　　)、客户统一视图、停送电信息、业务工单查询,能直接答复客户的,应直接进行答复,并办结工单。

(A)知识库　　　　　　　　　　　(B)营业业务应用系统

(C)95598业务支撑系统　　　　　　(D)自身业务知识

【答案】 A

Lb1A3009 同一咨询工单催办次数原则上不超过(　　)次。

(A)1　　　　　　(B)2　　　　　　(C)3　　　　　　(D)4

【答案】 B

Lb1A3010 办理周期(　　)的咨询工单由国网客服中心向各省客服中心派发催办工单。

(A)未到　　　　　(B)已到　　　　　(C)未过半　　　　(D)已过半

【答案】 D

Lb1A3011 咨询催办业务,在途未超时限且办理周期(　　)的工单由国网客服中心向客户解释。

(A)未到　　　　　(B)已到　　　　　(C)未过半　　　　(D)已过半

【答案】 C

Lb1A3012 咨询催办业务,在途未超时限且办理周期未过半的工单由( )向客户解释。

(A)国网客户服务中心 (B)省客户服务中心

(C)地市客户服务中心 (D)工单处理单位

【答案】 A

Lb1A3013 如果确因客户原因回复不成功的,应注明失败原因,经( )管理人员批准后,办结工单。

(A)国网客服中心 (B)省客服中心

(C)地市、县客服中心 (D)处理部门

【答案】 A

Lb1A3014 对于政府相关部门、12398、新闻媒体等渠道反映的服务申请,由于客户原因导致回复不成功的,国网客服中心回访工作应满足:不少于 3 天,每天不少于( )次回复,每次回复时间间隔不小于( )小时。

(A)1,2 (B)2,3 (C)3,2 (D)3,4

【答案】 C

Lb1A3015 客户反映供电企业供电设施存在树障、电杆倾斜、拉线断线、电力设施搭挂、电力井盖轻微破损等安全隐患情况,应生成( )工单。

(A)投诉 (B)建议 (C)意见 (D)服务申请

【答案】 D

Lb1A3016 服务申请催办业务,在途未超时限且办理周期未过半的工单由( )向客户解释。

(A)国网客户服务中心 (B)省客户服务中心

(C)地市客户服务中心 (D)工单处理单位

【答案】 A

Lb1A3017 同一服务申请催办次数原则上不超过( )次。

(A)1 (B)2 (C)3 (D)4

【答案】 B

Lb1A3018 电器损坏业务 24 h 内到达故障现场核查,业务处理完毕后( )内回复工单。

(A)20 min (B)2 h (C)24 h (D)1 个工作日

【答案】 D

Lb1A3019 配电变压器是根据( )工作的电气设备。

(A)能量守恒原理 (B)电磁感应原理 (C)欧姆定律 (D)戴维南定理

【答案】 B

Lb1A3020 变压器是利用( )原理,把一种电压的交流电能变换成同频率的另一种电压的交流电路。

(A)能量守恒 (B)电磁感应 (C)电势平衡 (D)电磁力

【答案】 B

Lb1A3021 配电变压器容量较小,一般在( )kV·A及以下。

(A)500　　　　　(B)1000　　　　　(C)1500　　　　　(D)2500

【答案】 D

Lb1A3022 砼杆横向裂纹不宜超过( )周长。

(A)1/6　　　　　(B)1/5　　　　　(C)1/4　　　　　(D) 1/3

【答案】 D

Lb1A3023 砼杆横向裂纹宽度不宜大于( )mm。

(A)0.1　　　　　(B)0.2　　　　　(C)0.3　　　　　(D)0.5

【答案】 D

Lb1A3024 水泥杆横向裂纹宽度超过( )mm时,水泥杆存在危急缺陷。

(A)0.47　　　　　(B)0.48　　　　　(C)0.5　　　　　(D)0.6

【答案】 C

Lb1A3025 某地市城网区域共有10 kV线路400条,其中联网线路条数为320条,满足N-1要求线路为300条,则该公司配网线路N-1率为( )%。

(A)75　　　　　(B)80　　　　　(C)85　　　　　(D)90

【答案】 A

Lb1A3026 某地市城网区域共有10 kV线路400条,其中联网线路条数为320条,满足N-1要求线路为300条,则该公司配网线路联络率为( )%。

(A)75　　　　　(B)80　　　　　(C)85　　　　　(D)90

【答案】 B

Lb1A3027 导线上挂有大异物并将引起相间短路等故障时,构成导线的( )缺陷。

(A)一般　　　　　(B)严重　　　　　(C)紧急　　　　　(D)危急

【答案】 D

Lb1A3028 架空线路通道定期巡视的周期为市区( )个月。

(A)1　　　　　(B)2　　　　　(C)3　　　　　(D)4

【答案】 A

Lb1A3029 架空绝缘线在一耐张段内出现三至四处绝缘破损时,即构成( )缺陷。

(A)一般　　　　　(B)严重　　　　　(C)紧急　　　　　(D)危急

【答案】 B

Lb1A3030 敷设在竖井内的电缆,每( )个月至少巡查一次。

(A)1　　　　　(B)2　　　　　(C)3　　　　　(D)6

【答案】 D

Lb1A3031 敷设在土中、隧道中以及沿桥梁架设的电缆,每( )个月至少巡查一次。

(A)1　　　　　(B)2　　　　　(C)3　　　　　(D)6

【答案】 C

Lb1A3032 导体的电阻率越大,电缆的载流量( )。

(A)越小　　　　(B)越大　　　　(C)不变　　　　(D)与电阻率无关

【答案】 B

Lb1A3033 柱上负荷开关可以切断( )电流。

(A)短路　　　　(B)过负荷　　　　(C)正常负荷　　　　(D)额定

【答案】 C

Lb1A3034 Yyn0 接线配电变压器三相不平衡率在( )属于一般缺陷。

(A)10%～30%　　(B)15%～30%　　(C)20%～40%　　(D)10%～25%

【答案】 B

Lb1A3035 干式变压器器身温度超出厂家允许值的 ( )%属于危急缺陷。

(A)10　　　　(B)15　　　　(C)20　　　　(D)25

【答案】 C

Lb1A3036 金属氧化物避雷器本体略有破损属于( )缺陷。

(A)一般　　　　(B)严重　　　　(C)危急　　　　(D)紧急

【答案】 A

Lb1A3037 金属氧化物避雷器本体表面有严重放电痕迹属于( )缺陷。

(A)一般　　　　(B)严重　　　　(C)危急　　　　(D)紧急

【答案】 C

Lb1A3038 金属氧化物避雷器本体电气连接处有明显温差异常属于( )缺陷。

(A)一般　　　　(B)严重　　　　(C)危急　　　　(D)紧急

【答案】 B

Lb1A3039 金属氧化物避雷器本体松动属于( )缺陷。

(A)一般　　　　(B)严重　　　　(C)危急　　　　(D)紧急

【答案】 A

Lb1A3040 构筑物屋顶有明显裂纹属于( )缺陷。

(A)一般　　　　(B)严重　　　　(C)危急　　　　(D)紧急

【答案】 B

Lb1A3041 构筑物外体有明显锈蚀属于( )缺陷。

(A)一般　　　　(B)严重　　　　(C)危急　　　　(D)紧急

【答案】 A

Lb1A3042 构筑物门窗防小动物措施不完善,无挡鼠板属于( )缺陷。

(A)一般　　　　(B)严重　　　　(C)危急　　　　(D)紧急

【答案】 B

Lb1A3043 构筑物门窗窗户及纱窗明显破损属于( )缺陷。

  (A)一般   (B)严重   (C)危急   (D)紧急

【答案】　A

Lb1A3044　构筑物楼梯严重锈蚀、破损属于(　　　)缺陷。

  (A)一般   (B)严重   (C)危急   (D)紧急

【答案】　B

Lb1A3045　所有发电、变电、输电、配电和供电有关设备总称为(　　　)。

  (A)电气设备 (B)电力系统 (C)电力设施 (D)电力网

【答案】　C

Lb1A3046　电力生产的供电方式确定的依据不包括(　　　)。

  (A)电网规划 (B)供电难度 (C)用电需求 (D)当地供电条件

【答案】　B

Lb1A3047　在下面给出的各组电压中,完全属于电力系统额定电压的一组是(　　　)。

  (A)500 kV、230 kV、121 kV、37 kV、10.5kV

  (B)525 kV、230 kV、115 kV、37 kV、10.5 kV

  (C)525 kV、242 kV、121 kV、38.5 kV、11 kV

  (D)500 kV、220 kV、110 kV、35 kV、10 kV

【答案】　D

Lb1A3048　发电机额定电压应高出其所接电力网额定电压(　　　)倍。

  (A)0.05   (B)0.08   (C)0.1   (D)0.15

【答案】　A

Lb1A3049　下面不属于一级负荷的是(　　　)。

  (A)中断供电将导致重大政治影响   (B)中断负荷将导致公共场所秩序混乱

  (C)中断负荷将导致经济重大损失   (D)中断负荷将导致人身伤亡

【答案】　B

Lb1A3050　某10kV线路改造工程现场有人高压电源触电,请判断以下使其脱离电源的正确处理方法。触电者脱离带电体后,应将其带至(　　　)m以外立即开始触电急救。

  (A)2~3   (B)3~5   (C)5~8   (D)8~10

【答案】　D

Lb1A3051　从杆上双人下放人员时,所用绳子应为杆高度的(　　　)。

  (A)1~1.2倍 (B)1.3~1.6倍 (C)1.8~2倍 (D)2.2~2.5倍

【答案】　D

Lb1A3052　伤员脱离电源后,判断伤员有无意识应在(　　　)s以内完成。

  (A)5   (B)10   (C)30   (D)60

【答案】　B

Lb1A3053　触电急救的步骤分两步,第一步是(　　　),第二步是现场救护。

(A)使接触者迅速脱离电源　　　　　　　　(B)远离触电地点

(C)直接碰触触电人员　　　　　　　　　　(D)大声呼叫触电者

【答案】　A

Lb1A3054　安全电压是指不致使人直接致死或致残的电压,一般环境条件下允许持续接触的"安全特低电压"是( )V。

(A)12　　　　　(B)24　　　　　(C)36　　　　　(D)48

【答案】　C

Lb1A3055　在潮湿或含有酸类的场地上以及在金属容器内,应使用( )V及以下电动工具。

(A)12　　　　　(B)24　　　　　(C)36　　　　　(D)48

【答案】　B

Lb1A3056　重度烧伤要求在( )h内送往救治单位,否则在休克期以后(伤后48h)再送。

(A)6　　　　　(B)7　　　　　(C)8　　　　　(D)10

【答案】　C

Lb1A3057　被犬咬伤后应立即用浓肥皂水或清水冲洗伤口至少( )min,同时用挤压法自上而下将残留伤口内唾液挤出,然后再用碘酒涂搽伤口。

(A)5　　　　　(B)10　　　　　(C)15　　　　　(D)20

【答案】　C

Lb1A3058　巡视中发现高压配电线路、设备接地或高压导线、电缆断落地面、悬挂空中时,室外人员应距离故障点( )m以外。

(A)4　　　　　(B)6　　　　　(C)8　　　　　(D)10

【答案】　C

Lb1A3059　电缆隧道、偏僻山区、夜间、事故或恶劣天气等巡视工作,应至少( )人一组进行。

(A)2　　　　　(B)3　　　　　(C)4　　　　　(D)5

【答案】　A

Lb1A3060　正常巡视应( )。

(A)穿绝缘鞋　　(B)穿纯棉工作服　　(C)穿平底靴　　(D)戴手套

【答案】　A

Lb1A3061　在电缆隧道内巡视时,作业人员应携带便携式气体测试仪,通风不良时还应携带( )。

(A)正压式空气呼吸器　　　　　　　　　　(B)防毒面具

(C)口罩　　　　　　　　　　　　　　　　(D)湿毛巾

【答案】　A

Lb1A3062　对于由政府部门组织调查的事故,若对有关人员的处理意见严于规定,按( )意见给予处罚。

(A)政府部门   (B)单位   (C)检察院   (D)法院

【答案】 A

Lb1A3063 对故意隐瞒安全事故的个人或组织将( )做出相应的处罚。

(A)适当   (B)严格   (C)依法   (D)依规

【答案】 C

Lb1A3064 对故意隐瞒安全事故的机构,有( )行为的机构,撤销其相应资格。

(A)主动承认   (B)前款违法   (C)行贿   (D)改正

【答案】 B

Lb1A3065 高压断路器额定开断电流是指在规定的条件下,能保证正常开断的( )电流。

(A)额定   (B)最大短路   (C)最小短路   (D)最大负荷

【答案】 B

Lb1A3066 电磁操动机构是利用合闸线圈中的电流产生的( )驱动合闸铁芯,撞击合闸四连杆机构进行合闸的。

(A)电磁感应   (B)磁通量   (C)电磁力   (D)热效应

【答案】 C

Lb1A3067 配电室单台变压器容量选择不宜超过( )kV·A。

(A)315   (B)400   (C)630   (D)800

【答案】 D

Lb1A3068 砼杆倾斜不应大于( )。

(A)15/1000   (B)20/1000   (C)25/1000   (D)30/1000

【答案】 A

Lb1A3069 50 m以下高度的铁塔倾斜度不应大于( )%。

(A)0.2   (B)0.3   (C)0.5   (D)1

【答案】 D

Lb1A3070 钢杆不应严重锈蚀,主材弯曲度不应超过( )。

(A)1/1000   (B)2/1000   (C)3/1000   (D)5/1000

【答案】 D

Lb1A3071 配电架空线路19股及以上导线任一处的损伤不应超过( )股。

(A)2   (B)3   (C)4   (D)5

【答案】 B

Lb1A3072 一般档距内弛度相差不宜超过( )mm。

(A)30   (B)50   (C)60   (D)70

【答案】 B

Lb1A3073 架空裸导线档距在60 m时,线间距的最小运行距离为( )m。

(A)0.65   (B)0.7   (C)0.75   (D)0.8

【答案】 B

Lb1A3074 架空绝缘导线档距在 50 m 时,线间距的最小运行距离为( )m。

(A)0.4 　　　　　(B)0.55 　　　　　(C)0.65 　　　　　(D)0.7

【答案】 B

Lb1A3075 同杆低压线路与高压不同电源时是杆塔的( )缺陷。

(A)一般 　　　　　(B)严重 　　　　　(C)紧急 　　　　　(D)危急

【答案】 B

Lb1A3076 杆塔本体有异物属于( )缺陷。

(A)一般 　　　　　(B)严重 　　　　　(C)紧急 　　　　　(D)危急

【答案】 A

Lb1A3077 巡视拉线时,应检查拉线绝缘子是否( )或缺少。

(A)严重锈蚀 　　　(B)变形 　　　　　(C)破损 　　　　　(D)裂纹

【答案】 C

Lb1A3078 标准轨距时,10 kV 架空配电线路与铁路的最小垂直距离为( )m。

(A)6 　　　　　　　(B)7.5 　　　　　(C)8 　　　　　　(D)9

【答案】 B

Lb1A3079 10 kV 架空配电线路与公路的最小垂直距离为( )m。

(A)6 　　　　　　　(B)7 　　　　　　(C)7.5 　　　　　(D)8

【答案】 B

Lb1A3080 10 kV 架空配电线路与通航河流在年最高水平时的最小垂直距离为( )m。

(A)6 　　　　　　　(B)7 　　　　　　(C)7.5 　　　　　(D)8

【答案】 A

Lb1A3081 10 kV 架空配电线路与通电压等级导线的最小垂直距离为( )m。

(A)2 　　　　　　　(B)3 　　　　　　(C)4 　　　　　　(D)5

【答案】 A

Lb1A3082 巡视线路通道时,应检查线路附近是否出现( )、揽风索及可移动设施等。

(A)工程机械 　　　(B)挖掘机械 　　　(C)运输机械 　　　(D)高大机械

【答案】 D

Lb1A3083 电缆通道的警示牌设置间距一般不大于( )m。

(A)20 　　　　　　(B)30 　　　　　　(C)40 　　　　　　(D)50

【答案】 D

Lb1A3084 电缆通道内施工作业时,( )应履行配合、监督和验收职责,施工单位应对电缆及通道、相关附属设备及设施采取保护措施。

(A)检修单位 　　　(B)调控中心 　　　(C)运维单位 　　　(D)责任单位

【答案】 C

Lb1A3085 电缆终端头应固定在支持卡子上,为防止损伤( ),卡子与电缆间应加衬垫。

(A)线路 (B)电缆 (C)终端头 (D)外护套

【答案】 D

Lb1A3086 闪络性故障一般发生于电缆耐压试验击穿中,并多出现在电缆( )。

(A)中间接头 (B)终端头内

(C)本体 (D)中间接头或终端头内

【答案】 D

Lb1A3087 10 kV柱上负荷开关采用( )绝缘。

(A)气体或固体 (B)气体或液体 (C)固体或液体 (D)气体

【答案】 A

Lb1A3088 经常开路运行而又带电的柱上断路器应在( )装设避雷器。

(A)带电侧 (B)负荷侧 (C)低压侧 (D)出线侧

【答案】 A

Lb1A3089 总容量100 kV·A及以上的变压器接地电阻应小于( )Ω。

(A)2 (B)4 (C)8 (D)10

【答案】 B

Lb1A3090 总容量为100 kV·A以下的变压器接地电阻应小于( )Ω。

(A)2 (B)4 (C)8 (D)10

【答案】 D

Lb1A3091 ( )缺陷可结合检修计划尽早消除,但应处于可控状态。

(A)一般 (B)严重 (C)危急 (D)紧急

【答案】 A

Lb1A3092 在《全国供用电规则》中规定,电网容量在3000 MW及以上者允许供电频率偏差为( )Hz。

(A)±0.1 (B)±0.2 (C)±0.3 (D)±0.5

【答案】 B

Lb1A3093 在《全国供用电规则》中规定,电网容量在3000 MW以下者允许供电频率偏差为( )Hz。

(A)±0.1 (B)±0.2 (C)±0.3 (D)±0.5

【答案】 D

Lb1A3094 380V/220V低压网络供电电压的监测点要求每百台配电变压器至少设( )个电压监测点。

(A)1 (B)2 (C)3 (D)4

【答案】 B

Lb1A3095 ( )的特点为负荷量变化速度快,能造成电压波动和照明闪变,如电弧炉。

(A)不平衡负荷 (B)冲击负荷 (C)大容量负荷 (D)非线性负荷

【答案】 B

Lb1A3096 ( )会向电网注入谐波电流,使电压、电流波形发生畸变。

(A)非线性负荷 (B)电阻性 (C)电感性 (D)电容性

【答案】 A

Lb1A3097 下面对不平衡负荷特点阐述正确的有( )。

(A)电压、电流中产生负序分量 (B)负荷量变化速度快

(C)负荷阻抗非线性变化 (D)会产生谐波电流

【答案】 A

Lb1A3098 在我国国民经济中,( )负荷在整个用电负荷中所占的比重最大。

(A)工业用电 (B)居民用电 (C)农业用电 (D)学校用电

【答案】 A

Lb1A3099 ( )负荷受季节、气候的影响较大。

(A)工业用电 (B)居民用电 (C)农业用电 (D)学校用电

【答案】 C

Lb1A3100 断续工作制的用电设备工作周期一般不超过( )min。

(A)5 (B)10 (C)15 (D)20

【答案】 B

Lb1A3101 ( )的用电设备,为表现反复短时的特点,通常用暂载率描述。

(A)断续工作制 (B)长时工作制

(C)反复短时工作制 (D)连续工作制

【答案】 A

Lb1A3102 某一电动机的标牌为额定容量 $S_N=10kW$,功率因数 $\cos\varphi$ 为 0.8,则设备容量为( )kW。

(A)6 (B)8 (C)10 (D)12.5

【答案】 B

Lb1A3103 电焊机的设备容量需要统一换算到负荷暂载率为( )%时的功率。

(A)15 (B)25 (C)50 (D)100

【答案】 D

Lb1A3104 吊车电动机的设备容量需要统一换算到负荷暂载率为( )%时的功率。

(A)15 (B)25 (C)50 (D)100

【答案】 B

Lb1A3105 ( )为设备组在最大负荷时输出功率与取用功率之比。

(A)同时系数 (B)负荷系数

(C)设备平均效率 (D)线路效率

【答案】 C

Lb1A3106 某车间有电动机 10 台,4.5 kW 的 4 台,7.5 kW 的 6 台,K_d＝0.2,$\cos\varphi$ 为 0.5,无功计算负荷为(   )kV·Ar。

(A)12.6   (B)21.8   (C)31.5   (D)54.5

【答案】 B

Lb1A3107 在同一配电干线上可能有多组用电设备同时工作,但最大负荷可能不是同时出现,因此应计入(   )系数。

(A)负荷   (B)同时   (C)需要   (D)利用

【答案】 B

Lb1A3108 对于一般的车间,装设一台变压器,通常单台变压器容量不宜超过(   )kV·A。

(A)600   (B)800   (C)1000   (D)1500

【答案】 C

Lb1A3109 车间装设的变压器额定容量要(   )全部用电设备的总计算负荷。

(A)等于   (B)大于   (C)大于等于   (D)小于

【答案】 C

Lb1A3110 企业总降压变电站选用两台容量相同的变压器,任何一台变压器单独运行时需满足以下两个条件:满足总计算负荷的(   );满足全部一级、二级负荷的(   )%。

(A)60%～70%,80   (B)50%～70%,100

(C)60%～70%,100   (D)50%～70%,80

【答案】 C

Lb1A3111 自然功率因数最高的是(   )。

(A)复阻抗   (B)电抗性   (C)电容性   (D)电阻性

【答案】 B

Lb1A3112 我国供电企业每月对企业的(   )进行考核,并与国家规定的功率因数标准值进行比较来调整电费。

(A)自然功率因数   (B)瞬时功率因数

(C)平均功率因数   (D)总功率因数

【答案】 C

Lb1A3113 对于给定的线路,当输送电压和输送的有功功率一定时,如果提高功率因数,功率损耗将(   )。

(A)减小   (B)不变   (C)增加   (D)不一定

【答案】 A

Lb1A3114 输配电线路和变压器的电抗远远(   )电阻,因此远距离输送无功功率在线路和变压器上造成(   )的电压损耗。

(A)大于,很大   (B)大于,很小   (C)小于,很大   (D)小于,很小

【答案】　A

Lb1A3115　提高功率因数可(　　)变压器和线路的电能损耗。

(A)增加　　　　　(B)减少　　　　　(C)不变　　　　　(D)不一定

【答案】　B

Lb1A3116　提高功率因数可(　　)变压器和线路的电能损耗,在发电设备容量不变的情况下,供给客户的电能(　　),成本相应(　　)。

(A)减少,增加,增加　　　　　　　　　(B)减少,增加,减少

(C)增加,减少,增加　　　　　　　　　(D)增加,减少,减少

【答案】　B

Lb1A3117　动态补偿无功设备可以提高(　　)。

(A)自然功率因数　(B)电压质量　　(C)功率因数　　(D)供电能力

【答案】　C

Lb1A3118　提高功率因数,需要增加(　　),在电压保持不变的情况下,该节点消耗的能量不变。

(A)串联电容　　(B)并联电容　　(C)串联电抗　　(D)并联电抗

【答案】　B

Lb1A3119　(　　)的补偿范围大,补偿效果好,但是总的投资大,利用率低。

(A)低压分散补偿　　　　　　　　　(B)低压成组补偿

(C)高压集中补偿　　　　　　　　　(D)高压分散补偿

【答案】　A

Lb1A3120　低压分散补偿适合(　　)的负荷。

(A)小容量集中　(B)大容量分散　(C)中小型企业　(D)大中型企业

【答案】　B

Lb1A3121　在三相系统中,当单相电容器的额定电压与电网额定电压相同时,三相电容器组应采用(　　)连接;当电容器的额定电压低于电网额定电压时,应采用(　　)连接。

(A)三角形,三角形　　　　　　　　　(B)三角形,星形

(C)星形,三角形　　　　　　　　　　(D)星形,星形

【答案】　B

Lb1A3122　短路容量较小的工业企业变电站,多采用(　　)接线。

(A)星形　　　　(B)三角形　　　(C)不完全星形　(D)星形或三角形

【答案】　B

Lb1A3123　低压电气设备电压等级为(　　)。

(A)1000 V 及以下　(B)1000 V 以下　(C)100 V 及以下　(D)100 V 以下

【答案】　B

Lb1A3124　封闭式高压配电设备进线电源侧和出线线路侧应装设(　　)装置。

（A)带电显示　　　　(B)警示　　　　(C)安全标示　　　　(D)防误闭锁

【答案】　A

Lb1A3125　检修联络用的断路器(开关)、隔离开关(刀闸),应在其(　　　)验电。

（A)去电侧　　　　(B)两侧　　　　(C)上电侧　　　　(D)去电侧

【答案】　B

Lb1A3126　《供电营业规则》中规定:供电企业已受理的用电申请,应尽快确定(　　　),对于高压单电源用户,答复时间最长不超过(　　　)。

（A)供电方案,一个月　　　　　　　　(B)施工方案,五天

（C)设备清单,十天　　　　　　　　　(D)项目费用,两个月

【答案】　A

Lb1A3127　供电方式确定的依据不包括(　　　)。

（A)电网规划　　　　(B)供电难度　　　　(C)用电需求　　　　(D)当地供电条件

【答案】　B

Lb1A3128　特殊情况需开放趸售供电时,应由(　　　)供电企业报(　　　)电价管理部门批准。

（A)国家级,中央委员会　　　　　　　(B)省级,国务院

（C)市级,省政府　　　　　　　　　　(D)县级,所在地

【答案】　B

Lb1A3129　对 35 kV 及以上电压供电的用户停电的次数,每年不应超过(　　　)次。

（A)1　　　　　　(B)2　　　　　　(C)3　　　　　　(D)5

【答案】　A

Lb1A3130　架空线路导线外缘向外侧水平延伸并垂直于地面所形成的两平行面内的区域,为架空电力线路保护区,其中 1~10 kV 导线向外延伸(　　　)m。

（A)5　　　　　　(B)10　　　　　　(C)15　　　　　　(D)20

【答案】　A

Lb1A3131　地下电缆为电缆线路地面标桩两侧各(　　　)m 所形成两平行线内区域为保护区。

（A)0.5　　　　　(B)0.75　　　　　(C)1　　　　　　(D)1.25

【答案】　B

Lb1A3132　架空线路导线外缘向外侧水平延伸并垂直于地面所形成的两平行面内的区域,为架空电力线路保护区,其中 500 kV 导线向外延伸(　　　)m。

（A)5　　　　　　(B)10　　　　　　(C)15　　　　　　(D)20

【答案】　D

Lb1A3133　架空线路导线外缘向外侧水平延伸并垂直于地面所形成的两平行面内的区域,为架空电力线路保护区,其中 35~110 kV 导线向外延伸(　　　)m。

（A)5　　　　　　(B)10　　　　　　(C)15　　　　　　(D)20

【答案】　B

Lb1A3134　配变出口过电压是出口相电压高于(　　)V。

(A)180　　　　　　(B)198　　　　　　(C)220　　　　　　(D)235.4

【答案】　D

Lb1A3135　配电设备供电能力异常包括配变重、过载、配变(　　),以及变压器负载状态所处的异常、临界状态。

(A)单相不平衡　　(B)两相不平衡　　(C)三相不平衡　　(D)四相不平衡

【答案】　C

Lb1A3136　电压质量包括客户低(过)电压、配变出口低(过)电压,以及 D 类监测点(　　)的正常、异常、临界状态。

(A)电流　　　　　(B)电压　　　　　(C)功率　　　　　(D)无功

【答案】　B

Lb1A3137　业务咨询是指客户对各类供电服务信息、业务办理情况、(　　)等问题的业务询问。

(A)企业文化　　　(B)用电安全　　　(C)节电知识　　　(D)电力常识

【答案】　D

Lb1A3138　客户咨询家用电器赔偿或其他因供电企业责任引起损失的赔偿(补偿)标准属于(　　)。

(A)咨询工单　　　(B)投诉工单　　　(C)意见工单　　　(D)表扬工单

【答案】　A

Lb1A3139　客户反映针对 95598 客服代表的投诉、举报、意见、建议、表扬业务等情况属于(　　)。

(A)咨询工单　　　(B)投诉工单　　　(C)意见工单　　　(D)表扬工单

【答案】　A

Lb1A3140　以下不属于咨询工单的是(　　)。

(A)客户来电因异常原因造成客户端通话无声的情况

(B)客户诉求非供电公司管理、受理范围的情况

(C)客户申请对电能计量装置进行校验的业务诉求

(D)客户咨询节约用电措施、途径、常识等相关问题

【答案】　C

Lb1A3141　客户诉求非供电公司管理、受理范围的情况属于(　　)。

(A)咨询工单　　　(B)投诉工单　　　(C)意见工单　　　(D)表扬工单

【答案】　A

Lb1A3142　客户要求撤销之前反映的诉求属于(　　)。

(A)咨询工单　　　(B)投诉工单　　　(C)意见工单　　　(D)表扬工单

【答案】　A

Lb1A3143 国网客服中心受理客户咨询诉求后,未办结业务( )min 内派发工单。

(A)10　　　　　(B)20　　　　　(C)2　　　　　(D)24

【答案】 B

Lb1A3144 办理周期过半的咨询工单由国网客服中心向各( )派发催办工单。

(A)省公司　　　　　　　　　　(B)省客户服务中心

(C)地市公司　　　　　　　　　(D)地市客户服务中心

【答案】 B

Lb1A3145 受理咨询工单国网客服中心、各省客服中心应详细记录客户信息、( )、联系方式、是否需要回复等信息。

(A)咨询内容　　(B)客户诉求　　(C)受理时间　　(D)受理内容

【答案】 A

Lb1A3146 咨询一次答复率就是客户电话转人工咨询后,客服代表( )咨询的工单,占咨询受理总数的比例。

(A)受理　　　　　　　　　　　(B)受理、记录

(C)能够一次处理完成　　　　　(D)应答客户咨询以及一次处理完成

【答案】 D

Lb1A3147 表扬分为( )、行风建设、电网建设、其他表扬四大类。

(A)供电质量　　(B)供电服务　　(C)供电业务　　(D)窗口服务

【答案】 B

Lb1A3148 客户回复(回访)本着"( )"的原则,各单位不得层层回复(回访)客户。除( )工单外,其他派发的工单应实现百分百回复(回访)。

(A)谁处理,谁回复(回访);举报　　　(B)谁分理,谁回复(回访);表扬

(C)谁受理,谁回复(回访);表扬　　　(D)谁被表扬,谁回复(回访);举报

【答案】 C

Lb1A3149 表扬是指客户对供电企业在( )、( )等方面提出的表扬请求业务。

(A)党风廉政,拾金不昧　　　　(B)优质服务,行风建设

(C)拾金不昧,优质服务　　　　(D)党风廉政,见义勇为

【答案】 B

Lb1A3150 95598 业务包括信息查询、业务咨询、故障报修、投诉、举报、建议、意见、表扬、服务申请等,除( )业务外,各项业务流程实行闭环管理。

(A)信息查询　　(B)业务咨询　　(C)举报　　　(D)表扬

【答案】 D

Lb1A3151 受理客户表扬诉求后,客户挂断电话后 20 h 内派发至( )。

(A)国网客户服务中心　　　　　(B)省客户服务中心

(C)地市、县客户服务中心　　　(D)被表扬人单位

【答案】 B

Lb1A3152 受理表扬工单,客户挂断电话后 20 h 内派发至( )。

(A)省公司 (B)省客户服务中心

(C)地市公司 (D)地市客户服务中心

【答案】 B

Lb1A3153 国网客服中心受理客户表扬诉求后,未办结业务( )内派发单,处理部门应根据工单内容核实表扬。

(A)10 min (B)20 min (C)2 h (D)24 h

【答案】 B

Lb1A3154 国网客服中心应详细记录客户信息、反映内容、( )等信息,准确选择业务类型与处理部门,生成表扬工单。

(A)表扬对象 (B)表扬原因 (C)联系方式 (D)是否回访

【答案】 C

Lb1A3155 服务申请是指客户向供电企业提出协助、配合或需要开展( )的诉求业务。

(A)业务受理 (B)电费收缴 (C)现场服务 (D)电力施工

【答案】 C

Lb1A3156 国网客服中心受理客户服务申请诉求后,( )内派发工单。

(A)10 min (B)20 min (C)2 h (D)24 h

【答案】 B

Lb1A3157 对于政府相关部门、12398、新闻媒体等渠道反映的服务申请,由于客户原因导致回复不成功的,国网客服中心回访工作应满足:不少于( )天,每天不少于 3 次回复,每次回复时间间隔不小于 2 h。

(A)1 (B)2 (C)3 (D)4

【答案】 C

Lb1A3158 国网客服中心应详细记录客户信息、反映内容、联系方式、是否需要回访等信息,根据客户反映的内容及性质,准确选择业务类型与( ),生成服务申请工单。

(A)工单分类 (B)工单时限 (C)所属地区 (D)处理单位

【答案】 D

Lb1A3159 客户反映电力施工结束后,现场仍有废弃物或破损路面未及时恢复,应生成( )工单。

(A)投诉 (B)建议 (C)意见 (D)服务申请

【答案】 D

Lb1A3160 客户路灯报修的业务应生成( )工单。

(A)投诉 (B)建议 (C)意见 (D)服务申请

【答案】 D

Lb1A3161 办理周期(　　)的服务申请由国网客服中心向各省客服中心派发催办工单。

(A)未到　　　　　(B)已到　　　　　(C)未过半　　　　　(D)已过半

【答案】 D

Lb1A3162 办理周期已过半的服务申请由国网客服中心向各(　　)派发催办工单。

(A)省公司　　　　　　　　　　(B)省客户服务中心

(C)地市公司　　　　　　　　　(D)地市客户服务中心

【答案】 B

Lb1A3163 服务申请催办业务,在途未超时限且办理周期(　　)的工单由国网客服中心向客户解释。

(A)未到　　　　　(B)已到　　　　　(C)未过半　　　　　(D)已过半

【答案】 C

Lb1A3164 电器损坏业务应(　　)内到达故障现场核查,业务处理完毕后1个工作日内回复工单。

(A)20 min　　　　(B)2 h　　　　(C)24 h　　　　(D)1 个工作日

【答案】 C

Lb1A3165 抄表数据异常业务应(　　)个工作日内核实并回复工单。

(A)4　　　　　(B)5　　　　　(C)6　　　　　(D)7

【答案】 C

Lb1A3166 已结清欠费的复电登记业务应(　　)内为客户恢复送电,送电后(　　)内回复工单。

(A)20 min,2 h　　　　　　　　(B)2 h,2 h

(C)24 h,1 个工作日　　　　　　(D)2 h,1 个工作日

【答案】 C

Lb1A3167 电能表异常业务应(　　)个工作日内处理并回复工单。

(A)4　　　　　(B)5　　　　　(C)6　　　　　(D)7

【答案】 A

Lb1A3168 高速公路快充网络充电预约业务,客户预约时间小于 45 min 的,应在客户挂机后 45 min 内到达现场;客户预约时间大于(　　)的,应在客户预约时间前到达现场。为客户充电完毕后(　　)内回复工单。

(A)30 min,1 h　　(B)45 min,2 h　　(C)1 h,2 h　　(D)2 h,30 min

【答案】 B

Lb1A3169 其他服务申请类业务应(　　)个工作日内处理完毕并回复工单。

(A)4　　　　　(B)5　　　　　(C)6　　　　　(D)7

【答案】 B

Lb1A3170 变压器分接开关是通过改变一次与二次绕组的(　　)来改变变压器的电压变比。

(A)电流比　　　　(B)匝数比　　　　(C)同极性端　　　　(D)连接组别

【答案】　B

Lb1A3171　高压断路器的弹簧操纵机构合、分闸的能量取决于(　　)。

(A)储能弹簧的弹力　　　　　　　　(B)储能电动机的功率

(C)合、分闸线圈的电磁力　　　　　　(D)开关的分断能力

【答案】　A

Lb1A3172　隔离开关的主要作用是(　　)。

(A)切断负荷电流　　　　　　　　　(B)隔离电源

(C)切断有载电路　　　　　　　　　(D)切断短路电流

【答案】　B

Lb1A3173　终端杆不应向(　　)侧倾斜。

(A)拉线　　　　(B)导线　　　　(C)配变　　　　(D)房屋

【答案】　B

Lb1A3174　特殊巡视由(　　)组织对设备进行全部或部分巡视。

(A)运维班组　　　　(B)运维单位　　　　(C)政府　　　　(D)高危用户

【答案】　B

Lb1A3175　夜间巡视工作在(　　)或雾天的夜间进行。

(A)负荷波动较大　　(B)负荷高峰　　(C)配网倒闸操作　　(D)交通高峰

【答案】　B

Lb1A3176　夜间巡视主要检查连接点有无过热、打火现象,(　　)表面有无闪络等设备工况。

(A)跌落式熔断器　　(B)隔离开关　　(C)绝缘子　　(D)柱上断路器

【答案】　C

Lb1A3177　架空配电线路定期巡视的周期为市区内(　　)个月。

(A)1　　　　(B)2　　　　(C)3　　　　(D)4

【答案】　A

Lb1A3178　杆塔偏离线路中心不应大于(　　)m。

(A)0.1　　　　(B)0.2　　　　(C)0.3　　　　(D)0.4

【答案】　A

Lb1A3179　水泥杆杆身有纵向裂纹时,则存在(　　)缺陷。

(A)一般　　　　(B)严重　　　　(C)紧急　　　　(D)危急

【答案】　D

Lb1A3180　配电架空线路7股导线中任一股损伤深度不应超过该股导线直径的(　　)。

(A)1/5　　　　(B)1/4　　　　(C)1/3　　　　(D)1/2

【答案】　D

Lb1A3181　巡视导线时,应检查连接线夹螺栓有(　　)现象。

(A)过热　　　　　(B)跑线　　　　　(C)开裂　　　　　(D)起泡

【答案】　B

Lb1A3182　巡视导线时,应检查导线绑扎线有无脱落和(　　)的痕迹。

(A)过热　　　　　(B)变形　　　　　(C)开裂　　　　　(D)起泡

【答案】　C

Lb1A3183　架空裸导线档距在 50 m 时,线间距的最小运行距离为(　　)m。

(A)0.65　　　　　(B)0.7　　　　　(C)0.75　　　　　(D)0.8

【答案】　A

Lb1A3184　架空绝缘导线档距在 40 m 及以下时,线间距的最小运行距离为(　　)m。

(A)0.4　　　　　(B)0.55　　　　　(C)0.65　　　　　(D)0.7

【答案】　A

Lb1A3185　10 kV 每相的过引线、引下线与邻相的过引线、引下线、导线之间的净空距离为(　　)m。

(A)0.2　　　　　(B)0.3　　　　　(C)0.4　　　　　(D)0.55

【答案】　B

Lb1A3186　10kV 导线与电杆、构件、拉线的净距为(　　)m。

(A)0.2　　　　　(B)0.3　　　　　(C)0.4　　　　　(D)0.55

【答案】　A

Lb1A3187　铁横担的锈蚀表面积不应超过(　　)。

(A)1/5　　　　　(B)1/4　　　　　(C)1/3　　　　　(D)1/2

【答案】　D

Lb1A3188　横担上下倾斜、左右偏斜不应大于横担长度的(　　)%。

(A)1　　　　　(B)2　　　　　(C)3　　　　　(D)5

【答案】　B

Lb1A3189　巡视横担时,应检查与其连接的线夹、连接器上有无锈蚀或(　　)现象。

(A)过热　　　　　(B)跑线　　　　　(C)开裂　　　　　(D)起泡

【答案】　A

Lb1A3190　巡视瓷质绝缘子时,应检查有无损伤、裂纹和(　　)痕迹。

(A)过热　　　　　(B)跑线　　　　　(C)开裂　　　　　(D)闪络

【答案】　D

Lb1A3191　跨越电车行车线的水平拉线,对路面的垂直距离不应小于(　　)m。

(A)5　　　　　(B)6　　　　　(C)8　　　　　(D)9

【答案】　D

Lb1A3192　跨越道路的水平拉线对路边缘的垂直距离不应小于(　　)m。

(A)5　　　　　(B)6　　　　　(C)8　　　　　(D)9

【答案】 B

Lb1A3193 土壤电阻率在 100 Ω·m 以上至 500 Ω·m 时,电杆的接地电阻为( )Ω。

(A)10 　　　　(B)15 　　　　(C)20 　　　　(D)25

【答案】 B

Lb1A3194 土壤电阻率在 500 Ω·m 以上至 1000 Ω·m 时,电杆的接地电阻为( )Ω。

(A)10 　　　　(B)15 　　　　(C)20 　　　　(D)25

【答案】 C

Lb1A3195 土壤电阻率在 1000 Ω·m 以上至 2000 Ω·m 时,电杆的接地电阻为( )Ω。

(A)10 　　　　(B)15 　　　　(C)20 　　　　(D)25

【答案】 D

Lb1A3196 土壤电阻率在 2000 Ω·m 以上时,电杆的接地电阻为( )Ω。

(A)15 　　　　(B)20 　　　　(C)25 　　　　(D)30

【答案】 D

Lb1A3197 土壤电阻率在 100 Ω·m 及以下时,电杆的接地电阻为( )Ω。

(A)10 　　　　(B)15 　　　　(C)20 　　　　(D)25

【答案】 A

Lb1A3198 某地市 10 kV 线路回长 8000 km,其中架空线路长度 4500 km,架空绝缘线路长度 2800 km,则该地市的电缆化率为( )%。

(A)35 　　　　(B)43.75 　　　　(C)56.25 　　　　(D)62.2

【答案】 B

Lb1A3199 某地市 10 kV 线路回长 20 000 km,配电变压器 5000 台,S7 及以下配电变压器 800 台,则该地市的高能耗配电变压器比例为( )%。

(A)16 　　　　(B)17 　　　　(C)18 　　　　(D)20

【答案】 A

Lb1A3200 某地市 10 kV 线路回长 8000 km,其中架空线路长度 4500 km,架空绝缘线路长度 2800 km,则该地市的架空线路绝缘化率为( )%。

(A)35 　　　　(B)43.75 　　　　(C)56.25 　　　　(D)62.2

【答案】 D

Lb1A3201 隔离负荷开关巡视的主要内容包括查看( )装置是否完好。

(A)灭弧 　　　　(B)分合 　　　　(C)控制 　　　　(D)保护

【答案】 A

Lb1A3202 配电变压器的巡视应检查变压器标识标示是否( )、清晰,铭牌和编号等是否完好。

(A)齐全 　　　　(B)准确 　　　　(C)完整 　　　　(D)明显

【答案】 A

Lb1A3203 配电变压器的绕组及套管严重放电属于（　　　）缺陷。

(A)轻微　　　　　　(B)一般　　　　　　(C)严重　　　　　　(D)危急

【答案】　D

Lb1A3204 1600 kV·A 以上的配电变压器相间直流电阻大于三相平均值的（　　　）％,属于配电变压器主要缺陷。

(A)1　　　　　　　(B)2　　　　　　　(C)3　　　　　　　(D)4

【答案】　B

Lb1A3205 配电变压器的绕组及套管略有破损属于（　　　）缺陷。

(A)轻微　　　　　　(B)一般　　　　　　(C)严重　　　　　　(D)危急

【答案】　B

Lb1A3206 配电变压器的绕组及套管污秽较严重属于（　　　）缺陷。

(A)轻微　　　　　　(B)一般　　　　　　(C)严重　　　　　　(D)危急

【答案】　B

Lb1A3207 配电变压器外部连接线夹破损断裂严重属于（　　　）缺陷。

(A)轻微　　　　　　(B)一般　　　　　　(C)严重　　　　　　(D)危急

【答案】　D

Lb1A3208 导线接头及外部连接截面损失达（　　　）％以上属于危急缺陷。

(A)10　　　　　　　(B)15　　　　　　　(C)20　　　　　　　(D)25

【答案】　D

Lb1A3209 配电变压器电气连接处实测温度大于（　　　）℃属于危急缺陷。

(A)60　　　　　　　(B)70　　　　　　　(C)80　　　　　　　(D)90

【答案】　D

Lb1A3210 导线接头及外部连接截面损伤小于（　　　）％属于一般缺陷。

(A)5　　　　　　　(B)6　　　　　　　(C)7　　　　　　　(D)8

【答案】　C

Lb1A3211 配电变压器高、低压绕组声响异常属于（　　　）。

(A)危急缺陷　　　　(B)严重缺陷　　　　(C)一般缺陷　　　　(D)轻微缺陷

【答案】　B

Lb1A3212 星形接线配电变压器三相不平衡率大于（　　　）％属于严重缺陷。

(A)20　　　　　　　(B)30　　　　　　　(C)40　　　　　　　(D)50

【答案】　B

Lb1A3213 角形接线配电变压器三相不平衡率大于（　　　）％属于严重缺陷。

(A)30　　　　　　　(B)40　　　　　　　(C)50　　　　　　　(D)60

【答案】　B

Lb1A3214 干式变压器器身温度超出厂家允许值的（　　　）％且低于20％时,属于一般缺陷。

(A)10　　　(B)15　　　(C)20　　　(D)25

【答案】　A

Lb1A3215　配电变压器上层油温超过（　　）℃属于严重缺陷。

(A)80　　　(B)85　　　(C)90　　　(D)95

【答案】　D

Lb1A3216　硅胶潮解变色部分超过总量的（　　）且为全部变色属于一般缺陷。

(A)1/4　　　(B)1/3　　　(C)1/2　　　(D)2/3

【答案】　D

Lb1A3217　容量100kV·A及以上配变接地电阻大于（　　）Ω属于严重缺陷。

(A)4　　　(B)5　　　(C)6　　　(D)7

【答案】　A

Lb1A3218　配变调压应满足最大负荷和最小负荷时（　　）的要求。

(A)供电可靠率　　(B)电压合格率　　(C)功率因数　　(D)电能质量

【答案】　B

Lb1A3219　（　　）接地是使防雷装置受雷电作用时将雷电流经过接地装置引入大地,以防止雷害。

(A)防雷　　　(B)工作　　　(C)保护　　　(D)防静电

【答案】　A

Lb1A3220　金属氧化物避雷器本体严重损坏属于（　　）缺陷。

(A)一般　　　(B)严重　　　(C)危急　　　(D)紧急

【答案】　C

Lb1A3221　金属氧化物避雷器本体有明显放电属于（　　）缺陷。

(A)一般　　　(B)严重　　　(C)危急　　　(D)紧急

【答案】　B

Lb1A3222　金属氧化物避雷器接地引下线严重锈蚀（大于截面直径或厚度30%）属于（　　）缺陷。

(A)一般　　　(B)严重　　　(C)危急　　　(D)紧急

【答案】　C

Lb1A3223　金属氧化物避雷器接地引下线中度锈蚀（大于截面直径或厚度20%,小于30%）属于（　　）缺陷。

(A)一般　　　(B)严重　　　(C)危急　　　(D)紧急

【答案】　B

Lb1A3224　金属氧化物避雷器接地引下线轻度锈蚀（小于截面直径或厚度20%）属于（　　）缺陷。

(A)一般　　　(B)严重　　　(C)危急　　　(D)紧急

【答案】 A

Lb1A3225 金属氧化物避雷器接地引下线出现断开、断裂属于( )缺陷。

(A)一般 (B)严重 (C)危急 (D)紧急

【答案】 C

Lb1A3226 金属氧化物避雷器接地引下线连接松动、接地不良属于( )缺陷。

(A)一般 (B)严重 (C)危急 (D)紧急

【答案】 B

Lb1A3227 金属氧化物避雷器接地引下线无明显接地属于( )缺陷。

(A)一般 (B)严重 (C)危急 (D)紧急

【答案】 A

Lb1A3228 金属氧化物避雷器接地体埋深不足(耕地小于0.8m,非耕地小于0.6m)属于( )缺陷。

(A)一般 (B)严重 (C)危急 (D)紧急

【答案】 B

Lb1A3229 金属氧化物避雷器接地体接地电阻值＞10Ω属于( )缺陷。

(A)一般 (B)严重 (C)危急 (D)紧急

【答案】 A

Lb1A3230 构筑物屋顶有漏水、渗水现象属于( )缺陷。

(A)一般 (B)严重 (C)危急 (D)紧急

【答案】 A

Lb1A3231 构筑物外体有明显裂纹属于( )缺陷。

(A)一般 (B)严重 (C)危急 (D)紧急

【答案】 B

Lb1A3232 构筑物楼梯明显锈蚀、破损属于( )缺陷。

(A)一般 (B)严重 (C)危急 (D)紧急

【答案】 A

Lb1A3233 构筑物基础内部井内积水浸泡电缆或有杂物危及设备安全属于( )缺陷。

(A)一般 (B)严重 (C)危急 (D)紧急

【答案】 B

Lb1A3234 构筑物基础内部墙体裂纹、墙面剥落属于( )缺陷。

(A)一般 (B)严重 (C)危急 (D)紧急

【答案】 A

Lb1A3235 构筑物外观破损严重或基础下沉可能影响设备安全运行属于( )缺陷。

(A)一般 (B)严重 (C)危急 (D)紧急

【答案】 B

Lb1A3236　构筑物外观破损较为严重或基础下沉明显属于（　　）缺陷。

(A)一般　　　　　　(B)严重　　　　　　(C)危急　　　　　　(D)紧急

【答案】　A

Lb1A3237　危急缺陷消除时间不得超过（　　）h。

(A)2　　　　　　　　(B)12　　　　　　　(C)24　　　　　　　(D)48

【答案】　C

Lb1A3238　严重缺陷应在（　　）天内消除。

(A)1　　　　　　　　(B)10　　　　　　　(C)20　　　　　　　(D)30

【答案】　D

Lb1A3239　10kV 及以下三相供电电压允许偏差为标称电压的（　　）％。

(A)±5　　　　　　　(B)±7　　　　　　　(C)±8　　　　　　　(D)±10

【答案】　B

Lb1A3240　220V 单相供电电压允许偏差为标称电压的（　　）。

(A)±7％　　　　　　　　　　　　　　　(B)−10％～+7％

(C)−7％～+10％　　　　　　　　　　　(D)±10％

【答案】　B

Lb1A3241　城乡居民用电负荷在一天内变化较大,在白天和深夜负荷很小,在每天的（　　）达到高峰。

(A)07:00−09:00　(B)10:00−12:00　(C)13:00−17:00　(D)18:00−23:00

【答案】　D

Lb1A3242　有功功率的单位为（　　）,无功功率的单位为（　　）,视在功率的单位为（　　）。

(A)kW,kvar,kV·A　　　　　　　　　(B)kvar,kW,kV·A

(C)kV·A,kvar,kW　　　　　　　　　(D)kW,kV·A,kvar

【答案】　A

Lb1A3243　任何人发现有违反本规程的情况,应立即制止,经（　　）后方可恢复作业。

(A)上级领导同意　(B)处罚　　　　　(C)批评教育　　　(D)纠正

【答案】　D

Lb1A3244　在试验和推广新技术、新工艺、新设备、新材料的同时,应制定相应的（　　）,经本单位批准后执行。

(A)组织措施　　　(B)技术措施　　　(C)安全措施　　　(D)应急措施

【答案】　C

Lb1A3245　（　　）mA 的交流电流对人体的伤害作用远大于直流电。

(A)25～400　　　　(B)25～300　　　　(C)20～300　　　　(D)20～400

【答案】　B

Lb1A3246　某 10 kV 线路改造工程现场有人高压电源触电,请选择以下使其脱离电源的正确处理方法。若电源开关离触电现场不远,则可采用的断电方式是(   )。

(A)佩戴绝缘手套、绝缘靴,拉开高压断路器

(B)通知供电部门拉闸停电

(C)用带有绝缘柄的利器切断电源线

(D)佩戴绝缘手套拖曳开触电者

【答案】 A

Lb1A3247　人体通过电流时间越长,人体电阻就会(   ),流过的电流就会越大,后果就越严重。

(A)下降　　　　(B)升高　　　　(C)保持不变　　　　(D)无规律

【答案】 A

Lb1A3248　以工频电流为例,电流达到(   )mA 以上,就会引起心室颤动而有生命危险;100 mA 以上的电流,足以致人死亡。

(A)1　　　　　(B)10　　　　　(C)50　　　　　(D)100

【答案】 C

Lb1A3249　以工频电流为例,电流达到(   )mA 以上,会产生麻刺等不舒服的感觉。

(A)1　　　　　(B)10　　　　　(C)50　　　　　(D)100

【答案】 A

Lb1A3250　以工频电流为例,电流达到(   )mA 以上,会产生麻痹、剧痛、痉挛、血压升高、呼吸困难等症状,但通常不致有生命危险。

(A)1　　　　　(B)30　　　　　(C)50　　　　　(D)100

【答案】 B

Lb1A3251　对较大创面、固定夹板、手臂悬吊等,需采用(   )包扎法。

(A)创可贴　　　(B)三角巾　　　(C)绷带　　　(D)尼龙网套

【答案】 B

Lb1A3252　腰椎骨折应将伤者平卧在(   )上,并将腰椎主干及两侧下肢一同进行固定,预防瘫痪。

(A)硬木板　　　(B)硬床板　　　(C)硬床板或地面　　(D)地面

【答案】 A

Lb1A3253　烧伤急救时,强酸或碱灼伤应迅速脱去被溅染衣物,现场立即用大量清水彻底冲洗,然后用适当的药物给予中和;冲洗时间不少于(   )min。

(A)10　　　　　(B)20　　　　　(C)30　　　　　(D)40

【答案】 A

Lb1A3254　单独巡视人员应经(   )批准并公布。

(A)公司领导　　(B)工区领导　　(C)工区　　　(D)安质部门

【答案】 C

Lb1A3255 供电方案的有效期是指从供电方案正式通知书发出之日起至受电工程（   ）之日为止。

(A)立项　　　　　(B)开工　　　　　(C)竣工　　　　　(D)验收

【答案】 B

Lb1A3256 供电方式应当坚持便于（   ）的原则。

(A)施工　　　　　(B)节约　　　　　(C)简单　　　　　(D)管理

【答案】 D

Lb1A3257 用户单相用电设备总容量不足 10 kW 时，一般情况下都可以采用 220 V 电压供电。但具有容量超过（   ）kW 的单相电焊机等设备，且不能采取相应措施消除其对电能质量的影响时，需改变供电方式。

(A)0.5　　　　　(B)0.7　　　　　(C)0.9　　　　　(D)1

【答案】 D

Lb1A3258 在电力系统瓦解或不可抗力造成供电中断时，仍需保证供电的，保安电源应由（   ）。

(A)政府提供　　　(B)供电企业提供　　　(C)用户自备　　　(D)厂家提供

【答案】 C

Lb1A3259 不属于非永久性供电范畴的是（   ）。

(A)基建工地　　　(B)农田水利　　　(C)市政建设　　　(D)工厂企业

【答案】 D

Lb1A3260 供电企业与委托转供户应就专供范围、专供容量、运行维护、（   ）事项签订协议。

(A)电费电价　　　(B)缴费方式　　　(C)检修事宜　　　(D)产权划分

【答案】 D

Lb1A3261 新建监控电力线路不得跨越储存（   ）的仓库。

(A)水泥　　　　　(B)汽油　　　　　(C)粮食　　　　　(D)工器具

【答案】 B

Lb1A3262 （   ）应将经批准的电力设施新建、改建或扩建的规划和计划通知城乡建设规划主管部门。

(A)电力施工单位　(B)电力运维单位　(C)电力管理部门　(D)电力检修单位

【答案】 C

Lb1A3263 下列选项中，属于电力设施保护过程中常使用的法律手段的是（   ）。

(A)刑事手段　　　(B)行政手段　　　(C)民事手段　　　(D)经济手段

【答案】 C

Lb1A3264 刑法中涉及电力设施保护的（   ）等犯罪。

(A)破坏电力设备　(B)挪用公款　　　(C)贪污受贿　　　(D)扰乱公共秩序

【答案】 B

Lb1A3265 负责安全生产（   ）职责的部门依法对生产经营单位执行有关安全生产的法律法

规等进行监督检查。

(A)监督管理   (B)监督负责权   (C)监督执行   (D)安全管理

【答案】 A

Lb1A3266 监督检查( )影响被检查单位的正常生产经营活动。

(A)可以   (B)不得

(C)原则上不应   (D)特殊条件下可以

【答案】 B

Lb1A3267 安全生产监督检察人员在进行监督检查时,应有( )名以上的执法人员,向被检查当事人出示检查证件,证明自己身份。

(A)1   (B)2   (C)3   (D)4

【答案】 B

Lb1A3268 居民委员会发现其所在地生产经营单位存在安全生产违法行为时,应当向( )人民政府或者有关部门报告。

(A)当地   (B)上级   (C)市级   (D)省级

【答案】 A

Lb1A3269 开关设备断口外绝缘应满足不小于( )倍(252 kV)或 1.2 倍(350 kV)相对地外绝缘的要求。

(A)1   (B)1.1   (C)1.15   (D)1.2

【答案】 C

Lb1A3270 开关设备断口外绝缘应满足不小于 1.15 倍(252 kV)或( )倍(350 kV)相对地外绝缘的要求。

(A)1   (B)1.1   (C)1.15   (D)1.2

【答案】 D

Lb1A3271 ( )不会导致配电变压器高压熔断器熔断。

(A)内部短路   (B)外部故障   (C)过负荷   (D)油温过高

【答案】 D

Lb1A3272 断路器电磁操作机构的优点不包括( )。

(A)可遥控操作   (B)可实现自动重合闸

(C)要求大功率直流电源   (D)结构简单

【答案】 C

Lb1A3273 高压断路器的弹簧操作机构的优点不包括( )。

(A)动作快   (B)分、合闸冲力大

(C)能快速自动重合闸   (D)要求电源容量小

【答案】 B

Lb1A3274 拆除旧跌落式熔断器步骤不包括( )。

(A)检查熔断器的各部零件齐全完整

(B)登杆前,必须检查杆根并确认无异常

(C)拆除跌落式熔断器端子的护罩

(D)拆除跌落式熔断器,用循环绳送至杆下

【答案】 A

Lb1A3275 设备缺陷可分为( )缺陷。

(A)一般、严重、危急   (B)轻缓、一般、严重

(C)一般、严重、紧急   (D)轻缓、一般、紧急

【答案】 A

Lb1A3276 ( )不会导致柱上真空断路器的真空度下降。

(A)使用材料气密情况不良   (B)金属波纹管密封质量不良

(C)调试中行程超过波纹管的范围   (D)开关定值调整不当

【答案】 C

Lb1A3277 如果电流、电压采样正确,而有功、无功、功率因数异常,则可能原因是( )。

(A)外部接线松动   (B)内部接线松动   (C)开路   (D)相序接错

【答案】 D

Lb1A3278 供电服务指挥系统中配变异常工单在核实结果分类为可治理,需立项之后下一环节是( )。

(A)挂起   (B)处理   (C)审核   (D)归档

【答案】 A

Lb1A3279 台区经理维护在供电服务指挥系统中( )模块。

(A)业务系统指挥   (B)配电运营管控

(C)基础数据维护   (D)工作台

【答案】 C

Lb1A3280 供电服务指挥系统中,意见处理审核工单在部门审核后的下一环节是( )。

(A)回单确认   (B)地市接单分理

(C)(市)县回单审核   (D)意见审核处理

【答案】 A

Lb1A3281 客户催办督办流程在供电服务指挥系统中市(县)接单分理之后的下一流程是( )。

(A)催办督办处理   (B)地市回单审核   (C)结束   (D)业务受理

【答案】 C

Lb1A3282 稽查校核处理在供电服务指挥系统中校核处理的下一流程是( )。

(A)地市接单分理   (B)回单审核   (C)地市回单审核   (D)结束

【答案】 B

Lb1A3283 通过国网工作单号在供电服务指挥系统中的( )功能查询相关的供服单号。

　　(A)待办工作单　　　　　　　　　　　　(B)综合查询

　　(C)工单对应关系查询　　　　　　　　　(D)历史工作单

【答案】　C

Lb1A3284　供电服务指挥系统中的待办工作单界面不会显示(　　　)。

　　(A)活动名称　　　　(B)流程名称　　　　(C)上一处理环节　　(D)供电单位

【答案】　C

Lb1A3285　供电服务指挥系统中的进程查询是通过(　　　)编号来查询的。

　　(A)供服指挥工单　　　　　　　　　　　(B)国网客服工单

　　(C)国网 95598 工单　　　　　　　　　　(D)不需要工单编号

【答案】　A

Lb1A3286　供电服务指挥系统中工单被锁定后可由(　　　)处理。

　　(A)任意人员　　　　　　　　　　　　　(B)锁定人员

　　(C)管理员　　　　　　　　　　　　　　(D)锁定人员所在部门下的任意人员

【答案】　B

Lb1A3287　供电服务指挥系统中综合查询功能在(　　　)模块下。

　　(A)专题保电　　　　(B)业务系统指挥　　(C)工作台　　　　(D)服务质量监督

【答案】　C

Lb1A3288　供电服务指挥系统中疑似停电预警是在工作台下的(　　　)菜单里。

　　(A)个人定制　　　　(B)预警督办　　　　(C)工作任务　　　　(D)流程支持

【答案】　C

Lb1A3289　供电服务指挥系统中发短信是在(　　　)模块下。

　　(A)辅助功能　　　　(B)专题保电　　　　(C)工作台　　　　(D)大屏监控

【答案】　A

Lb1A3290　供电服务指挥系统中台区经理维护可以用(　　　)条件查询。

　　(A)台区经理手机号　(B)地市　　　　　(C)容量　　　　(D)变压器状态

【答案】　A

Lb1A3291　供电服务指挥系统中服务申请流程的服务申请处理下一环节是(　　　)。

　　(A)省(市)回单审核　　　　　　　　　　(B)市(县)回单审核

　　(C)结束　　　　　　　　　　　　　　　(D)市(县)接单分理

【答案】　B

Lb1A3292　供电服务指挥系统中举报处理工单流程在回单确认的过程中不通过后会转到(　　　)。

　　(A)举报处理　　　　　　　　　　　　　(B)业务受理

　　(C)举报处理审核　　　　　　　　　　　(D)部门审核

【答案】　C

Lb1A3293　在供电服务指挥系统中,配变监测功能中,监测的是(　　　)数据。

（A)故障指示器　　　　　　　　　　（B)停电信息

（C)配电自动化　　　　　　　　　　（D)配变停上电事件

【答案】 D

Lb1A3294 供电服务指挥系统登录的IP地址是( )。

（A)10.122.26.3　（B)10.122.26.5　（C)10.122.26.7　（D)10.122.26.9

【答案】 C

Lb1A3295 在供电服务指挥系统中,煤改电事件分析中,( )数据类型可以人工发布主动工单。

（A)故障事件　　　　　　　　　　（B)报修工单

（C)重载工单　　　　　　　　　　（D)三项不平衡工单

【答案】 A

Lb1A3296 供电服务指挥系统线路实时监测功能中,数据来源不包括( )。

（A)调度　　　（B)配电自动化　　　（C)故障指示器　　　（D)停电信息

【答案】 D

Lb1A3297 供电服务指挥系统中,煤改电相关的报修工单判断依据是( )。

（A)调度　　　（B)配电自动化　　　（C)故障指示器　　　（D)停电信息

【答案】 D

Lb1A3298 公变某时刻的负载率在( )范围内,且持续两小时,供电服务指挥系统中会被认定为发生重载。

（A)50%~80%　（B)60%~90%　（C)80%~100%　（D)100%~120%

【答案】 C

Lb1A3299 公变某时刻的负载率在( )范围内,且持续两小时,供电服务指挥系统中会被认定为发生过载。

（A)50%~80%　（B)60%~90%　（C)80%~100%　（D)100%以上

【答案】 D

Lb1A3300 停电信息的停电区域类型一般分为( )种。

（A)1　　　　　（B)2　　　　　（C)3　　　　　（D)4

【答案】 C

Lb1A3301 供电服务指挥系统中,以下模块中哪里可以发送手动发送短信( )。

（A)营配调技术支持　　　　　　　　（B)供服日报

（C)配变监控　　　　　　　　　　（D)业扩可开放容量

【答案】 A

Lb1A3302 供电服务指挥系统中,区分是泰豪开发的还是郎新开发的依据是( )。

（A)泰豪开发的功能点击时会弹出新的页面

（B)朗新开发的功能点击时会弹出新的页面

(C)泰豪开发的功能点击时不会弹出新的页面

【答案】 A

Lb1A3303 供服系统的停电信息和抢修工单来源于( )。

(A)营销　　　　(B)PMS　　　　(C)用采　　　　(D)OMS

【答案】 B

Lb1A3304 冬季煤改电保供电的位置位于供电服务指挥系统中( )菜单下边。

(A)工作台　　　(B)客户服务指挥　(C)配电运营管控　(D)专题保电

【答案】 D

Lb1A3305 在供电服务指挥系统重载的判断标准是配变负载率高于( )%且累计时长两小时以上。

(A)70　　　　　(B)80　　　　　(C)100　　　　(D)150

【答案】 B

Lb1A3306 供电服务指挥系统中过载的判断标准是配变负载率高于( )%且累计时长两小时以上。

(A)70　　　　　(B)80　　　　　(C)100　　　　(D)150

【答案】 C

Lb1A3307 供电服务指挥系统中严重过载的判断标准是配变负载率高于( )%且累计时长两小时以上。

(A)70　　　　　(B)80　　　　　(C)100　　　　(D)150

【答案】 D

Lb1A3308 供电服务指挥系统中,处于( )状态的故障报修工单会被督办。

(A)已归并　　　(B)已作废　　　(C)已送电　　　(D)已派工

【答案】 D

Lb1A3309 以下不属于线路停电信息类型的是( )。

(A)计划停电　　　　　　　　　　(B)临时停电

(C)电网故障停限电　　　　　　　(D)无序用电

【答案】 D

Lb1A3310 配变负载率介于( )之间且持续 2 小时以上为配电重载。

(A)70%～100%　(B)75%～100%　(C)80%～100%　(D)90%～100%

【答案】 C

Lb1A3311 ( )指产权分界点客户侧的电力设施故障。

(A)高压故障　　　(B)低压故障　　　(C)客户内部故障　(D)非电力故障

【答案】 B

Lb1A3312 ( )是指由于供电电压、频率等方面问题导致用电设备故障或无法正常工作,主要包括供电电压、频率存在偏差或波动、谐波等。

　　　　　　(A)高压故障　　　　　(B)低压故障　　　　　(C)电能质量问题　(D)非电力故障

【答案】 C

Lb1A3313　(　　)是指供电企业产权的供电设施损坏但暂时不影响运行、非供电企业产权的
　　　　　　电力设备设施发生故障、非电力设施发生故障等情况。

　　　　　　(A)高压故障　　　　　(B)低压故障　　　　　(C)电能质量问题　(D)非电力故障

【答案】 D

Lb1A3314　重要活动电力保障期间发生影响安全、可靠供电的电力设施安全隐患或故障为(　　)故
　　　　　　障报修。

　　　　　　(A)普通　　　　　(B)一般　　　　　(C)特殊　　　　　(D)紧急

【答案】 D

Lb1A3315　已经或可能对高危及重要客户造成重大损失或影响安全、可靠供电的电力设施安
　　　　　　全隐患或故障为(　　)故障报修。

　　　　　　(A)普通　　　　　(B)一般　　　　　(C)特殊　　　　　(D)紧急

【答案】 D

Lb1A3316　已经或可能引发人员密集公共场所秩序混乱的电力设施安全隐患或故障为(　　)
　　　　　　故障报修。

　　　　　　(A)普通　　　　　(B)一般　　　　　(C)特殊　　　　　(D)紧急

【答案】 D

Lb1A3317　已经或可能引发人身伤亡的电力设施安全隐患或故障为(　　)故障报修。

　　　　　　(A)普通　　　　　(B)一般　　　　　(C)特殊　　　　　(D)紧急

【答案】 D

Lb1A3318　已经或可能引发严重环境污染的电力设施安全隐患或故障为(　　)故障报修。

　　　　　　(A)普通　　　　　(B)一般　　　　　(C)特殊　　　　　(D)紧急

【答案】 D

Lb1A3319　故障报修根据受理单位不同和故障报修工单流转流程的不同分为(　　)运行
　　　　　　模式。

　　　　　　(A)一种　　　　　(B)两种　　　　　(C)三种　　　　　(D)四种

【答案】 B

Lb1A3320　在抢修人员完成故障抢修后,具备远程终端或手持终端的单位由抢修人员填单,
　　　　　　(　　)审核后回复故障抢修工单。

　　　　　　(A)营销部　　　　　(B)生产部　　　　　(C)客服中心　　　　　(D)调控中心

【答案】 D

Lb1A3321　国网客服中心受理客户故障报修时,对于可以根据停电信息答复或可以确定是客
　　　　　　户内部故障、客户误报的故障报修,详细记录客户信息后(　　)。

　　　　　　(A)业务受理　　　　　(B)工单派发　　　　　(C)现场调查　　　　　(D)办结处理

【答案】 D

Lb1A3322 具备远程终端或手持终端的单位采用最终模式,抢修完毕后( )min 内抢修人员填单向本单位调控中心反馈结果。

(A)1 (B)3 (C)5 (D)10

【答案】 C

Lb1A3323 抢修人员接到地市、县供电企业调控中心派单后,对于非本部门职责范围或信息不全影响抢修工作的工单应及时反馈地市、县供电企业调控中心,地市、县供电企业调控中心在工单到达后( )min 内,将工单回退至派发单位并详细注明退单原因。

(A)1 (B)2 (C)3 (D)4

【答案】 C

Lb1A3324 ( )kV 故障由地市调控中心及相关单位负责工单处理。

(A)10 (B)35 (C)110 (D)220

【答案】 D

Lb1A3325 国网客服中心应在接到回复工单后( )h 内回访客户。

(A)8 (B)12 (C)24 (D)48

【答案】 C

Lb1A3326 抢修时间超过 4 小时的,每( )向本单位调控中心报告故障处理进展情况。

(A)30 min (B)1 h (C)45 min (D)2 h

【答案】 D

Lb1A3327 抢修人员接到地市、县供电企业派单后,对于非本部门职责范围或信息不全影响抢修工作的工单应及时反馈地市、县供电企业( ),将工单回退至派发单位并详细注明退单原因。

(A)营销部 (B)生产部 (C)客服中心 (D)调控中心

【答案】 D

Lb1A3328 具备远程终端或手持终端的单位采用最终模式,抢修人员填单向本单位调控中心反馈结果后,调控中心( )min 内完成工单审核、回复工作。

(A)5 (B)10 (C)15 (D)30

【答案】 D

Lb1A3329 对非故障停电(如欠费停电、窃电等)无须到达现场抢修的,应及时移交给相关部门处理,并由责任部门在( )min 内与客户联系,并做好与客户的沟通解释工作。

(A)15 (B)30 (C)45 (D)60

【答案】 C

Lb1A3330 抢修人员应按照( ),优先处理紧急故障,如实向上级部门汇报抢修进展情况,直至故障处理完毕。

　　　　　(A)故障分级　　　　　(B)故障分类　　　　　(C)工单分级　　　　　(D)工单分类

【答案】　A

Lb1A3331　故障报修类工单,由(　　)负责工单的回访工作,除客户明确提出不需回访的故障报修。

(A)地(市)客服中心　(B)省客服中心　　(C)国网客服中心　(D)国网营销部

【答案】　C

Lb1A3332　由于客户原因导致回访不成功的,国网客服中心回访工作应满足:不少于3次回访,每次回访时间间隔不小于(　　)h。

(A)1　　　　　　　(B)2　　　　　　　(C)6　　　　　　　(D)12

【答案】　B

Lb1A3333　由于客户原因导致回访不成功的,国网客服中心回访工作应满足:不少于(　　)回访。

(A)2次　　　　　　(B)3次　　　　　　(C)4次　　　　　　(D)5次

【答案】　B

Lb1A3334　故障报修类工单回访时,原则上每日(　　)至次日(　　)不得开展回访工作。

(A)20:00,7:00　　(B)21:00,8:00　　(C)21:30,7:30　　(D)22:00,8:30

【答案】　B

Lb1A3335　客服代表在回访客户前应熟悉工单的回复内容,将(　　)业务内容回访客户,不得通过阅读基层单位工单"回复内容"的方式回访客户。

(A)主要　　　　　　(B)重要　　　　　　(C)中心　　　　　　(D)核心

【答案】　D

Lb1A3336　故障报修类工单,省客服中心应在国网客服中心下派工单后(　　)min内完成接单或退单,对故障报修工单进行故障研判和抢修派单。

(A)1　　　　　　　(B)2　　　　　　　(C)3　　　　　　　(D)4

【答案】　B

Lb1A3337　故障报修类工单,地市、县供电企业调控中心应在国网客服中心或省客服中心下派工单后(　　)min内完成接单或退单。

(A)1　　　　　　　(B)2　　　　　　　(C)3　　　　　　　(D)4

【答案】　C

Lb1A3338　故障报修业务退单均应(　　)注明退单原因及整改要求,以便接单部门及时更正。

(A)简要　　　　　　(B)简明　　　　　　(C)准确　　　　　　(D)详细

【答案】　D

Lb1A3339　故障停送电信息发布(　　)min内派发的故障报修类工单,可进行工单合并,但不可回退至工单派发单位。

(A)3　　　　　　　(B)5　　　　　　　(C)10　　　　　　　(D)15

【答案】 C

Lb1A3340 在各单位实现营配信息融合,建立准确的( )拓扑关系的情况下,客服代表可对因同一故障点影响的不同客户故障报修工单进行合并。

(A)"站-变-线-户" (B)"变-站-线-户"

(C)"变-线-站-户" (D)"站-线-变-户"

【答案】 D

Lb1A3341 在对故障报修工单进行合并操作时,要经过( ),不得随意合并工单。

(A)核对、查证 (B)核对、调查 (C)核实、查证 (D)核实、调查

【答案】 C

Lb1A3342 故障报修类工单,客户挂断电话后( )min 内,客服代表应准确选择处理单位,派发至下一级接收单位。

(A)1 (B)2 (C)3 (D)4

【答案】 B

Lb1A3343 故障报修类工单,对回退的工单,派发单位应在回退后( )min 内重新核对受理信息并再次派发。

(A)1 (B)2 (C)3 (D)4

【答案】 C

Lb1A3344 提出初次申诉后,若出现双方无法达成一致意见的情况时,可由各( )向国网营销部提出最终申诉。

(A)地市公司营销部 (B)省公司营销部

(C)省客服中心 (D)国网客服中心

【答案】 B

Lb1A3345 各地市供电企业对有异议的故障报修工单,可提出申诉,以省公司为单位向国网客服中心提出( )。

(A)一次申诉 (B)初次申诉 (C)最终申诉 (D)无效申诉

【答案】 B

Lb1A3346 提出最终申诉后,国网营销部应在( )个工作日内答复审核结果。

(A)2 (B)3 (C)5 (D)7

【答案】 B

Lb1A3347 各单位对有异议的故障报修工单,可提出申诉,以( )为单位向国网客服中心提出初次申诉。

(A)县公司 (B)地市公司 (C)省公司 (D)省客服中心

【答案】 C

Lb1A3348 提出初次申诉后,国网营销部应在( )个工作日内答复申诉结果。

(A)2 (B)3 (C)5 (D)7

【答案】 A

Lb1A3349 故障报修类工单,国网客服中心应在回访结束后(   )h 内完成归档工作。

(A)8   (B)12   (C)24   (D)48

【答案】 C

Lb1A3350 抢修人员到达故障现场时限应符合:一般情况下,农村地区不超过(   )min。

(A)30   (B)45   (C)90   (D)120

【答案】 C

Lb1A3351 抢修人员到达故障现场时限应符合:一般情况下,城区范围不超过(   )min。

(A)30   (B)45   (C)50   (D)60

【答案】 B

Lb1A3352 抢修人员在到达故障现场确认故障点后(   )min 内,向本单位调控中心报告预计修复送电时间。

(A)5   (B)10   (C)15   (D)20

【答案】 D

Lb1A3353 具备远程终端或手持终端的单位采用最终模式,抢修人员到达故障现场后(   )min 内将到达现场时间录入系统。

(A)1   (B)3   (C)5   (D)10

【答案】 C

Lb1A3354 抢修人员到达故障现场时限应符合:一般情况下,特殊边远地区不超过(   )min。

(A)30   (B)45   (C)90   (D)120

【答案】 D

Lb1A3355 客户催办故障抢修工单的,催办工单派发时间间隔应在(   )min 以上。

(A)1   (B)2   (C)3   (D)5

【答案】 D

Lb1A3356 抢修类催办工单,派发流程与故障报修运行模式一致。由省客服中心(   )min 内完成工单派发。

(A)5   (B)10   (C)15   (D)20

【答案】 B

Lb1A3357 客户催办故障抢修工单的,若抢修人员未到达现场,且未超过服务承诺时限要求一半时间的,由(   )做好解释工作,争取客户理解。

(A)地市公司营销部   (B)省公司营销部
(C)省客服中心   (D)国网客服中心

【答案】 D

Lb1A3358 因地震、洪灾、台风等(   )造成的电力设施故障,按照公司应急预案执行。

(A)非供电企业责任   (B)自然灾害

(C)非人为因素 　　　　　　　　　(D)不可抗力

【答案】 A

Lb1A3359 隔离开关可以用来开闭励磁电流不超过(　　)A的变压器空载电流。

(A)1 　　　　(B)2 　　　　(C)3 　　　　(D)4

【答案】 B

Lb1A3360 跌开熔断器熔断体的额定电流选择,一般熔体的额定电流可选为熔断器具的(　　)。

(A)0.1～0.8 　　(B)0.2～0.8 　　(C)0.3～1.0 　　(D)0.5～1.2

【答案】 C

Lb1A3361 根据经验,在(　　)m以上的电缆线路,应考虑在其中采用电缆分支箱进行转接。

(A)300 　　　(B)500 　　　(C)800 　　　(D)1000

【答案】 D

Lb1A3362 进入电缆通道前必须检测气体成分和含量,检测合格后方可进入,作业期间应保持良好的(　　)条件。

(A)通风 　　　(B)照明 　　　(C)通信 　　　(D)排水

【答案】 A

Lb1A3363 带电可触摸与带电不可触摸的电缆分支箱,以采用(　　)电缆接头较为理想。

(A)热缩式 　　　　　　　　　　(B)可触摸硅橡胶

(C)不可触摸硅橡胶 　　　　　　　(D)冷缩式

【答案】 C

Lb1A3364 隔离负荷开关、隔离开关(刀闸)、跌落式熔断器主要缺陷包括绝缘件存在裂纹、闪络、破损及(　　)。

(A)轻微污秽 　　(B)较多污秽 　　(C)大量污秽 　　(D)严重污秽

【答案】 D

Lb1A3365 隔离负荷开关、隔离开关(刀闸)、跌落式熔断器主要缺陷包括操作机构存在(　　)。

(A)烧损 　　　(B)熔化 　　　(C)过热 　　　(D)锈蚀

【答案】 D

Lb1A3366 接于公共点的每个客户,引起该点正常电压不平衡度允许值一般为(　　)%。

(A)1 　　　　(B)1.1 　　　　(C)1.2 　　　　(D)1.3

【答案】 D

Lb1A3367 《电能质量电力系统频率允许偏差》标准规定:我国电网频率正常为50 Hz,对电网容量在300万千瓦及以上者,偏差不超过(　　)Hz;对电网容量在300万千瓦以下者,偏差不超过(　　)Hz。

(A)±0.1,±0.2 　　(B)±0.2,±0.5 　　(C)±0.1,±0.5 　　(D)±0.5,±0.1

【答案】 B

Lb1A3368 用于连接220 kV和110 kV两个电压等级的降压变压器,其两侧绕组的额定电压应为（　　）。

(A)220 kV、110 kV　　　　　　　(B)242 kV、115 kV

(C)242 kV、121 kV　　　　　　　(D)220 kV、121 kV

【答案】　D

Lb1A3369　供电中断将造成重要设备损坏、连续生产过程长期不能恢复或大量产品报废的电力负荷属于（　　）负荷。

(A)一级　　　　(B)二级　　　　(C)三级　　　　(D)四级

【答案】　A

Lb1A3370　供电中断将造成工农业大量减产、交通运输停顿、生产率下降、影响城镇居民正常生活的电力负荷属于（　　）负荷。

(A)一级　　　　(B)二级　　　　(C)三级　　　　(D)四级

【答案】　B

Lb1A3371　某间隔某日最小负荷 P_{min} 为 2 MW，最大负荷 P_{max} 为 7 MW，平均负荷 P_{av} 为 5 MW，该间隔日负荷率为（　　）。

(A)0.4　　　　(B)0.71　　　　(C)1.4　　　　(D)2.5

【答案】　B

Lb1A3372　某间隔某日最小负荷 P_{min} 为 0.8 MW，最大负荷 P_{max} 为 5 MW，平均负荷 P_{av} 为 3 MW，该间隔日最小负荷率为（　　）。

(A)0.16　　　　(B)0.26　　　　(C)0.6　　　　(D)1.67

【答案】　A

Lb1A3373　瞬时功率因数只用来判断企业在生产过程中（　　）的变化情况，以便在运行中采用相应的措施。

(A)有功功率　　　(B)无功功率　　　(C)视在功率　　　(D)平均功率

【答案】　B

Lc1A3001　作为行为规范，道德和法律的区别表现在（　　）。

(A)道德的作用没有法律大　　　　(B)道德规范比法律规范含糊

(C)道德和法律作用的范围不同　　(D)道德和法律不能共同起作用

【答案】　C

Lc1A3002　职业化管理在文化上的体现是重视（　　）。

(A)标准化　　　(B)规范化　　　(C)格式化　　　(D)指标化

【答案】　A

Lc1A3003　新来的同事由于对工作不熟悉，总是做不好。对此，你应该（　　）。

(A)替他做好工作　　　　　　　　(B)让他自己摸索，逐步学会做好工作

(C)主动指导，但让他自己做　　　(D)完成自己的工作后，再帮助他做

【答案】　C

Lc1A3004 与人交往时,你最应该看重他们( )方面的素质。

    (A)业务能力   (B)外表形象   (C)为人品行   (D)谈吐举止

【答案】 C

Lc1A3005 如果你发现你的一个很要好的同事向其他公司透露了本公司的商业秘密,你应该( )。

    (A)警告同事下不为例,否则会影响两人关系

    (B)及时告诉上司

    (C)是否上报,看看情况发展再定

    (D)不吱声

【答案】 B

Lc1A3006 电网企业关系国计民生,联系千家万户,公司员工要把( )放到首位,落到实处。

    (A)道德修养   (B)职业道德   (C)优质服务   (D)可靠供电

【答案】 C

Lc1A3007 以下不属于团队角色中推进者的特点的是( )。

    (A)富有激情   (B)思维敏捷   (C)执行力强   (D)一意冒进

【答案】 D

Lc1A3008 以下不属于团队角色中创新者的特点的是( )。

    (A)富有想象力   (B)不用配合他人工作

    (C)思路开阔   (D)见解独到

【答案】 B

Lc1A3009 良好的沟通应该是( )。

    (A)沟通双方相谈甚欢   (B)完整传递信息

    (C)沟通双方达成协议   (D)准确理解信息的意义

【答案】 D

Lc1A3010 协调者通过协商,将各方意见基本统一到主导一方的意见上,这种协调方式属于( )。

    (A)当面表态法   (B)谈心法   (C)跟踪处理法   (D)主体合流法

【答案】 D

Lc1A3011 对于个别问题,协调者可以正式或者非正式地同个别人员交谈,征求看法,提出自己的想法。这种协调方式属于( )。

    (A)当面表态法   (B)冷处理   (C)谈心法   (D)跟踪处理法

【答案】 C

Lc1A3012 在中国传统文化"道德"一词中,"道"的引申含义是( )。

    (A)道路   (B)生活

    (C)社会   (D)事物变化的规律或规则

【答案】　D

Lc1A3013　在中国传统伦理道德思想中,(　　)是儒家道德思想的核心,是最高的道德。

(A)礼　　　　　　(B)仁　　　　　　(C)信　　　　　　(D)德

【答案】　B

Lc1A3014　从我国历史和国情出发,社会主义道德建设要坚持以(　　)主义为原则。

(A)共产　　　　　(B)集体　　　　　(C)爱国　　　　　(D)社会

【答案】　B

Lc1A3015　(　　)是社会主义道德的核心,也是公司员工职业道德的核心。

(A)爱国守法　　　(B)关爱社会　　　(C)团结友善　　　(D)为人民服务

【答案】　D

Lc1A3016　西方一些发达国家将道德的要求、规范以法律的手段来加以贯彻实施,(　　)颁布的《荣誉法典》就是一部典型的职业道德法典。

(A)美国　　　　　(B)英国　　　　　(C)德国　　　　　(D)日本

【答案】　B

Lc1A3017　以下关于职业理想的说法中,正确的是(　　)。

(A)职业理想不过是职工个人争取待遇优厚的工作岗位的想法

(B)职业理想是固定不变的,不会随着时间和环境的变化而改变

(C)职业理想的层次越高,就越能够发挥员工的主观能动性

(D)职业理想是虚幻的,只有职业技能是实实在在的

【答案】　C

Lc1A3018　《公民道德建设实施纲要》提出,必须在全社会大力倡导(　　)的基本道德规范。

(A)爱祖国、爱人民、爱劳动、爱科学、爱社会主义

(B)爱国守法、明礼诚信、团结友善、勤俭自强、敬业奉献

(C)社会公德、职业道德、家庭美满

(D)五讲、四美、三热爱

【答案】　B

Lc1A3019　职业道德对于提高企业竞争力的错误说法是(　　)。

(A)有利于企业提高产品和服务质量

(A)可以降低产品成本,提高劳动生产率和经济效益

(C)不利于企业摆脱困难

(D)可以促进企业技术进步

【答案】　C

Lc1A3020　下列关于"诚实守信"的认识和判断中,正确的是(　　)。

(A)诚实守信与市场经济规则相矛盾

(B)诚实守信是市场经济应有的法则

(C)是否诚实守信要视具体对象而定

(D)诚实守信应以追求物质利益最大化为准则

【答案】 B

Lc1A3021 要做到诚实守信,应该( )。

(A)按合同办事 (B)绝不背叛朋友

(C)按领导与长辈的要求去做 (D)始终把企业现实利益放在第一位

【答案】 A

Lc1A3022 《公民道德建设实施纲要》提出,要充分发挥社会主义市场经济机制的积极作用,人们必须增强( )。

(A)个人意识、协作意识、效率意识、物质利益观念、改革开放意识

(B)个人意识、竞争意识、公平意识、民主法制意识、开拓创新意识

(C)自立意识、竞争意识、效率意识、民主法制意识、开拓创新意识

(D)自立意识、协作意识、公平意识、物质利益观念、改革开放意识

【答案】 C

Lc1A3023 职业道德具有( )的约束功能。

(A)强制性 (B)非强制性 (C)自发 (D)自愿

【答案】 B

Lc1A3024 从 2003 年起,我国把"公民道德宣传日"定为每年的( )。

(A)9 月 10 日 (B)9 月 20 日 (C)9 月 1 日 (D)9 月 30 日

【答案】 B

Lc1A3025 下列关于职业道德的说法中,正确的是( )。

(A)职业道德的形式因行业不同而有所不同

(B)职业道德在内容上具有变动性

(C)职业道德在适用范围上具有普遍性

(D)讲求职业道德会降低企业竞争力

【答案】 A

Lc1A3026 以下关于道德规范的表述中,正确的是( )。

(A)道德规范纯粹是人为的、自我约束的结果

(B)与法律规范相比,道德规范缺乏严肃性

(C)道德规范是法律规范的一部分

(D)任何道德规范都不是自发形成的

【答案】 D

Lc1A3027 以下关于从业人员与职业道德关系的说法中,正确的是( )。

(A)每个从业人员都应该以德为先,做有职业道德的人

(B)只有每个人都遵守职业道德,职业道德才会起作用

(C)是否遵守职业道德,应该视具体情况而定

(D)知识和技能是第一位的,职业道德则是第二位的

【答案】 A

Lc1A3028 下列关于企业文化和职业道德关系的说法中,正确的是( )。

(A)员工科学文化素质是在学生期间习得的,与职业道德无关

(B)企业文化是企业文艺、体育活动,它不包括职业道德建设

(C)员工接受并履行企业价值观是企业顺利发展的前提

(D)职业道德和企业文化是企业的"面子",不应做表面文章

【答案】 C

Lc1A3029 "简明扼要、温和有礼"属于职业道德规范中( )方面的具体要求。

(A)文明礼貌 (B)爱岗敬业 (C)诚实守信 (D)团结互助

【答案】 A

Lc1A3030 公司供电服务"十项承诺"中,供电方案答复期限:高压单电源客户不超过( )个工作日。

(A)7 (B)10 (C)15 (D)20

【答案】 C

Lc1A3031 供电服务"十项承诺"中,提供24 h电力故障报修服务,供电抢修人员到达现场的时间农村地区一般不超过( )min。

(A)45 (B)60 (C)90 (D)120

【答案】 C

Lc1A3032 公司供电服务"十项承诺"中,供电设施计划检修停电要提前( )天向社会公告。

(A)7 (B)10 (C)15 (D)20

【答案】 A

Lc1A3033 公司员工服务( )是在总结公司多年优质服务工作实践的基础上,为进一步提高优质服务水平,而制定的行为准则。

(A)三公调度 (B)三个十条 (C)十项承诺 (D)十个不准

【答案】 D

Lc1A3034 企业文化是一种( )。

(A)观念形态的价值观 (B)理论

(C)工具 (D)管理活动

【答案】 A

Lc1A3035 员工对企业文化的认同是对( )的认同。

(A)企业现状 (B)超越个人的共同价值观

(C)企业的盈利能力 (D)企业家的个人价值观

【答案】 B

Lc1A3036 企业形象识别系统战略的核心和灵魂是( )。

(A)企业理念识别　　(B)企业行为识别　　(C)企业视觉识别　(D)企业精神

【答案】　A

Lc1A3037 企业文化具有凝聚功能是由于( )。

(A)利益驱动　　　　　　　　　(B)感情融和

(C)个人与企业理想目标一致　　(D)职业保障

【答案】　C

Lc1A3038 典礼仪式是企业围绕着自己企业的( )观而组织和筹划的各种仪式和活动。

(A)世界　　　　　(B)集体　　　　　(C)价值　　　　　(D)宗教

【答案】　C

Lc1A3039 企业文化用于企业内部公关的目标是( )。

(A)奖励与惩罚　　(B)协调与奖惩　　(C)沟通与奖惩　　(D)沟通与协调

【答案】　D

Lc1A3040 下列对团队成员角色概念的理解错误的是( )。

(A)团队之间要有心理的联系　　(B)团队要有共同的目标

(C)团队要有共同的规范　　　　(D)团队成员各干各的,不用分工

【答案】　D

Lc1A3041 有效管理沟通的本质是( )。

(A)换位思考　　(B)用心交流　　(C)主动沟通　　(D)注重聆听

【答案】　A

Lc1A3042 根据沟通途径的异同,沟通可分为( )。

(A)肢体语言沟通、非肢体语言沟通　　(B)语言沟通、非语言沟通

(C)正式沟通、非正式沟通　　　　　　(D)书面沟通、非书面沟通

【答案】　C

Lc1A3043 有效的沟通常被错误地理解为沟通双方达成协议,实际上应该是( )。

(A)准确理解信息的意义　　(B)完成订单

(C)一方同意另一方的要求　　(D)接收命令

【答案】　A

Lc1A3044 根据人们在沟通中情感流露情况及决策速度,可以把人们分为四类,其中不包括( )。

(A)和蔼型　　　　(B)谦虚型　　　　(C)表达型　　　　(D)分析型

【答案】　B

Lc1A3045 对于扯皮行为,有效的协调方式是( )。

(A)当面表态法　　(B)冷处理　　(C)谈心法　　(D)跟踪处理法

【答案】　D

Lc1A3046 "先天下之忧而忧,后天下之乐而乐"表达出的传统职业道德精华是(   )。

(A)公忠为国的社会责任感 　　　　(B)以礼待人的和谐精神

(C)自强不息、勇于革新的拼搏精神 　　(D)诚实守信的基本要求

【答案】 A

Lc1A3047 一个人要立足社会并成就一番事业,除了刻苦学习,努力掌握专业知识、技能以外,更为关键的是应注重(   )。

(A)遵章守纪 　　(B)团结协作 　　(C)职业道德修养 　　(D)艰苦奋斗

【答案】 C

Lc1A3048 企业文化与企业战略必须(   )。

(A)相互适应 　　(B)相互协调 　　(C)相互促进 　　(D)相互提高

【答案】 A

Lc1A3049 统筹推进企业文化传播工作,要把统一的企业文化(   ),切实转化为全体员工的群体意识、自觉追求和行为习惯。

(A)内化于心、固化于制、外化于行 　　(B)内化于心、物化于制、实化于行

(C)融入各项规章制度中 　　(D)融入公司各项工作中

【答案】 A

Lc1A3050 企业文化本身就具有规范作用,它让员工明白自己行为中哪些不该做、不能做,这正是企业文化所发挥的(   )作用的结果。

(A)凝聚 　　(B)约束 　　(C)激励 　　(D)竞争力

【答案】 B

Lc1A3051 在双方互不相让、激烈争吵的情况下,若事情比较急迫,站在全局的高度迅速果断地进行裁定,这种协调方式属于(   )。

(A)当面表态法 　　(B)热处理法 　　(C)跟踪处理法 　　(D)主体合流法

【答案】 B

Lc1A3052 在遇到某些时间紧、任务重的情况时,通过召开会议让有关方当面磋商,明确目的,当面表态,这种协调方式属于(   )。

(A)当面表态法 　　(B)热处理法 　　(C)跟踪处理法 　　(D)主体合流法

【答案】 A

Lc1A3053 与法律相比,道德在调控人与人、人与社会以及人与自然之间的各种关系时,它的(   )。

(A)时效性差 　　(B)作用力弱 　　(C)操作性强 　　(D)适应范围大

【答案】 D

Lc1A3054 电网生产运营的系统性、网络性和安全性,要求公司员工必须有强烈的(   )观念,严格执行各项规章制度,做到生产经营有章可循、有章必循。

(A)集体主义 　　(B)遵章守纪 　　(C)组织纪律 　　(D)廉洁从业

【答案】 C

Lc1A3055 公司供电服务"十项承诺"中,城市地区供电可靠率不低于( )％,居民客户端电压合格率 96％。

(A)99.90 (B)99.80 (C)99.70 (D)99.60

【答案】 A

Lc1A3056 国家电网公司名列 2017 年《财富》世界企业 500 强第( )位,是全球最大的公用事业企业。

(A)1 (B)3 (C)2 (D)10

【答案】 C

Lc1A3057 国家电网公司连续 13 年获评中央企业业绩考核( )级。

(A)A (B)B (C)C (D)D

【答案】 A

Lc1A3058 国家电网公司下设( )个省公司和 38 个直属单位。

(A)20 (B)22 (C)26 (D)27

【答案】 D

Lc1A3059 国家电网公司定位是全球能源革命的引领者,( )。

(A)服务国际民生的先行者 (B)服务国家民生的先行者
(C)服务党和人民先行者 (D)服务社会的先行者

【答案】 A

Lc1A3060 国家电网事业是党和人民的事业,要坚持以人民为中心的发展思想,把( )作为公司一切的出发点和落脚点。

(A)为人民服务 (B)为客户服务 (C)为国家服务 (D)为企业服务

【答案】 A

Lc1A3061 国家电网有限公司的核心价值观是( )。

(A)以人民为中心,专业专注,持续改善 (B)以客户为中心,专业专注,持续改善
(C)以客户为中心,专业专注,持续改进 (D)以客户为中心,专注专业,持续改善

【答案】 B

Lc1A3062 国家电网公司的战略目标是建设具有卓越竞争力的( )能源互联网企业。

(A)国家一流 (B)世界一流 (C)全球一流 (D)国际一流

【答案】 B

Lc1A3063 围绕( ),滚动修编《"十三五"企业文化建设规划》,调整完善公司企业文化建设的指导思想、总体目标、主要任务,确保规划务实管用,切实增强规划的科学性、指导性和严肃性。

(A)企业文化建设工作指引 (B)新时代公司价值理念
(C)新时代公司企业文化 (D)新时代公司发展战略

【答案】　D

Lc1A3064　国家电网公司战略思路是(　　　)。

　　　　(A)八个着力　　　　(B)七个着力　　　　(C)六个着力　　　　(D)五个着力

【答案】　A

Lc1A3065　国家电网公司战略路径是(　　　)。

　　　　(A)四个驱动、一个中心　　　　　　　　(B)四个驱动、一个发展

　　　　(C)四个服务、一个发展　　　　　　　　(D)四个建设、一个发展

【答案】　B

1.2.2　多选题

La1B3001　为确保内网安全,内网计算机需(　　　)。

　　　　(A)拨号认证　　　　　　　　　　　　　(B)进行地址绑定

　　　　(C)安装终端管理系统　　　　　　　　　(D)封锁计算机 USB 口

【答案】　BC

La1B3002　对于人员的信息安全管理要求中,下列说法(　　　)是正确的。

　　　　(A)对单位的新录用人员要签署保密协议

　　　　(B)对离岗的员工应立即终止其在信息系统中的所有访问权限

　　　　(C)要求第三方人员在访问前与公司签署安全责任合同书或保密协议

　　　　(D)因为第三方人员签署了安全责任合同书或保密协议,所以在巡检和维护时不必陪同

【答案】　ABC

La1B3003　信息安全的特征包括(　　　)。

　　　　(A)相对性　　　　(B)综合性　　　　(C)单一性　　　　(D)动态性

【答案】　ABCD

La1B3004　信息安全的基本属性是(　　　)。

　　　　(A)完整性　　　　　　　　　　　　　　(B)机密性

　　　　(C)可用性、可控性　　　　　　　　　　(D)不可抵赖性

【答案】　ABCD

Lb1B3005　为确保每一步操作内容可追溯、操作人员可追溯,要开启(　　　)的审计功能。

　　　　(A)操作系统　　　　(B)管理系统　　　　(C)数据库　　　　(D)应用系统

【答案】　ACD

La1B3006　电压的符号和单位为(　　　)。

　　　　(A)U　　　　　　(B)I　　　　　　(C)A　　　　　　(D)V

【答案】　AD

La1B3007　一般规定电动势的方向是(　　　)。

　　　　(A)由低电位指向高电位　　　　　　　　(B)电位升高的方向

(C)电压降的方向   (D)电流的方向

【答案】 ABC

La1B3008 一段电路的欧姆定律用公式表示为( )。

    (A)$U=I/R$ (B)$R=U/I$ (C)$U=IR$ (D)$I=U/R$

【答案】 BCD

La1B3009 电阻串联的电路有( )特点。

    (A)各电阻上的电流相等   (B)总电流等于各支路电流之和

    (C)总电压等于各电阻上电压之和   (D)总电阻等于各电阻之和

【答案】 ACD

La1B3010 串联电路的主要特点是( )。

    (A)串联电路中流过各段的电流相同,且等于线路总电流

    (B)串联电路中,总电压等于各段电压之和

    (C)几个电阻串联时,可用一个总的等效电阻$R=R_1+R_2+\cdots+R_n$来代替,而总电流不变

    (D)串联电路中流过各段的电压相同

【答案】 ABC

Lb1B3001 电缆沟内常见的防火措施有( )。

    (A)电缆接头用防火槽盒封闭   (B)包绕防火带等阻燃处理

    (C)将电缆置于沟底再用黄沙将其覆盖   (D)安装防火门

【答案】 ABC

Lb1B3002 电缆隧道通风一般采取( )相结合的原则。

    (A)自然通风   (B)人工通风   (C)机械通风   (D)电力通风

【答案】 AC

Lb1B3003 巡查多根并列电缆要检查电缆( )情况。

    (A)长短   (B)电流分配   (C)外皮温度   (D)相位

【答案】 BC

Lb1B3004 隧道内的电缆的检查,除了检查电缆本身外,还要检查隧道内( )。

    (A)通风   (B)照明   (C)通信   (D)气压

【答案】 ABD

Lb1B3005 电力系统是电能的( )的各个环节组成的一个整体。

    (A)生产   (B)输送   (C)分配   (D)消费

【答案】 ABCD

Lb1B3006 箱式变电站的优点包括( )。

    (A)占地少   (B)外观美   (C)组合方式灵活   (D)维护量小

【答案】 ABCD

Lb1B3007　下列电气设备易引起电压波动与闪变的有(　　)。

(A)电力牵引机　　　(B)炼钢电弧炉　　　(C)电弧焊机　　　(D)用户变压器

【答案】　ABC

Lb1B3008　供电服务指挥系统中,项目措施处理触发流程,生成项目(　　),自动推送至工程管控系统。

(A)需求工单　　　(B)问题工单　　　(C)抢修工单　　　(D)运检工单

【答案】　AB

Lb1B3009　供电服务指挥系统中,项目措施处理触发流程,生成项目工单自动推送至工程管控系统,不包括下列(　　)。

(A)需求工单　　　(B)问题工单　　　(C)抢修工单　　　(D)运检工单

【答案】　CD

Lb1B3010　电压质量异常项目措施处理触发流程,生成项目(　　),自动推送至工程管控系统。

(A)需求工单　　　(B)问题工单　　　(C)抢修工单　　　(D)运检工单

【答案】　AB

Lb1B3011　按照各环节时间节点,各角色开展消缺相关工作。主要环节有(　　)。

(A)班组审核　　　　　　　　　　(B)检修专责审核

(C)检修领导审核　　　　　　　　(D)消缺安排

【答案】　ABCD

Lb1B3012　配电设备缺陷消除管控分析评价的责任属于指挥中心(　　)。

(A)领导　　　　　　　　　　　　(B)配电运检指挥人员

(C)运营管控班人员　　　　　　　(D)监测指挥人员

【答案】　ABC

Lb1B3013　特殊带电检测任务单应包括(　　)等信息。

(A)设备信息　　　　　　　　　　(B)设备管理单位

(C)带电检测时间　　　　　　　　(D)相关要求

【答案】　ABCD

Lb1B3014　运维单位应及时掌握电缆通道穿(跨)越(　　)等详细分布状况。

(A)铁路　　　　(B)公路　　　　(C)河流　　　　(D)桥梁

【答案】　ABC

Lb1B3015　电缆线路非定期巡视包括(　　)。

(A)故障巡视　　　(B)特殊巡视　　　(C)夜间巡视　　　(D)监督性巡视

【答案】　ABCD

Lb1B3016　在(　　)、隧道及竖井的两端、工作井内等地方,应装设标识牌。

(A)电缆终端头　　　(B)电缆接头　　　(C)拐弯处　　　(D)夹层内

【答案】 ABCD

Lb1B3017 架空配电线路的巡视种类包括( )和监察巡视等。

(A)定期巡视 (B)特殊巡视 (C)夜间巡视 (D)故障巡视

【答案】 ABCD

Lb1B3018 定期巡视以掌握配电网( )为目的。

(A)设备试运行情况 (B)设施运行情况

(C)运行环境变化情况 (D)网络工况

【答案】 ABC

Lb1B3019 在( )、设备带缺陷运行或其他特殊情况下,应进行特殊巡视。

(A)有外力破坏可能 (B)恶劣气象条件

(C)商业活动 (D)重要保电任务

【答案】 ABD

Lb1B3020 巡视横担时,应检查螺栓是否松动,有无缺螺帽、销子,开口销及弹簧销有无( )等缺陷。

(A)锈蚀 (B)起皮 (C)脱落 (D)断裂

【答案】 ACD

Lb1B3021 巡视杆塔时,要观察杆塔是否有( )。

(A)倾斜 (B)破损 (C)裂纹 (D)位移

【答案】 AD

Lb1B3022 砼杆保护层不应( )。

(A)脱落 (B)疏松 (C)破裂 (D)钢筋外露

【答案】 ABD

Lb1B3023 巡视架空绝缘导线时,应检查本体有无( )的现象。

(A)过热 (B)变形 (C)开裂 (D)起泡

【答案】 ABD

Lb1B3024 巡视铁横担时应检查横担与金具有无( )或出现麻点等现象。

(A)锈蚀 (B)变形 (C)磨损 (D)起皮

【答案】 ABCD

Lb1B3025 巡视拉线时应检查拉线有无( )和张力分配不匀等现象。

(A)断股 (B)龟裂 (C)松弛 (D)严重锈蚀

【答案】 ACD

Lb1B3026 巡视架空线路通道时应检查导线对地、道路、( )及建筑物等的距离是否满足相关规定要求。

(A)公路 (B)铁路 (C)索道 (D)河流

【答案】 ABCD

Lb1B3027 城市配网中配电室宜按照( )设计。

    (A)单台变压器   (B)两台变压器   (C)单路电源   (D)双路电源

【答案】 BD

Lb1B3028 配电变压器的绕组及套管的严重缺陷包括( )。

    (A)外壳有裂纹

    (B)有明显放电痕迹

    (C)绕组及套管绝缘电阻与初始值相比降低30%及以上

    (D)绕组及套管绝缘电阻与初始值相比降低20%～30%

【答案】 ABC

Lb1B3029 配电变压器的绕组及套管( )属于一般缺陷。

    (A)略有破损

    (B)污秽较严重

    (C)绕组及套管绝缘电阻与初始值相比降低20%～30%

    (D)绕组及套管绝缘电阻与初始值相比降低30%及以上

【答案】 ABC

Lb1B3030 配电变压器导线接头及外部连接的危急缺陷包括( )。

    (A)线夹与设备连接平面出现缝隙,螺丝明显脱出

    (B)线夹破损断裂严重,有脱落的可能

    (C)截面损失达25%以上

    (D)电气连接处实测温度大于90℃

【答案】 ABCD

Lb1B3031 安全生产监督检察人员应( )。

    (A)忠于职守   (B)坚持原则   (C)秉公执法   (D)看重感情

【答案】 ABC

Lb1B3032 安全生产监督检察人员对涉及被检举单位的( )秘密,应当为其保密。

    (A)财务   (B)政治   (C)技术   (D)业务

【答案】 CD

Lb1B3033 安全生产监督检察人员应将检查的( )、发现的问题及其处理情况,做出书面记录。

    (A)时间   (B)地点   (C)人物   (D)内容

【答案】 ABD

Lb1B3034 安全生产监督检察书面记录应由( )填写。

    (A)检查人员   (B)被检查单位人员

    (C)被检查人员   (D)被检查单位的负责人

【答案】 AD

Lb1B3035 要进行有效沟通,需要进行的前期准备包括(   )。

(A)制订计划　　　　　　　　　　(B)设立沟通的目标

(C)预测可能遇到的异议争执　　　(D)对情况进行 SWOT 分析

【答案】 ABCD

Lb1B3036 同级组织之间各种关系的协调具有较强的(   )。

(A)开放性　　　(B)主动性　　　(C)动态性　　　(D)互动性

【答案】 AC

Lb1B3037 建设企业文化主要有(   )等方法。

(A)教育输入法　(B)舆论导向法　(C)行为激励法　(D)利用事件法

【答案】 ABCD

Lb1B3038 团队角色分配后应从(   )方面让成员明确自己的身份和责任。

(A)角色认同　　(B)由衷承诺　　(C)组织约束　　(D)自我反省

【答案】 ABCD

Lb1B3039 下列选项中,不属于电力设施保护过程中常使用的法律手段的是(   )。

(A)刑事手段　　(B)行政手段　　(C)民事手段　　(D)经济手段

【答案】 ABD

Lb1B3040 国网派发的非抢修工单类型包括(   )。

(A)服务申请　　(B)表扬　　　　(C)业务咨询　　(D)意见

【答案】 ABCD

Lb1B2041 供电服务指挥系统中,运维检修大屏可展示的数据包含以下(   )类型。

(A)报修工单　　(B)停运公变　　(C)停运线路　　(D)公变异常

【答案】 ABCD

Lb1B3042 供电服务指挥系统中,煤改电事件分析将以下(   )类型的数据进行归集分析的。

(A)停电信息　　(B)报修工单　　(C)线路跳闸　　(D)配变异常

【答案】 ABCD

Lb1B3043 以下(   )状态属于配变异常。

(A)重载　　　　(B)过载　　　　(C)未投运　　　(D)三相不平衡

【答案】 ABD

Lb1B3044 供电服务指挥系统中,营配调技术支持中的曲线图为(   )。

(A)电流曲线　　(B)功率因数曲线　(C)功率曲线　　(D)电压曲线

【答案】 ABC

Lb1B3045 供电服务指挥中心对未修复的煤改电故障报修工单督办的时间节点是(   )h。

(A)0.5　　　　　(B)0.75　　　　(C)1　　　　　　(D)2

【答案】 BCD

Lb1B3046 供电服务指挥中心对未送电的煤改电线路故障停电督办的时间节点是(   )h。

　　　　　(A)0.5　　　　　　　(B)1　　　　　　　(C)2　　　　　　　(D)3

【答案】　BCD

Lb1B3047　下列( )保电可以在供电服务指挥系统中看到。

　　　　　(A)突发事件　　　(B)冬季煤改电　　　(C)司法考试　　　(D)中高考

【答案】　ABCD

Lb1B3048　停电信息中停电类型包括( )。

　　　　　(A)电网故障停限电　(B)计划停电　　　(C)分支停电　　　(D)临时停电

【答案】　ABD

Lb1B3049　供电服务指挥系统中自定义工单处理环节包括( )。

　　　　　(A)自定义工单受理　　　　　　　　　(B)自定义工单处理

　　　　　(C)地市回单审核　　　　　　　　　　(D)市(县)接单分理

【答案】　AB

Lb1B3050　进入PMS2.0移动巡检App后,首页显示功能模块有( )。

　　　　　(A)计划巡视　　　(B)计划检测　　　(C)计划检修　　　(D)巡视单元

【答案】　BD

La1B3051　下列说法中,不正确的是( )。

　　　　　(A)自动筛选需要事先设置筛选条件

　　　　　(B)高级筛选不需要设置筛选条件

　　　　　(C)进行筛选前,无须对表格先进行排序

　　　　　(D)自动筛选前,必须先对表格进行排序

【答案】　ABD

La1B3052　使用Excel2007的数据自动筛选功能,不可以表达多个字段之间的"( )"的
　　　　　关系。

　　　　　(A)与　　　　　　　(B)或　　　　　　　(C)非　　　　　　　(D)异或

【答案】　BCD

Lb1B3053　许可开始工作的命令,应通知工作负责人。其方法可采用:( )。

　　　　　(A)口头通知　　　(B)当面许可　　　(C)电话许可　　　(D)短信传达

【答案】　BC

Lb1B3054　工作许可后,工作负责人、专责监护人应向工作班成员交代( ),告知危险点,并
　　　　　履行签名确认手续,方可下达开始工作的命令。

　　　　　(A)现场电气设备接线情况　　　　　　(B)工作内容

　　　　　(C)人员分工　　　　　　　　　　　　(D)带电部位

【答案】　BCD

Lb1B3055　( )对有触电危险、检修复杂容易发生事故的工作,应增设专责监护人,并确定
　　　　　其监护的人员和工作范围。

(A)工作票签发人　　(B)工作许可人　　(C)工区领导　　(D)工作负责人

【答案】　AD

Lb1B3056　工作终结报告应按(　　)方式进行。

(A)当面报告

(B)派人送达

(C)短信报告

(D)电话报告,并经复诵无误

【答案】　AD

Lb1B3057　配电线路和设备停电检修,接地前,应使用相应电压等级的(　　)。

(A)接触式验电器　　(B)声光验电器　　(C)测电笔　　(D)验电棒

【答案】　AC

Lb1B3058　负控装置安装、维护和检修工作一般应停电进行,若需不停电进行,工作时应有防止(　　)的措施。

(A)感应电　　　　(B)误碰运行设备　　(C)误分闸　　(D)误合闸

【答案】　BC

Lb1B3059　对同杆(塔)塔架设的多层电力线路验电,应(　　)。禁止作业人员越过未经验电、接地的线路对上层、远侧线路验电。

(A)先验低压、后验高压

(B)先验下层、后验上层

(C)先验近侧、后验远侧

(D)先验内侧、后验外侧

【答案】　ABC

Lb1B3060　土壤电阻率较高地区,应采取增加(　　)等措施改善接地电阻。

(A)增加接地体根数

(B)增加接地体长度

(C)增加接地体截面积

(D)增加接地体埋地深度

【答案】　ABCD

Lb1B3061　若工作票所列的停电、接地等安全措施随工作地点转移,则每次转移均应分别履行工作许可、终结手续,依次记录在工作票上,并填写使用的接地线(　　)等随工作地点转移情况。

(A)型号　　(B)编号　　(C)装拆时间　　(D)位置

【答案】　BCD

Lb1B3062　在配电线路和设备上,接地线的装设部位应是与检修线路和设备电气直接相连去除(　　)的导电部分。

(A)油漆　　(B)黑色标记　　(C)屏蔽层　　(D)绝缘层

【答案】　AD

Lb1B3063　骨折急救时,肢体骨折可用(　　)等将断骨上、下方两个关节固定,也可利用伤员身体进行固定,避免骨折部位移动,以减少疼痛,防止伤势恶化。

(A)夹板　　(B)木棍　　(C)废纸板　　(D)竹竿

【答案】　ABD

Lb1B3064 若配电站户外高压设备大部分停电,只有个别地点保留有带电设备而其他设备无触及带电导体的可能时,( )。

(A)可以在带电设备四周装设全封闭围栏

(B)围栏上悬挂适当数量的"止步,高压危险!"标示牌

(C)标示牌应朝向围栏外面

(D)标示牌应朝向围栏里面

【答案】 ABC

Lb1B3065 决定导体电阻大小的因素有( )。

(A)导体的长度 (B)导体的截面

(C)材料的电阻率 (D)温度的变化

【答案】 ABCD

Lb1B3066 配电设备的排列布置应在其前后或两侧留有( )的通道。

(A)巡检 (B)操作 (C)逃生 (D)运输

【答案】 ABC

Lb1B3067 ( )等高压配电设备应有防误操作闭锁装置。

(A)高压配电站 (B)开闭所 (C)箱式变电站 (D)环网柜

【答案】 ABCD

Lb1B3068 现场勘察后,现场勘察记录应送交( ),作为填写、签发工作票等的依据。

(A)工作许可人 (B)工作票签发人 (C)工作负责人 (D)相关各方

【答案】 BCD

Lb1B3069 在用户设备上工作,许可工作前,工作负责人应检查确认用户设备的( )符合作业的安全要求。

(A)操作方法 (B)安全措施 (C)运行状态 (D)工作状态

【答案】 AB

Lb1B3070 供电服务指挥系统中,出现( )情形时系统自动生成主动抢修任务单。

(A)设备异常 (B)台区停电 (C)台区故障 (D)客户停电

【答案】 BD

Lb1B3071 供电服务指挥系统中,项目措施处理是指无法通过运维措施处理,只能通过( )解决的,须经过责任单位和专业部室专责线上审批后,方可反馈监测班。

(A)紧急抢修 (B)带电作业 (C)大修技改 (D)工程项目

【答案】 CD

Lb1B3072 供电服务指挥系统中,配电设备电压质量异常工况处理指挥流程包括( )。

(A)现场研判 (B)确定方案 (C)运维处理 (D)回复工单

【答案】 ABCD

Lb1B3073 特殊带电检测计划应包括( )信息。

（A）责任班组（所）　（B）线路设备明细　（C）带电检测时间　（D）其他信息

【答案】　ABCD

Lb1B3074　变压器是一种能变换（　　）的设备。

（A）电压　　　　　（B）电流　　　　　（C）阻抗　　　　　（D）能量

【答案】　ABC

Lb1B3075　为了减小（　　），变压器铁芯一般由 0.23 mm 或 0.30 mm 厚并两面涂有绝缘漆的硅钢片叠装而成。

（A）磁滞损耗　　　（B）涡流损耗　　　（C）铁芯重量　　　（D）磁通量

【答案】　AB

Lb1B3076　高压断路器操动机构应具有的要求包括（　　）。

（A）合闸　　　　　（B）合闸保持　　　（C）分闸　　　　　（D）辅助要求

【答案】　ABCD

Lb1B3077　高压断路器操动机构分为（　　）。

（A）电磁式　　　　（B）弹簧式　　　　（C）气动式　　　　（D）液压式

【答案】　ABCD

Lb1B3078　隔离开关按接地形式分为（　　）。

（A）不接地　　　　（B）单接地　　　　（C）双接地　　　　（D）三接地

【答案】　ABCD

Lb1B3079　高压负荷开关按操作方式分为（　　）操作。

（A）逐项　　　　　（B）单相　　　　　（C）两相同时　　　（D）三相同时

【答案】　AD

Lb1B3080　高压负荷开关按操动机构分为（　　）。

（A）电动型　　　　（B）电磁式　　　　（C）弹簧式　　　　（D）人力储能型

【答案】　AD

Lb1B3081　巡视杆塔基础是,应检查基础有无（　　）等缺陷。

（A）开裂　　　　　（B）损坏　　　　　（C）下沉　　　　　（D）上拔

【答案】　BCD

Lb1B3082　巡视导线时,应检查导线本体有无（　　）的痕迹。

（A）断裂　　　　　（B）损伤　　　　　（C）烧伤　　　　　（D）腐蚀

【答案】　BCD

Lb1B3083　巡视导线时,应检查导线的跳线、引线有无（　　）等现象。

（A）损伤　　　　　（B）断股　　　　　（C）起泡　　　　　（D）弯曲

【答案】　ABD

Lb1B3084　巡视合成绝缘子时,应检查绝缘介质有无（　　）及脱落等现象。

（A）龟裂　　　　　（B）断股　　　　　（C）破损　　　　　（D）弯曲

【答案】 AC

Lb1B3085 巡视拉线时,应检查拉棒有无( )和上拔现象,必要时应做局部开挖检查。

(A)严重锈蚀 (B)变形 (C)磨损 (D)损伤

【答案】 ABD

Lb1B3086 巡视拉线时,应检查拉线的( )楔形线夹等金具铁件有无变形、锈蚀、松动或丢失现象。

(A)抱箍 (B)拉线棒 (C)U形环 (D)UT线夹

【答案】 ABD

Lb1B3087 巡视避雷器时应检查本体及绝缘罩外观有无( )痕迹,表面是否有脏物。

(A)破损 (B)损坏 (C)开裂 (D)闪络

【答案】 ACD

Lb1B3088 巡视接地装置是,应检查接地体有无( ),在埋设范围内有无土方工程。

(A)外露 (B)开裂 (C)破损 (D)严重锈蚀

【答案】 AD

Lb1B3089 巡视线路通道时,应检查通道内是否有威胁线路安全的工程设施,如( )和打桩等。

(A)施工机械 (B)脚手架 (C)运输机械 (D)拉线

【答案】 ABD

Lb1B3090 以下属于电缆通道的巡视内容的是( )。

(A)通道内是否存在土壤流失,造成排管包封、工作井等局部点暴露或者导致工作井、沟体下沉、盖板倾斜

(B)盖板是否影响过往车辆安全

(C)隧道进出口设施是否完好

(D)巡视和检修通道是否畅通

【答案】 ACD

Lb1B3091 电缆通道的巡视内容包括电缆桥架是否存在损坏、锈蚀现象,是否出现( )等现象,桥架与过渡工作井之间是否产生裂缝和错位现象。

(A)渗水 (B)倾斜 (C)基础下沉 (D)覆土流失

【答案】 BCD

Lb1B3092 电缆通道指排管、直埋、( )等电缆线路的土建设施。

(A)电缆隧道 (B)电缆沟 (C)电缆桥 (D)电缆竖井

【答案】 ABCD

Lb1B3093 以下属于防雷和接地装置巡视的巡视内容的是( )。

(A)避雷器本体及绝缘罩外观有无破损、开裂

(B)有无闪络痕迹

(C)表面是否脏污

(D)有无变色

【答案】 ABC

Lb1B3094 以下属于站房类建(构)筑物的巡视内容的是(　　)。

(A)建(构)筑物周围有无杂物

(B)有无可能威胁配电网设备安全运行的杂草、蔓藤类植物等

(C)室内温度是否正常

(D)有无异声、异味

【答案】 ABCD

Lb1B3095 防雷装置的检查应检查防雷装置的(　　)之间连接良好。

(A)引雷部分　　　(B)接地引下线　　　(C)接地体　　　(D)接地桩

【答案】 ABC

Lb1B3096 理想状态的公共电网应以(　　)对客户供电。

(A)额定的频率　　　(B)正弦波形　　　(C)额定电压　　　(D)标准电压

【答案】 ABD

Lb1B3097 衡量电能质量的技术指标是(　　)。

(A)电压偏移　　　　　　　　　(B)频率偏移

(C)电位角偏移　　　　　　　　(D)电压波形畸变率

【答案】 ABD

Lb1B3098 配电网络的供电形式基本上分为(　　)。

(A)放射式　　　(B)发开式　　　(C)环网式　　　(D)树枝式

【答案】 AC

Lb1B3099 架空线路导线的型号是用(　　)三部分表示。

(A)导线材料　　　(B)结构　　　(C)载流截面积　　　(D)长度

【答案】 ABC

Lb1B3100 拉线通常由(　　)与镀锌钢绞线共同连接组成。

(A)楔形线夹　　　(B)拉线绝缘子　　　(C)UT 线夹　　　(D)U 形抱箍

【答案】 ABC

Lb1B3101 低压架空配电线路中,根据拉线的用途和作用不同,拉线一般分为普通拉线、人字拉线、十字拉线、水平拉线和(　　)。

(A)弓形拉线　　　(B)斜拉线　　　(C)共用拉线　　　(D)V 形拉线

【答案】 ACD

Lb1B3102 电力电缆线路由(　　)组成。

(A)电缆　　　(B)电缆终端头　　　(C)电缆附件　　　(D)线路构筑物

【答案】 ACD

Lb1B3103　电力系统运行的基本要求包括(　　)。

(A)满足社会多方面的需求　　　　　　(B)保证供电的可靠性

(C)保证电能的质量标准　　　　　　　(D)提高运行的经济性

【答案】　BCD

Lb1B3104　电力负荷包括(　　)。

(A)用电负荷　　　(B)线路损耗负荷　　　(C)供电负荷　　　(D)厂用电负荷

【答案】　ABCD

Lb1B3105　根据负荷发生的时间,用电负荷可分为(　　)。

(A)高峰负荷　　　(B)低谷负荷　　　(C)短时负荷　　　(D)平均负荷

【答案】　ABD

Lb1B3106　根据负荷对电网运行和供电质量,用电负荷可分为(　　)。

(A)冲击负荷　　　(B)不平衡负荷　　　(C)一级负荷　　　(D)平均负荷

【答案】　AB

Lb1B3107　下面(　　)场所用电属于一级负荷。

(A)大型商场的自动扶梯　　　　　　　(B)大型钢厂

(C)火箭发射基地　　　　　　　　　　(D)工厂的辅助车间

【答案】　BC

Lb1B3108　下面场所用电属于特别重要负荷的是(　　)。

(A)国家气象台气象业务专用计算机系统电源

(B)大型国际比赛场馆的监控系统

(C)甲等影剧院

(D)工厂辅助车间

【答案】　AB

Lb1B3109　用电负荷特性可用(　　)来表征。

(A)负荷种类　　　(B)负荷曲线　　　(C)负荷性质　　　(D)负荷率

【答案】　BD

Lb1B3110　下面对负荷曲线描述正确的有(　　)。

(A)负荷曲线是反映负荷随时间变化的曲线

(B)负荷曲线反映客户的特点和功率的大小,同类型的工厂负荷曲线形状大致相同

(C)负荷曲线下方包含的面积代表一段时间内客户的用电量

(D)负荷曲线多绘制成阶梯形

【答案】　ABCD

Lb1B3111　常用的负荷曲线有(　　)。

(A)日用电负荷曲线　　　　　　　　　(B)日均负荷曲线

(C)年用电负荷曲线　　　　　　　　　(D)年最大负荷曲线

【答案】 ABCD

Lb1B3112 绘制年负荷曲线时,一般选取一年中具有代表性的( )。

(A)春日负荷曲线　　　　　　　　　　(B)夏日负荷曲线

(C)秋日负荷曲线　　　　　　　　　　(D)冬日负荷曲线

【答案】 BD

Lb1B3113 对供电系统各元件的正确选择,必须满足( )的要求。

(A)工作电压　　　　(B)频率　　　　(C)负荷电流　　　　(D)功率因数

【答案】 ABC

Lb1B3114 按照工作制,将用电设备分为( )三类。

(A)长期工作制　　　　(B)短时工作制　　　　(C)连续工作制　　　　(D)断续工作制

【答案】 ABD

Lb1B3115 下面属于长期工作制用电设备的有( )。

(A)通风机　　　　　　　　　　(B)控制闸门的电动机

(C)电弧炉　　　　　　　　　　(D)电阻炉

【答案】 ACD

Lb1B3116 车间变电站变压器在确定其台数及容量时需要考虑( )。

(A)车间的大小　　　　　　　　(B)负荷的类别

(C)对电能质量的要求　　　　　　(D)安装位置

【答案】 ABC

Lb1B3117 企业总降压变电站的主变压器在确定台数和容量时需要考虑( )。

(A)企业位置　　　　(B)企业的大小　　　　(C)负荷类别　　　　(D)企业发展

【答案】 BCD

Lb1B3118 变压器的经济运行是指变压器在功率损耗最小时的运行方式,此时的( )。

(A)电能损耗最小　　(B)电压质量最好　　(C)运行费用最低　　(D)经济上最合理

【答案】 ACD

Lb1B3119 工业企业的功率因数分为( )。

(A)自然功率因数　　　　　　　　(B)瞬时功率因数

(C)平均功率因数　　　　　　　　(D)长时间功率因数

【答案】 ABC

Lb1B3120 自然功率因数指用电设备在没有采取任何补偿措施下,设备本身固有的功率因数,其大小仅取决于用电设备( )。

(A)电压质量　　　　(B)负荷性质　　　　(C)负荷状态　　　　(D)负荷大小

【答案】 BC

Lb1B3121 提高自然功率因数的措施包括( )。

(A)合理选用用电设备的容量　　　　　　(B)改善变压器和电动机的运行方式

(C)增加无功补偿措施 　　　　　　　　(D)调整负荷,实现均衡供电

【答案】　ABD

Lb1B3122　无功补偿装置包括(　　　)。

(A)同步发电机　　　　　　　　　　　(B)并联电容补偿器

(C)同步电动机　　　　　　　　　　　(D)动态无功补偿措施

【答案】　ABCD

Lb1B3123　并联电容器的特点包括(　　　)。

(A)有功功耗小　　　(B)安装复杂　　　(C)故障范围大　　　(D)投资少

【答案】　AD

Lb1B3124　并联电容器的补偿方式包括(　　　)。

(A)低压分散补偿　　(B)低压成组补偿　　(C)高压集中补偿　　(D)高压分散补偿

【答案】　ABC

Lb1B3125　95598 客户投诉承办部门对(　　　)存在异议时,由各地市供电企业发起,以省公司为单位向国网客服中心提出初次申诉。

(A)业务分类　　　　(B)退单　　　　　(C)接单分理　　　　(D)回访满意度

【答案】　ABD

Lb1B3126　客户催办即国网客服中心应客户要求,对正在处理中的业务工单进行催办,以下说法正确的是(　　　)。

(A)同一事件催办次数原则上不超过 3 次

(B)在途未超时限工单,办理周期未过半的工单由国网客服中心向客户解释,办理周期过半的工单由国网客服中心向各省客服中心派发催办工单

(C)国网客服中心受理客户催办诉求后应关联被催办工单,20 min 内派发至省客服中心,省客服中心在 20 min 内派单至业务处理部门

(D)催办工单除客户提出新的诉求外,不应重新派发新的工单

【答案】　BD

Lb1B3127　工单接收单位将工单回退至派发单位,重新派发,应符合(　　　)条件。

(A)非本单位供电区域内的

(B)国网客服中心记录的客户信息有误或核心内容缺失,接单部门无法处理的

(C)对于投诉工单一、二、三级分类错误的

(D)同一客户、同一诉求在业务办理时限内,国网客服中心再次派发的投诉工单

【答案】　ABCD

Lb1B3128　下列情形为属实投诉的是(　　　)。

(A)供电企业未按相关政策法规、制度、标准及服务承诺执行的

(B)客户反映问题有相关政策法规规定的

(C)客户反映问题与实际情况不符的

(D)客户提供的线索不全,无法进行追溯或调查核实的

【答案】 AB

Lb1B3129 重大投诉业务处理意见需经省公司相关部门审核后反馈( )。

(A)国网营销部 　　　　　　　　　　(B)国网监察局

(C)国网客服中心 　　　　　　　　　(D)南、北方客户服务分中心

【答案】 AC

Lb1B3130 工单反馈内容应真实、准确、全面,符合( )等相关要求。

(A)法律法规 　　(B)行业规范 　　(C)规章制度 　　(D)个人理解

【答案】 ABC

Lb1B3131 供电方式确定的依据包括( )。

(A)电网规划 　　(B)供电难度 　　(C)用电需求 　　(D)当地供电条件

【答案】 ACD

Lb1B3132 对 35 kV 及以上电压供电的用户停电的次数,以下超过规定的是( )。

(A)1 次 　　　(B)2 次 　　　(C)3 次 　　　(D)5 次

【答案】 BCD

Lb1B3133 ( )等厂、站内的设施属于电力设备保护范围。

(A)发电厂 　　(B)变电站 　　(C)开关站 　　(D)办公大楼

【答案】 ABC

Lb1B3134 任何单位或个人不得( )电力设施建设的测量标桩和标记。

(A)涂改 　　　(B)移动 　　　(C)损害 　　　(D)拔除

【答案】 ABCD

Lb1B3135 任何单位或个人不得在江河电缆保护区内( )。

(A)抛锚 　　　(B)拖锚 　　　(C)炸鱼 　　　(D)挖沙

【答案】 ABCD

Lb1B3136 以下选项中,属于危害电力设施行为的是( )。

(A)向电力线路设施射击

(B)向导体抛掷物体

(C)在架空电力线路两侧 300 m 以外区域放风筝

(D)擅自在导线上接用电器设备

【答案】 ABD

Lc1B3001 道德是一定社会、一定阶级向人们提出处理( )之间各种关系的一种特殊行为规范。

(A)人与人 　　　(B)人与社会 　　(C)组织与组织 　　(D)个人与自然

【答案】 ABD

Lc1B3002 社会主义道德建设要坚持( )。

(A)以为人民服务为核心

(B)以集体主义为原则

(C)以诚实守信为基本要求

(D)以社会公德、职业道德、家庭美德为着力点

【答案】　ABD

Lc1B3003　下列说法中,有助于提升从业人员职业道德的观点是(　　)。

(A)"舟必漏而后入水,土必湿而后生苔"

(B)"运筹帷幄之中,决胜千里之外"

(C)"智者千虑,必有一失"

(D)"勿以善小而不为,勿以恶小而为之"

【答案】　ABD

Lc1B3004　在小问题上放松自己而导致大错的格言有(　　)。

(A)千里之堤,溃于蚁穴

(B)官廉则政举,官贪则政危

(C)舟必漏而后入水,土必湿而后生苔

(D)勿以善小而不为,勿以恶小而为之

【答案】　ACD

Lc1B3005　关于职业的描述正确的是(　　)。

(A)职业是人们谋生的手段和方式

(B)通过职业劳动使自己的体力、智力和技能水平不断得到发展和完善

(C)通过自己的职业劳动,履行对社会和他人的责任

(D)职业是责任和利益的有机统一

【答案】　ABCD

Lc1B3006　职业道德具有以下特征(　　)。

(A)鲜明的行业性　　　　　　　　　(B)一定的强制性

(C)适用范围上的有限性　　　　　　(D)表现形式的单一性

【答案】　ABC

Lc1B3007　职业道德的社会作用直接表现在(　　)。

(A)有利于调整职业利益关系,维护社会生产和生活秩序

(B)有利于提高人们的社会道德水平,促进良好社会风尚的形成

(C)有利于改进经济发展模式,促进社会进步

(D)有利于完善人格,促进人的全面发展

【答案】　ABD

Lc1B3008　关于职业道德,正确的论述是(　　)。

(A)职业道德是企业文化的重要组成部分

(B)职业道德是增强企业凝聚力的手段

(C)员工遵守职业道德,能够增强企业的竞争力

(D)职业道德对企业发展所起的作用十分有限

【答案】 ABC

Lc1B3009　职业道德的价值在于(　　　)。

(A)有利于企业提高产品和服务质量

(B)可以降低产品成本,提高劳动生产率和经济效益

(C)有利于协调职工之间及职工与领导之间的关系

(D)有利于企业树立良好形象,创造著名品牌

【答案】 ABCD

Lc1B3010　职业责任感的建立可以通过(　　　)来实现。

(A)提高福利待遇

(B)强化岗位规章制度

(C)强调从业人员的具体职责

(D)对从业人员的职业活动进行监督、评价

【答案】 BCD

Lc1B3011　建设优秀团队各成员角色需遵循的"八项"基本原则是:(　　　)原则。

(A)系统性　　　　(B)实事求是　　　　(C)循序渐进　　　　(D)榜样示范

【答案】 ABCD

Lc1B3012　团队对个人的非定向影响主要来自(　　　)方面。

(A)从众压力　　　　　　　　　(B)社会助长作用

(C)团队压力　　　　　　　　　(D)社会标准化倾向

【答案】 ABCD

Lc1B3013　以下属于团队角色成员构成的是(　　　)。

(A)实干者　　　　(B)凝聚者　　　　(C)推进者　　　　(D)创新者

【答案】 ABCD

Lc1B3014　以下属于团队角色中监督者角色特点的是(　　　)。

(A)冷静思考　　　　(B)科学判断　　　　(C)公正评价　　　　(D)善于批评

【答案】 ABCD

Lc1B3015　供电服务指挥系统中与待办工作单处于同一级菜单栏下的功能有(　　　)。

(A)已办工作单　　　　　　　　(B)综合查询

(C)线上工单与查询督办　　　　(D)业务受理

【答案】 AB

Lc1B3016　电阻并联的电路有(　　　)特点。

(A)各支路电阻上电压相等

(B)总电流等于各支路电流之和

(C)总电阻的倒数等于各支路电阻的倒数之和

(D)总电阻等于各支路电阻的倒数之和

【答案】 ABC

Lc1B3017 进出( )应随手关门。

(A)配电站 (B)开闭所 (C)环网柜 (D)电缆分接箱

【答案】 AB

Lc1B3018 待用间隔(已接上母线的备用间隔)应有( ),并纳入调度控制中心管辖范围。

(A)名称 (B)编号 (C)台账 (D)图纸

【答案】 AB

Lc1B3019 伤员脱离电源后,当发现触电者( )时,应立即通畅触电者的气道以促进触电者呼吸或便于抢救。

(A)呼吸微弱 (B)呼吸急促 (C)停止 (D)加快

【答案】 AC

Lc1B3020 心肺复苏术操作是否正确,主要靠平时严格训练,掌握正确的方法。而在急救中判断复苏是否有效,可以根据( )、出现自主呼吸几方面综合考虑。

(A)瞳孔 (B)面色(口唇) (C)颈动脉搏动 (D)神志

【答案】 ABCD

Lc1B3021 在电阻、电感、电容的串联电路中,出现电路端电压和总电流同相位的现象,叫串联谐振。串联谐振的特点有( )。

(A)电路呈纯电阻性,端电压和总电流同相位

(B)电抗 X 等于零,阻抗 Z 等于电阻 R

(C)电路的阻抗最小、电流最大

(D)在电感和电容上可能产生比电源电压大很多倍的高电压,因此串联谐振也称电压谐振

【答案】 ABCD

Lc1B3022 三相交流电是由三个( )的交流电路组成的电力系统。

(A)频率相同 (B)电动势振幅相等

(C)相位相差 120° (D)电流振幅相等

【答案】 ABC

Lc1B3023 从中性点引出的导线叫中性线,当中性线直接接地时称为( )。

(A)零线 (B)地线 (C)中线 (D)火线

【答案】 AB

Lc1B3024 在 Excel2007 中,要用图表显示某个数据系列各项数据与整体的比例关系,不要选择( )。

  (A)柱形图   (B)饼图   (C)XY 散点图 (D)折线图

【答案】 ACD

Lc1B3025 供电服务指挥系统中电压质量异常信号包括( )。

  (A)客户低电压   (B)客户过电压

  (C)配变出口低电压   (D)配变出口过电压

【答案】 ABCD

Lc1B3026 电供电服务指挥系统中,压质量异常时,出现( )情形时系统自动生成主动运检任务单。

  (A)台区停电 (B)配变过载 (C)用户过电压 (D)用户低电压

【答案】 BCD

Lc1B3027 带电检测周期需根据( )编制。

  (A)负荷状况 (B)天气状况 (C)设备类型 (D)带电检测类型

【答案】 CD

Lb1B3028 特殊带电检测任务包括( )。

  (A)保电带电检测   (B)恶劣天气带电检测

  (C)迎峰带电检测   (D)监察带电检测

【答案】 ABCD

Lb1B3029 如带电检测计划有问题,派发的督办单包含( )等信息。

  (A)督办内容 (B)修改意见 (C)督办事项 (D)反馈时限

【答案】 CD

Lb1B3030 指挥中心人员对带电检测计划的( )进行审核。

  (A)完整性 (B)格式   (C)内容   (D)周期

【答案】 ABD

Lb1B3031 相关人员根据模板对设备带电检测督办单的( )进行反馈。

  (A)督办事项 (B)问题原因 (C)整改措施 (D)处理意见

【答案】 BC

Lb1B3032 计量故障是指计量设备、用电采集设备故障,主要包括( )等。

  (A)高压计量设备故障   (B)低压计量设备故障

  (C)用电信息采集设备故障   (D)客户内部故障

【答案】 ABC

Lb1B3033 故障报修类型主要包括( )、非电力故障、计量故障。

  (A)高压故障 (B)低压故障 (C)电能质量问题 (D)客户内部故障

【答案】 ABCD

Lb1B3034 根据客户报修故障的( )将故障报修业务分为紧急、一般两个等级。

  (A)重要程度 (B)停电影响范围 (C)停电时间 (D)危害程度

【答案】　ABD

Lb1B3035　国网客服中心受理客户故障报修业务,在受理客户诉求时应详细记录客户故障报修的用电地址、用电区域、客户姓名、客户户号、(　　)等信息。

(A)联系方式　　　　(B)故障现象　　　　(C)客户感知　　　　(D)回访情况

【答案】　ABC

Lb1B3036　国网客服中心受理客户紧急非抢修类业务,在受理客户诉求时应详细记录客户户号、用电地址、客户姓名、联系方式、(　　)等信息。

(A)用电区域　　　　(B)反映内容　　　　(C)客户感知　　　　(D)回访情况

【答案】　ABC

Lb1B3037　故障报修类工单,地市、县供电企业调控中心接单后应及时对故障报修工单进行(　　)。

(A)故障研判　　　　(B)故障分析　　　　(C)抢修派工　　　　(D)抢修派单

【答案】　AD

Lb1B3038　(　　)派发错误的工单,允许退单。

(A)供电单位　　　　(B)供电区域　　　　(C)故障地址　　　　(D)抢修职责范围

【答案】　ABD

Lb1B3039　错误接线更正系数可以表示为(　　)。

(A)正确电量与错误电量的比值

(B)正确接线下电能表反映的功率与错误接线下反映的功率比值

(C)正确电流与错误电流的比值

(D)正确电压与错误电压的比值

【答案】　AB

Lb1B3040　联合接线盒的故障包括(　　)。

(A)接线插错端子　　　　　　　　　　(B)电流连接片、电压连接片脱落

(C)端子接触不好　　　　　　　　　　(D)搭错方向

【答案】　ABCD

Lb1B3041　下列属于电流互感器合理的配置有(　　)。

(A)电流互感器铭牌的额定电压与被测线路的二次电压相对应

(B)电流互感器的误差随负荷电流的变化而变化

(C)电流互感器实际二次负荷在下限负荷至额定负荷范围内

(D)电流互感器额定二次负荷的功率因数应为 0.7～1.0

【答案】　BC

Lb1B13042　智能仪表硬件部分主要组成有(　　)。

(A)主机电路　　　　　　　　　　　　(B)输入、输出通道

(C)人机联系部件和接口电路　　　　　(D)路由模块

【答案】 ABC

Lb1B3043 智能仪表的特点是( )。

(A)高稳定性 (B)高可靠性 (C)低精度 (D)易维护性

【答案】 ABD

Lb1B3044 因故障报修工单内容( )等信息错误、缺失或无客户有效信息,导致接单部门无法根据工单内容进行处理的,允许退单。

(A)客户姓名 (B)派发区域 (C)业务类型 (D)客户联系方式

【答案】 BCD

Lb1B3045 对系统中已标识( )或已发布计划停电、临时停电等信息,但客服代表未经核实即派发的工单,接单部门在注明原因、信息编号(生产类停送电信息必须填写)后退单。

(A)欠费停电 (B)故障停电 (C)违约停电 (D)窃电停电

【答案】 ACD

Lb1B3046 各单位可对故障报修工单( )等影响指标数据的故障报修工单提出申诉。

(A)派发 (B)超时 (C)回退 (D)回访不满意

【答案】 BCD

Lb1B3047 现场抢修服务行为应符合《国家电网公司供电服务规范》要求,( )等应按照国网运检部、国调中心等相关专业管理部门颁布的标准执行。

(A)抢修指挥 (B)抢修技术标准 (C)安全规范 (D)物资管理

【答案】 ABCD

Lb1B3048 故障抢修人员到达现场后应尽快查找故障点和停电原因,( )。

(A)消除事故根源 (B)缩小故障停电范围
(C)减少故障损失 (D)防止事故扩大

【答案】 ABCD

Lb1B3049 因( )等不可抗力造成的电力设施故障,按照公司应急预案执行。

(A)地震 (B)洪灾 (C)台风 (D)客户原因

【答案】 ABC

Lb1B3050 高压断路器按结构分类有( )。

(A)罐式 (B)筒式 (C)瓷支柱式 (D)立柱式

【答案】 AC

Lb1B3051 10 kV 跌落式熔断器可装在( )上,对继电保护保护不到的范围提供保护。

(A)线路首端 (B)线路末端 (C)主干线 (D)分支线路

【答案】 BD

Lb1B3052 电缆线路的运行管理应遵循( )相结合的原则。

(A)设备状态巡视 (B)隐患排查 (C)特殊巡视 (D)夜间巡视

【答案】　AB

Lb1B3053　隔离负荷开关、隔离开关(刀闸)、跌落式熔断器巡视的主要内容包括绝缘件有无( )。

(A)裂纹　　　　　(B)闪络　　　　　(C)破损　　　　　(D)严重污秽

【答案】　ABCD

Lb1B3054　隔离负荷开关、隔离开关(刀闸)、跌落式熔断器巡视的主要内容包括触头间接触是否良好,有无( )现象。

(A)过热　　　　　(B)烧损　　　　　(C)熔化　　　　　(D)变形

【答案】　ABC

Lb1B3055　断路器和负荷开关主要缺陷包括( )。

(A)外壳渗、漏油和锈蚀现象

(B)套管有破损、裂纹和严重污染或放电闪络的痕迹

(C)开关的固定不牢固、下倾,支架歪斜、松动

(D)线间和对地距离不满足要求

【答案】　ABCD

Lb1B3056　隔离负荷开关、隔离开关(刀闸)、跌落式熔断器主要缺陷包括触头间接触存在( )现象。

(A)变色　　　　　(B)过热　　　　　(C)烧损　　　　　(D)熔化

【答案】　BCD

Lb1B3057　隔离负荷开关、隔离开关(刀闸)、跌落式熔断器主要缺陷包括各部件的组装存在( )。

(A)烧损　　　　　(B)熔化　　　　　(C)松动　　　　　(D)脱落

【答案】　CD

Lb1B3058　以下属于开关柜、配电柜的巡视内容的是( )。

(A)开关分、合闸位置是否正确　　　　(B)与实际运行方式是否相符

(C)控制把手与指示灯位置是否对应　　(D)氧气开关气体压力是否正常

【答案】　ABC

Lc1B3059　职业道德要素包括( )。

(A)职业理想、职业态度　　　　　　　(B)职业义务、职业纪律

(C)职业良心、职业荣誉　　　　　　　(D)职业作风、职业报酬

【答案】　ABC

Lc1B3060　职业道德范畴主要包括( )。

(A)职业素质　　　(B)职业精神　　　(C)职业态度　　　(D)职业技能

【答案】　ABC

Lc1B3061　公司员工要树立安全理念,提高安全意识,以( )"三个百分之百"保安全,实现

安全可控、能控、在控。

(A)电网   (B)设备   (C)人员   (D)规范

【答案】 ABCD

Lc1B3062 职工技能包括从业人员的( )。

(A)实际操作能力   (B)业务处理能力   (C)技术技能   (D)职业理论知识

【答案】 ABCD

Lc1B3063 公司新时代基本价值理念体系包括( )。

(A)公司定位   (B)公司使命

(C)公司宗旨   (D)企业核心价值观

【答案】 ABCD

Lc1B3064 国家电网公司的公司使命是推动再电气化,构建能源互联网,以( )方式满足电力需求。

(A)清洁   (B)绿色   (C)高效   (D)集约

【答案】 AB

Lc1B3065 深入落实习近平总书记"四个革命、一个合作"能源战略思想,主动适应能源变革趋势,充分发挥电网的( )作用。

(A)枢纽   (B)平台   (C)核心   (D)关键

【答案】 AB

1.2.3 判断题

La1C3001 电流的符号为 A,电流的单位为 I。(×)

La1C3002 电流的符号为 I,电流的单位为 A。(√)

La1C3003 习惯上规定正电荷运动的方向为电流的方向,因此在金属导体中电流的方向和自由电子的运动方向相反。(√)

La1C3004 大量自由电子或离子朝着一定的方向流动,就形成了电流。(√)

La1C3005 若电流的大小和方向都不随时间变化,此电流就称为直流电流。(√)

La1C3006 电压合格率是指实际运行电压偏差在限值范围内累计运行时间与对应的总运行时间的百分比。(√)

La1C3007 当选择不同的电位参考点时,各点的电位值是不同的值,两点间的电位差是不变的。(√)

La1C3008 在电路中,任意两点之间电压的大小与参考点的选择有关。(×)

La1C3009 电位是相对的。离开参考点谈电位没有意义。(√)

La1C3010 电压的方向是由低电位指向高电位,而电动势的方向是由高电位指向低电位。(×)

La1C3011 电功率表示单位时间内电流所做的功,它等于电流与电压的乘积,公式为 $P=UI$。

（√）

La1C3012 根据电功率 $P=U^2/R$ 可知,在串联电路中各电阻消耗的电功率与它的电阻成反比。（×）

La1C3013 电流从高电势点流向低电势点时,电场做正功,电流从低电势点流向高电势点时,电源做正功。（√）

La1C3014 将 220 V、60 W 的灯泡接到电压为 220 V,功率为 125 W 的电源上,灯泡一定会烧毁。（×）

La1C3015 电流所做的功称为电功。单位时间内电流所做的功称为电功率。（√）

La1C3016 全电路欧姆定律是:在闭合电路中的电流与电源电压成正比,与全电路中总电阻成反比。用公式表示为 $I=E/(R+Ri)$。（√）

La1C3017 金属导体的电阻除与导体的材料和几何尺寸有关外,还和导体的温度有关。（√）

La1C3018 已知铜导线长 L,截面积为 S,铜的电阻率为 ρ,则这段导线的电阻是 $R=\rho L/S$。（√）

La1C3019 电阻率的倒数为电导率,单位是 S/m。（√）

La1C3020 电阻率是电工计算中的一个重要物理量。（√）

La1C3021 根据电功率 $P=I^2R$ 可知,在并联电路中各电阻消耗的电功率与它的电阻值成正比。（×）

La1C3022 两只阻值相同的电阻串联后,其阻值为两电阻的和。（√）

La1C3023 在供电服务指挥系统中能够填报停电信息并直接推送至 PMS 系统。（√）

La1C3024 砼杆不应有严重裂纹,可有轻微铁锈水。（×）

La1C3025 简单支路欧姆定律的内容是:流过电阻的电流,与加在电阻两端的电压成正比,与电阻值成反比,这就是欧姆定律;表达公式是:$I=E/(R+R_0)$。（×）

La1C3026 电缆终端指安装在电缆末端,以使电缆与其他电气设备或架空输配电线路相连接,并维持绝缘直至连接点的装置。（√）

La1C3027 中性点不接地系统当某相发生完全金属性接地时,故障相对地电压为零。（√）

La1C3028 几个不等值的电阻串联,每个电阻中流过的电流都相等。（√）

Lb1C3001 供电服务指挥系统中工单锁定后其他人员可以继续处理。（×）

Lb1C3002 用户单相用电设备总容量不足 10 kW 时,在任何情况下都可以采用 220 V 供电。（×）

Lb1C3003 刑法中不涉及电力设施保护的犯罪。（×）

Lb1C3004 对于由政府部门组织调查的事故,若对有关人员的处理意见严于规定,按政府部门意见给予处罚。（√）

Lb1C3005 对故意隐瞒安全事故的个人或组织将依法做出相应的处罚。（√）

Lb1C3006 国网客服中心通过 95598 电话、95598 网站、"网上国网"等多种渠道受理的各类客户诉求业务。（√）

Lb1C3007　咨询内容主要包括计量装置、停电信息、电费抄核收、用电业务、用户信息、法规制度、服务渠道、新兴业务、电网改造、企业信息、用电常识、特色业务等。（√）

Lb1C3008　业务咨询是指客户对各类供电服务信息、业务办理情况、电力常识等问题的业务询问。（√）

Lb1C3009　95598业务支撑包括95598停送电信息报送管理、95598知识管理、95598业务最终答复管理、重要服务事项报备管理、特殊客户管理和其他95598信息支持。（√）

Lb1C3010　客户诉求非供电公司管理、受理范围的情况属于咨询工单。（√）

Lb1C3011　客户反映因供电公司供电质量问题引起客户家用电器损坏赔偿的规章制度、规定和处理结果不满意的情况，应派发意见工单。（√）

Lb1C3012　国网客服中心应在客户挂断电话后20 min内完成工单填写、审核、派单。（√）

Lb1C3013　95598停送电信息指影响客户供电的停送电信息，分为生产类停送电信息和营销类停送电信息。（√）

Lb1C3014　生产类停送电信息包括：计划停电、临时停电、电网故障停限电、其他停电等。（×）

Lb1C3015　营销类停送电信息包括：客户窃电、违约用电、欠费、有序用电等。（√）

Lb1C3016　95598知识是为支撑供电服务人员规范、高效解决客户诉求，从有关法律法规、政策文件、业务流程、技术规范中归纳、演绎、提炼形成的服务信息集成。（√）

Lb1C3017　95598业务最终答复指对于供电企业确已按相关规定答复处理，但客户诉求仍超出国家或行业有关规定，基层单位提供相关证明材料后不再受理的业务。（√）

Lb1C3018　重要服务事项报备指在供用电过程中，因不可抗力、配合政府工作、系统改造升级、新业务推广等原因，可能给客户用电带来影响的事项，或因客户不合理诉求可能给供电服务工作造成影响的事项。（√）

Lb1C3019　特殊客户指因存在骚扰来电、疑似套取信息、恶意诉求、不合理诉求、窃电或违约用电、拖欠电费等行为记录而被列入差异服务范畴的客户。（√）

Lb1C3020　95598业务处理过程中应落实分级管理责任，强化省公司主体责任，坚持"防范服务风险、聚焦客户体验、强化专业协同、深化闭环整改"的原则，严格执行公司《供电服务质量标准》《供电客户服务提供标准》《供电服务规范》《供电服务"十项承诺"》《员工服务"十个不准"》《配网故障抢修管理规定》等管理制度和技术标准。（√）

Lb1C3021　95598业务支撑应遵循"统一管理、分级负责、真实准确、及时发布"的原则。（√）

Lb1C3022　95598业务包括信息查询、业务咨询、故障报修、投诉、举报（行风问题线索移交）、意见、建议、表扬、服务申请等，除表扬业务外，各项业务流程实行闭环管理。（√）

Lb1C3023　国网客服中心受理客户诉求后，应落实"首问负责制"，可立即办结的业务应直接答复客户并办结工单。（√）

Lb1C3024　地市、县公司应在国网客服中心受理客户咨询诉求后4个工作日内进行业务处理、审核并反馈结果。（√）

Lb1C3025　国网客服中心应在接到咨询回复工单后1个工作日内回复（回访）客户。（√）

Lb1C3026 国网客服中心受理客户故障报修诉求后,根据报修客户重要程度、停电影响范围、故障危害程度等,按照紧急、一般确定故障报修等级,2 min 内派发工单。(√)

Lb1C3027 生产类紧急非抢修业务按照故障报修流程进行处理。(√)

Lb1C3028 故障报修类型分为高压故障、低压故障、电能质量故障、客户内部故障、非电力故障、计量故障、充电设施故障七类。(√)

Lb1C3029 没有职业道德的支撑,就不可能建立完善的社会主义市场经济体制。(√)

Lb1C3030 工作人员对客户要平等相待,对于困难群众更要给予特殊照顾。(√)

Lb1C3031 真心诚意为客户服务是国家电网公司宗旨的必然要求。(√)

Lb1C3032 供电负荷与用电负荷相等。(×)

Lb1C3033 高压故障是指电力系统中高压电气设备(电压等级在 1 kV 以上者)的故障,主要包括高压线路、高压变电设备故障等。(√)

Lb1C3034 电能质量故障是指由于供电电压、频率等方面问题导致用电设备故障或无法正常工作,主要包括供电电压、频率存在偏差或波动、谐波等。(√)

Lb1C3035 低压故障是指电力系统中低压电气设备(电压等级在 1 kV 及以下者)的故障,主要包括低压线路、进户装置、低压公共设备等。(√)

Lb1C3036 客户内部故障指产权分界点客户侧的电力设施故障。(√)

Lb1C3037 非电力故障是指供电企业产权的供电设施损坏但暂时不影响运行、非供电企业产权的电力设备设施发生故障、非电力设施发生故障等情况,主要包括客户误报、非供电企业电力设施故障、通信设施故障等。(√)

Lb1C3038 计量故障是指计量设备、用电采集设备故障,主要包括高压计量设备、低压计量设备、用电信息采集设备故障等。(√)

Lb1C3039 根据客户报修故障的重要程度、停电影响范围、危害程度等将故障报修业务分为紧急、一般两个等级。(√)

Lb1C3040 紧急故障报修:已经或可能引发人身伤亡的电力设施安全隐患或故障。(√)

Lb1C3041 紧急故障报修:已经或可能引发人员密集公共场所秩序混乱的电力设施安全隐患或故障。(√)

Lb1C3042 紧急故障报修:已经或可能引发严重环境污染的电力设施安全隐患或故障。(√)

Lb1C3043 紧急故障报修:已经或可能对高危及重要客户造成重大损失或影响安全、可靠供电的电力设施安全隐患或故障。(√)

Lb1C3044 紧急故障报修:重要活动电力保障期间发生影响安全、可靠供电的电力设施安全隐患或故障。(√)

Lb1C3045 紧急故障报修:已经或可能在经济上造成较大损失的电力设施安全隐患或故障。(√)

Lb1C3046 紧急故障报修:已经或可能引发服务舆情风险的电力设施安全隐患或故障。(√)

Lb1C3047 故障工单派发:客户挂断电话后 2 min 内,客服专员应准确选择处理单位,派发至下

一级接收单位。（√）

Lb1C3048 对回退的故障工单,派发单位应在回退后 3 min 内重新核对受理信息并再次派发。（√）

Lb1C3049 抢修人员在处理客户故障报修业务时,应及时联系客户,并做好现场与客户的沟通解释工作。（√）

Lb1C3050 抢修人员到达故障现场时限应符合:城区范围一般为 45 min,农村地区一般为 90 min,特殊边远地区一般为 120 min。（√）

Lb1C3051 抢修到达现场后恢复供电平均时限应符合:城区范围一般为 3 h,农村地区一般为 4 h。（√）

Lb1C3052 具备远程终端或手持终端的单位采用最终模式,抢修人员到达故障现场后 5 min 内将到达现场时间录入系统。（√）

Lb1C3053 配网抢修指挥相关班组 30 min 内完成工单审核、回复工作。（√）

Lb1C3054 低压单相计量装置类故障(窃电、违约用电等除外),由抢修人员先行换表复电,营销人员事后进行计量加封及电费追补等后续工作。（√）

Lb1C3055 35 kV 及以上电压等级故障,按照职责分工转相关单位处理,由抢修单位完成抢修工作,由本单位配网抢修指挥相关班组完成工单回复工作。（√）

Lb1C3056 对无须到达现场抢修的非故障停电,应及时移交给相关部门处理,并由责任部门在 45 min 内与客户联系,并做好与客户的沟通解释工作;对于不需要到达现场即可解决的问题可以在与客户沟通好后回复工单。（√）

Lb1C3057 供电服务指挥系统中台区经理维护中可以查询到变压器状态、变压器 PMS 标示。（√）

Lb1C3058 目前,供电服务指挥系统中已接入了调度线路跳闸数据、PMS 停电信息、用采停上电事件数据。（√）

Lb1C3059 配电变压器套管在油箱上排列的顺序,一般从低压侧看,由左向右,三相变压器为高压 U1 - V1 - W1。（×）

Lb1C3060 高压断路器在运行状态的任意时刻,应尽可能短的时间内开断或关合处于短路状态的各种故障电流。（√）

Lb1C3061 高压断路器额定短时耐受电流值等于断路器额定短路开断电流有效值。（√）

Lb1C3062 高压断路器的电磁操动机构动作速度低,合闸时间长。（√）

Lb1C3063 箱式变电站是指将高低压开关设备和变压器共同安装于一个封闭箱体内的户外配电装置。（√）

Lb1C3064 欧式箱式变电站,三部分各为一室组成"目"或"品"字结构。（√）

Lb1C3065 10 kV 开闭所在不改变电压等级的情况下,对电能进行二次分配,为周围用户提供供电电源。（√）

Lb1C3066 配电室变压器外的配电设备、低压线路应根据最终负荷水平情况一次性规划、改造

到位。（√）

Lb1C3067 焊接杆焊接处可有轻微裂纹,无严重锈蚀。（×）

Lb1C3068 架空导线在跨越标准轨距铁路时,可有1～2个接头。（×）

Lb1C3069 巡视杆塔过程中应判断杆塔有无被水淹、水冲的可能。（√）

Lb1C3070 一基电杆上多条拉线的受力应一致。（√）

Lb1C3071 架空配电线路巡视的目的是及时掌握线路及设备的运行状况,发现并消除设备缺陷,预防事故的发生。（√）

Lb1C3072 协调是通过及时的调解或调整,使各个方面和各个部分的工作配合得当、协同一致。（√）

Lb1C3073 内部协调不需要注意公开公平、合理分工、密切合作。（×）

Lb1C3074 同一组织内部人员之间不会因为知识水平、价值观念的不同影响到组织行为的和谐。（×）

Lb1C3075 电压单位 V 的中文名称是伏。（√）

Lb1C3076 在电路中,任意两点间电位差的大小与参考点的选择无关。（√）

Lb1C3077 电位的符号为 φ,电位的单位为 V。（√）

Lb1C3078 电场或电路中两点间的电位差称为电压,用字母 U 来表示。（√）

Lb1C3079 电压就是指电源两端的电位差。（√）

Lb1C3080 电动势和电压都以"伏特"为单位,但电动势是描述非静电力做功,把其他形式的能转化为电能的物理量,而电压是描述电场力做功,把电能转化为其他形式的能的物理量,它们有本质的区别。（√）

Lb1C3081 直流电路中,某点电位的高低与参考点的选择有关,该点的电位等于该点与参考点之间的电压。（√）

Lb1C3082 在导体中电子运动的方向是电流的实际方向。（×）

Lb1C3083 在电路计算时,我们规定:(1)电流的方向规定为正电荷移动的方向。(2)计算时先假定参考方向,计算结果为正说明实际方向与参考方向相同;反之,计算结果为负说明实际方向与参考方向相反。（√）

Lb1C3084 直流电流是指方向一定且大小不变的电流,代表符号为"－"。交流电流是指方向和大小随时间都在不断变化的电流,代表符号为"～"。（√）

Lb1C3085 在正常的供电电路中,电流是流经导线、用电负载,再回到电源,形成一个闭合回路。但是如果在电流流过电路过程中,中间的一部分有两根导线碰到一起,或者是被其他电阻很小的物体短接的话,就成为短路。（√）

Lb1C3086 负载被断开的电路叫开路。（√）

Lb1C3087 金属导体内存在大量的自由电子,当自由电子在外加电压作用下出现定向移动便形成电流,因此自由电子移动方向就是金属导体电流的正方向。（×）

Lb1C3088 电场力在单位时间里所做的功,称为电功率,其表达式是 $P=A/t$,它的基本单位是

W（瓦）。（√）

Lb1C3089 全电路欧姆定律的内容是：在闭合的电路中，电路中的电流与电源的电动势成正比，与负载电阻及电源内阻之和成反比，这就是全电路欧姆定律。其表达公式为：$I=U/R$。（×）

Lb1C3090 金属导体的电阻与外加电压无关。（√）

Lb1C3091 在供服系统中，线路召测是对线路本身进行召测。（×）

Lb1C3092 在供服系统中，可以补录停电信息。（√）

Lb1C3093 供服系统中可以录入主动工单。（√）

Lb1C3094 变压器的绕组一般低压绕组在外层，高压绕组在里层。（×）

Lb1C3095 隔离开关是用来在巡视时隔离带电部分，保证检修部分与带电部分之间有足够的、明显的空气绝缘间隔。（×）

Lb1C3096 客户外部故障指产权分界点客户侧的电力设施故障。（√）

Lb1C3097 架空线路通道内不应有被风刮起或危及线路安全的物体。（√）

Lb1C3098 电缆本体指除去电缆接头和终端等附件以外的电缆线段部分。（√）

Lb1C3099 柱上断路器可以切断线路的故障电流。（√）

Lb1C3100 跌落式熔断器是装于户外用来保护变压器等电气设备的一种电器。（√）

Lb1C3101 供电方式应当坚持便于管理的原则。（√）

Lb1C3102 在煤改电设备异常中不能看到煤改电设备的三项不平衡信息。（×）

Lb1C3103 已经归并的煤改电故障报修工单还会继续督办。（×）

Lb1C3104 计划类的煤改电线路故障停电信息不会督办。（√）

Lb1C3105 供服系统中营销变压器台账每天进行更新。（√）

Lb1C3106 RW11-10F 型跌开熔断器上端装有灭弧室和弧触头，具备带电操作分合闸的能力。（√）

Lb1C3107 在出线到用电负荷中，使用主干大截面电缆出线，然后在接近负荷时使用电缆分支箱，由小截面电缆接入负荷。（√）

Lb1C3108 在同一绝缘等级内，绝缘子装设方向应保持一致。（×）

Lb1C3109 断路器和负荷开关主要缺陷包括：开关标识标示，分、合和储能位置指示不清晰、准确。（√）

Lb1C3110 配电变压器声音尖锐有爆裂声，应增大变压器容量或改变大容量设备启动方式。（×）

Lb1C3111 配变一相熔丝熔断，在更换相应规格的熔丝后，应在变压器负载状态下试送电。（×）

Lb1C3112 对一个地区、一个行业来讲，短时间内，用电负荷的构成是相应变化的，在一个较长的时间内（年、季、月），用电量是相对稳定的。（√）

Lb1C3113 负荷系数是规定时间内的最大负荷与平均负荷之比的百分数。（×）

Lb1C3114 用各设备的额定容量之和来选择导体和供电设备。（×）

Lb1C3115 计算负荷是实际的负荷,持续恒等的负荷。（×）

Lb1C3116 计算负荷是设备总容量乘以需用系数,计算步骤从电源线进线开始,逐级向下,直到负荷末端—用电设备。（×）

Lb1C3117 确定计算负荷一般采用需用系数法,需用系数法就是根据统计规律,将影响计算负荷的主要因素归拼成一个小于1的系数。（√）

Lb1C3118 在确定设备的容量时,需要将各设备的额定功率换算成统一工作制下的设备容量,然后相加。（√）

Lb1C3119 长时工作制的用电设备的设备容量为额定功率,而短时工作制的设备容量为视在功率。（×）

Lb1C3120 同时系数为设备组在最大负荷时输出功率与运行的设备容量之比。（×）

Lb1C3121 负荷系数为设备组在最大负荷时输出功率与运行的设备容量之比。（√）

Lb1C3122 线路效率为线路在最大负荷时首端功率与末端功率之比。（×）

Lb1C3123 如果车间变电站的低压母线上装有无功补偿用的并联电容器组,则计算车间变电站低压母线无功计算负荷时应加上该无功补偿容量。（×）

Lb1C3124 有功功率为用电设备实际做功的平均功率;无功功率是用电设备与电源进行的能量交换的功率,这部分功率不做功。（√）

Lb1C3125 考虑装设的无功补偿装置的功率因数为总功率因数。（√）

Lb1C3126 供电系统的电压损耗完全由输送的有功功率产生的。（×）

Lb1C3127 高压断路器的弹簧操纵机构在直流电源消失的情况下也可手动合、分操作。（√）

Lb1C3128 电压的闪变是灯光照度不稳定造成的视觉,包括电压波动对电工设备的影响和危害。（√）

Lb1C3129 电压也称电位差,电压的方向是由低电位指向高电位。（×）

Lb1C3130 电位就是指在电路中某一点的电位就是该点与零电位点（所选择的参考点）之间的电压。（√）

Lb1C3131 串联电路中,总电阻等于各电阻的倒数之和。（×）

Lb1C3132 第一次使用移动终端时,不用连接安全接入平台,可以直接在线登录 MIP 使用 PMS2.0 移动巡检。（×）

Lb1C3133 用电设备的负荷率很低时,其自然功率因数较低。（√）

Lb1C3134 RW11-10 型跌开熔断器不能带负荷分合闸。（√）

Lb1C3135 电能质量是指供电装置在正常情况下不中断和干扰客户使用电力的物理特性。（√）

Lb1C3136 环式配电网正常运行时一般采用闭环运行。（×）

Lb1C3137 采用中性点不接地或经消弧线圈接地方式可以提高其供电可靠性。（√）

Lb1C3138 某配网线路中的有功功率 P、无功功率 Q,视在功率 S,经计算功率因数偏低,该线路采取了无功补偿的措施。最终达到了降低供电变压器及线路的损耗,提高供电效率、改善供电电压质量、提高设备利用率等目的。该线路进行无功补偿的目的是提高有功功率。(×)

Lc1C3001 全国职工守则是指社会组织或行业的所有成员在自觉自愿的基础上经过充分的讨论形成一致建议而制定的行为准则。(√)

Lc1C3002 忠诚一方面要忠于职责,一方面要听领导的话,当二者发生冲突时,要听领导的话。(×)

Lc1C3003 《公民道德建设实施纲要》强调,要把道德特别是职业道德作为岗前和岗位培训的重要内容。(√)

Lc1C3004 每个从业人员都应该以德为先,做有职业道德的人。(√)

Lc1C3005 职业道德对协调职工间关系,维护安定团结局面发挥着重要作用。(√)

Lc1C3006 职业道德与职工创新意识和创新能力没有关系。(×)

Lc1C3007 职业道德与职工个人人格互不关联。(×)

Lc1C3008 职业道德与职业技能密不可分,职业道德离开了职业技能必然空洞乏力,因此职业技能在其中居主导地位。(×)

Lc1C3009 职业责任是由社会分工决定的,它往往通过道德的方式加以确定和维护。(×)

Lc1C3010 劳动者素质主要是专业技能素质,不包括职业道德素质。(×)

Lc1C3011 职业道德不是外在于人的规范,是个体人格的重要组成部分,是为了自身价值更好地实现。(√)

Lc1C3012 作为电网员工应该维护国家利益、企业利益,提高拒腐蚀的能力。(√)

Lc1C3013 职业道德修养就是按照职业道德基本原则和规范,进行自我教育和自我完善,从而使自己形成良好的职业道德品质和达到一定的职业道德境界。(√)

Lc1C3014 企业文化是企业的灵魂,是推动企业发展的不竭动力。(√)

Lc1C3015 成员角色定位对提高团队运作效率非常重要。(√)

Lc1C3016 团队中个体角色定位既要讲究相对稳定性,又要赋予必要的灵活性。(√)

Lc1C3017 团队合作是企业成功的保证,忽视团队合作是无法取得成功的。(√)

Lc1C3018 国网客服中心应在接到回复故障工单后 24 h 内回访客户。(√)

Lc1C3019 预计当日不能修复完毕的紧急故障,应及时向本单位配网抢修指挥相关班组报告;抢修时间超过 4 h 的,每 2 h 向本单位配网抢修指挥相关班组报告故障处理进展情况;其余的短时故障抢修,抢修人员汇报预计恢复时间。(√)

Lc1C3020 影响客户用电的故障未修复(除客户产权外)的工单不得回单。(√)

Lc1C3021 由国网客服中心负责故障报修的回访工作,除客户明确提出不需回访的故障报修,其他故障报修应在接到工单回复结果后,24 h 内完成(回复)回访工作,并如实记录客户意见及满意度评价情况。(√)

Lc1C3022 回访时,遇客户反馈情况与抢修处理部门反馈结果不符,且抢修处理部门未提供有

力证据、实际未恢复送电、工单填写不规范等情况时,应将工单回退,回退时应注明退单原因。(√)

Lc1C3023 善于合作是一个人、一个团队乃至一个企业的核心竞争力。(√)

Lc1C3024 在职场中应该遵循"事不关己,高高挂起"的原则。(×)

Lc1C3025 中间数法会在非原则问题尤其是利益分配问题上以"中间数"进行裁定,能实现各方都能接受的权利再分配。(√)

Lc1C3026 由于客户原因导致回访不成功的,国网客服中心回访工作应满足:不少于 3 次回访,每次回访时间间隔不小于 2 h。回访失败应在"回访内容"中如实记录失败原因。(√)

Lc1C3027 公司供电服务"十个不准"中规定,不准违反首问负责制,推诿、搪塞、怠慢客户。(√)

Lc1C3028 公司供电服务"十个不准"中规定,不准对外泄露客户个人信息及商业秘密。(√)

Lc1C3029 公司供电服务"十个不准"中规定,不准在工作时间饮酒及酒后上岗。(√)

Lc1C3030 职业化管理就是以企业家精神为主导的企业运营机制。(×)

Lc1C3031 职业化管理更强调目标管理,工作结果是评价员工能力的唯一衡量标准。(×)

Lc1C3032 在社会生活中,职业活动是使人获得全面发展的重要途径。(√)

Lc1C3033 爱岗敬业是遵章守纪的表现,遵章守纪的人必然敬业爱岗。(×)

Lc1C3034 较小城市的配电网,除采用中性点经消弧线圈接地方式外,也可考虑采用经高阻抗接地方式。(√)

1.2.4 计算题

La1D3001 某线路导线为 LJ – 50,长度 $L=X_1$ km,$\rho=0.0315$ Ω·mm²/m,则导线的电阻 $R=$___ Ω。(X_1 取值范围:2、3、4、5、6。)

【答】 计算公式:
$$R = \rho \frac{1000 \times L}{S} = 0.0315 \times \frac{1000X_1}{50} = 0.63X_1$$

La1D3002 今有 $P=X_1$ W 电热器接在 220 V 电源上,则通电半小时所产生的热量 $Q=$___ J。(X_1 取值范围:200、400、600、800、1000。)

【答】 计算公式:
$$Q=PT=X_1 \times 0.5 \times 3600$$

La1D3003 一电炉取用电流 $I=X_1$ A,接在电压 $U=220$ V 的电路上,则电炉的功率 $P=$___ W;若用电 8 h,则电炉所消耗的电能 $Q=$___ kW·h。(X_1 取值范围:4、8、16、32、64。)

【答】 计算公式:
$$P=UI=220X_1$$

$$Q = \frac{UIt}{1000} = \frac{220X_1 \times 8}{1000} = 1.76X_1$$

La1D3004 带电作业中,用一条截面 $S = 25\ mm^2$、长 $L = 5\ m$ 的铜线来短接开关。已知开关平均负荷电流 $I = X_1\ A$,则这条短路线在 $t = 10\ h$ 内消耗电能 $Q =$ ____ $kW \cdot h$。(铜的电阻率 $\rho = 0.0175\ \Omega \cdot mm^2/m$。)

(X_1 取值范围:50、100、150、200、250。)

【答】 计算公式:

$$Q = \rho \frac{L}{S} I^2 t \times 10^{-3} = 0.0175 \times \frac{5}{25} X_1^2 \times 10 \times 10^{-3} = 0.35 \times 10^{-4} X_1^2$$

La1D3005 单相电容器的容量 $Q_e = X_1\ kvarA$,额定电压为 $10\ kV$,求电容量 $C =$ ____ μF。

(X_1 取值范围:157、314、471、628、785。)

【答】 计算公式:

$$X_C = \frac{U_e^2}{Q_e} = \frac{(10 \times 10^3)^2}{1000 X_1} = \frac{10^5}{X_1}$$

$$C = \frac{10^6 X_1}{2 \times 3.14 \times 50 \times 10^5} = \frac{X}{31.4}$$

La1D3006 一个电压 $U = 220\ V$ 的中间继电器,线圈电阻 $R_L = 6.8\ k\Omega$,运行时需串入 $R = X_1\ k\Omega$ 的电阻,则电阻的消耗的功率 $P =$ ____ W。

(X_1 取值范围:0.2、1.2、2.2、3.2、4.2。)

【答】 计算公式:

$$P = \left(\frac{U}{R_1 + R}\right)^2 R = \frac{220 \times 220}{(6.8 + X_1)^2 \times 10^6} X_1 10^3 = \frac{48.4 X_1}{(6.8 + X_1)^2}$$

La1D3007 有一只量程为 $U_1 = 10\ V$,内阻 $R_v = 20\ k\Omega$ 的 1.0 级电压表,若将其改制成量限为 $U_2 = X_1\ V$ 的电压表,则应串联的电阻 $R =$ ____ $k\Omega$。

(X_1 取值范围:20、30、40、50、60。)

【答】 计算公式:

$$R = \frac{U_2}{\dfrac{U_1}{R_V}} - R_v = \frac{20 X_1}{10} - 20 = 2X_1 - 20$$

La1D3008 有两个灯泡分别接在电压 $U = X_1\ V$ 电源上,一个 $220\ V$,$25\ W$,另一个 $110\ V$,$40\ W$,则两个灯泡实际消耗的功率 $P_1 =$ ____ W,$P_2 =$ ____ W。

(X_1 取值范围:110、220、330、440、550。)

【答】 计算公式:

$$P_1 = \frac{P_{e1} X_1^2}{U_{e1}^2} = \frac{25 X_1^2}{220 \times 220} = \frac{X_1^2}{1936}$$

La1D3009 日光灯电路是由日光灯管和镇流器(可视为纯电感绕组)串联而成,现接在频率 $f = 50\ Hz$ 的交流电源上,测得流过灯管的电流 $I = 0.366\ A$,灯管两端电压 $U_1 =$

X_1V,镇流器两端电压 $U_2=190$ V,电源电压 $U=$ ___ V、灯管的电阻 $R=$ ___ Ω。

（X_1 取值范围：110,120,130,140,150。）

【答】 计算公式：

$$U=\sqrt{U_1^2+U_2^2}=\sqrt{X_1^2+190^2}$$

$$R=\frac{U_1}{I}=\frac{X_1}{0.366}$$

La1D3010　日光灯电路是由日光灯管和镇流器(可视为纯电感绕组)串联而成,现接在频率 $f=$ 50 Hz 的交流电源上,测得流过灯管的电流 $I=0.356$ A,灯管两端电压为 $U_1=X_1$V,镇流器两端电压 $U_2=X_2$V,镇流器电感 $L=$ ___ H,日光灯的功率 $P=$ ___ W。

（X_1 取值范围：110,120,130,140,150；X_2 取值范围：190,200,210,220,230。）

【答】 计算公式：

$$L=\frac{U_2}{I\times2\times3.14\times50}=\frac{X_2}{0.356\times2\times3.14\times50}=\frac{X_2}{111.784}$$

$$P=IU_1=0.356X_1$$

La1D3011　一个线圈接到电压 $U=220$ V 的直流电源上时,其功率 $P_1=X_1$ kW,接到 50 Hz, 220 V 的交流电源上时,其功率 $P_2=0.64$ kW,求线圈的电阻和电感。答:$R=$ ___ Ω, $L=$ ___ H。

（X_1 取值范围：1、1.28、1.64、2.08、2.6。）

【答】 计算公式：

$$R=\frac{U^2}{1000X_1}=\frac{220\times220}{1000X_1}=\frac{48.4}{X_1}$$

$$\frac{P_2}{R}=\frac{U_2^2}{R^2+X_L^2}=\frac{U_2^2}{R^2+(2\pi fL)^2}$$

$$L=\frac{\sqrt{\frac{U_2^2R}{P_2}-R^2}}{2\times3.14\times50}=\frac{\sqrt{\frac{220\times220R}{0.64\times1000}-R^2}}{2\times3.14\times50}=\frac{12.1\sqrt{25X_1-16}}{314X_1}$$

La1D3012　交流接触器的电感线圈 $R=200$ Ω,$L=7.3$ H,接到电压 $U=X_1$V,$f=50$ Hz 的电源上,线圈中的电流 $I_1=$ ___ A。如果接到同样电压的直流电源上,此时线圈中的电流 $I_{12}=$ ___ A。

（X_1 取值范围：50、100、150、200、250。）

【答】 计算公式：

$$I_1=\frac{U}{\sqrt{R^2+(2\times3.14\times50L)^2}}=\frac{X_1}{\sqrt{200\times200+(2\times3.14\times50\times7.3)^2}}$$

$$I_{12}=\frac{U}{R}=\frac{X_1}{200}$$

Lb1D3013　三相对称负载星接时,线电压最大值 $U_{Lmax}=X_1$V,则相电压有效值 $U_{ph}=$ ___ V。

（X_1 取值范围：110、220、330、440、550。）

【答】 计算公式：

$$U_{ph} = \frac{U_{Lmax}}{\sqrt{6}} = \frac{X_1}{\sqrt{6}}$$

La1D1014 某三相变压器的二次侧电压 $U = 400$ V，电流 $I = X_1$ A，已知功率因数 $\cos\varphi = 0.866$，这台变压器的有功功率 $P = \underline{\quad}$ kW，视在功率 $S = \underline{\quad}$ kV·A。

（X_1 取值范围：100、200、300、400、500。）

【答】 计算公式：

$$P = \frac{\sqrt{3} U I \cos\varphi}{1000} = \frac{\sqrt{3} \times 400 \times 0.866 X_1}{1000} = 0.6 X_1$$

$$S = \frac{\sqrt{3} U I}{1000} = \frac{\sqrt{3} \times 400 X_1}{1000} = 0.6928 X_1$$

La1D2015 变压器一、二次绕组的匝数之比为 25，二次侧电压为 X_1 V，一次侧电压 $U = \underline{\quad}$ V。

（X_1 取值范围：200、300、400、500、600。）

【答】 计算公式：

$$U = 25 X_1$$

La1D1016 某设备装有电流保护，电流互感器的变比是 $N_1 = 200/5$，整定值是 $I_1 = X_1$ A，如果原一次电流不变，将电流互感器变比改为 $N_2 = 120$，保护电流值应整定为 $I = \underline{\quad}$ A。

（X_1 取值范围：3、6、9、12、15。）

【答】 计算公式：

$$I = \frac{I_1 N_1}{N_2} = \frac{X_1 \frac{200}{5}}{120} = \frac{X_1}{3}$$

Lb1D1017 某变压器 35 kV 侧中性点装设了一台可调的消弧线圈，在 35 kV 系统发生单相接地时补偿电流 $I_L = X_1$ A，则此时消弧线圈的感抗 $X_L = \underline{\quad}$ kΩ。

（X_1 取值范围：$\sqrt{3}$、$2\sqrt{3}$、$3\sqrt{3}$、$4\sqrt{3}$、$5\sqrt{3}$。）

【答】 计算公式：

$$X_L = \frac{\frac{U}{\sqrt{3}}}{X_1} = \frac{35}{\sqrt{3} X_1}$$

Lb1D1018 某电力变压器，其额定电压为 110/38.5/11 kV，连接组别为 Y_N, y_n, d，已知高压绕组 X_1 匝，则该变压器的中压绕组 $N_{中} = \underline{\quad}$ 匝、低压绕组 $N_{低} = \underline{\quad}$ 匝。

（X_1 取值范围：3300、4400、5500、6600、7700。）

【答】 计算公式：

$$N_{中} = \frac{X_1}{\frac{110}{38.5}} = \frac{38.5 X_1}{110}$$

$$N_{低}=\frac{X_1}{\frac{110}{\sqrt{3}}}=\frac{11\sqrt{3}X_1}{110}=\frac{\sqrt{3}X_1}{10}$$

La1D3019 如图所示,已知 $U_a=50$ V,$U_b=-40$ V,$U_c=X_1$ V,则 $U_{ac}=$___V,$U_{bc}=$___V,$U_{oc}=$___V。

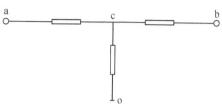

（X_1 取值范围:1、2、3、4、5。）

【答】 计算公式:

$$U_{ac}=U_a-U_c=50-X_1$$

$$U_{bc}=U_b-U_c=-40-X_1$$

$$U_{oc}=U_o-U_c=0-X_1=-X_1$$

La1D3020 如图所示,已知 $R_1=100$ Ω,$R_2=300$ Ω,$R_3=600$ Ω,电源 $E=X_1$ V,则总电阻 $R=$___Ω,总电流 $I=$___A。

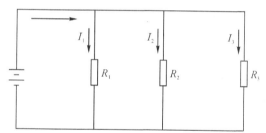

（X_1 取值范围:30、40、50、60、70。）

【答】 计算公式:

$$I=\frac{E}{R_1}+\frac{E}{R_2}+\frac{E}{R_3}=\frac{X_1}{100}+\frac{X_1}{300}+\frac{X_1}{600}=\frac{3}{200}X_1$$

$$R=\frac{R_1R_2R_3}{R_2R_3+R_1R_3+R_1R_2}=\frac{200}{3}$$

La1D3021 如图所示电路中,已知电阻 $R_1=1$ Ω,$R_2=R_5=4$ Ω,$R_3=1.6$ Ω,$R_4=6$ Ω,$R_6=0.4$ Ω,电压 $U=X_1$ V。则电路中各支路通过的分支电流 $I_1=$___A、$I_2=$___A、$I_3=$___A、$I_4=$___A。

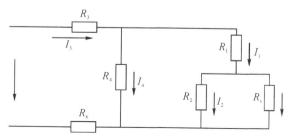

（X_1 取值范围:24、36、48、60、72。）

【答】 计算公式:

$$R=R_3+R_6+\frac{\left(\frac{R_5R_2}{R_5+R_2}+R_1\right)\times R_4}{\left(\frac{R_5R_2}{R_5+R_2}+R_1\right)+R_4}=1.6+0.4+\frac{\left(\frac{4\times4}{4+4}+1\right)\times6}{\left(\frac{4\times4}{4+4}+1\right)+6}=4$$

$$I_3=\frac{U}{4}=\frac{X_1}{4}$$

$$I_1=\frac{2}{3}I_3=\frac{X_1}{6}$$

$$I_2=\frac{1}{3}I_3=\frac{X_1}{12}$$

$$I_4=\frac{1}{3}I_3=\frac{X_1}{12}$$

La1D3022 如图所示,其中 $R_1=X_1\ \Omega$,$R_2=10\ \Omega$,$R_3=8\ \Omega$,$R_4=3\ \Omega$,$R_5=6\ \Omega$,则图中 A、B 端的等效电阻 $R=\underline{\quad}\Omega$。

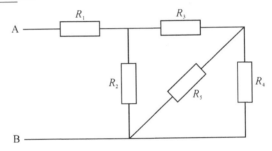

（X_1 取值范围:5、6、7、8、9。）

【答】 计算公式:

$$R=R_1+\frac{\left(\frac{R_5R_4}{R_5+R_4}+R_3\right)\times R_2}{\left(\frac{R_5R_4}{R_5+R_4}+R_3\right)+R_2}=X_1+\frac{\left(\frac{6\times3}{6+3}+8\right)\times10}{\left(\frac{6\times3}{6+3}+8\right)+10}=X_1+5$$

La1D3023 如图所示,电源电动势 $E=X_1\ \mathrm{V}$,电源内阻 $R_0=2\ \Omega$,负载电阻 $R=18\ \Omega$,则电源输出功率 $P=\underline{\quad}\mathrm{W}$、电源内阻消耗功率 $P_0=\underline{\quad}\mathrm{W}$。

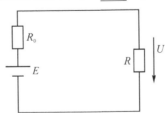

（X_1 取值范围:20、40、60、80、100。）

【答】 计算公式:

$$P=\left(\frac{E}{R_0+R}\right)^2\times R=\left(\frac{X_1}{2+18}\right)^2\times18=0.045X_1^2$$

$$P_0 = \left(\frac{E}{R_0+R}\right)^2 \times R_0 = \left(\frac{X_1}{2+18}\right)^2 \times 2 = 0.005X_1^2$$

1.2.5　识图题

Lb1E3001　已知导体中的电流方向和导体在磁场中的受力方向,图中标出磁体的 N 极和 S 极是否正确(　　)。

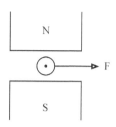

（A）正确　　　　　（B）错误

【答案】　A

Lb1E3002　图中标出的三个小磁铁偏转方向是否正确(　　)。

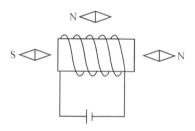

（A）正确　　　　　（B）错误

【答案】　A

Lb1E3003　导体中的电流方向和小磁铁插入线圈时,线圈中产生的电流方向已知,图中标出的小磁铁 N 极和 S 极是否正确(　　)。

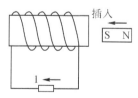

（A）正确　　　　　（B）错误

【答案】　B

Lb1E3004　工频交流电源加在电阻和电容串联的电路中,电容两端的电压和流过电容器的电流向量图是否正确(　　)。

（A）正确　　　　　（B）错误

【答案】　A

Lb1E3005　工频交流电源加在电阻和电感串联的电路中,该回路的总电压和电流的向量图是否正确(　　)。

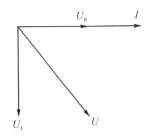

（A）正确　　　　　（B）错误

【答案】　B

Lb1E3006　电流互感器三相完全星形接线图是否正确(　　)。

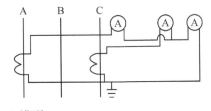

（A）正确　　　　　（B）错误

【答案】　B

Lb1E3007　电流互感器零序电流接线图是否正确(　　)。

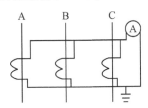

（A）正确　　　　　（B）错误

【答案】　A

Lb1E3008　电流互感器两相电流差接线图是否正确(　　)。

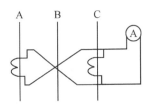

（A）正确　　　　　（B）错误

【答案】　A

Lb1E3009　三段式过流保护的逻辑框图是否正确(　　)。

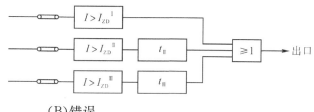

(A)正确　　　　　(B)错误

【答案】　A

Lb1E3010　三段式距离保护的逻辑框图是否正确(　　　)。

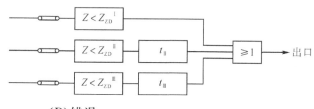

(A)正确　　　　　(B)错误

【答案】　A

Lb1E3011　线路 Ⅱ 形等值电路图是否正确(　　　)。

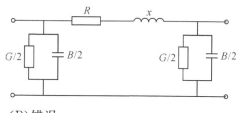

(A)正确　　　　　(B)错误

【答案】　A

Lb1E3012　单相桥式整流电路图是否正确(　　　)。

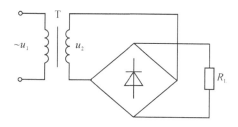

(A)正确　　　　　(B)错误

【答案】　A

Lb1E3013　变电站内桥接线图是否正确(　　　)。

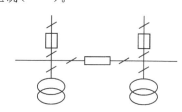

(A)正确　　　　　(B)错误

【答案】 A

Lb1E3014 通过电容器的电压、电流波形图是否正确（　　）。

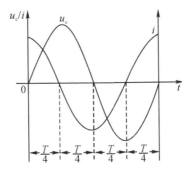

（A）正确　　　　　（B）错误

【答案】 A

Lb1E3015 每座两台主变压器双侧电源双回供电常用高压架空网示意图是否正确（　　）。

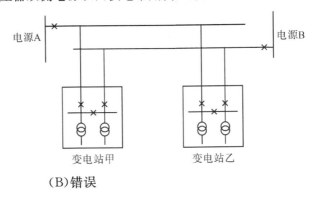

（A）正确　　　　　（B）错误

【答案】 A

1.2.6 简答题

Lb1F3001 《国家电网公司供电客户服务提供标准》对"95598供电服务热线"的定义是什么？

【答】 95598供电服务热线是供电公司为电力客户提供的 $7 \times 24h$ 电话服务热线。

Lb1F3002 《国家电网公司供电客户服务提供标准》对"客户满意度"的定义是什么？

【答】 客户满意度是指客户在接受某一服务时，实际感知的服务与预期得到的服务的差值。

Lb1F3003 《国家电网有限公司95598客户服务业务管理办法》中客户投诉分哪几类？

【答】 客户投诉包括服务投诉、营业投诉、停送电投诉、供电质量投诉、电网建设投诉五类。

Lb1F3004 《国家电网有限公司95598客户服务业务管理办法》中客户投诉分哪几个等级？

【答】 根据客户投诉的重要程度及可能造成的影响，将客户投诉分为特殊、重大、重要、一般四个等级。

Lb1F3005 故障报修类型有哪些？

【答】 故障报修类型分为高压故障、低压故障、电能质量故障、客户内部故障、非电力故障、计量故障、充电设施故障七类。

Lb1F3006 什么是高压故障？

【答】 高压故障是指电力系统中高压电气设备(电压等级在 1 kV 以上者)的故障,主要包括高压线路、高压变电设备故障等。

Lb1F3007 什么是低压故障？

【答】 低压故障是指电力系统中低压电气设备(电压等级在 1 kV 及以下者)的故障,主要包括低压线路、进户装置、低压公共设备故障等。

Lb1F3008 什么是电能质量故障？

【答】 电能质量故障是指由于供电电压、频率等方面问题导致用电设备故障或无法正常工作,主要包括供电电压、频率存在偏差或波动、谐波等。

Lb1F3009 什么是相电流？什么是线电流？它们之间有怎样的数学关系？

【答】 (1)在三相电路中,流过端线的电流称为线电流,流过各相绕组或各相负载的电流称为相电流;(2)在星形接线的绕组中,相电流 I_{ph} 和线电流 I_{li} 是同一电流,它们之间是相等的,即 $I_{li}=I_{ph}$;(3)在三角形接线的绕组中它们之间的关系是:线电流是相电流的 $\sqrt{3}$ 倍,即 $I_{li}=\sqrt{3}\,I_{ph}$。

Lb1F3010 变电站的作用是什么？

【答】 变电站的作用主要是:(1)变换电压等级;(2)汇集电能;(3)分配电能;(4)控制电能的流向;(5)调整电压。

Lb1F3011 在不对称三相四线制供电线路中,中性线的作用是什么？

【答】 (1)消除中性点位移;(2)使不对称负载上获得的电压基本对称。

Lb1F3012 低压配电线路由哪些元件组成？

【答】 (1)电杆;(2)横担;(3)导线;(4)绝缘子;(5)金具;(6)拉线。

Lb1F3013 按在线路中的位置和作用,电杆可分为哪几种？

【答】 (1)直线杆;(2)耐张杆;(3)转角杆;(4)终端杆;(5)分支杆;(6)跨越杆。

Lb1F3014 供电设施的运行维护管理责任分界点如何确定？

【答】 责任分界点按下列各项确定:(1)公用低压线路供电的,以供电接户线用户端最后支持物为分界点,支持物属供电企业;(2)10 kV 及以下公用高压线路供电的,以用户厂界外或配电室前的第一断路器或第一支持物为分界点,第一断路器或第一支持物属供电企业;(3)35 kV 及以上公用高压线路供电的,以用户厂界外或用户变电站外第一基电杆为分界点,第一基电杆属供电企业;(4)采用电缆供电的,本着便于维护管理的原则,分界点由供电企业与用户协商确定;(5)产权属于用户且由用户运行维护的线路,以公用线路分支杆或专用线路接引的公用变电站外第一基电杆为分界点,专用线路第一基电杆属用户。

Lb1F3015 《国家电网公司供电客户服务提供标准》中"95598 供电服务热线"服务功能有哪些？

【答】 服务功能包括 95598 供电服务热线应通过语音导航,向客户提供故障报修,咨询查询,投诉、举报和建议受理,停电信息公告,客户信息更新,信息订阅,预受理新装、增容及变更用电,校表申请等服务,并具备外呼功能。

Lb1F3016 在供用电设施上发生事故引起的法律责任由哪方承担？

【答】 在供电设施上发生事故引起的法律责任,按供电设施产权归属确定。产权归属于谁,谁就承担其拥有的供电设施上发生事故引起的法律责任。但产权所有者不承担受害者因违反安全或其他规章制度、擅自进入供电设施非安全区域内而发生事故引起的法律责任,以及在委托维护的供电设施上,因代理方维护不当所发生事故引起的法律责任。

Lb1F3017 在电力系统中提高功率因数有哪些作用?

【答】 提高功率因数可以:(1)减少线路电压损失和电能损失;(2)提高设备的利用效率;(3)提高电能的质量。

Lb1F3018 生产类停送电信息报送合格率的指标定义和计算方法是什么?

【答】 指标定义:各单位及时报送的合格生产类停送电信息数,占已报送生产类停送电信息总数的比例。

计算方法:生产类停送电信息报送合格率=及时报送的合格生产类停送电信息数/已报送生产类停送电信息上报总数×100%。

Lb1F3019 在电力系统正常状况下,供电企业供到用户受电端的供电电压允许偏差?

【答】 35 kV 及以上电压供电的,电压正、负偏差的绝对值之和不超过额定值的10%;10 kV 及以下三相供电的,为额定值的±7%;220 V 单相供电的,为额定值的+7%,-10%。

Lb1F3020 我国现行销售电价分为几类?

【答】 我国现行电价分为居民生活用电电价、一般工商业及其他电价、大工业用电电价、农业生产用电电价、趸售用电电价。

Lb1F3021 2019 年 1 月 10 日,你接到用户情况反映:该用户所居住的房屋上有一低压线路跨越,客户昨日请专业人员测量的线路对房屋顶的垂直距离最小为 2 m,该客户要求对这一低压线路进行整改,请问客户要求是否合理,请解释?

【答】 该客户的要求是合理的,因为在《架空绝缘配电线路设计技术规程绝缘》中规定:配电线路应尽量不跨越建筑物,如需跨越,导线与建筑物的垂直距离在最大计算弧垂情况下,低压不应小于(2)0 m。客户反映的测量值为 2 m,但测量的时间为天气气温较低的季节,在高温季节时,线路的弧垂将会加大,线路对房屋的垂直距离必将减小,明显不能满足规程要求。

Lb1F3022 功率因数低的原因是什么?

【答】 功率因数低的原因有:(1)大量采用感应电动机或其他感应用电设备;(2)电感性用电设备不配套或使用不合理,造成设备长期轻载或空载运行;(3)采用日光灯、路灯照明时,没有配电容器;(4)变电设备负载率和年利用小时数过低。

Lb1F3023 高、低压线路同杆架设时,在低压带电线路上工作有何安全要求?

【答】 低压线路同杆架设,在低压带电线路上工作时,应先检查与高压线的距离,采取防止误碰带电高压设备的措施。在低压带电导线未采取绝缘措施时,工作人员不得穿越。

Lb1F3024 国家电网公司《供电服务规范》中故障抢修服务规范有何要求?

【答】 (1)提供 24 h 电力故障报修服务,对电力报修请求做到快速反应、有效处理。(2)加快故障抢修速度,缩短故障处理时间。有条件的地区应配备用于临时供电的发电车。(3)接到报修电话后,故障抢修人员到达故障现场的时限:城区 45 mim、农村 90 min、边远地区 2 h,特殊边远地区根据实际情况合理确定。(4)因天气等特殊原因造成故障较多不能在规定时间内到达现场进行处理的,应向客户做好解释工作,并争取尽快安排抢修工作。

Lb1F3025 "三不指定"的具体内容是什么?

【答】 为客户业扩报装工程不指定设计单位、施工单位、设备供货单位。

Lb1F3026 配电变压器缺相有哪些现象?

【答】 配电变压器高压、低压均装设了三相熔断器(即保险),如高压或低压 A 相熔断时,380 V 系统故障现象为缺相,220 V 系统 A 相所带负荷会造成停电,现象为楼房某单元或某几层 A 相所带负荷停电,平房几个院停电(造成上述原因的还可能为变压器处或线路 A 相断线)发生。

Lb1F3027 国家电网公司员工服务行为"十个不准"的具体内容是什么?

【答】 (1)不准违反规定停电、无故拖延送电;(2)不准自立收费项目、擅自更改收费标准;(3)不准为客户指定设计、施工、供货单位;(4)不准对客户投诉、咨询推诿塞责;(5)不准为亲友用电谋取私利;(6)不准对外泄露客户的商业秘密;(7)不准收受客户礼品、礼金、有价证券;(8)不准接受客户组织的宴请、旅游和娱乐活动;(9)不准工作时间饮酒;(10)不准利用工作之便谋取其他不正当利益。

Lb1F3028 配电线路重复接地的目的是什么?

【答】 (1)当电气设备发生接地时,可降低零线的对地电压;(2)当零线断线时,可继续保持接地状态,减轻触电的危害。

Lb1F3029 论述电力系统、配电网络的组成及配电网络在电力系统中的作用?

【答】 (1)由发电、输电、变电、配电和用电组成的整体,称为电力系统;(2)从输电网或地区电厂接受电能,通过配电设施就地或逐级分配给各类客户的电力网称为配电网;(3)配电设施包括配电线路、配电变压器、开关站、小区配电室、环网柜、分支箱等;(4)配电网是电力网的重要组成部分,其作用是直接将电能送到客户。

Lb1F3030 架空配电线路巡视有哪几种?

【答】 (1)定期巡视,由专职巡线员进行,掌握线路的运行状况,沿线环境变化情况,并做好护线宣传工作;(2)特殊性巡视,在气候恶劣(如台风、暴雨、复冰等)、河水泛滥、火灾和其他特殊情况下,对线路的全部或部分进行巡视或检查;(3)夜间巡视,在线路高峰负荷或阴雾天气时进行,检查导线接点有无发热打火现象,绝缘子表面有无闪络,检查木横担有无燃烧现象等;(4)故障性巡视,查明线路发生故障的地点和原因;(5)监察性巡视,由部门领导和线路专责技术人员进行,目的是了解线路及设备状况,并检查、指导巡线员的工作。

第 2 章

技能操作

▶ 2.1　技能操作大纲

配电抢修指挥员——初级工技能等级评价技能知识考核大纲

等级	考核方式	能力种类	能力项	考核项目	考核主要内容
初级工	技能操作	基本技能	计算机基础知识	浏览器参数设定及使用	使用浏览器完成一系列基本操作
				Word 基本操作	使用文字处理软件 Word 完成一系列基本操作
				Excel 基本操作	使用表格软件 Excel 完成一系列基本操作
		专业技能	配电网抢修指挥	抢修工单处理	故障报修工单全过程处理
				停送电信息	停送电信息编写与发布
				抢修工单管理规定	抢修工单要求及相关内容
			客户服务指挥	客户信息查询	查询用户信息
				服务申请工单处置	服务申请工单全过程处理
			配电运营管控	配电变压器在线检测	在供电服务指挥系统中对配电变压器负载、出口电压进行监测

▶ 2.2　技能操作项目

2.2.1　基本技能题

PZ1JB0101　使用浏览器软件 Internet Explorer 完成题目要求的一系列基本操作

一、作业

（一）工器具、材料、设备

1.工器具：无。

2.材料：无。

3.设备：计算机、IE 系统。

（二）安全要求

无。

（三）操作步骤及工艺要求（含注意事项）

1.设置主页，要求设置为指定网址，不要私自任意更改。

2.设置搜索引擎设置，进行关键词"智能电网"搜索，并将搜索结果截图保存。

3.设置历史记录，将结果截图保存。

4.将网址 www.baidu.com 中的 baidu 图片标志进行保存。

5.打开指定网页，找到文件下载链接，保存到目标文件夹并按要求命名设置收藏夹、保存网页、下载文件、设置 Internet 选项等一系列基本操作。

6.将网页 www.baidu.com 以 *.html 为文件名保存到目标文件夹下。

7.用 IE 浏览器打开考试文件夹下的脱机网页文件，然后利用 IE 浏览器的邮递功能发送邮件，将界面截图保存。

二、考核

（一）考核场地

1.技能考场。

2.设置评判桌和相应的计时器。

（二）考核时间

1.20 min。

2.在时限内作业，不得超时。

（三）考核要点

1.完成设置主页（主页网址为 www.baidu.com）。

2.搜索引擎设置（引擎设置为百度），进行关键词"智能电网"搜索。

3.设置历史记录（保存天数为 7 天），访问 3 天前的历史记录。

4.将网址 www.baidu.com 中的 baidu 图片标志进行保存。

5.打开指定网页找到文件下载链接，保存到目标文件夹并按要求命名设置收藏夹、保存网页、下载文件、设置 Internet 选项等一系列基本操作。

6.将网页 www.baidu.com 以 *.html 为文件名保存到目标文件夹下。

7.用 IE 浏览器打开考试文件夹下的脱机网页文件，然后利用 IE 浏览器的邮递功能，将打开的网页邮递给张大伟。张大伟的电子邮件地址为：zhangw@sina.com。

三、评分标准

行业:电力工程　　　　　　工种:配电抢修指挥员　　　　初级工

编号	PZ1JB0101	行为领域	基础技能	评价范围		
考核时限	20 min	题型	多项操作	满分	100 分	得分
试题名称	使用浏览器软件 Internet Explorer 完成题目要求的一系列基本操作					
考核要点及其要求	1. 完成设置主页(主页网址为 www.baidu.com)。 2. 搜索引擎设置(引擎设置为百度),进行关键词"智能电网"搜索。 3. 设置历史记录(保存天数为 7 天),访问 3 天前的历史记录。 4. 将网址 www.baidu.com 中的 baidu 图片标志进行保存。 5. 打开指定网页 https://baike.baidu.com/item/％E6％99％BA％E8％83％BD％E7％94％B5％E7％BD％91/1884275? fr＝aladdin,找到文件下载链接,保存到目标文件夹并按要求命名设置收藏夹、保存网页、下载文件、设置 Internet 选项等一系列基本操作。 6. 将网页 www.baidu.com 以 *.html 为文件名保存到目标文件夹下。 7. 用 IE 浏览器打开考试文件夹下的脱机网页文件然后利用 IE 浏览器的邮递功能,将打开的网页邮递给张大伟。张大伟的电子邮件地址为:zhangw@sina.com					
现场设备、工器具、材料	硬件设备:计算机;软件设备:IE					
备注	上述栏目未尽事宜					

评分标准

序号	考核项目名称	质量要求	分值	扣分标准	扣分原因	得分
1	设置主页	正确设置主页	10 分	未完成主页设置扣 10 分		
2	搜索引擎设置和关键词搜索	正确进行引擎设置并搜索	10 分	未能正确完成引擎设置扣 5 分,未能关键词搜索扣 5 分		
3	历史记录设置和访问	正确设置历史记录并访问历史	10 分	未能正确设置历史记录扣 5 分,未能正确访问 3 天前历史记录扣 5 分		
4	图片标志进行保存	正确对图片标志进行保存	10 分	未能正确操作扣 10 分		
5	指定网页操作	打开链接,保存到目标文件夹,收藏网址,Internet 选项设置	40 分	未能正确操作,逐项扣分,扣完为止		
6	保存网页	将网页保存到指定文件夹	10 分	未能完成扣 10 分		
7	发送邮件	发送邮件至指定邮箱	10 分	未能完成扣 10 分		

PZ1JB0102　使用 Word 完成题目要求的一系列基本操作

一、作业

（一）工器具、材料、设备

1. 工器具：无。

2. 材料：无。

3. 设备：计算机。

（二）安全要求

无。

（三）操作步骤及工艺要求（含注意事项）

1. 设置纸张属性，并进行页面设置，包括页眉页脚的设置。

2. 字体、段落格式按规定格式设置。

3. 对全文中目标字进行查找替换。

4. 艺术字、形状、表格按规定的格式进行设置。

5. 操作中注意随时保存，最后完成后保存操作结果。

二、考核

（一）考核场地

1. 技能考场。

2. 设置评判桌和相应的计时器。

（二）考核时间

1. 20 min。

2. 在时限内作业，不得超时。

（三）考核要点

1. 将文档的纸张大小设置为 A4，纸张方向为纵向，页边距设置为上下 2.5、左右 2.8。

2. 将标题字体设置为宋体、二号；正文的字体、对齐方式设置为宋体、三号、两端对齐。

3. 将第一段段前段后间距设置为 0.5 行，插入项目符号并设置项目符号格式为"黑方块"。

4. 查找文档中的"的"并将其替换成"地"。

5. 在文档最后插入艺术字"国家电网"，设置艺术字的样式为"艺术字样式 1"、环绕方式为"嵌入"、阴影效果为"投影"。

6. 在文档指定的位置插入形状"长方形"，设置图片环绕方式为"嵌入"，大小高 3 cm、宽 3 cm。

7. 插入页眉内容"word 操作"，页脚内容"结果"，字体设置为宋体，将页眉距顶端、页脚距底端距离分别设置为 1 cm、2 cm。

8. 在文档第一段后插入表格三行三列表格，并设置表格的行高列宽为 1 cm、3 cm，文字对齐方式为"居中"、边框底纹"黄色"、内外框线均为"实线"。

三、评分标准

行业:电力工程　　　　　　工种:配电抢修指挥员　　　　　初级工

编号	PZ1JB0102	行为领域	基础技能	评价范围	
考核时限	20 min	题型	多项操作	满分	100分	得分	

试题名称	使用 Word 完成题目要求的一系列基本操作

考核要点及其要求	1.将文档的纸张大小设置为 A4,纸张方向为纵向,页边距设置为上下 2.5、左右 2.8。 2.将标题字体设置为宋体、二号;正文的字体、对齐方式设置为宋体、三号、两端对齐。 3.将第一段段前段后间距设置为 0.5 行,插入项目符号并设置项目符号格式为"黑方块"。 4.查找文档中"的"并将其替换成"地"。 5.在文档最后插入艺术字"国家电网",设置艺术字的样式为"艺术字样式 1"、环绕方式为"嵌入"、阴影效果为"投影"。 6.在文档指定的位置插入形状"长方形",设置图片环绕方式为"嵌入",大小为高 3 cm、宽 3 cm。 7.插入页眉内容"Word 操作",页脚内容"结果",字体设置为宋体,将页眉距顶端、页脚距底端距离分别设置为 1 cm、2 cm。 8.在文档第一段后插入表格三行三列表格,并设置表格的行高列宽为 1 cm、3 cm,文字对齐方式为"居中"、边框底纹"黄色"、内外框线均为"实线"

现场设备、工器具、材料	硬件设备:计算机;软件设备:Microsoft Word 或 WPS 文字

备注	上述栏目未尽事宜

评分标准

序号	考核项目名称	质量要求	分值	扣分标准	扣分原因	得分
1	页面设置	纸张设置为 A4,纵向,页边距上下 2.5,左右 2.8	10分	纸张、方向设置不正确扣 5分,页边距设置不正确扣 5分		
2	字体设置	标题字体设置正确,正文设置正确	10分	标题设置不正确扣 5分,正文设置不正确扣 5分		
3	段落设置	段前段后设置正确,项目符号格式正确	10分	段落设置不正确扣 5分,符号设置不正确扣 5分		
4	查找替换	将"的"替换成"地"	10分	未能正确操作扣 10分		
5	艺术字设置	正确设置艺术字样式	10分	环绕方式不正确扣 5分,阴影效果不正确扣 5分		
6	形状设置	正确设置形状属性	10分	图片环绕方式不正确扣 5分,大小不正确扣 5分		
7	页眉页脚设置	插入页眉页脚,并设置正确格式	20分	未正确插入页眉页脚内容,扣 5分,字体不正确扣 5分,页眉距和页脚距设置各 5分		
8	表格设置	插入表格,并正确设置格式	20分	表格不是三行三列扣 20分,行高、列宽不正确各扣 10分,对齐方式、底纹、边框不正确各扣 5分,扣完为止		

PZ1JB0103 使用 Excel 完成题目要求的一系列基本操作

一、作业

（一）工器具、材料、设备

1.工器具:无。

2.材料:无。

3.设备:计算机。

（二）安全要求

无。

（三）操作步骤及工艺要求（含注意事项）

1.打开指定 Excel 表,在 Excel 表中完成所有操作。

2.纸张属性、页边距、单元格格式按要求进行设置。

3.在题干要求使用公式的求和、求积时请利用函数求得结果,用其他工具计算直接填写的结果不得分。

4.在进行查找和替换操作时,请确保内容与题干要求一致。

二、考核

（一）考核场地

1.技能考场。

2.设置评判桌和相应的计时器。

（二）考核时间

1.20 min。

2.在时限内作业,不得超时。

（三）考核要点

1.打开指定 Excel 文档,将 Excel 的纸张样式、纸张方向、设置成"A4""纵向",页边距左右上下均为 2.6 cm,打印区域为全部 Excel 单元格。

2.将单元格的字体设置为"宋体"、对齐方式"居中"、边框底纹"无"、数字格式"数字"。

3.查找文档"序号"并将其替换成"号码"。

4.计算文档中第二行的"和",第三行的"积",第二列的"和",第三列的"积"。

5.在表格中插入形状"圆形"。

6.将第二列按照降序排序。

7.将第二列数据中大于 5 的数字筛出。

8.在表格最后插入柱状图,横坐标设为"数据"。

三、评分标准

行业：电力工程　　　　　工种：配电抢修指挥员　　　　　初级工

编号	PZ1JB0103	行为领域	基础技能	评价范围		
考核时限	20 min	题型	多项操作	满分	100 分	得分
试题名称	使用 Excel 完成题目要求的一系列基本操作					
考核要点及其要求	1.打开指定 Excel 文档，将 Excel 的纸张样式、纸张方向、设置成"A4""纵向"，页边距左右上下均为 2.6 cm，打印区域为全部 Excel 单元格。 2.将单元格的字体设置为"宋体"、对齐方式"居中"、边框底纹"无"、数字格式"数字"。 3.查找文档"序号"并将其替换成"号码"。 4.计算文档中第二行的"和"，第三行的"积"，第二列的"和"，第三列的"积"。 5.在表格中插入形状"圆形"。 6.将第二列按照降序排序。 7.将第二列数据中大于 5 的数字筛出。 8.在表格最后插入柱状图，横坐标设为"数据"					
现场设备、工器具、材料	硬件设备：计算机装有 Microsoft Excel 或 WPS 表格，一个含 20 行 5 列的 Excel 表格。					
备注	上述栏目未尽事宜					

评分标准

序号	考核项目名称	质量要求	分值	扣分标准	扣分原因	得分
1	页面设置	纸张设置为 A4，纵向，页边距上下左右均2.6	10 分	纸张、方向设置不正确扣 5 分，页边距设置不正确扣 5 分		
2	字体设置	标题字体设置正确，正文设置正确	10 分	标题设置不正确扣 5 分，正文设置不正确扣 5 分		
3	查找替换	"序号"替换成"号码"	10 分	替换不正确扣 10 分		
4	公式计算	利用公式做和，做积	20 分	未能正确操作求和求积，每一项扣 5 分，扣完为止		
5	插入形状	插入圆形并设置格式	10 分	操作不正确扣 10 分		
6	排序操作	按要求进行排序	15 分	操作不正确扣 15 分		
7	筛选操作	按要求进行筛选	15 分	操作不正确扣 15 分		
8	插入图表	按要求插入图表	10 分	操作不正确扣 10 分		

2.2.2 专业技能题

PZ1ZY0101 95598业务支持系统故障修复时长统计分析及故障报修超时工单明细查询

一、作业

（一）工器具、材料、设备

1.工器具：无。

2.材料：无。

3.设备：计算机、谷歌浏览器、PMS2.0系统。

（二）安全要求

无。

（三）操作步骤及工艺要求（含注意事项）

1.按照要求的工号密码登录PMS2.0系统。

2.步骤清晰，过程完整。满足时限要求。

二、考核

（一）考核场地

1.技能考场。

2.设置评判桌和相应的计时器。

（二）考核时间

1.20 min。

2.在时限内作业，不得超时。

（三）考核要点

能正确登入95598业务支持系统，从主界面进入"抢修单查询"界面，按任务要求，输入设定条件，进行任务明细查询，并以Excel格式导出，存入指定的文件夹中。

三、评分标准

行业：电力工程　　　　　　　工种：配电抢修指挥员　　　　　　　等级：初级工

编号	PZ1ZY0101	行为领域	基础技能	评价范围		
考核时限	20 min	题型	多项操作	满分	100分	得分
试题名称	95598业务支持系统故障修复时长统计分析及故障报修超时工单明细查询					
考核要点及其要求	能正确登入PMS2.0系统，从主界面进入"抢修单查询"界面，按任务要求，输入设定条件，进行任务明细查询，并以Excel格式导出，存入指定的文件夹中					
现场设备、工器具、材料	硬件设备：计算机；软件设备：谷歌浏览器、95598业务支持系统					
备注	上述栏目未尽事宜					

续表

评分标准						
序号	考核项目名称	质量要求	分值	扣分标准	扣分原因	得分
1	能正确登录系统	正确登录系统	10分	未能自主登录系统扣10分		
2	按单位统计出恢复供电城区范围超过3 h的故障工单	按要求统计,正确率100%	30分	每少统计一条扣10分,扣完为止		
3	按单位统计出恢复供电农村地区超过4 h的故障工单	按要求统计,正确率100%	30分	每少统计一条扣10分,扣完为止		
4	按单位统计接单超过3 min的故障工单	按要求统计,正确率100%	30分	每少统计一条扣10分,扣完为止		

PZ1ZY0102 停电信息编写和发布(单台区)

一、作业

(一)工器具、材料、设备

1. 工器具:无。

2. 材料:无。

3. 设备:计算机,包含谷歌浏览器、PMS2.0系统、配网图部分。

(二)安全要求

无。

(三)操作步骤及工艺要求(含注意事项)

1. 注意根据要求,在PMS2.0系统中进行停电信息编写和发布操作,在PMS2.0系统填写完成后进行保存即可,请勿点击"报送"。

2. 注意根据题干及图形要求进行录入,不要随意选择设备。

二、考核

(一)考核场地

1. 技能考场。

2. 设置评判桌和相应的计时器。

(二)考核时间

30 min。

(三)考核要点

能正确登入PMS2.0系统,进入停电信息报送新增界面,根据题干故障情况(单台区)输入停电信息相关内容并保存。

三、评分标准

行业:电力工程　　　　工种:配电抢修指挥员　　　　初级工

编号	PZ1ZY0102	行为领域	基础技能	评价范围		
考核时限	30 min	题型	多项操作	满分	100 分	得分
试题名称	停电信息编写和发布(单台区)					
考核要点及其要求	能正确登入 PMS2.0 系统,进入停电信息报送新增界面,根据题干故障情况(单台区)输入停电信息相关内容并保存					
现场设备、工器具、材料	硬件设备:计算机;软件设备:谷歌浏览器,PMS2.0 系统					
备注	上述栏目未尽事宜					

评分标准

序号	考核项目名称	质量要求	分值	扣分标准	扣分原因	得分
1	进入停电信息报送界面	进入停电信息报送界面	10 分	未进入界面扣 10 分		
2	停电类型	停电类型选择正确	10 分	停电类型不正确扣 10 分		
3	变电站、线路选择	选择正确	10 分	线路选择不正确扣 10 分		
4	停电设备	选择准确,符合规范性要求	20 分	设备不准确、不规范每项扣 10 分,扣完为止		
5	停电范围	选择准确,符合规范性要求	20 分	范围不准确、不规范每项扣 10 分,扣完为止		
6	停电原因	选择准确,符合规范性要求	20 分	原因不准确、不规范每项扣 10 分,扣完为止		
7	分析用户	分析用户	10 分	未分析用户扣 10 分		

PZ1ZY0103　95598 抢修工单管理规定

一、作业

(一)工器具、材料、设备

1.工器具:黑、蓝色签字笔。

2.材料:书面试卷、黑色中性笔。

3.设备:答题书桌。

(二)安全要求

无。

(三)操作步骤及工艺要求(含注意事项)

1.注意按要求在试卷指定位置作答。

2.答题时应字迹清晰,整齐。

二、考核

(一)考核场地

微机室。

(二)考核时间

30 min。

(三)考核要点

考查考生对 95598 抢修工单的要求及相关内容的掌握程度。

1.简述不同地区的抢修人员到达现场时间要求。

答案:城区 45 min,农村地区 90 min,特殊偏远地区 2 h。(每条 5 分,共 15 分)

2.简述抢修工单的故障分类。(4 种以上)

高压故障、低压故障、客户内部故障、电能质量故障、非电力故障、计量故障。(每个故障类型 5 分,答出 4 条以上得 20 分)

3.简述停电信息的分类。(3 种以上)

计划停电、临时停电、电网故障停限电、有序用电停电、超电网供电能力停限电。(每个停电类型 5 分,答出 3 条以上得 15 分)

4.简述各地市公司在接单转派的 95598 工单后,抢修工作的整体流程。

(1)接单分理:地市公司接到工单后,分别在 3 min 内完成接单分理或退单。(10 分)

(2)故障告知:抢修队伍接到地市公司调控中心或供电服务指挥中心下发的抢修工单或抢修指令,获得故障信息。(10 分)

(3)故障查找:抢修队伍到达后,填写到达现场时间,汇报故障原因、停电范围、停电区域及预计恢复时间。指挥中心或调控中心人员负责将故障信息录入系统。(5 分)

(4)现场抢修:抢修人员依据有关规定处理故障。(5 分)

(5)完成抢修并填写工单:故障处理完毕后,现场人员根据故障内容填写 95598 报修工单,并将工单发送至调控中心或供电服务指挥中心进行审核。(10 分)

(6)工单审核及归档:指挥中心或调控中心接到现场人员返回的工单后,对工单内容进行审核,如果填写有误则将工单回退给现场重新填写,如果内容无误则进行归档。(10 分)

三、评分标准

行业:电力工程　　　　　工种:配电抢修指挥员　　　　　初级工

编号	PZ1ZY0103	行为领域	基础技能	评价范围		
考核时限	30 min	题型		满分	100 分	得分
试题名称	95598 抢修工单管理规定					

考核要点及其要求	考查考生对 95598 抢修工单的要求及相关内容的掌握程度
现场设备、工器具、材料	黑、蓝色签字笔,书面试卷,黑色中性笔,答题书桌
备注	上述栏目未尽事宜

					评分标准	

序号	考核项目名称	质量要求	分值	扣分标准	扣分原因	得分
1	到达现场时间要求	完整回答知识点	15 分	错、漏知识点每一处扣 5 分,扣完为止		
2	工单的故障分类	完整回答知识点	20 分	错、漏知识点每一处扣 5 分,扣完为止		
3	电信息的分类	完整回答知识点	15 分	错、漏知识点每一处扣 5 分,扣完为止		
4	抢修工作的整体流程	完整回答知识点	50 分	错、漏知识点每一处扣 5 分,扣完为止		

PZ1ZY0201 供电服务指挥系统用户信息查询

一、作业

(一)工器具、材料、设备

1.工器具:无。

2.材料:无。

3.设备:计算机、供电服务指挥系统。

(二)安全要求

无。

(三)操作步骤及工艺要求(含注意事项)

1.注意本操作在供电服务指挥系统上进行。

2.请根据所给的用户编号进行查询,并将查询结果依次填写在相应位置。

3.对用户进行召测后,注意进行截图并保存,否则视为无此项操作。

二、考核

(一)考核场地

微机室。

(二)考核时间

30 min。

(三)考核要点

1.根据给定的用户编号,查询用户所在的台区、线路、变电站。

2.查询到用户在客户信息统一视图里联系信息的联系人类型、联系电话、用户测算电费、测算余额、计量方式、执行电价。

3.对该用户进行单号召测,并将结果截图保存至指定位置。

三、评分标准

行业:电力工程　　　　　　工种:配电抢修指挥员　　　　初级工

编号	PZ1ZY0201	行为领域	基础技能	评价范围		
考核时限	30 min	题型	多项操作	满分	100 分	得分
试题名称	供电服务指挥系统用户信息查询					
考核要点 及其要求	1.根据给定的用户编号,查询用户所在的台区、线路、变电站。 2.查询到用户在客户信息统一视图里联系信息的联系人类型、联系电话、用户测算电费、测算余额、计量方式、执行电价。 3.对该用户进行单号召测,并将结果截图保存至指定位置					
现场设备、 工器具、材料	硬件设备:计算机;软件设备:Microsoft Excel 或 WPS 表格,PMS 系统					
备注	上述栏目未尽事宜					

<table>
<tr><th colspan="7">评分标准</th></tr>
<tr><th>序号</th><th>考核项目名称</th><th>质量要求</th><th>分值</th><th>扣分标准</th><th>扣分原因</th><th>得分</th></tr>
<tr><td>1</td><td>查找用户所在台区－线路－变电站</td><td>准确无误</td><td>30 分</td><td>站-线-变不正确每项扣 10 分,扣完为止</td><td></td><td></td></tr>
<tr><td>2</td><td>查询客户用电信息</td><td>准确无误</td><td>60 分</td><td>每错一项扣 10 分,扣完为止</td><td></td><td></td></tr>
<tr><td>3</td><td>用户召测</td><td>操作无误</td><td>10 分</td><td>操作错误扣 10 分</td><td></td><td></td></tr>
</table>

PZ1ZY0301　配电变压器负载在线监测

一、作业

(一)工器具、材料、设备

1.工器具:无。

2.材料:无。

3.设备:计算机(包含 UC 浏览器、供电服务指挥系统)。

(二)安全要求

无。

(三)操作步骤及工艺要求(含注意事项)

1.注意本操作在供电服务指挥系统进行。

2.将导出的数据表保存至指定文件夹。

二、考核

(一)考核场地

1. 技能考场。

2. 设置评判桌和相应的计时器。

(二)考核时间

30 min。

(三)考核要点

能正确登入供电服务指挥系统,从主界面进入监测指挥界面、"低压配电设备监测"界面、"重载公变"查询界面、"过载公变"界面,输入设定条件,进行明细查询,并以 Excel 格式导出至指定目录文件内。

三、评分标准

行业:电力工程　　　　　工种:配电抢修指挥员　　　　初级工

编号	PZ1ZY0301	行为领域	基础技能	评价范围		
考核时限	30 min	题型	多项操作	满分	100 分	得分
试题名称	配电变压器负载在线监测					
考核要点及其要求	能正确登入供电服务指挥系统,从主界面进入监测指挥界面、"低压配电设备监测"界面、"重载公变"查询界面、"过载公变"界面,输入设定条件,进行明细查询,并以 Excel 格式导出至指定目录文件内					
现场设备、工器具、材料	硬件设备:计算机;软件设备:谷歌浏览器、供电服务指挥系统					
备注	上述栏目未尽事宜					

			评分标准				
序号	考核项目名称	质量要求		分值	扣分标准	扣分原因	得分
1	登录系统	进入供电服务指挥系统		20 分	未能进入供服系统扣 20 分		
2	配变异常查询	进入配变重载查询界面,查询要求的配变数据,并导出至指定文件		20 分	未能查询到重载扣 20 分		
3	配变异常查询	进入配变过载查询界面,查询要求的配变数据,并导出至指定文件		20 分	未能查询到过载扣 20 分		
4	配变异常查询	进入配变低电压界面,查询要求的配变数据,并导出至指定文件		20 分	未能查询到低电压扣 20 分		
5	配变异常查询	进入配变三相不平衡界面,查询要求的配变数据,并导出至指定文件		20 分	未能查询到三相不平衡扣 20 分		

PZ1ZY0202　服务申请工单全过程管控

一、作业

（一）工器具、材料、设备

1. 工器具：黑、蓝色签字笔。

2. 材料：答题纸。

3. 设备：书写桌椅。

（二）安全要求

无

（三）操作步骤及工艺要求（含注意事项）

1. 注意按要求在试卷指定位置作答。

2. 答题时应字迹清晰，整齐。

二、考核

（一）考核场地

1. 技能考场。

2. 设置评判桌和相应的计时器。

（二）考核时间

1. 30 min。

2. 在时限内作业，不得超时。

（三）考核要点

1. 考查考生服务申请接单时限及回退国网要求是否掌握。

2. 考查考生对各类服务申请工单处理时限要求的掌握程度。

3. 考查考生对各类服务申请工单审核后回退要求的掌握程度。

书面问题：

1. 服务申请工单接单分理时限及回退国网要求。

2. 服务申请各子类业务工单处理时限要求。

3. 工单回复审核时发现工单回复内容存在什么问题的，应将工单回退？

答案要点：

1. 接单分理：应在 2 个工作小时内，完成接单转派或退单。符合以下条件的，可将工单回退国网客服中心：(1)非本单位区域内的业务，应注明其可能所属的供电区域后退单。(2)国网客服中心记录的客户信息有误或核心内容缺失，接单部门无法处理的。(3)业务类别及子类选择错误。(4)知识库中的知识点、重要服务事项报备、最终答复能有效支撑服务工作，可以正确解答客户诉求，且客户无异议的。

2.服务申请各子类业务工单处理时限要求:(1)已结清欠费的复电登记业务24小时内为客户恢复送电,送电后1个工作日内回复工单。(2)电器损坏业务24小时内到达现场核查,业务处理完毕后1个工作日内回复工单。(3)服务平台系统异常业务3个工作日内核实并回复工单。(4)电能表异常业务4个工作日内处理并回复工单。电表数据异常业务4个工作日内核实并回复工单。(5)其他服务申请类业务5个工作日内处理完毕并回复工单。

3.工单回复审核时发现工单回复内容存在以下问题的,应将工单回退:(1)未对客户提出的诉求进行答复或答复不全面、表述不清楚、逻辑不对应的。(2)未向客户沟通解释处理结果的(除匿名、保密工单外)。(3)应提供而未提供相关诉求处理依据的。(4)承办部门回复内容明显违背公司相关规定的。(5)其他经审核应回退的。

三、评分标准

行业:电力工程　　　　工种:配电抢修指挥员　　　　初级工

编号	PZ1ZY0202	行为领域	基础技能	评价范围		
考核时限	30 min	题型	多项操作	满分	100分	得分
试题名称	服务申请工单全过程管控					
考核要点及其要求	1.考查考生服务申请接单时限及回退退国网要求是否掌握。2.考查考生对各类服务申请工单处理时限要求的掌握程度。3.考查考生对各类服务申请工单审核后回退要求的掌握程度					
现场设备、工器具、材料	黑、蓝色签字笔,答题纸,书写桌椅					
备注						

评分标准						
序号	考核项目名称	质量要求	分值	扣分标准	扣分原因	得分
1	工单接单分理	时限要求正确	10分	时限错误扣10分		
2	工单回退国网要求	知识点完整	40分	每少一项扣10分,扣完为止		
3	工单处理	知识点完整	30分	每少一项扣10分,扣完为止		
4	工单回退	知识点完整	20分	每少一项扣10分,扣完为止		

PZ1ZY0203　意见工单全过程管控

一、作业

（一）工器具、材料、设备

1.工器具:黑、蓝色签字笔。

2.材料:答题纸。

3.设备:书写桌椅。

（二）安全要求

无。

（三）操作步骤及工艺要求（含注意事项）

1.注意按要求在试卷指定位置作答。

2.答题时应字迹清晰，整齐。

二、考核

（一）考核场地

1.技能考场。

2.设置评判桌和相应的计时器。

（二）考核时间

1.30 min。

2.在时限内作业，不得超时。

（三）考核要点

1.考查考生意见接单时限及回退国网要求是否掌握。

2.考查考生对意见工单处理时限要求的掌握程度。

3.考查考生对意见工单审核后回退要求的掌握程度。

书面问题：

1.工单接单分理时限要求。

2.工单处理时限要求。

3.工单回复审核时发现工单回复内容存在什么问题的，应将工单回退？

答案要点：

1.接单分理：应在 2 个小时内，完成接单转派或退单。符合以下条件的，可将工单回退国网客服中心：(1)非本单位区域内的业务，应注明其可能所属的供电区域后退单。(2)国网客服中心记录的客户信息有误或核心内容缺失，接单部门无法处理的。(3)业务类别及子类选择错误。(4)知识库中的知识点、重要服务事项报备、最终答复能有效支撑服务工作，可以正确解答客户诉求，且客户无异议的。

2.业务处理部门在国网客服中心受理客户一般诉求后，应在 9 个工作日内按照相关要求开展调查处理，并完成工单反馈。

3.工单回复审核时发现工单回复内容存在以下问题的，应将工单回退：(1)未对客户提出的诉求进行答复或答复不全面、表述不清楚、逻辑不对应的。(2)未向客户沟通解释处理结果的（除匿名、保密工单外）。(3)应提供而未提供相关诉求处理依据的。(4)承办部门回复内容明显违背公司相关规定的。(5)其他经审核应回退的。

三、评分标准

行业:电力工程　　　　　工种:配电抢修指挥员　　　　初级工

编号	PZ1ZY0203	行为领域	基础技能	评价范围		
考核时限	30 min	题型	多项操作	满分	100分	得分
试题名称	意见工单全过程管控					
考核要点及其要求	1.考查考生服务意见接单时限及回退国网要求是否掌握。 2.考查考生对意见工单处理时限要求的掌握程度。 3.考查考生对意见工单审核后回退要求的掌握程度					
现场设备、工器具、材料	黑、蓝色签字笔,答题纸,书写桌椅					
备注	上述栏目未尽事宜					

			评分标准			
序号	考核项目名称	质量要求	分值	扣分标准	扣分原因	得分
1	工单接单分理	时限正确	10分	时限错误扣10分		
2	工单回退国网要求	知识点完整	40分	每少一项扣10分,扣完为止		
3	工单处理	时限正确	10分	时限错误扣10分		
4	工单回退	知识点完整	40分	每少一项扣8分,扣完为止		

第二部分

中级工

第3章

理论

◉ 3.1 理论大纲

配电抢修指挥员——中级工技能等级评价理论知识考核大纲

等级	考核方式	能力种类	能力项	考核项目	考核主要内容
中级工	理论知识考试	基本知识	电工基础	电工基础	简单直流电路的计算
					简单正弦交流电路的计算
				电气识、绘图	电气图的基本识图
			计算机基础知识	计算机基础知识	计算机办公软件应用
		专业知识	配电网基础	配电网检修规程	柱上开关设备的常见缺陷
					配电架空线路常见缺陷
					配电变压器的常见缺陷
					柱上开关设备的常见缺陷
				配电设备巡视	配电设备巡视管控流程
				配电网设备	电能质量指标
					供电方式
				电能质量相关规定	供电电压偏差
					标准电压
					三项电压不平衡
				配电网调度术语	相关开关、刀闸、线路下令调度术语
			配电运营管控	配电网运行监测指挥	配电设备的设备异动监测
				配电设备异常工况处理指挥	配电设备的供电能力异常工况主动检（抢）修工作单处理
			配网抢修指挥	故障报修业务	故障报修业务等级
				停电信息业务	停送电信息处理流程
			客户服务指挥	非抢工单业务	举报、建议、意见工单全过程处理
					投诉工单全过程处理
			专业系统应用	供电服务指挥系统	供电服务指挥系统查询应用
				营销业务应用系统	系统功能综合应用
				用电信息采集系统	用电信息采集系统应用
				PMS系统	系统功能综合应用
		相关知识	法律法规	法律法规	《营业规则》《95598业务管理办法》《民法典》电力部分等
			专业素养	职业道德	国家电网公司员工职业道德规范
					沟通技巧
			企业文化	企业文化	国家电网公司企业文化理念

◐ 3.2 理论试题

3.2.1 单选题

La2A3001 在 Word2007 中,单击"快速访问工具栏"中的"(   )"按钮,可取消用户在操作中连续出现多次错误。

(A)重复键入   (B)撤销   (C)修订   (D)格式刷

【答案】 B

La2A3002 在 Word2007 的编辑状态下,"粘贴"操作的组合键是(   )。

(A)Ctrl＋A   (B)Ctrl＋C   (C)Ctrl＋V   (D)Ctrl＋X

【答案】 C

La2A3003 在 Word2007 中,使用(   )快捷键,可以打开"查找和替换"对话框。

(A)Ctrl＋S   (B)Ctrl＋H   (C)Ctrl＋W   (D)Ctrl＋F

【答案】 D

La2A3004 在 Word2007 文档编辑过程中,将鼠标指针移至文本选定区,当鼠标指针变为右向上箭头的形状时,三击鼠标左键,会选择(   )。

(A)一个词   (B)一行   (C)一个段落   (D)整篇文档

【答案】 D

La2A3005 在 Word2007 编辑过程中,将鼠标指针移至文档最左侧的选定区,当鼠标指针变为右向上的箭头形状时,双击鼠标左键,选择(   )。

(A)一个词组   (B)一行   (C)一个段落   (D)整篇文章

【答案】 C

La2A3006 在 Word2007 编辑过程中,将鼠标指针指向文档中某段,并三击鼠标左键,将选择文档(   )。

(A)一个词组   (B)一行   (C)一个段落   (D)整篇文章

【答案】 C

La2A3007 在 Word2007 的编辑状态下,按住(   )键,再按住鼠标左键,从文本区域的左上角拖动至文本区域的右下角,可选定一个矩形区域。

(A)Ctrl   (B)Alt   (C)Enter   (D)Shift

【答案】 B

La2A3008 在 Word2007 编辑文档的过程中,按回车键将生成一个(   )。

(A)制表符   (B)分页符   (C)手动换行符   (D)段落标记

【答案】 D

La2A3009　在 Word2007 文档编辑过程中,按( )键,可以删除插入点之前的字符。

(A)Delete　　　　　(B)Backspace　　　(C)Ctrl+X　　　(D)Ctrl+V

【答】　B

La2A3010　在 Word2007 中,使用( )选项卡中的工具按钮,可以在文档指定的位置插入人工分页符。

(A)开始　　　　　(B)页面布局　　　(C)审阅　　　　(D)视图

【答案】　B

La2A3011　在 Word2007 中,若在"打印"对话框"打印范围"栏中的"页码范围"文本框中输入 1,3−5,10−12,表示打印输出( )。

(A)1,3,5,10,12　　　　　　　　(B)1 至 12 页

(C)1 至 5 和 10 至 12 页　　　　　(D)1、3 至 5 以及 10 至 12 页

【答案】　D

La2A3012　在 Word2007 中,快速打印整篇文档的方法是( )。

(A)单击"Office"按钮,在打开的"Office"菜单中选择"打印"级联子菜单中的"打印"命令

(B)单击"Office"按钮,在打开的"Office"菜单中选择"打印"级联子菜单中的"打印预览"按钮

(C)单击"自定义工具栏"下拉按钮,在弹出的下拉列表中选择"快速打印"

(D)使用 Ctrl+P 进行快速打印

【答案】　D

La2A3013　在 Word2007 中,单击"插入"选项卡( )组中的工具按钮,可在文档中插入公式。

(A)符号　　　　　(B)文本　　　　　(C)链接　　　　(D)插图

【答案】　A

La2A3014　在 Word2007 中,若将表格中的两个单元格合并成一个单元格后,单元格的内容将( )。

(A)只保留 1 个单元格中的内容　　　(B)只保留第 2 个单元格中的内容

(C)保留 2 个单元格中的内容　　　　(D)2 个单元格中的内容均不保留

【答案】　C

La2A3015　在 Word2007 中,将插入点放置到最后一个单元格中,按( )键,可在表格中(即插入点所在行的下面)插入一行。

(A)Ctrl　　　　　(B)Tab　　　　　(C)Alt　　　　　(D)Alt+Enter

【答案】　B

La2A3016　要选顶部相邻的单元格区域,应在鼠标操作的同时,按住( )键。

(A)Alt　　　　　(B)Ctrl　　　　　(C)Shift　　　　(D)Home

【答案】　B

La2A3017　要在 Excel2007 工作表区域 A1:A10 中输入由 1 到 10、步长为 1 的数列,可以在单元格 A1 中输入数字 1,然后(　　)用鼠标拖动 A1 单元格的填充柄到 A10 单元格即可。

(A)按住 Ctrl 键 　　　　　　　　　　(B)按住 Shift 键

(C)按住 Alt 键 　　　　　　　　　　(D)不按任何键盘键

【答案】　A

La2A3018　选定单元格并按 Delete 键,它删除了单元格的(　　)。

(A)内容　　　　(B)格式　　　　(C)附注　　　　(D)全部

【答案】　A

La2A3019　在 Excel2007 工作表中,要将已输入数据且设置显示格式的单元格恢复成没有特定格式的空单元格,应先选定该单元格,再(　　)。

(A)单击 Del 键

(B)单击"剪切"按钮

(C)单击"开始"选项卡"编辑"组中的"清除"按钮,在弹出的下拉菜单中选择"清除格式"命令

(D)单击"开始"选项卡"单元格"组中的"删除"按钮,在弹出的下拉菜单中选择"全部清除"命令

【答案】　D

La2A3020　已知某个单元格的格式已经设置为"百分比"样式且保留 2 位小数位,当用户向该单元格中输入数值 66 后,按"Enter"键,编辑框及单元格内显示的内容为(　　)。

(A)编辑框显示为 66,单元格显示为 66％

(B)编辑框显示为 0.66,单元格显示为 66％

(C)编辑框显示为 66％,单元格显示为 66.00％

(D)编辑框显示为 6600,单元格显示为 6600.00％

【答案】　C

La2A3021　在 Excel2007 中,如果输入日期或数值,默认对齐方式为(　　)。

(A)左对齐　　　　(B)右对齐　　　　(C)居中　　　　(D)两端对齐

【答案】　B

La2A3022　在自动换行功能未设置时,可以通过按(　　)键来强制换行。

(A)Alt＋Shift　　(B)Alt＋Enter　　(C)Ctrl＋Enter　　(D)Alt＋Tab

【答案】　B

La2A3023　在 Excel2007 默认的数值型数据的对齐方式是(　　)。

(A)左对齐　　　　(B)右对齐　　　　(C)居中对齐　　　　(D)两端对齐

【答案】　B

La2A3024　要使单元格内容强制换到下一行,需按下组合键(　　)。

| | (A)Ctrl＋Enter | (B)Alt＋Enter | (C)Shift＋Enter | (D)Enter |

【答案】 B

La2A3025 在向 Excel2007 工作表单元格中输入公式时,编辑栏上"√"按钮的作用是(　　)。

(A)取消输入　　　　　(B)确认输入　　　　　(C)函数向导　　　　　(D)拼写检查

【答案】 B

La2A3026 如果在某单元格内输入公式"＝4＋4/2^2",则得到结果为(　　)。

(A)2　　　　　　　　(B)8　　　　　　　　(C)5　　　　　　　　(D)16

【答案】 C

La2A3027 运算符对公式中的元素进行特定类型的运算。Excel 包含四种类型的运算符:算术运算符、比较运算符、文本运算符和引用运算符。其中符号":"属于(　　)。

(A)算术运算符　　　　(B)比较运算符　　　　(C)文本运算符　　　　(D)引用运算符

【答案】 D

La2A3028 在 Excel 单元格中输入公式时,输入的首字符必须为(　　)。

(A)"－"　　　　　　(B)":"　　　　　　(C)";"　　　　　　(D)"＝"

【答案】 D

La2A3029 已知单元格 A1、B1、C1、A2、B2、C2 中分别存放数值 1、2、3、4、5、6,单元格 D1 中存放着公式 ＝A1＋B1＋C1,此时将单元格 D1 复制到 D2,则 D2 中的结果为(　　)。

(A)6　　　　　　　　(B)12　　　　　　　(C)15　　　　　　　(D)♯REF

【答案】 B

La2A3030 已知单元格 A1、B1、C1、A2、B2、C2 中分别存放数值 1、2、3、4、5、6,单元格 D1 中存放着公式 ＝A1＋B1－C1,此时将单元格 D1 剪切粘贴到 D2,则 D2 中的结果为(　　)。

(A)0　　　　　　　　(B)15　　　　　　　(C)3　　　　　　　(D)♯REF

【答案】 A

La2A3031 设 A1 单元格中的公式为＝D2＊$E3,在 D 列和 E 列之间插入一空列,在第 2 行和第 3 行之间插入一空行,则 A1 中的公式调整为(　　)。

(A)D2＊&E3　　　　(B)D2＊&F3　　　　(C)D2＊&F4　　　　(D)D2＊&E4

【答案】 C

La2A3032 在 Excel 2007 的 A1、B1 单元格中输入数值 5、6,在 C1 单元格中输入公式"＝IF(MAX(A1:B1)>5,"＊","♯")",则 C1 的内容为(　　)。

(A)＊　　　　　　　(B)♯　　　　　　　(C)5　　　　　　　(D)6

【答案】 A

La2A3033 在 Excel 2007 中,用 D$1 引用工作表 D 列第 1 行的单元格,这称为对单元格的(　　)。

(A)绝对引用　　　　　(B)相对引用　　　　　(C)混合引用　　　　　(D)交叉引用

【答案】 C

La2A3034 在 Excel2007 中,单元格和区域可以引用,引用的作用在于( )工作表上的单元格或单元格区域,并指明公式中所使用的数据的位置。通过引用,可以在公式中使用工作表不同部分的数据,或者在多个公式中使用同一个单元格的数值。

(A)提示　　　　　　(B)标识　　　　　　(C)使用　　　　　　(D)说明

【答案】 B

La2A3035 在 Excel2007 中,同一工作簿不同工作表之间单元格的引用需要在工作表名称后使用限定符号( )。

(A)?　　　　　　　(B)!　　　　　　　(C)♯　　　　　　(D)*

【答案】 B

La2A3036 在 Excel 中,为了描述一段时间内的数据变化或显示各项之间的比较情况一般应选择( )。

(A)柱形图　　　　　(B)折线图　　　　　(C)饼图　　　　　(D)面积图

【答案】 A

La2A3037 Excel2007 图表的显著特点是工作表中的数据变化时,图表( )。

(A)随之改变　　　　　　　　　(B)不出现变化

(C)自然消失　　　　　　　　　(D)生成新图表,保留原图表

【答案】 A

La2A3038 对数据进行分类汇总前,首先应进行( )操作。

(A)筛选　　　　　　(B)排序　　　　　　(C)记录单　　　　　(D)以上全错误

【答案】 B

La2A3039 如果要对数据清单进行分类汇总,必须对要分类汇总的字段( ),从而使相同的记录集中在一起。

(A)排序　　　　　　(B)筛选　　　　　　(C)高级筛选　　　　(D)清除格式

【答案】 A

La2A3040 在降序排序中,在序列中空白的单元格行被( )。

(A)放置在排序数据清单的最前　　　　(B)放置在排序数据清单的最后

(C)不被排序　　　　　　　　　　　(D)保持原始次序

【答案】 B

La2A3041 在 Excel 2007 中,执行一次排序时,最多能设( )个关键字段。

(A)1　　　　　　　　(B)2　　　　　　(C)3　　　　　　(D)任意多

【答案】 D

La2A3042 在 Excel 2007 的"排序"对话框中,最多允许同时设置( )关键字进行排序。

(A)1 个　　　　　　(B)2 个　　　　　(C)3 个　　　　　(D)3 个以上

【答案】 D

La2A3043 下面( )方法不能将字段添加到数据透视表中。

(A)勾选"数据透视表字段列表"任务窗格中相应字段

(B)拖曳字段到相应的编辑框中

(C)单击编辑框,在快捷菜单中选择相应命令

(D)用鼠标右键单击相应字段,在快捷菜单中选择相应命令

【答案】 C

La2A3044 在 PowerPoint2007 中,不能插入新幻灯片的操作是( )。

(A)单击"Office"按钮,在弹出的"Office"菜单中选择"新建"命令

(B)单击"开始"选项卡"幻灯片"组中"新建幻灯片"按钮

(C)在幻灯片"浏览视图"方式下,单击鼠标右键,在弹出的快捷菜单中选择"新建幻灯片"命令

(D)在"普通视图"的"幻灯片"选项卡中,单击鼠标右键,在弹出的快捷菜单中选择"新建幻灯片"命令

【答案】 A

La2A3045 幻灯片的自定义动画不包括( )。

(A)多媒体动画效果　　　　　　　　(B)文字动画效果

(C)图表动画效果　　　　　　　　　(D)幻灯片切换效果

【答案】 D

La2A3046 要使幻灯片在放映时能够自动播放,需要为其设置( )。

(A)动作按钮　　　(B)自定义动画　　　(C)排练计时　　　(D)放映方式

【答案】 C

La2A3047 当流过一个线性电阻元件的电流不论为何值时,它的端电压恒为零值,就称它为( )。

(A)开路　　　　(B)短路　　　　(C)断路　　　　(D)零路

【答案】 B

La2A3048 用一个恒定电流 R_S 和一个电导 G_0 并联表示一个电源,这种方式表示的电源称( )。

(A)电压源　　　　(B)电流源　　　　(C)电阻源　　　　(D)电位源

【答案】 B

La2A3049 基尔霍夫电压定律是指( )。

(A)沿任一闭合回路各电动势之和大于各电阻压降之和

(B)沿任一闭合回路各电动势之和小于各电阻压降之和

(C)沿任一闭合回路各电动势之和等于各电阻压降之和

(D)沿任一闭合回路各电阻压降之和为零

【答案】 C

La2A3050 基尔霍夫电流定律指出:对于电路中任一节点,流入该节点的电流之和必( )流

出该节点的电流之和。

(A)大于　　　　　(B)小于　　　　　(C)等于　　　　　(D)不等于

【答案】　C

La2A3051　电路中(　　)定律指出:流入任意一节点的电流必定等于流出该节点的电流。

(A)欧姆　　　　　(B)基尔霍夫第一　　　(C)楞次　　　　　(D)基尔霍夫第二

【答案】　B

La2A3052　基尔霍夫第一定律,即节点(　　)定律。

(A)电阻　　　　　(B)电压　　　　　(C)电流　　　　　(D)电功率

【答案】　C

La2A3053　交流电完成一次全循环所需用的时间叫作(　　)。

(A)弧度　　　　　(B)角频率　　　　　(C)频率　　　　　(D)周期

【答案】　D

La2A3054　正弦交流电的角频率$\omega=$(　　)。

(A)$2\pi T$　　　　　(B)$2\pi f$　　　　　(C)$T/2\pi$　　　　　(D)πf

【答案】　B

La2A3055　周期与频率的关系是(　　)。

(A)成正比　　　　　(B)成反比　　　　　(C)无关　　　　　(D)非线性

【答案】　B

La2A3056　电力系统的电压波形应是(　　)波形。

(A)正弦　　　　　(B)余弦　　　　　(C)正切　　　　　(D)余切

【答案】　A

La2A3057　三相交流电在某一确定的时间内,到达最大值(或零位)的先后顺序叫(　　)。

(A)次序　　　　　(B)顺序　　　　　(C)反序　　　　　(D)相序

【答案】　D

La2A3058　在正弦交流电的一个周期内,随着时间变化而改变的是(　　)。

(A)瞬时值　　　　　(B)最大值　　　　　(C)有效　　　　　(D)平均值

【答案】　A

La2A3059　把220 V交流电压加在440 Ω电阻上,则电阻的电压和电流是:(　　)。

(A)电压有效值220 V,电流有效值0.5 A

(B)电压有效值220 V,电流最大值0.5 A

(C)电压最大值220 V,电流最大值0.5 A

(D)电压最大值220 V,电流有效值0.5 A

【答案】　A

La2A3060　(　　)是交流电在时间$t=0$时的角度。

(A)相序　　　　　　　(B)相位差　　　　　(C)相位　　　　　　(D)相量

【答案】　C

La2A3061　已知某一电流的复数式 $I=(5-j5)$ A,则其电流的瞬时表达式为(　　)。

(a)$i=5\sin(\Omega t-\pi/4)$ A　　　　　　(B)$i=5\sqrt{2}\sin(\Omega t+\pi/4)$ A

(C)$i=10\sin(\Omega t-\pi/4)$ A　　　　　(D)$i=52\sin(\Omega t-\pi/4)$ A

【答案】　C

La2A3062　在并联的交流电路中,总电流等于各分支电流的(　　)。

(A)代数和　　　　　(B)相量和　　　　　(C)总和　　　　　　(D)方根和

【答案】　B

La2A3063　电流流经电阻、电感、电容所组成的电路时受到的阻力叫作(　　)。

(A)阻抗　　　　　　(B)频率　　　　　　(C)功率　　　　　　(D)周期

【答案】　A

La2A3064　市售 220 V 灯泡,通常都接在 220 V 交流电源上,是否可以把它接在 220 V 的直流电源上(　　)。

(A)可以　　　　　　(B)不可以　　　　　(C)无法确定　　　(D)一定会烧毁

【答案】　A

La2A3065　在纯电感交流电路中电压超前(　　)90°。

(A)电阻　　　　　　(B)电感　　　　　　(C)电压　　　　　　(D)电流

【答案】　D

La2A3066　纯电感交流电路中,电流与电压的相关相位关系是(　　)。

(A)电流与电压同相　　　　　　　　　　(B)电流与电压反相

(C)电流超前电压 90°　　　　　　　　　(D)电流滞后电压 90°

【答案】　D

La2A3067　在交流电路中,电流滞后电压(　　),是纯电感电路。

(A)45°　　　　　　(B)90°　　　　　　(C)180°　　　　　　(D)360°

【答案】　B

La2A3068　感抗的大小与(　　)有关。

(A)电阻　　　　　　(B)电压　　　　　　(C)电流　　　　　　(D)频率

【答案】　D

La2A3069　交流电的频率越高,电感线圈的感抗(　　)。

(A)不变　　　　　　(B)不一定　　　　　(C)越小　　　　　　(D)越大

【答案】　D

La2A3070　将电阻、电感、电容并联到正弦交流电源上,改变电压频率时,发现电容器上的电流比改变频率前的电流增加了一倍,改变频率后,电阻上的电流将(　　)。

(A)增加　　　　　　(B)减少　　　　　　(C)不变　　　　　　(D)增减都可能

【答案】 C

La2A3071 如果流过电容 $C = 100\mu\text{F}$ 的正弦电流 $= 15.7\sqrt{2}\sin(100\pi t - 45°)\text{A}$，则电容两端电压的解析式为（　　）。

(A)$U_C = 500\sqrt{2}\sin(100\pi t + 45°)$ V

(B)$U_C = 500\sin(100\pi t - 90°)$ V

(C)$U_C = 500\sqrt{2}\sin(100\pi t - 135°)$ V

(D)$U_C = 500\sin100\pi t$ V

【答案】 C

La2A3072 正弦交流量的有效值大小为相应正弦交流量最大值的（　　）。

(A)$\sqrt{2}$　　　　(B)$1/\sqrt{2}$　　　　(C)2　　　　(D)1/2

【答】 B

La2A3073 有功功率（　　）零，说明负载吸收能量。

(A)等于　　　　(B)小于　　　　(C)大于　　　　(D)大于或小于

【答案】 C

La2A3074 电容器充电后，移去直流电源，把电流表接到电容器两端，则指针（　　）。

(A)会偏转　　　　(B)不会偏转　　　　(C)来回摆动　　　　(D)停止不动

【答案】 A

La2A3075 在有电容电路中，通过电容器的是（　　）。

(A)直流电流　　　　(B)交流电流　　　　(C)直流电压　　　　(D)直流电动势

【答案】 B

La2A3076 在电容器的串联电路中，已知 $C_1 > C_2 > C_3$，则其两端电压（　　）。

(A)$U_1 > U_2 > U_3$　　　　　　　　(B)$U_1 = U_2 = U_3$

(C)$U_1 < U_2 < U_3$　　　　　　　　(D)U_1、U_2、U_3 大小无法判断

【答案】 C

La2A3077 有 4 个容量为 $10\ \mu\text{F}$，耐压为 10 V 的电容器，为提高耐压，应采取（　　）接方法。

(A)串　　　　　　　　　　　　(B)两两并起来再串

(C)并　　　　　　　　　　　　(D)两两串起来再并

【答案】 A

La2A3078 两个电容器分别标着："0 μF，50 V"，"00 μF，10 V"，串联使用时，允许承受的最大工作电压为（　　）V。

(A)60　　　　(B)30　　　　(C)55　　　　(D)110

【答案】 C

La2A3079 两个容抗均为 5 Ω 的电容器串联，以下说法正确的是（　　）。

(A)总容抗小于 10 Ω　　　　　　　　(B)总容抗等于 10 Ω

(C)总容抗为 5 Ω　　　　　　　　　　　　　(D)总容抗大于 10 Ω

【答案】　B

La2A3080　PowerPoint2007 创建新演示文稿的快捷键是(　　)。

(A)Ctrl＋A　　　　　(B)Shift＋N　　　　(C)Ctrl＋M　　　　(D)Ctrl＋N

【答案】　D

La2A3081　PowerPoint2007 演示文稿的扩展名默认为(　　)。

(A)ppt　　　　　　　(B)pps　　　　　　　(C)pptx　　　　　　(D)htm

【答案】　C

La2A3082　对于一个已经完成的、不需要修改和重新设计的演示文稿,可以存储为幻灯片放映方式类型,其文件扩展名为(　　)。

(A)pptx　　　　　　　(B)ppsx　　　　　　(C)potx　　　　　　(D)pptm

【答案】　B

La2A3083　PowerPoint 模板文件的扩展名为(　　)。

(A)pptx　　　　　　　(B)ppsx　　　　　　(C)potx　　　　　　(D)pptm

【答案】　C

La2A3084　幻灯片浏览视图下不能(　　)。

(A)复制幻灯片　　　　　　　　　　　　　(B)改变幻灯片位置

(C)修改幻灯片内容　　　　　　　　　　　(D)隐藏幻灯片

【答案】　C

La2A3085　在幻灯片母版视图方式下,不能执行的操作是(　　)。

(A)可以修改幻灯片的版式　　　　　　　　(B)可以调整占位符的大小和位置

(C)可以设置页眉与页脚　　　　　　　　　(D)可以修改幻灯片的背景颜色

【答案】　A

La2A3086　在 PowerPoint2007 功能区中,通过(　　)选项卡可以进入母版编辑的功能。

(A)开始　　　　　　(B)插入　　　　　　(C)视图　　　　　　(D)设计

【答案】　C

La2A3087　在 PowerPoint2007 中,在幻灯片浏览视图中复制某张幻灯片,可按住(　　)键同时用鼠标拖动幻灯片到目标位置。

(A)Alt　　　　　　　(B)Shift　　　　　　(C)Ctrl　　　　　　(D)Esc

【答案】　C

La2A3088　在 PowerPoint2007 中,插入幻灯片的操作不能在(　　)下进行。

(A)普通视图　　　　　　　　　　　　　　(B)幻灯片放映视图

(C)幻灯片浏览视图　　　　　　　　　　　(D)备注页视图

【答案】　B

La2A3089　在 PowerPoint2007 的浏览视图方式下,用鼠标右键单击某张幻灯片的缩略图,在弹出的快捷菜单中选择"新建幻灯片"命令,则新幻灯片插入到(   )。

(A)当前幻灯片之前   (B)当前幻灯片之后

(C)最前   (D)最后

【答案】 B

La2A3090 PowerPoint2007 插入一张新的幻灯片,快捷键是(   )。

(A)Ctrl＋A   (B)Shift＋N   (C)Ctrl＋M   (D)Ctrl＋N

【答案】 C

La2A3091 PowerPoint2007 的浏览视图方式下,按住(   )键的同时拖动某张幻灯片,执行的是复制操作。

(A)Ctrl   (B)Shift   (C)Alt   (D)Tab

【答案】 A

La2A3092 在 PowerPoint2007 中选择不连续的多张幻灯片,借助(   )键。

(A)Shift   (B)Ctrl   (C)Tab   (D)Alt

【答案】 B

La2A3093 在 PowerPoint2007 中,将一张幻灯片上的内容全部选定的快捷键是(   )。

(A)Ctrl＋A   (B)Ctrl＋T   (C)Ctrl＋F   (D)Ctrl＋X

【答案】 A

La2A3094 对 PowerPoint2007 演示文稿进行拼写检查,应使用(   )选项卡"校对"组中的"拼写检查"按钮。

(A)"审阅"   (B)"开始"   (C)"幻灯片放映"   (D)"视图"

【答案】 A

La2A3095 在 PowerPoint2007 中,不属于文本占位符的是(   )。

(A)标题   (B)副标题   (C)图表   (D)普通文本框

【答案】 C

La2A3096 在 PowerPoint2007 中,单击"插入"选项卡(   )中的"艺术字"按钮,可在当前幻灯片中插入艺术字。

(A)"表格"组   (B)"插图"组   (C)"文本"组   (D)"特殊符号"组

【答案】 C

La2A3097 在 PowerPoint2007 中,在"插入"选项卡中通过(   )中的"形状"按钮,可以绘制一些简单的形状。

(A)"插图"组   (B)"媒体剪辑"组   (C)"图形"组   (D)"链接"组

【答案】 A

La2A3098 在 PowerPoint2007 中,选一个自选图形,打开"设置图片格式"对话框,不能改变自选图形的(   )。

(A)填充色 　　　　(B)线型 　　　　(C)三维格式 　　　　(D)形状

【答案】 D

La2A3099 下列在幻灯片中插入图片的操作过程正确的是( )。

①打开幻灯片;②执行"插入来自文件的图片"的命令;③选择并确定想要插入的图片;④调整被插入的图片的大小、位置等。

(A)①④②③ 　　　(B)①②③④ 　　　(C)③①②④ 　　　(D)③②①④

【答案】 B

La2A3100 PowerPoint2007 在"插入"选项卡中,单击( )按钮可以选择 PowerPoint 自带的图片。

(A)图片 　　　　(B)剪贴画 　　　　(C)相册 　　　　(D)形状

【答案】 B

La2A3101 在 PowerPoint2007 的空白幻灯片中不能直接插入( )。

(A)Excel 电子表格 　　(B)文本框 　　　(C)文字 　　　　(D)艺术字

【答案】 C

La2A3102 PowerPoint2007 中超级链接的作用是( )。

(A)改变幻灯片的位置 　　　　　　(B)中断幻灯片的放映

(C)在演示文稿中插入幻灯片 　　　　(D)实现幻灯片内容的跳转

【答案】 D

La2A3103 PowerPoint2007 中可以链接的有( )。

(A)本文档中的幻灯片 　　　　　　(B)外部文档

(C)网站、Email 地址 　　　　　　(D)以上都是

【答案】 D

La2A3104 插入 SmartArt 图形后,选择图形,并选择"SmartArt 工具"下的( )选项卡,在"SmartArt 样式"组中应用一种样式。

(A)编辑 　　　　(B)设计 　　　　(C)布局 　　　　(D)格式

【答案】 B

La2A3105 插入 SmartArt 图形后,选择形状,按一次( )键,光标会定位于形状中,此时可以在形状中输入文字。

(A)Enter 　　　　(B)Shift 　　　　(C)上箭头 　　　　(D)下箭头

【答案】 A

La2A3106 "垂直框列表"SmartArt 默认行数为 3。若要垂直框列表行数变为 4,则应单击"SmartArt 工具设计"选项卡"创建图形"组中的( )下拉按钮进行操作。

(A)添加形状 　　　(B)添加图形 　　　(C)添加行数 　　　(D)添加效果

【答案】 A

La2A3107 下列关于幻灯片切换的说法错误的是( )。

(A)可以将幻灯片的切换速度设置为慢速、中速或快速

(B)可以将幻灯片的切换声音设置为风铃声

(C)选中某张幻灯片后,在"动画"选项卡"切换到幻灯片"组中,选择"向下擦除",可改变全部幻灯片的切换效果

(D)可以将幻灯片的切换方式设置为"单击鼠标时"切换

【答案】 C

La2A3108 在 PowerPoint2007 中设置幻灯片放映时的换页效果为垂直百叶窗,应使用的选项卡是( )。

(A)设计　　　　　　(B)幻灯片放映视图(C)动画　　　　　　(D)格式

【答案】 C

La2A3109 在 PowerPoint2007 中,使用( )可以为幻灯片建立统一的外观。

(A)形状　　　　　(B)动画　　　　　(C)表格　　　　　(D)母版

【答案】 D

La2A3110 PowerPoint2007 提供了多种( ),它包含了相应的配色方案、母版和字体样式等,可供用户快速生成风格统一的演示文稿。

(A)版式　　　　　(B)模板　　　　　(C)母版　　　　　(D)幻灯片

【答案】 B

La2A3111 在"动画"选项卡"切换到此幻灯片组"中"切换速度"下拉列表用来设置幻灯片的( )。

(A)动画速度　　　(B)换片速度　　　(C)放映时间　　　(D)排练时间

【答案】 B

La2A3112 在 PowerPoint2007 中,若为幻灯片中的对象设置"飞入"效果,应通过( )选项卡进行操作。

(A)幻灯片放映　　(B)动画　　　　　(C)设计　　　　　(D)插入

【答案】 B

La2A3113 在"自定义动画窗格"中,不能执行的操作是( )。

(A)调整对象动画的出场顺序　　　　　(B)设置对象动画的声音

(C)删除已经设置的动画效果　　　　　(D)更改对象的动画效果

【答案】 B

La2A3114 PowerPoint2007 中最大的亮点是( )。

(A)绘制 Excel 图表　　　　　　　　　(B)SmartArt 功能

(C)自定义动画　　　　　　　　　　　(D)庞大的剪贴画图库

【答案】 B

La2A3115 供演讲者查阅以及播放演示文稿对各幻灯片加以说明的是( )。

(A)备注窗格　　　(B)大纲窗格　　　(C)幻灯片窗格　　(D)母版

【答案】 A

La2A3116 PowerPoint2007 中（　　）放映类型是必须"循环放映,按 Esc 键终止"。

(A)演讲者放映　　　　　　　　　　(B)观众自行浏览

(C)演讲者自行浏览　　　　　　　　(D)在展台浏览

【答案】 D

La2A3117 PowerPoint2007 中,下列说法错误的是（　　）。

(A)可以为幻灯片设置页眉与页脚

(B)用大纲方式编辑设计幻灯片,可以使文稿层次分明、条理清晰

(C)幻灯片的版式是指视图的预览模式

(D)按 Esc 键可以结束幻灯片的放映

【答案】 C

La2A3118 以下关于放映幻灯片的说法正确的是（　　）。

(A)按 F5 键,将从当前幻灯片开始放映

(B)按 Shift＋F5 组合键,将从第一张幻灯片开始放映

(C)用户不能自己定义幻灯片的放映顺序

(D)将某张幻灯片设置为隐藏后,在全屏放映幻灯片时将不显示此幻灯片

【答案】 D

La2A3119 若在没有安装 PowerPoint2007 的计算机上播放幻灯片,应单击"Office"按钮,在弹出的"Office"菜单中选择（　　）。

(A)"另存为"→"PowerPoint 放映"　　(B)"另存为"→"其他格式"

(C)"发布"→"CD 数据包"　　　　　　(D)"发布"→"发布幻灯片"

【答案】 C

La2A3120 PowerPoint2007 中放映幻灯片的快捷键为（　　）。

(A)F1　　　　　　(B)F5　　　　　　(C)F7　　　　　　(D)F8

【答案】 B

La2A3121 在 PowerPoint2007 中放映幻灯片时,按（　　）键可以结束幻灯片放映。

(A)Enter　　　　　(B)Esc　　　　　(C)Alt　　　　　(D)Ctrl

【答案】 B

La2A3122 PowerPoint2007 在放映演示文稿时,按（　　）组合键,即可从当前幻灯片开始全屏放映。

(A)Alt＋F5　　　　(B)Alt＋F6　　　　(C)Shift＋F5　　　　(D)Shift＋F6

【答案】 C

La2A3123 PowerPoint2007 打印演示文稿时,如果打印内容是讲义,最多在一页纸上可以打印（　　）张讲义。

(A)3　　　　　　　(B)6　　　　　　　(C)9　　　　　　　(D)12

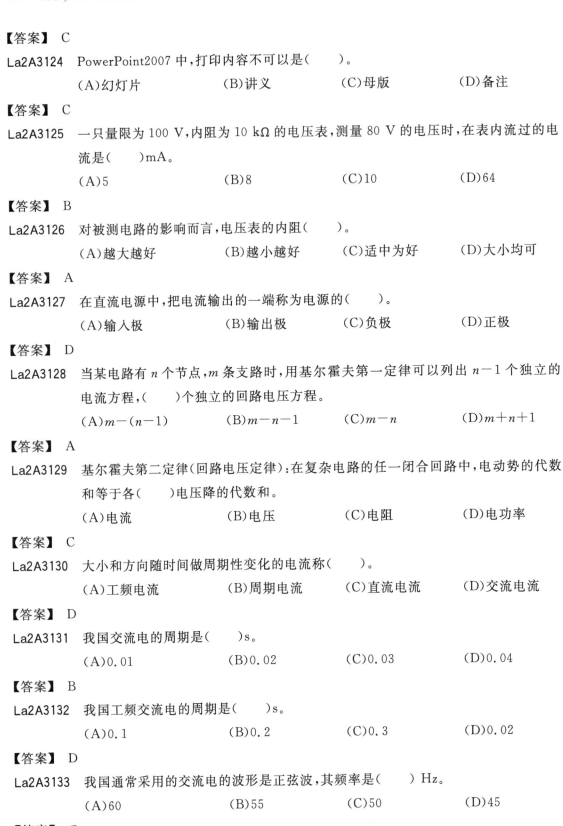

【答案】 C

La2A3124 PowerPoint2007 中,打印内容不可以是( )。

(A)幻灯片 (B)讲义 (C)母版 (D)备注

【答案】 C

La2A3125 一只量限为 100 V,内阻为 10 kΩ 的电压表,测量 80 V 的电压时,在表内流过的电流是( )mA。

(A)5 (B)8 (C)10 (D)64

【答案】 B

La2A3126 对被测电路的影响而言,电压表的内阻( )。

(A)越大越好 (B)越小越好 (C)适中为好 (D)大小均可

【答案】 A

La2A3127 在直流电源中,把电流输出的一端称为电源的( )。

(A)输入极 (B)输出极 (C)负极 (D)正极

【答案】 D

La2A3128 当某电路有 n 个节点,m 条支路时,用基尔霍夫第一定律可以列出 $n-1$ 个独立的电流方程,( )个独立的回路电压方程。

(A)$m-(n-1)$ (B)$m-n-1$ (C)$m-n$ (D)$m+n+1$

【答案】 A

La2A3129 基尔霍夫第二定律(回路电压定律):在复杂电路的任一闭合回路中,电动势的代数和等于各( )电压降的代数和。

(A)电流 (B)电压 (C)电阻 (D)电功率

【答案】 C

La2A3130 大小和方向随时间做周期性变化的电流称( )。

(A)工频电流 (B)周期电流 (C)直流电流 (D)交流电流

【答案】 D

La2A3131 我国交流电的周期是( )s。

(A)0.01 (B)0.02 (C)0.03 (D)0.04

【答案】 B

La2A3132 我国工频交流电的周期是( )s。

(A)0.1 (B)0.2 (C)0.3 (D)0.02

【答案】 D

La2A3133 我国通常采用的交流电的波形是正弦波,其频率是( ) Hz。

(A)60 (B)55 (C)50 (D)45

【答案】 C

La2A3134 已知一个正弦电压的频率为 50 Hz,有效值为 20 V,$t=0$ 时瞬时值为 10 V,则此电

压瞬时值表达式为 $u=($)V。

(A)$20\sin(100\pi t+30°)$ (B)$10\sqrt{2}\sin(100\pi t-30°)$

(C)$20\sin(50\pi t+60°)$ (D)$10\sin(100\pi t+150°)$

【答案】 A

La2A3135 正弦交流电变化一周,就相当于变化了( )rad。

(A)$1/2\pi$ (B)π (C)2π (D)4π

【答案】 C

La2A3136 我国工业用电频率规定为 50 Hz,它的周期是( )s。

(A)2   (B)0.2   (C)0.02   (D)0.002

【答案】 C

La2A3137 方向大小随时间改变的电流为( )。

(A)直流电   (B)交流电   (C)恒定电流   (D)额定电流

【答案】 B

La2A3138 交流电路中,某元件电流的( )值是随时间不断变化的量。

(A)有效   (B)平均   (C)瞬时   (D)最大

【答案】 C

La2A3139 正弦交流电的幅值就是( )。

(A)正弦交流电最大值的 2 倍   (B)正弦交弦电最大值

(C)正弦交流电波形正负振幅之和   (D)正弦交流电最大值的$\sqrt{2}$倍

【答案】 B

La2A3140 通常所说的交流电压 220 V 或 380 V,是指它的( )。

(A)平均值   (B)最大值   (C)瞬时值   (D)有效值

【答案】 D

La2A3141 正弦交流电的最大值、有效值是( )。

(A)随时间变化而变化   (B)不随时间变化

(C)当 $t=0$ 时,均为 0   (D)可能变化

【答案】 B

La2A3142 ( )就是两个同频率的正弦交流电的相位之差,也就是它们的初相角之差,反映正弦交流电在相位上的超前和滞后的关系。

(A)相位   (B)相位差   (C)相序   (D)相量

【答案】 B

La2A3143 如果两个同频率正弦交流电的初相角 $\varphi_1-\varphi_2>0°$,这种情况为( )。

(A)两个正弦交流电同相   (B)第一个正弦交流电超前第二个

(C)两个正弦交流电反相   (D)第二个正弦交流电超前第一个

【答案】 B

La2A3144 几个正弦量用相量进行计算时,必须满足的条件是:各相量应是（　　　）。

(A)同频率,同转向

(B)已知初相角,且同频率

(C)已知初相角、有效值或最大值,并且同频率

(D)旋转相量,初相角相同

【答案】 C

La2A3145 电源为三角形连接的供电方式为三相三线制,在三相电动势对称的情况下,三相电动势相量之和等于（　　　）。

(A)E　　　　　　(B)0　　　　　　(C)$2E$　　　　　　(D)$3E$

【答案】 B

La2A3146 在任意三相电路中,（　　　）。

(A)三个相电压的相量和必为零　　　　(B)三个线电压的相量和必为零

(C)三个线电流的相量和必为零　　　　(D)三个相电流的相量和必为零

【答案】 B

La2A3147 在正弦交流电路中,节点电流的方程是（　　　）。

(A)$\Sigma I=0$　　　(B)$\Sigma I=1$　　　(C)$\Sigma I=2$　　　(D)$\Sigma I=3$

【答案】 A

La2A3148 纯电感电路的电压与电流频率相同,电流的相位滞后于外加电压 u 为（　　　）。

(A)$\pi/2$　　　(B)$\pi/3$　　　(C)$\pi/2f$　　　(D)$\pi/3f$

【答案】 A

La2A3149 如果负载中电流滞后于电压30°,这个负载是（　　　）。

(A)电容　　　　　　　　　　(B)电阻

(C)电感　　　　　　　　　　(D)电阻、电感串联

【答案】 D

La2A3150 在纯电感单相交流电路中,电压（　　　）电流。

(A)超前　　　　　　　　　　(B)滞后

(C)既不超前也不滞后　　　　(D)相反180°

【答案】 A

La2A3151 如果负载电流超前电压90°,这个负载是（　　　）。

(A)电阻　　　　　　　　　　(B)电容

(C)电感　　　　　　　　　　(D)电阻、电感串联

【答案】 B

La2A3152 一电容接到 $f=50$ Hz 的交流电路中,容抗 $X_C=240$ Ω,若改接到 $f=150$ Hz 的电源电路中,则容抗 X_C 为（　　　）Ω。

(A)80　　　　　　　(B)120　　　　　　(C)160　　　　　　(D)720

【答案】　A

La2A3153　在纯电容单相交流电路中,电压(　　)电流。

(A)超前　　　　　　　　　　　　　(B)滞后

(C)既不超前也不滞后　　　　　　　(D)相反180°

【答案】　B

La2A3154　在正弦交流纯电容电路中,下列各式,正确的是(　　)。

(A)$I=U\omega C$　　　(B)$I=U/(\omega C)$　　　(C)$I=\omega U/C$　　　(D)$I=U/C$

【答案】　A

La2A3155　电阻、电感、电容串联电路中,电路中的总电流与电路两端电压的关系是(　　)。

(A)电流超前于电压

(B)总电压可能超前于总电流,也可能滞后于总电流

(C)电压超前于电流

(D)电流与电压同相位

【答案】　B

La2A3156　在交流电路中,当电压的相位超前电流的相位时(　　)。

(A)电路呈感性 $\varphi>0$　　　　　　　(B)电路呈容性 $\varphi>0$

(C)电路呈感性 $\varphi<0$　　　　　　　(D)电路呈容性 $\varphi<0$

【答案】　A

La2A3157　在(　　)线路中,电流相位滞后电压相位90°。

(A)纯电阻　　　　　　　　　　　　(B)纯电容

(C)纯电感或纯电阻　　　　　　　　(D)纯电感

【答案】　D

La2A3158　在RLC串联正弦交流电路中,当外加交流电源的频率为 f 时发生谐振,当外加交流电源的频率为 $2f$ 时,电路的性质为(　　)。

(A)电阻性电路　　　(B)电感性电路　　　(C)电容性电路　　　(D)纯容性电路

【答案】　B

La2A3159　把一只电容和一个电阻串联在220 V交流电源上,已知电阻上的压降是120 V,所以电容器上的电压为(　　)V。

(A)100　　　　　　　(B)120　　　　　　(C)184　　　　　　(D)220

【答案】　C

La2A3160　已知:$i=100\cdot\sin(\omega t+30°)$A,$t=0$ 时,$i=(\quad)$A。

(A)−100　　　　　　(B)86.6　　　　　　(C)−50　　　　　　(D)50

【答案】　D

La2A3161　已知某元件的 $u=100\sqrt{2}\sin(\omega t+30°)$ V,$i=10\sqrt{2}\sin(\omega t-60°)$ A,则该元件为

（　　）。

(A)电阻　　　　　　　(B)电感　　　　　　　(C)电容　　　　　　　(D)电流源

【答案】　B

La2A3162　电容器在充电过程中,充电电流逐渐减小,电容器两端的电压:（　　）。

(A)逐渐减小　　　(B)逐渐增大　　　(C)不变　　　(D)逐渐衰减

【答案】　B

La2A3163　电容器在单位电压作用下所能储存的电荷量叫作该电容器的（　　）。

(A)电容量　　　(B)电压　　　(C)电流　　　(D)电荷

【答案】　A

La2A3164　实用中,常将电容与负载并联,而不用串联,这是因为（　　）。

(A)并联电容时,可使负载获得更大的电流,改变了负载的工作状态

(B)并联电容时,可使线路上的总电流减少,而负载所取用的电流基本不变,工作状态不变,使发电机的容量得到了充分利用

(C)并联电容后,负载感抗和电容容抗限流作用相互抵消,使整个线路电流增加,使发电机容量得到充分利用

(D)并联电容,可维持负载两端电压,提高设备稳定性

【答案】　B

La2A3165　用直流电流对 $0.1~\mu F$ 的电容器充电,时间间隔 $100~\mu s$ 内相应的电压变化量为 $10~V$,在此时间内平均充电电流为（　　）A。

(A)0.01　　　(B)0.1　　　(C)1　　　(D)10

【答案】　A

La2A3166　电容器电容量的大小与施加在电容器上的电压（　　）。

(A)的平方成正比　　　　　　　　　(B)的一次方成正比

(C)无关　　　　　　　　　(D)成反比

【答案】　C

La2A3167　电容器在充电和放电过程中,充放电电流与（　　）成正比。

(A)电容器两端电压　　　　　　　　　(B)电容器两端电压的变化率

(C)电容器两端电压的变化量　　　　　　　　　(D)与电压无关

【答案】　B

La2A3168　在电容器充电电路中,已知电容 $C=1~\mu F$,时间间隔为 $0.01~s$ 内,电容器上的电压从 $2~V$ 升高到 $12~V$,在这段时间内电容器充电电流为（　　）mA。

(A)1　　　(B)2　　　(C)10　　　(D)12

【答案】　A

La2A3169　电容器在电路中的作用是（　　）。

(A)通直流阻交流　　　(B)通交流隔直流　　　(C)通低频阻高频　　　(D)通直流

【答案】　B

La2A3170　下列描述电容器主要物理特性的各项中,(　　)项是错误的。

(A)电容器能储存磁场能量

(B)电容器能储存电场能量

(C)电容器两端电压不能突变

(D)电容在直流电路中相当于断路,但在交流电路中,则有交流容性电流通过

【答案】　A

La2A3171　几个电容器串联连接时,其总电容量等于(　　)。

(A)各串联电容量的倒数和　　　　　　(B)各串联电容量之和

(C)各串联电容量之和的倒数　　　　　(D)各串联电容量之倒数和的倒数

【答案】　D

La2A3172　有两只电容器 A、B,A 的电容为 $20\ \mu F$、耐压为 $450\ V$;B 的电容为 $60\ \mu F$、耐压为 $300\ V$,可串联当作一只耐压(　　)V 的电容器使用。

(A)300　　　　　　(B)450　　　　　　(C)600　　　　　　(D)750

【答案】　C

La2A3173　电容 C_1 和电容 C_2 并联,则其总电容是 $C=$(　　)。

(A)$C_1\times C_2$　　　　(B)C_1-C_2　　　　(C)C_1+C_2　　　　(D)C_1/C_2

【答案】　C

La2A3174　在直流电路中,电容器并联时,各并联电容上(　　)。

(A)电荷量相等　　　　　　　　　　　(B)电压和电荷量都相等

(C)电压相等　　　　　　　　　　　　(D)电流相等

【答案】　C

La2A3175　两个并联在 $10\ V$ 电路中的电容器是 $10\ \mu F$,现在将电路中电压升高至 $20\ V$,此时每个电容器的电容将(　　)。

(A)增大　　　　　　　　　　　　　　(B)减少

(C)不变　　　　　　　　　　　　　　(D)先增大后减小

【答案】　C

La2A3176　在 Word2007 文档编辑过程中,复制文本的快捷键是(　　)。

(A)Ctrl+A　　　　(B)Ctrl+C　　　　(C)Ctrl+X　　　　(D)Ctrl+V

【答案】　B

La2A3177　在 Word2007 编辑过程中,单击(　　)选项卡"页"组中的"分页"按钮,可在文档插入点前强行分页。

(A)开始　　　　　　(B)插入　　　　　(C)页面布局　　　　(D)审阅

【答案】　B

La2A3178　在 Word2007 编辑过程中,单击(　　)选项卡"页面设置"组中的"分隔符"按钮,可

在文档插入点前强行分页。

(A)开始 　　　　　(B)插入 　　　　　(C)页面布局 　　　　　(D)审阅

【答案】 C

La2A3179 在 Word2007 中,使用( )方式可以查看手工分页符,并将其删除。

(A)页面视图 　　　　(B)阅读版式视图 　　(C)大纲视图 　　　(D)普通视图

【答案】 D

La2A3180 在 Word2007 中,要使文档的标题在页面水平方向上居中显示,应单击"开始"选项卡"段落"组中的( )按钮。

(A)文本左对齐 　　(B)居中 　　　　　(C)两端对齐 　　　(D)分散对齐

【答案】 B

La2A3181 在 Word2007 中,使用"( )"组中的工具按钮,可以增加段落的缩进量。

(A)字体 　　　　　(B)段落 　　　　　(C)对齐方式 　　　(D)页面布局

【答案】 B

La2A3182 在 Word2007 中,使用( )选项卡中的工具按钮,可以统计文档的字数。

(A)开始 　　　　　(B)插入 　　　　　(C)引用 　　　　　(D)审阅

【答案】 D

La2A3183 在 Word2007 的编辑状态下,按( )键,可以退出阅读版式的视图方式。

(A)Esc 　　　　　(B)Enter 　　　　　(C)Delete 　　　　　(D)Ctrl

【答案】 A

La2A3184 在 Word2007 的"( )"对话框中,可以设置文档中每页的行数及文档中每行的字符数。

(A)页面设置 　　　(B)页面布局 　　　(C)段落 　　　　　(D)打印预览

【答案】 A

La2A3185 在 Word2007 文档编辑过程中,将选定的段落格式应用于不同位置的段落中,应执行的操作是( )。

(A)单击"开始"选项卡"剪贴板"组中的"格式刷"按钮

(B)双击"开始"选项卡"剪贴板"组中的"格式刷"按钮

(C)单击"开始"选项卡"剪贴板"组中的"粘贴"按钮

(D)单击"开始"选项卡"剪贴板"组中的"粘贴"下拉按钮,在出现的下拉列表中选择"选择性粘贴"

【答案】 B

La2A3186 在 Word2007 文档中插入的图片,默认版式为"嵌入型",用户可通过单击"Office"菜单中的"Word 选项"按钮,打开"Word 选项"对话框,在该对话框左侧栏选择( )选项,来更改图片插入的默认版式。

(A)常用 　　　　　(B)显示 　　　　　(C)版式 　　　　　(D)高级

【答案】 D

La2A3187 在 Word2007 中,如要用矩形工具画出正方形,应同时按下( )键。

(A)Ctrl　　　　　　(B)Shift　　　　　　(C)Alt　　　　　　(D)Tab

【答案】 B

La2A3188 在 Word2007 中,使用"绘图工具"中"格式"选项卡( )组中的按钮,可将选定的形状置于顶层。

(A)形状样式　　　　(B)阴影效果　　　　(C)三维效果　　　　(D)排列

【答案】 D

La2A3189 在 Word2007 中,选定图片后,按( )键拖动图片的尺寸控点,可使图片以图片的中心点缩放图片。

(A)Ctrl　　　　　　(B)Alt　　　　　　(C)Shift　　　　　　(D)Tab

【答案】 A

La2A3190 在 Word2007 中,使用"图片工具"中"格式"选项卡( )组中的工具按钮,可以改变选定图片的高度及宽度值。

(A)调整　　　　　　(B)边框　　　　　　(C)阴影　　　　　　(D)大小

【答案】 D

La2A3191 在 Word2007 中,使用"图片工具"中"格式"选项卡( )组中的工具按钮,可以改变图片的对比度。

(A)调整　　　　　　(B)边框　　　　　　(C)阴影　　　　　　(D)大小

【答案】 A

La2A3192 如果想在单元格中输入一个编号100024,应该先输入( )。

(A)=　　　　　　　(B),　　　　　　　(C)$　　　　　　　(D)$空格

【答案】 B

La2A3193 如果用预置小数位数的方法输入数据时,当设定小数位数是"2"时,输入 56789 表示( )。

(A)567.89　　　　　(B)56789　　　　　(C)5678900　　　　(D)56789.00

【答案】 D

La2A3194 在单元格内输入当前日期的快捷键为( )。

(A)Alt＋;　　　　　(B)Shift＋Tab　　　(C)Ctrl＋;　　　　(D)Ctrl＋＝

【答案】 C

La2A3195 用 Excel2007 打开 Excel97 文件,对该文件处理后直接单击"保存"按钮,文件将自动保存为( )格式。

(A)Excel97　　　　(B)Excel2003　　　(C)Excel2007　　　(D)Excel2010

【答案】 A

La2A3196 在 Excel2007 中,按 F12 键,可以打开"( )"对话框。

(A)保存   (B)另存为   (C)打印   (D)打开

【答案】 B

La2A3197 在 Excel2007 中,单元格 A9 的绝对引用应写为( )。

(A)＄A＄9   (B)＄A9   (C)A＄9   (D)A9

【答案】 A

La2A3198 下面( )方法不能将字段从数据透视表中删除。

(A)将删除字段拖动到"在以下区域之间拖动字段"之外

(B)将字段从一个编辑框拖动到另一个编辑框

(C)单击编辑框中字段名,在弹出的下拉菜单中选择"删除字段"命令

(D)在"选择要添加到报表的字段"列表框中,取消相应字段的勾选

【答案】 B

La2A3199 数据透视表的字段指的是( )。

(A)数据源中的列   (B)对数据进行透视的区域

(C)数据透视表布局区域   (D)数据源中的行

【答案】 A

La2A3200 对 WinRAR 描述错误的是( )。

(A)能够对文件加密后解压

(B)支持分卷压缩

(C)可以压缩和解压 RAR/ZIP/ARJ 等格式的文件

(D)能够将 RAR 文件转换为 EXE 文件

【答案】 A

La2A3201 WinRAR 解压文件的默认覆盖方式是( )。

(A)在覆盖前询问   (B)没有提示直接覆盖

(C)跳过已经存在的文件   (D)提示更新文件

【答案】 A

La2A3202 在 Word2007 中,单击"页面布局"选项卡( )组的"水印"按钮,可以为文档设置"水印"效果。

(A)主题   (B)页面设置   (C)页面背景   (D)排列

【答案】 C

La2A3203 纯电容元件在电路中( )电能。

(A)储存   (B)分配   (C)消耗   (D)改变

【答案】 A

La2A3204 电容器中储存的能量是( )。

(A)热能   (B)机械能   (C)磁场能   (D)电场能

【答案】 D

La2A3205　电流表、电压表应分别(　　)在被测回路中。

(A)串联、并联 　　　　　　　　　　　(B)串联、串联

(C)并联、串联 　　　　　　　　　　　(D)并联、并联

【答案】　A

La2A3206　一个实际电源的端电压随着负载电流的减小将(　　)。

(A)降低 　　　　　(B)升高 　　　　　(C)不变 　　　　　(D)稍微降低

【答案】　B

La2A3207　R、C、L串联电路接于交流电源中,总电压与电流之间的相位关系为(　　)。

(A)U 超前于 I 　　(B)U 滞后于 I 　　(C)U 与 I 同期 　　(D)无法确定

【答案】　D

La2A3208　两只 $10\mu F$ 电容器相串联的等效电容应为(　　)μF。

(A)5 　　　　　(B)10 　　　　　(C)20 　　　　　(D)2.5

【答案】　A

Lb2A3001　《国家电网公司变更用电及低压居民新装(增容)业务工作规范(试行)》第一百条:过户业务完成电费结算后,将流程发送至"归档"环节。时限要求:正式受理后,居民过户在(　　)个工作日内归档;非居民用户过户受理后(　　)个工作日内完成合同起草;非居民用户签订合同后,(　　)个工作日内电费出账,结清后归档。

(A)3,3,5 　　　　(B)3,5,5 　　　　(C)5,5,5 　　　　(D)5,7,5

【答案】　C

Lb2A3002　《国家电网公司业扩报装工作规范(试行)》规定,为客户提供供电营业厅、95598客户服务热线、(　　)等多种报装渠道。供电营业窗口或95598工作人员按照"首问负责制"服务要求指导客户办理用电申请业务,向客户宣传解释政策规定。

(A)短信营业厅 　　　　　　　　　　(B)手机营业厅

(C)网上营业厅 　　　　　　　　　　(D)自助营业厅

【答案】　C

Lb2A3003　《国家电网公司业扩报装工作规范(试行)》规定,严格按照国家有关规定及价格主管部门批准的业扩收费项目和标准收取业务费用,严禁擅自设立收费项目或调整收费标准,严禁(　　)收取相关费用。

(A)向客户强制 　　　　　　　　　　(B)无标准

(C)无依据 　　　　　　　　　　　　(D)代设计、施工企业

【答案】　D

Lb2A3004　客户办理暂拆手续后,供电企业应在(　　)天内执行暂拆。

(A)1 　　　　　(B)3 　　　　　(C)5 　　　　　(D)7

【答案】　C

Lb2A3005　(　　)是指客户正式用电后,由于客户原因需要在原址原容量不变的情况下改变

供电电压等级的变更用电。

(A)迁址　　　　　　(B)改压　　　　　　(C)改类　　　　　　(D)暂停

【答案】 B

Lb2A3006 （　　）是指客户正式用电后,由于生产、经营情况及电力用途发生变化而引起用电电价类别的改变。

(A)改压　　　　　　(B)改类　　　　　　(C)更名　　　　　　(D)过户

【答案】 B

Lb2A3007 举报、建议工单接单分理,省客服中心、地市、县供电企业应在(　　),完成接单转派或退单。

(A)2 个工作小时内　　　　　　　　　　(B)1 个工作小时内

(C)2 小时内　　　　　　　　　　　　　(D)1 小时内

【答案】 A

Lb2A3008 对于行风类举报,国网客服中心派发工单后及时报告(　　)。

(A)国网办公厅　　(B)国网营销部　　(C)国网监察局　　(D)国网审计部

【答案】 C

Lb2A3009 业务处理部门在国网客服中心受理客户举报诉求后,应在(　　)个工作日内按照相关要求开展调查处理,并完成工单反馈。

(A)6　　　　　　(B)7　　　　　　(C)8　　　　　　(D)9

【答案】 D

Lb2A3010 业务处理部门在国网客服中心受理客户建议诉求后,应在(　　)个工作日内按照相关要求开展调查处理,并完成工单反馈。

(A)6　　　　　　(B)7　　　　　　(C)8　　　　　　(D)9

【答案】 D

Lb2A3011 举报工单,客户挂断电话后(　　)分钟内完成工单审核,并派发至各省客服中心。

(A)3　　　　　　(B)10　　　　　　(C)20　　　　　　(D)30

【答案】 C

Lb2A3012 由于客户原因导致回复(回访)不成功的,国网客服中心应安排不少于(　　)次回复(回访),每次回复(回访)时间间隔不小于(　　)h。

(A)3,2　　　　　　(B)3,3　　　　　　(C)2,3　　　　　　(D)2,2

【答案】 A

Lb2A3013 对于政府相关部门、12398、新闻媒体等渠道反映的举报、建议工单,由于客户原因导致回复(回访)不成功的,国网客服中心回访工作应满足:不少于(　　)天,每天不少于(　　)次回复(回访),每次回复(回访)时间间隔不小于(　　)h。

(A)2,3,2　　　　　(B)3,3,2　　　　　(C)3,2,2　　　　　(D)3,2,3

【答案】 B

Lb2A3014　对于举报、建议工单,除客户明确提出不需回复(回访)的工单外,国网客服中心应在收到工单反馈结果后(　　)开展工单的回复(回访)工作,并如实记录客户意见和满意度评价情况。

(A)一个工作日内　　　　　　　　　　(B)一天内

(C)三天内　　　　　　　　　　　　　(D)三个工作日内

【答案】　A

Lb2A3015　工单回复审核时发现工单回复内容存在(　　)回复内容明显违背公司相关规定的可将工单回退。

(A)受理部门　　　(B)处理部门　　　(C)审核部门　　　(D)承办部门

【答案】　D

Lb2A3016　办理周期过半的意见工单由国网客服中心向各(　　)派发催办工单。

(A)省公司　　　　　　　　　　　　　(B)省客户服务中心

(C)地市公司　　　　　　　　　　　　(D)地市客户服务中心

【答案】　B

Lb2A3017　办理周期(　　)的意见工单由国网客服中心向各省客服中心派发催办工单。

(A)未到　　　(B)已到　　　(C)未过半　　　(D)过半

【答案】　D

Lb2A3018　意见催办业务,在途未超时限且办理周期未过半的工单由(　　)向客户解释。

(A)国网客户服务中心　　　　　　　　(B)省客户服务中心

(C)地市客户服务中心　　　　　　　　(D)工单处理单位

【答案】　A

Lb2A3019　同一意见工单催办次数原则上不超过(　　)次。

(A)1　　　(B)2　　　(C)3　　　(D)4

【答案】　B

Lb2A3020　意见催办业务,在途未超时限且办理周期(　　)的工单由国网客服中心向客户解释。

(A)未到　　　(B)已到　　　(C)未过半　　　(D)已过半

【答案】　C

Lb2A3021　意见是指客户对供电企业在供电服务、供电业务等方面存在(　　)而提出的诉求业务。

(A)意见　　　(B)建议　　　(C)不满　　　(D)需求

【答案】　C

Lb2A3022　意见是指客户对供电企业在(　　)、供电业务等方面存在不满而提出的诉求业务。

(A)吃拿卡要　　　(B)供电服务　　　(C)徇私舞弊　　　(D)法律法规

【答案】　B

Lb2A3023 对于政府相关部门、12398、新闻媒体等渠道反映的意见工单,由于客户原因导致回复不成功的,国网客服中心回访工作应满足:不少于( )天,每天不少于( )次回复,每次回复时间间隔不小于( )h。

(A)1,3,2　　　　　(B)2,3,2　　　　　(C)3,3,2　　　　　(D)4,3,2

【答案】 C

Lb2A3024 意见工单国网客服中心应在接到回复工单后( )内回复客户。

(A)20 min　　　　　(B)2 h　　　　　(C)24 h　　　　　(D)1 个工作日

【答案】 D

Lb2A3025 国网客服中心受理客户意见业务诉求后,( )内派发工单。

(A)2 h　　　　　(B)20 min　　　　　(C)3 min　　　　　(D)10 min

【答案】 B

Lb2A3026 省公司,地市、县供电企业应在国网客服中心受理客户意见诉求后( )个工作日内处理、答复客户并审核、反馈处理意见。

(A)7　　　　　(B)8　　　　　(C)9　　　　　(D)10

【答案】 C

Lb2A3027 客户反映银行代扣出现问题,需要核实的情况应生成( )工单。

(A)投诉　　　　　(B)建议　　　　　(C)意见　　　　　(D)服务申请

【答案】 C

Lb2A3028 以下不属于意见业务工单的是( )。

(A)客户反映电费代收网点设置不合理,设置数量少、营业设施不合理、系统不稳定的情况

(B)客户反映未收到电力短信的情况

(C)客户反映银行代扣出现问题,需要核实的情况

(D)客户反映电力施工结束后,现场仍有废弃物或破损路面未及时恢复

【答案】 D

Lb2A3029 客户反映在业务受理、方案查勘、方案答复、设计审核、中间检查、业务收费、竣工验收、装表接电、合同签订等环节,对供电企业业扩报装等规定存有异议,需要协调解决的情况,应生成( )工单。

(A)投诉　　　　　(B)建议　　　　　(C)意见　　　　　(D)服务申请

【答案】 C

Lb2A3030 客户反映电费代收网点设置不合理,设置数量少、营业设施不合理、系统不稳定的情况应生成( )工单。

(A)投诉　　　　　(B)建议　　　　　(C)意见　　　　　(D)服务申请

【答案】 C

Lb2A3031 意见业务一级分类,分别为供电服务、供电业务、( )。

(A)供电质量　　　　　(B)营业业务　　　　　(C)电网建设　　　　　(D)智能电网

【答案】 C

Lb2A3032 客户反映未收到电力短信的情况应生成（　　　）工单。

(A)投诉　　　　　(B)建议　　　　　(C)意见　　　　　(D)服务申请

【答案】 C

Lb2A3033 客户反映因供电企业供电质量问题引起客户家用电器损坏赔偿的规章制度、规定和处理结果不满意的情况,应生成（　　　）工单。

(A)投诉　　　　　(B)建议　　　　　(C)意见　　　　　(D)服务申请

【答案】 C

Lb2A3034 以下属于意见工单的是（　　　）。

(A)客户反映电力企业设备出现噪声,多次反映或长期未得到有效解决,对客户正常生活带来影响的问题

(B)客户反映未到抄表例日,因出租、出售等原因要求配合抄表的业务

(C)客户反映因供电企业供电质量问题引起客户设备损坏的业务

(D)客户反映需要重新核定定量定比的业务

【答案】 A

Lb2A3035 客户反映现场处理故障的时间太长、效率低下的情况,应生成（　　　）工单。

(A)投诉　　　　　(B)建议　　　　　(C)意见　　　　　(D)服务申请

【答案】 C

Lb2A3036 绝缘子出现严重倾斜时构成（　　　）缺陷。

(A)一般　　　　　(B)严重　　　　　(C)危急　　　　　(D)紧急

【答案】 C

Lb2A3037 柱上断路器本体绝缘电阻折算到 20℃下,小于 400MΩ 属于（　　　）缺陷。

(A)一般　　　　　(B)严重　　　　　(C)危急　　　　　(D)紧急

【答案】 B

Lb2A3038 柱上 SF6 负荷开关套管有严重破损属于（　　　）缺陷。

(A)一般　　　　　(B)严重　　　　　(C)危急　　　　　(D)紧急

【答案】 C

Lb2A3039 柱上负荷开关电气连接处实测温度大于90℃属于（　　　）缺陷。

(A)一般　　　　　(B)严重　　　　　(C)危急　　　　　(D)紧急

【答案】 C

Lb2A3040 柱上隔离开关支持绝缘子外表严重破损属于（　　　）缺陷。

(A)一般　　　　　(B)严重　　　　　(C)危急　　　　　(D)紧急

【答案】 C

Lb2A3041 导线有散股、灯笼现象,一耐张段出现（　　　）处及以上时构成导线严重缺陷。

(A)2   (B)3   (C)4   (D)5

【答案】 B

Lb2A3042 隔离开关本体电气连接处的实际温度在(   )范围内属于一般缺陷。

(A)65～80℃   (B)70～80℃   (C)75～80℃   (D)70～85℃

【答案】 C

Lb2A3043 跌落式开关操作有剧烈弹动但能正常操作属于(   )缺陷。

(A)一般   (B)严重   (C)危急   (D)紧急

【答案】 B

Lb2A3044 绝缘子表面有(   )放电痕迹时构成危急缺陷。

(A)轻微   (B)明显   (C)严重   (D)大面积

【答案】 C

Lb2A3045 横担抱箍脱落属于(   )缺陷。

(A)一般   (B)严重   (C)危急   (D)重大

【答案】 C

Lb2A3046 横担出现起皮和严重麻点属于(   )缺陷。

(A)一般   (B)严重   (C)危急   (D)重大

【答案】 C

Lb2A3047 横担上下倾斜,左右偏歪不足横担长度的2%时属于(   )缺陷。

(A)一般   (B)严重   (C)危急   (D)重大

【答案】 A

Lb2A3048 拉线断股大于(   )%截面时构成危急缺陷。

(A)13   (B)15   (C)17   (D)19

【答案】 C

Lb2A3049 路边拉线未设置防护设施属于(   )缺陷。

(A)一般   (B)严重   (C)危急   (D)重大

【答案】 B

Lb2A3050 接地引下线出现断裂属于(   )缺陷。

(A)一般   (B)严重   (C)危急   (D)紧急

【答案】 C

Lb2A3051 接地引下线连接松动、接触不良属于(   )缺陷。

(A)一般   (B)严重   (C)重大   (D)紧急

【答案】 B

Lb2A3052 通道内有违章建筑、堆积物构成(   )缺陷。

(A)一般   (B)严重   (C)危急   (D)紧急

【答案】 A

Lb2A3053 配电变压器的绕组及套管严重破损属于( )缺陷。

(A)轻微 (B)一般 (C)严重 (D)危急

【答案】 D

Lb2A3054 柱上 SF6 负荷开关本体绝缘电阻折算到 20℃下,小于( )MΩ 属于严重缺陷。

(A)200 (B)300 (C)400 (D)500

【答案】 C

Lb2A3055 柱上隔离开关支持绝缘子表面有严重放电痕迹属于( )缺陷。

(A)轻微 (B)一般 (C)严重 (D)危急

【答案】 D

Lb2A3056 柱上隔离开关本体电气连接处实测温度大于( )℃属于危急缺陷。

(A)60 (B)70 (C)80 (D)90

【答案】 D

Lb2A3057 Dyn11 接线配电变压器三相不平衡率在( )属于一般缺陷。

(A)20%~40% (B)25%~40% (C)20%~35% (D)30%~40%

【答案】 B

Lb2A3058 跌落式开关电气连接处实测温度大于( )℃属于危急缺陷。

(A)70 (B)80 (C)90 (D)100

【答案】 C

Lb2A3059 配电变压器分接开关机构卡涩,无法操作,属于( )缺陷。

(A)一般 (B)严重 (C)危急 (D)紧急

【答案】 B

Lb2A3060 配电变压器油箱漏油属于( )缺陷。

(A)一般 (B)严重 (C)紧急 (D)危急

【答案】 D

Lb2A3061 通信模块应具备( )功能。

(A)热插拔 (B)冷插拔

(C)热插拔和冷插拔 (D)热插拔或冷插拔

【答案】 A

Lb2A3062 用电信息采集系统中下列( )通信方式不是主站和终端之间的通信方式。

(A)GPRS (B)电力载波 (C)光纤 (D)230 MHz

【答案】 B

Lb2A3063 用电采集系统的采集信息通道不支持( )。

(A)光纤 (B)CDMA (C)230 MHz (D)红外

【答案】 D

Lb2A3064 网络通信模块采用( )协议进行各工作站之间、各进程之间的通信。

(A)ICMP　　　　　　(B)IGMP　　　　　　(C)TCP/IP　　　　　　(D)IP/TCP

【答案】　C

Lb2A3065　实施远方自动抄表时低压电能表应选用(　　)通信接口的低压智能表。

(A)4G　　　　　　(B)RS485　　　　　　(C)CDMA　　　　　　(D)GPRS

【答案】　B

Lb2A3066　(　　)主要完成与采集器的数据通信工作,向采集器下达电量数据冻结命令。

(A)集中器　　　　　　(B)采集装置　　　　　　(C)采集点　　　　　　(D)采集终端

【答案】　A

Lb2A3067　集中器按功能分为(　　)两种形式。

(A)交采型和非交采型　　　　　　　　　　(B)RJ485 和 RJ11

(C)集中和非集中　　　　　　　　　　　　(D)低压和高压

【答案】　A

Lb2A3068　(　　)是安装在客户侧用于实现用电信息采集与监控功能的智能装置。

(A)集中器　　　　　　(B)终端　　　　　　(C)智能电表　　　　　　(D)互感器

【答案】　B

Lb2A3069　按照信息来源和作用的不同,营销系统内需查询的信息可以分为(　　)、业务流程信息、报表及监控管理数据、标准参数和其他系统支持信息。

(A)客户档案　　　　　　(B)信息档案　　　　　　(C)个人档案　　　　　　(D)业务档案

【答案】　A

Lb2A3070　营销业务应用系统用电检查模块违约用电、窃电管理不包括下列(　　)功能。

(A)违约用电处理　　　　　　　　　　　　(B)现场调查取证

(C)确定追补电费及违约使用电费　　　　　(D)停电申请

【答案】　D

Lb2A3071　电力营销管理信息系统中,高压新装业务部分系统流程正确的顺序是(　　)。

(A)业务受理—现场勘察—答复供电方案—确定费用—中间检查

(B)业务受理—现场勘察—确定费用—答复供电方案—中间检查

(C)业务受理—确定费用—现场勘察—确定费用—答复供电方案—中间检查

(D)业务受理—现场勘察—答复供电方案—中间检查—确定费用

【答案】　A

Lb2A3072　《国家电网公司业扩报装工作规范(试行)》规定,坚持"三不指定"的原则,严格执行统一的(　　)、工作标准、服务标准,尊重客户对业扩报装相关政策、信息的知情权,对设计、施工、设备供应单位的自主选择权,对服务质量、工程质量的评价权,杜绝直接、间接或者(　　)设计单位、施工单位和设备材料供应单位。

(A)行业标准,变相指定　　　　　　　　　(B)技术标准,推荐

(C)技术标准,强制指定　　　　　　　　　(D)技术标准,变相指定

【答案】 D

Lb2A3073 《国家电网公司业扩报装工作规范(试行)》规定,坚持"一口对外"的原则,建立有效的业扩报装管理体系和协调机制,由(　　)负责统一受理用电申请,承办业扩报装的具体业务,并对外答复客户。营销、发策、生产、调度、基建等部门按照职责分工和流程要求,完成业扩报装流程中的相应工作内容。

(A)营销部　　　　　　　　　　　　(B)营销部门

(C)客户服务中心　　　　　　　　　(D)业扩报装归口办理部门

【答案】 C

Lb2A3074 低压客户装表接电的期限要求是:自受理之日起,居民客户部超过 3 个工作日,非居民客户部超过(　　)个工作日。

(A)5　　　　　　　(B)7　　　　　　　(C)15　　　　　　　(D)30

【答案】 A

Lb2A3075 供电服务投诉是指公司经营区域内(含控股、代管营业区)的电力客户,在(　　)等方面,对由于供电企业责任导致其权益受损表达不满,要求维护其权益而提出的诉求业务。

(A)供电服务、营业业务、停送电、供电业务、电网建设

(B)供电业务、营业业务、停送电、供电质量、电网建设

(C)供电服务、营业业务、停送电、供电质量、农网建设

(D)供电服务、营业业务、停送电、供电质量、电网建设

【答案】 D

Lb2A3076 (　　)政府部门或社会团体督办的客户投诉事件界定为特殊投诉。

(A)副省级及以上　　　　　　　　　(B)省级及以上

(C)地市级及以上　　　　　　　　　(D)县级及以上

【答案】 B

Lb2A3077 一般投诉是影响程度低于(　　)投诉的其他投诉。

(A)特殊、重大　　　　　　　　　　(B)特殊、重要

(C)重大、重要　　　　　　　　　　(D)特殊、重大、重要

【答案】 D

Lb2A3078 客户投诉等级分为(　　)。

(A)特殊、重大、重要　　　　　　　(B)特殊、重大、一般

(C)特殊、重要、一般　　　　　　　(D)特殊、重大、重要、一般

【答案】 D

Lb2A3079 根据客户投诉的重要程度及可能造成的影响,将客户投诉分为(　　)个等级。

(A)2　　　　　　　(B)3　　　　　　　(C)4　　　　　　　(D)4

【答案】 C

Lb2A3080 （　　）是影响程度低于特殊、重大、重要投诉的其他投诉。

(A)一般投诉　　　　(B)普通投诉　　　　(C)一般诉求　　　　(D)普通诉求

【答案】 A

Lb2A3081 投诉证据包括书面证据、视听资料、媒体公告、短信等,原则上每件投诉证据材料合计存储容量不超过(　　)MB。

(A)1　　　　　　　　(B)3　　　　　　　　(C)5　　　　　　　　(D)10

【答案】 C

Lb2A3082 重要、一般投诉证据保存年限为(　　)年。

(A)1　　　　　　　　(B)2　　　　　　　　(C)3　　　　　　　　(D)5

【答案】 C

Lb2A3083 特殊、重大投诉证据保存年限为(　　)年。

(A)1　　　　　　　　(B)2　　　　　　　　(C)3　　　　　　　　(D)5

【答案】 D

Lb2A3084 下列客户投诉分类正确的是(　　)。

(A)服务投诉、营业投诉、停送电投诉、电网建设投诉

(B)服务投诉、停送电投诉、供电质量投诉、电网建设投诉

(C)服务投诉、营业投诉、供电质量投诉、电网建设投诉

(D)服务投诉、营业投诉、停送电投诉、供电质量投诉、电网建设投诉

【答案】 D

Lb2A3085 通过信函、营业厅等非 95598 渠道受理的投诉,由受理部门按照(　　)原则,逐级向投诉归口管理部门上报,并由相关部门按投诉分级的原则处理。

(A)投诉分类　　　　(B)投诉分级　　　　(C)投诉类型　　　　(D)投诉分管

【答案】 B

Lb2A3086 停送电投诉主要包括停送电信息公告、停电计划执行、抢修质量(含抢修行为)、(　　)等方面。

(A)其他服务　　　　(B)复电服务　　　　(C)施工服务　　　　(D)增值服务

【答案】 D

Lb2A3087 电网建设投诉指供电企业在电网建设(含施工行为)过程中引发的客户投诉,主要包括(　　)、供电能力、农网改造、施工人员服务态度及规范等方面。

(A)输配电供电设备安全、电力施工行为

(B)输配电供电设施安全、电力施工行为

(C)输配电供电设施安全、供电施工行为

(D)输配电供电设施安全、设备施工行为

【答案】 B

Lb2A3088 客户投诉分为(　　)类。

(A)2 　　　　　　(B)3 　　　　　　(C)4 　　　　　　(D)5

【答案】　D

Lb2A3089　重大投诉由(　　)有关部门按业务管理范围归口处理。

(A)公司总部　　　　　　　　　　(B)省公司本部

(C)地市供电企业本部　　　　　　(D)所属地市、县供电企业

【答案】　B

Lb2A3090　特殊投诉由(　　)有关部门按业务管理范围归口处理。

(A)公司总部　　　　　　　　　　(B)省公司本部

(C)地市供电企业本部　　　　　　(D)所属地市、县供电企业

【答案】　A

Lb2A3091　一般投诉由(　　)有关部门按业务管理范围归口处理。

(A)公司总部　　　　　　　　　　(B)省公司本部

(C)地市供电企业本部　　　　　　(D)所属地市、县供电企业

【答案】　D

Lb2A3092　重要投诉由(　　)有关部门按业务管理范围归口处理。

(A)公司总部　　　　　　　　　　(B)省公司本部

(C)地市供电企业本部　　　　　　(D)所属地市、县供电企业

【答案】　C

Lb2A3093　各省客服中心,地市、县供电企业营销部逐级对回单质量进行审核,对回单内容或

处理意见不符合要求的,应注明原因后将工单回退至(　　)再次处理。

(A)投诉处理部门　　　　　　　　(B)地市级客户服务中心

(C)县级客户服务中心　　　　　　(D)省客户服务中心

【答案】　A

Lb2A3094　投诉工单回复审核时发现工单回复内容存在以下(　　)情况,无须将工单回退。

(A)回复工单中未对客户投诉的问题进行答复或答复不全面的

(B)除保密、匿名工单外,未向客户反馈调查结果的

(C)提供相关 95598 客户投诉处理依据的

(D)承办部门回复内容明显违背公司相关规定或表述不清、逻辑混乱的

【答案】　C

Lb2A3095　同一事件催办次数原则上不超过(　　)次。

(A)1 　　　　　　(B)2 　　　　　　(C)3 　　　　　　(D)4

【答案】　B

Lb2A3096　国网客服中心受理客户催办诉求后应关联被催办工单,(　　)min 内派发工单。

(A)3 　　　　　　(B)5 　　　　　　(C)10 　　　　　　(D)20

【答案】　C

Lb2A3097 省客服中心在接到工单后( )min 内派单至业务处理部门,业务处理部门须及时处理并办结。

(A)3 (B)5 (C)10 (D)20

【答案】 C

Lb2A3098 在途未超时限工单,办理周期未过半的工单由( )向客户解释。

(A)国网客服中心 (B)省客服中心

(C)地市公司营销部 (D)实际处理部门

【答案】 A

Lb2A3099 各省客服中心,地市、县供电企业营销部接收客户投诉工单后,应分别在( )内完成接单转派或退单。

(A)1 h (B)1 工作小时 (C)2 h (D)2 工作小时

【答案】 D

Lb2A3100 95598 客户投诉的属实性由( )根据处理情况如实填报。

(A)95598 受理部门 (B)各省客服中心

(C)承办部门 (D)各省公司营销部

【答案】 C

Lb2A3101 回访时存在以下( )问题的,应将工单回退。

(A)客户表述内容与承办部门回复内容不一致

(B)未提供支撑说明的

(C)客户表述内容与承办部门回复内容不一致,且未提供支撑说明的

(D)承办部门对 95598 客户投诉属实性认定正确

【答案】 C

Lb2A3102 对于特殊、重大投诉,由于客户原因导致回访不成功的,国网客服中心回访工作应满足:不少于( )天,每天不少于( )次,每次回访时间间隔不小于( )h。

(A)5,3,2 (B)5,3,1 (C)3,3,2 (D)3,3,1

【答案】 A

Lb2A3103 国网客服中心应在客户挂断电话后( )min 内完成投诉工单填写、审核、派单。

(A)10 (B)15 (C)20 (D)30

【答案】 C

Lb2A3104 对于特殊、重大投诉工单,( )即时通过电话、邮件、短信等方式报告( )。

(A)国网客服中心,国网营销部 (B)省公司本部,国网营销部

(C)省公司本部,国网客服中心 (D)地市供电企业本部,国网营销部

【答案】 A

Lb2A3105 被各单位退回的工单,国网客服中心重新核对受理信息,( )内重新处理或派发。

　　　　　(A)20 min　　　　　　(B)30 min　　　　　(C)60 min　　　　　(D)2 h

【答案】 C

Lb2A3106　客户通过其他方式向国网客服中心进行投诉的,国网客服中心应及时派发,相关要求参照(　　)办理。

(A)电话受理要求　　　　　　　　　　　　(B)业务受理要求

(C)电话服务规范　　　　　　　　　　　　(D)95598 电话受理要求

【答案】 D

Lb2A3107　对于重要投诉工单,国网客服中心在派发工单后(　　)min 内通过电话、邮件、短信等方式告知所属单位省客服中心,并跟踪各省公司的处理进度。

(A)10　　　　　　(B)20　　　　　　(C)30　　　　　　(D)60

【答案】 C

Lb2A3108　如遇特殊情况,投诉处理时限按(　　)要求的时限办理。

(A)国网客服中心　　(B)上级部门　　　(C)省公司　　　　(D)地市公司

【答案】 B

Lb2A3109　承办部门从国网客服中心受理客户投诉(客户挂断电话)后(　　)内联系客户(除保密工单外)。

(A)1 个工作日　　(B)2 个工作日　　(C)24 h　　　　(D)2 h

【答案】 A

Lb2A3110　承办部门从国网客服中心受理客户投诉(客户挂断电话)后 1 个工作日内联系客户(除保密工单外),(　　)个工作日内按照有关法律法规、公司相关要求进行调查、处理,答复客户,并反馈国网客服中心。

(A)3　　　　　　(B)5　　　　　　(C)6　　　　　　(D)7

【答案】 C

Lb2A3111　95598 客户投诉承办部门对业务分类、退单、超时、回访满意度、属实性存在异议时,由各地市供电企业发起,以省公司为单位向国网客服中心提出(　　)。

(A)初次申诉　　　(B)二次申诉　　　(C)最终申诉　　　(D)投诉申诉

【答案】 A

Lb2A3112　供电质量和电网建设类投诉,客户针对同一事件在首次投诉办结后,连续(　　)个月内投诉(　　)次及以上且属实的,由上一级单位介入调查处理。

(A)2,3　　　　　(B)2,4　　　　　(C)6,3　　　　　(D)6,2

【答案】 C

Lb2A3113　服务类、营业类、停送电类投诉,客户针对同一事件在首次投诉办结后,连续(　　)个月内投诉(　　)次及以上且属实的,由上一级单位介入调查处理。

(A)2,3　　　　　(B)2,4　　　　　(C)3,3　　　　　(D)3,5

【答案】 A

Lb2A3114 在桥形接线中,适用于线路短、变压器操作较多的情况的接线方式是(　　)。

(A)内桥接线　　　(B)外桥接线　　　(C)单元接线　　　(D)单母线接线

【答案】 B

Lb2A3115 50 m 以下高度铁塔塔身倾斜度大于等于(　　)时,为杆塔本体的危急缺陷。

(A)1%～1.5%　　(B)1%～2%　　(C)1.5%～2%　　(D)1.5%～3%

【答案】 C

Lb2A3116 水泥杆本体倾斜度在(　　)时,为杆塔本体的一般缺陷。

(A)1.5%～2%　　(B)1.5%～3%　　(C)2%～3%　　(D)2.5%～4%

【答案】 A

Lb2A3117 接地引下线锈蚀面积大于截面或直径厚度的(　　)%时,构成危急缺陷。

(A)20　　　　(B)30　　　　(C)35　　　　(D)40

【答案】 B

Lb2A3118 变压器并联运行时应(　　)。

(A)先合上低压母联断路器、后合上变压器高压断路器

(B)先合上变压器高压断路器、后合上低压母联断路器

(C)随意合上变压器高压断路器和低压母联断路器

(D)一起合上低压母联断路器和变压器高压断路器

【答案】 B

Lb2A3119 供服系统中在(　　)功能里面可以绘制 GIS 资源。

(A)运维检修大屏监控　　　　　(B)全省煤改电大屏息

(C)GIS 服务资源管理　　　　　(D)营配调技术支持

【答案】 C

Lb2A3120 供电服务指挥系统中,线路重载的判定依据是线路负载率在80%～100%,持续(　　)h。

(A)0.5　　　(B)1　　　(C)2　　　(D)3

【答案】 B

Lb2A3121 河北供服系统目前没有和(　　)系统存在数据传输。

(A)用采　　　(B)调度　　　(C)PMS　　　(D)财务

【答案】 D

Lb2A3122 供电服务指挥系统中,(　　)数据不能在线路监控中查到。

(A)配电自动化　　(B)停电信息　　(C)故障指示器　　(D)调度

【答案】 B

Lb2A3123 PMS2.0 系统中,以下(　　)是隐患状态。

(A)已评估定级　　(B)已完成　　(C)未完成　　(D)处理中

【答案】 A

Lb2A3124 PMS2.0 系统中,以下(　　)绘图形时可直接生成台账。

(A)柱上变压器　　　(B)站房　　　(C)母线　　　(D)10 kV 线路

【答案】　B

Lb2A3125　PMS2.0 系统中,以下(　　)设备进行绘制时需要关联铭牌。

(A)电站　　　(B)杆塔　　　(C)线路避雷器　　　(D)导线

【答案】　A

Lb2A3126　PMS2.0 系统中,操作票状态正确的是(　　)。

(A)已接票　　　(B)已终结　　　(C)回填　　　(D)已签发

【答案】　C

Lb2A3127　PMS2.0 系统中,电力设施保护事件原因分类(　　)。

(A)违章施工　　　(B)异物破坏　　　(C)对树放电　　　(D)以上都正确

【答案】　D

Lb2A3128　PMS2.0 系统中,巡视检测的测试方式(　　)。

(A)抽测、普测　　　(B)普测　　　(C)设备检测　　　(D)人工检测

【答案】　A

Lb2A3129　PMS2.0 系统中,下列不属于设备台账字段完整性条件的是(　　)。

(A)运行状态为"在运"　　　(B)资产性质为非"用户"

(C)已经进行台账"发布"　　　(D)未绘制图形的设备

【答案】　D

Lb2A3130　PMS2.0 系统中,系统根据缺陷的登记时间进行统计,若为危急缺陷,缺陷消除时间超出发现缺陷时间(　　)天,则为不合格数据。

(A)1　　　(B)2　　　(C)3　　　(D)4

【答案】　A

Lb2A3131　采集终端中,连接监控脉冲信号、逐控量、遥信量、通信量的是(　　)。

(A)通信模块　　　(B)主控板　　　(C)电源　　　(D)I/O 接口板

【答案】　D

Lb2A3132　用电信息采集与监控系统的(　　)通信信道是通信容量最大、运行最安全、稳定的通信方式。

(A)230 MHz 无线专网信道　　　(B)无线公网信道

(C)光纤信道　　　(D)电话线

【答案】　C

Lb2A3133　采集器具有(　　)功能,任一采集器均可作为其他两载波节点间的中继节点,实现载波信号转发功能。

(A)中继　　　(B)指令和数据转发

(C)表地址索引表免维护　　　(D)本地及远程维护

【答案】　A

Lb2A3134 数据采集实时任务是指设定采集时间段较短的任务,采集周期一般小于(　　)min。

(A)30　　　　　　　(B)60　　　　　　　(C)90　　　　　　　(D)120

【答案】　A

Lb2A3135 用电信息采集与监控系统可以通过(　　)接口实现自动抄表。

(A)SG186营销系统接口　　　　　　　　(B)调度SCADA系统接口

(C)变电站点能量采集系统接口　　　　　　(D)地理信息系统接口

【答案】　A

Lb2A3136 (　　)负责监视单板的告警、性能状况,接收网管系统命令,控制单板实现特定的操作。

(A)网元层　　　　(B)设备层　　　　(C)通道层　　　　(D)电路层

【答案】　B

Lb2A3137 省公司按照省级政府电力运行主管部门的指令启动有序用电方案,提前(　　)向有关用户发送有序用电指令。

(A)1个工作日　　　(B)1天　　　　(C)3个工作日　　　(D)3天

【答案】　B

Lb2A3138 (　　)的停送电信息,须通过营销业务应用系统(SG186)中"停送电信息管理"功能模块报送。

(A)公变及以上　　　(B)专变及以上　　(C)台区　　　(D)电力客户

【答案】　A

Lb2A3139 (　　)按照停送电信息报送要求,对计划停送电信息进行审核,审核无误后报送至国网客服中心,不合格的予以回退。

(A)省公司营销部　　　　　　　　(B)省公司调度中心

(C)省客服中心　　　　　　　　　(D)省公司运检部

【答案】　C

Lb2A3140 国网客服中心根据受理的客户报修情况,经核实未发现相关停送电信息的,通知各(　　)催促本省相关单位报送停送电信息。

(A)省公司营销部　　　　　　　　(B)省公司调度中心

(C)省客服中心　　　　　　　　　(D)省公司运检部

【答案】　C

Lb2A3141 超电网供电能力需停电时原则上应提前报送停限电范围及停送电时间,无法预判的停电拉路应在执行后(　　)min内报送停限电范围及停送电时间。

(A)5　　　　　　　(B)10　　　　　　　(C)15　　　　　　　(D)20

【答案】　C

Lb2A3142 配电自动化系统未覆盖的设备跳闸停电后,应在抢修人员到达现场确认故障点后,各部门按照专业管理职责(　　)min内编译停电信息报地市、县供电企业调控中心,调控中心应在收到各部门报送的停电信息后( )min 内汇总报国网客服中心。

(A)5,10 (B)10,10 (C)10,15 (D)15,20

【答案】 B

Lb2A3143 临时停送电信息,地市、县供电企业调控中心应提前( )向国网客服中心报送停送电信息,国网客服中心在 1 小时内完成审核并发布。

(A)24 小时 (B)1 天 (C)1 个工作日 (D)3 天

【答案】 A

Lb2A3144 地市、县供电企业调控中心向国网客服中心报送临时停送电信息后,国网客服中心在( )完成审核并发布。

(A)1 小时内 (B)8 小时内

(C)1 天内 (D)1 个工作日内

【答案】 A

Lb2A3145 地市、县供电企业调控中心应向省客服中心报送计划停送电信息后,省客服中心在( )内完成规范性审核并报送国网客服中心。

(A)3 天 (B)8 小时 (C)1 天 (D)1 个工作日

【答案】 C

Lb2A3146 地市、县供电企业调控中心应提前( )天向省客服中心报送计划停送电信息。

(A)3 (B)5 (C)7 (D)8

【答案】 D

Lb2A3147 开关柜、配电柜主要缺陷包括外壳存在膨胀、( )。

(A)闪络 (B)裂纹 (C)破损 (D)锈蚀

【答案】 D

Lb2A3148 水泥杆本体倾斜度在( )时,为杆塔本体的严重缺陷。

(A)1%~2% (B)1%~3% (C)2%~3% (D)2%~4%

【答案】 C

Lb2A3149 绝缘导线线芯在同一截面内损伤面积超过线芯导电部分截面的( )%,则构成危急缺陷。

(A)13 (B)15 (C)17 (D)19

【答案】 C

Lb2A3150 35~37 股导线中 7 股损伤深度超过该股导线的( )则构成危急缺陷。

(A)$\frac{1}{5}$ (B)$\frac{1}{4}$ (C)$\frac{1}{3}$ (D)$\frac{1}{2}$

【答案】 D

Lb2A3151 在最大风偏情况下:当架空裸导线水平距离小于等于 2 m 时,则构成( )缺陷。

(A)一般　　　　　　(B)严重　　　　　　(C)危急　　　　　　(D)紧急

【答案】 C

Lb2A3152 电压波动是电压( )一系列的变动或连续的改变。

(A)有效值　　　　　(B)幅值　　　　　　(C)瞬时值　　　　　(D)标幺值

【答案】 A

Lb2A3153 我国电力系统公共连接点正常电压不平衡度允许值为( )％,短时不得超过 4％。

(A)1　　　　　　　　(B)2　　　　　　　　(C)3　　　　　　　　(D)5

【答案】 B

Lb2A3154 DL/T1053—2007《电能质量 技术监督规程》规定,电能质量技术监督的目的是保证电力系统向用户提供符合( )电能质量标准的电能,对电力系统内影响电能质量的各个环节进行全过程的技术监督。

(A)国家　　　　　　(B)国际　　　　　　(C)世界　　　　　　(D)欧盟

【答案】 A

Lb2A3155 DL/T1053—2007《电能质量 技术监督规程》规定,因公用电网、并网运行发电企业和用户用电原因所引起的电能质量不符合国家标准时,应按( )的原则及时处理。

(A)"谁污染,谁治理"　　　　　　　　　(B)"统一治理"

(C)"谁引起,谁治理"　　　　　　　　　(D)"集中治理"

【答案】 C

Lb2A3156 DL/T1053—2007《电能质量 技术监督规程》规定,( )主要适用于供电电压偏差和频率偏差的实时监测以及其他电能质量指标的连续记录。

(A)连续监测　　　　(B)不定时监测　　　(C)专项监测　　　　(D)特殊监测

【答案】 A

Lb2A3157 DL/T1053—2007《电能质量 技术监督规程》规定,( )主要适用于需要掌握供电电能质量而不具备连续监测条件时所采用的方法。

(A)连续监测　　　　(B)不定时监测　　　(C)专项监测　　　　(D)特殊监测

【答案】 B

Lb2A3158 DL/T1053—2007《电能质量 技术监督规程》规定,( )主要适用于非线性设备接入电网(或容量编号)前后的监测,以确定电网电能质量的背景条件、干扰的实际发生量以及验证技术措施的效果等。

(A)连续监测　　　　(B)不定时监测　　　(C)专项监测　　　　(D)特殊监测

【答案】 C

Lb2A3159 DL/T1053—2007《电能质量 技术监督规程》规定,频率质量技术监督目标是监督电力系统的频率符合( )要求。

(A)60 Hz   (B)50 Hz

(C)频率偏差   (D)频率允许偏差范围

【答案】 D

Lb2A3160 DL/T1053—2007《电能质量 技术监督规程》规定,在电力系统规划、设计和运行中,应保证有足够的( )备用容量。

(A)有功电源   (B)有功负荷   (C)有功功率   (D)无功功率

【答案】 A

Lb2A3161 DL/T1053—2007《电能质量 技术监督规程》规定,并网运行的发电机组应具有( )的功能,一次调频功能应投入运行。

(A)一次调频   (B)二次调频   (C)三次调频   (D)四次调频

【答案】 A

Lb2A3162 DL/T1053—2007《电能质量 技术监督规程》规定,机组的( )功能参数应按照电网运行的要求进行整定并投入运行。

(A)一次调频   (B)二次调频   (C)三次调频   (D)四次调频

【答案】 A

Lb2A3163 DL/T1053—2007《电能质量 技术监督规程》规定,为防止频率异常时发生电网崩溃事故,发电机组应具有必要的频率异常( )能力。

(A)运行   (B)监测   (C)检修   (D)处理

【答案】 A

Lb2A3164 DL/T1053—2007《电能质量 技术监督规程》规定,在新建、扩建变电所工程及更改工程的设计中,应根据调度部门的要求,安装( )装置,在新设备投产时应同时运行。

(A)自动低频增负荷   (B)自动高频减负荷

(C)自动高频增负荷   (D)自动低频减负荷

【答案】 D

Lb2A3165 DL/T1053—2007《电能质量 技术监督规程》规定,供电频率统计时间以( )为单位。

(A)秒   (B)分   (C)小时   (D)天

【答案】 A

Lb2A3166 DL/T1053—2007《电能质量 技术监督规程》规定,在测试期间,一个区域电网如解列成为几个独立电网运行,供电频率合格率( )进行统计。

(A)统一   (B)合并   (C)不再   (D)分别

【答案】 D

Lb2A3167 DL/T1053—2007《电能质量 技术监督规程》规定,电压偏差技术监督的目标是监督电力系统的各级母线电压符合( )要求。

（A）电压允许偏差范围　　　　　　　　　（B）额定电压

（C）电压　　　　　　　　　　　　　　　　（D）无功

【答案】　A

Lb2A3168　DL/T1053—2007《电能质量　技术监督规程》规定,在规划设计电力系统时,应有（　　）的规划。

（A）无功电源及无功补偿　　　　　　　　　（B）无功功率及无功补偿

（C）无功负荷及无功功率　　　　　　　　　（D）无功负荷和无功补偿

【答案】　A

Lb2A3169　DL/T1053—2007《电能质量　技术监督规程》规定,在规划设计电力系统时,对于城区及负荷中心地区的规划和改造,除了无功补偿设备,还应考虑（　　）问题。

（A）感性补偿　　　　（B）容性补偿　　　　（C）有功电力　　　　（D）发电机补偿

【答案】　A

Lb2A3170　DL/T1053—2007《电能质量　技术监督规程》规定,电网企业按（　　）归口管理,对所属地域的无功电力平衡、电压质量工作进行监督、指导。

（A）区域　　　　　（B）调度管辖范围　　（C）行政区　　　　（D）地市

【答案】　B

Lb2A3171　DL/T1053—2007《电能质量　技术监督规程》规定,电网企业（　　）对本年度无功电压情况进行计算分析,对下年度的无功电压情况提出预测并注重突出重点问题。

（A）每年　　　　　（B）每半年　　　　　（C）每季度　　　　（D）每月

【答案】　A

Lb2A3172　DL/T1053—2007《电能质量　技术监督规程》规定,运行的无功补偿设备,应随时保持（　　）状态,按时进行巡视检查、定期进行维护。

（A）可用　　　　　（B）备用　　　　　　（C）待机　　　　　（D）挂机

【答案】　A

Lb2A3173　DL/T1053—2007《电能质量　技术监督规程》规定,100 kV·A 及以上高压供电的电力用户,在用户高峰负荷时变压器高压侧功率因数不宜低于（　　）。

（A）0.96　　　　　（B）0.97　　　　　（C）0.95　　　　　（D）0.94

【答案】　C

Lb2A3174　DL/T1053—2007《电能质量　技术监督规程》规定,各供电企业应在所辖电网内按照有关规定,设置（　　）电压监测点。

（A）两类　　　　　（B）三类　　　　　　（C）四类　　　　　（D）五类

【答案】　C

Lb2A3175　DL/T1053—2007《电能质量　技术监督规程》规定,（　　）应监测带地区供电负荷的变电站和发电厂(直属)的 10(6) kV 母线电压。

（A）A 类电压监测点　　　　　　　　　　　（B）B 类电压监测点

(C)C 类电压监测点   (D)D 类电压监测点

【答案】 A

Lb2A3176 DL/T1053—2007《电能质量 技术监督规程》规定,(　　)监测 110 kV 及以上供电的 36(66) kV 专线供电的用户端电压。

(A)A 类电压监测点   (B)B 类电压监测点
(C)C 类电压监测点   (D)D 类电压监测点

【答案】 B

Lb2A3177 DL/T1053—2007《电能质量 技术监督规程》规定,(　　)监测 36(66) kV 非专线供电的和 10(6) kV 供电的用户端电压。

(A)A 类电压监测点   (B)B 类电压监测点
(C)C 类电压监测点   (D)D 类电压监测点

【答案】 C

Lb2A3178 DL/T1053—2007《电能质量 技术监督规程》规定,(　　)监测 380 V/220 V 电压网络和用户端的电压。

(A)A 类电压监测点   (B)B 类电压监测点
(C)C 类电压监测点   (D)D 类电压监测点

【答案】 D

Lb2A3179 GB/T 12325—2008《电能质量 供电电压偏差》中,系统(　　)是指用以标志或识别系统电压的给定值。

(A)标称电压   (B)额定电压   (C)电压   (D)标幺值

【答案】 A

Lb2A3180 GB/T 12325—2008《电能质量 供电电压偏差》中,(　　)是指供电部门配电系统与用户电气系统的联结点。

(A)资产分界点   (B)分界点   (C)供电点   (D)采集点

【答案】 C

Lb2A3181 GB/T 12325—2008《电能质量 供电电压偏差》中,(　　)指供电点处的线电压或相电压。

(A)供电电压   (B)额定电压   (C)标称电压   (D)系统电压

【答案】 A

Lb2A3182 GB/T 12325—2008《电能质量 供电电压偏差》中,电压偏差是指实际运行电压会系统标称电压的偏差(　　),以百分数表示。

(A)绝对值   (B)相对值   (C)标幺值   (D)值

【答案】 B

Lb2A3183 GB/T 12325—2008《电能质量 供电电压偏差》中,(　　)是指电压实际运行偏差在限值范围内累计运行时间与对应的总运行统计时间的百分比。

(A)电压合格率　　　　(B)电压百分比　　(C)电压比值　　　(D)合格率

【答案】　A

Lb2A3184　GB/T 12325—2008《电能质量 供电电压偏差》中,35 kV 及以上供电电压正、负偏差绝对值之和不超过标称电压的(　　　)。

(A)±10　　　　　　　　　　　　(B)10％

(C)±7％　　　　　　　　　　　(D)+7％,−10％

【答案】　B

Lb2A3185　GB/T 12325—2008《电能质量 供电电压偏差》中,20 kV 及以下三相供电电压偏差为标称电压的(　　　)。

(A)±10　　　　　　　　　　　　(B)±10％

(C)±7％　　　　　　　　　　　(D)+7％,−10％

【答案】　C

Lb2A3186　GB/T 12325—2008《电能质量 供电电压偏差》中,220 V 单相供电电压偏差为标称电压的(　　　)。

(A)±10　　　　　　　　　　　　(B)±10％

(C)±7％　　　　　　　　　　　(D)+7％,−10％

【答案】　D

Lb2A3187　GB/T 12325—2008《电能质量 供电电压偏差》中,(　　　)用来进行需要精准测量的地方。

(A)A 级性能测量仪器　　　　　　(B)B 级性能测量仪器

(C)C 级性能测量仪器　　　　　　(D)D 级性能测量仪器

【答案】　A

Lb2A3188　GB/T 12325—2008《电能质量 供电电压偏差》中,(　　　)用来进行调查统计、排除故障以及其他不需要较高精准度的应用场合。

(A)A 级性能测量仪器　　　　　　(B)B 级性能测量仪器

(C)C 级性能测量仪器　　　　　　(D)D 级性能测量仪器

【答案】　B

Lb2A3189　GB/T 12325—2008《电能质量 供电电压偏差》中,获得电压有效值的基本的测量时间窗口应为(　　　)周波。

(A)10　　　　　　(B)12　　　　(C)24　　　　(D)48

【答案】　A

Lb2A3190　GB/T 12325—2008《电能质量 供电电压偏差》中,B 级性能仪器的测量误差不应超过(　　　)。

(A)±0.2％　　　(B)±0.3％　　　(C)±0.5％　　　(D)±0.6％

【答案】　C

Lb2A3191 GB/T 156—2007《标准电压》中规定,系统最高电压是指在正常运行条件下,在系统的(　　)上出现的电压的最高值。

(A)任何时间、任何点　　　　　　　　　(B)特定时间、特定点

(C)特定时间、任何点　　　　　　　　　(D)任何时间、特定点

【答案】　A

Lb2A3192 GB/T 156—2007《标准电压》中规定,系统最低电压是指在正常运行条件下,在系统的任何时间和任何点上出现的电压的(　　)。

(A)最低值　　　　　(B)平均值　　　　　(C)标幺值　　　　　(D)额定值

【答案】　A

Lb2A3193 GB/T 156—2007《标准电压》中规定,供电电压范围是指(　　)的电压范围。

(A)供电点处　　　　(B)用户分界点　　　(C)采集点　　　　　(D)用电点处

【答案】　A

Lb2A3194 GB/T 156—2007《标准电压》中规定,用电电压是指(　　)上的电压范围。

(A)设备受电端　　　(B)设备用电端　　　(C)设备运行处　　　(D)设备

【答案】　A

Lb2A3195 GB/T 156—2007《标准电压》中规定,用电电压范围是指(　　)上的电压范围。

(A)设备受电端　　　(B)设备用电端　　　(C)设备运行处　　　(D)设备

【答案】　A

Lb2A3196 GB/T 156—2007《标准电压》中规定,规定设备的最高电压是用以表示(　　)。

(A)绝缘、在相关设备性能中可以依据这个最高电压的其他特性

(B)放电

(C)安全距离

(D)放电、在相关设备性能中可以依据这个最高电压的其他特性

【答案】　A

Lb2A3197 GB/T 156—2007《标准电压》中规定,三相四线或三相三线系统的标称电压包括(　　)V。

(A)220/380、380/660、1000(1140)　　　　(B)36、220/380、380/660

(C)36、220/380、1000(1140)　　　　　　(D)36、380/660、1000(1140)

【答案】　A

Lb2A3198 GB/T 15543—2008《电能质量 三相电压不平衡》中,电压不平衡是指三相电压在(　　),或兼而有之。

(A)幅值上不同或相位差不是120°　　　　(B)幅值上不同和相位差不是120°

(C)幅值上不同或相位差不是180°　　　　(D)幅值上不同或相位差不是90°

【答案】　A

Lb2A3199 GB/T 15543—2008《电能质量 三相电压不平衡》中,电压不平衡度指三相电力系统

中（　　）的程度。

(A)三相不平衡　　　(B)单相不平衡　　(C)负序不平衡　　(D)零序不平衡

【答案】　A

Lb2A3200　GB/T 15543—2008《电能质量 三相电压不平衡》中,电压的负序不平衡度和零序不平衡度分别用（　　）表示。

(A)ε_{U2}、ε_{U0}　　　(B)ε_{I2}、ε_{I0}　　　(C)ε_{U2}、ε_{I0}　　　(D)ε_{I2}、ε_{U0}

【答案】　A

Lb2A3201　GB/T 15543—2008《电能质量 三相电压不平衡》中,电流的负序不平衡度和零序不平衡度分别用（　　）表示。

(A)ε_{U2}、ε_{I2}　　　(B)ε_{U0}、ε_{I2}　　　(C)ε_{I2}、ε_{I0}　　　(D)ε_{I2}、ε_{U0}

【答案】　C

Lb2A3202　GB/T 15543—2008《电能质量 三相电压不平衡》中,正序分量是指将不平衡的三相系统的电量按（　　）分解后其正序对称系统中的分量。

(A)对称分量法　　　(B)向量法　　　(C)对称法　　　(D)对称向量法

【答案】　A

Lb2A3203　GB/T 15543—2008《电能质量 三相电压不平衡》中,负序分量是指将不平衡的三相系统的电量按对称分量法分解后其（　　）中的分量。

(A)负序系统　　　　　　　　　　(B)负序不对称系统

(C)负序平衡系统　　　　　　　　(D)负序对称系统

【答案】　D

Lb2A3204　GB/T 15543—2008《电能质量 三相电压不平衡》中,（　　）是指不平衡的三相系统的电量按对称分量法分解后其零序序对称系统中的分量。

(A)正序分量　　　(B)负序分量　　　(C)零序分量　　　(D)平衡分量

【答案】　C

Lb2A3205　GB/T 15543—2008《电能质量 三相电压不平衡》中,公共连接点是电力系统中（　　）用户的连接处。

(A)一个以上　　　(B)两个以上　　　(C)三个以上　　　(D)四个以上

【答案】　A

Lb2A3206　GB/T 15543—2008《电能质量 三相电压不平衡》中,瞬时是用于量化短时间变化持续时间的修饰词,其时间范围为（　　）。

(A)工频 0.5 周波到 30 周波　　　　(B)工频 30 周波到 3 s

(C)工频 3 s 到 1 min　　　　　　(D)工频 1 min 到 5 min

【答案】　A

Lb2A3207　GB/T 15543—2008《电能质量 三相电压不平衡》中,暂时是用于量化短时间变化持续时间的修饰词,其时间范围为（　　）。

(A)工频 0.5 周波到 30 周波　　　　　(B)工频 30 周波到 3 s

(C)工频 3 s 到 1 min　　　　　(D)工频 1 min 到 5 min

【答案】　B

Lb2A3208　GB/T 15543—2008《电能质量　三相电压不平衡》中,短时是用于量化短时间变化持续时间的修饰词,其时间范围为(　　)。

(A)工频 0.5 周波到 30 周波　　　　　(B)工频 30 周波到 3 s

(C)工频 3 s 到 1 min　　　　　(D)工频 1 min 到 5 min

【答案】　C

Lb2A3209　GB/T 15543—2008《电能质量　三相电压不平衡》中,接于公共连接点的每个用户引起该点负序电压不平衡度允许值一般为(　　)%。

(A)2　　　　　(B)4　　　　　(C)1.30　　　　　(D)2.60

【答案】　C

Lb2A3210　GB/T 15543—2008《电能质量　三相电压不平衡》中,接于公共连接点的每个用户引起该点负序电压不平衡度允许值短时不超过(　　)%。

(A)2　　　　　(B)4　　　　　(C)1.30　　　　　(D)2.60

【答案】　D

Lb2A3211　GB/T 15543—2008《电能质量　三相电压不平衡》中,负序电压不平衡度允许值一般可根据连接点的正常(　　)换算为相应的负序电流作为分析或测算的依据。

(A)额定短路容量　　　　　(B)最大短路容量

(C)最小短路容量　　　　　(D)平均短路容量

【答案】　C

Lb2A3212　GB/T 15543—2008《电能质量　三相电压不平衡》中,电压不平衡度测量时应在电力系统正常运行的(　　)。

(A)最大方式(或较大方式下)　　　　　(B)最小方式(或较小方式下)

(C)正常方式　　　　　(D)特殊方式

【答案】　B

Lb2A3213　GB/T 15543—2008《电能质量　三相电压不平衡》中,电压不平衡度测量时应在电力系统不平衡负荷处于(　　)工作状态下进行,并保证不平衡负荷的最大工作周期包含在内。

(A)正常、连续　　　　　(B)连续、特殊

(C)正常、间断　　　　　(D)波动、平稳

【答案】　A

Lb2A3214　GB/T 15543—2008《电能质量　三相电压不平衡》中,电压不平衡度测量时间,对于电力系统的公共连接点,测量持续时间取(　　)。

(A)24 h　　　　　(B)48 h　　　　　(C)96 h　　　　　(D)一周(168 h)

【答案】 D

Lb2A3215 GB/T 15543—2008《电能质量 三相电压不平衡》中,电压不平衡度测量时间,对于电力系统的公共连接点,每个不平衡度的测量间隔可为(   )min 的整数倍。

(A)1　　　　　　　(B)2　　　　　　　(C)3　　　　　　　(D)4

【答案】 A

Lb2A3216 采集点可以有多个采集对象,采集点和采集对象是(   )的关系。

(A)一对一　　　　　(B)一对多　　　　　(C)多对一　　　　　(D)多对多

【答案】 B

Lc2A3001 下列关于职业化的说法中,错误的是(   )。

(A)职业化包含职业化素养、职业化技能、职业化行为规范三个层次的内容

(B)职业化是我国今后企业竞争的重点,所有的职业人都要走上职业化

(C)职业化也称为"专业化",是一种自律性的工作态度

(D)职业化素养允许在工作和工作的决策中结合个人的理念和爱好来设计工作内容

【答案】 D

Lc2A3002 以下关于职业选择的说法中,正确的是(   )。

(A)职业选择是个人的事,与社会历史条件无关

(B)法律上承认人人有选择职业的自由

(C)倡导职业选择自由与提倡"干一行、爱一行、专一行"相矛盾

(D)强化职业选择意识容易激化社会矛盾

【答案】 B

Lc2A3003 职业道德的具体功能不具有(   )功能。

(A)导向　　　　　　(B)传播　　　　　　(C)规范　　　　　　(D)激励

【答案】 B

Lc2A3004 国家电网公司成立于(   )年 12 月 29 日,是经国务院同意进行国家授权投资的机构和国家控股公司的试点单位。公司以投资建设运营电网为核心业务。

(A)1955　　　　　　(B)1997　　　　　　(C)2002　　　　　　(D)2010

【答案】 C

Lc2A3005 国家电网公司经营区域覆盖全国 26 个省(自治区、直辖市),覆盖国土面积的(   )%,供电人口超过 11 亿人。

(A)60　　　　　　　(B)70　　　　　　　(C)88　　　　　　　(D)100

【答案】 C

Lc2A3006 国家电网公司科学发展的战略保障是党的建设、企业文化建设和(   )。

(A)党风廉政建设　　　　　　　　　(B)员工素质建设

(C)队伍建设　　　　　　　　　　　(D)精神文明建设

【答案】　C

Lc2A3007　国家电网公司"三集五大"体系中,"五大"是指(　　　)。

(A)大规划、大建设、大生产、大检修、大服务

(B)大规划、大建设、大运行、大检修、大营销

(C)大统筹、大建设、大运行、大检修、大营销

(D)大统筹、大建设、大生产、大检修、大服务

【答案】　B

Lc2A3008　全球能源发展经历了从(　　　)时代到(　　　)时代,再到(　　　)时代、电气时代的演变过程。

(A)薪柴,煤炭,油气　　　　　　　　　(B)煤炭,薪柴,油气

(C)油气,薪柴,煤炭　　　　　　　　　(D)薪柴,油气,煤炭

【答案】　A

Lc2A3009　从世界清洁能源分布来看,北极圈及其周围地区风能资源和赤道及附近地区太阳能资源十分丰富,简称(　　　)。

(A)"一道一极"　　　(B)"一极一道"　　　(C)"一带一路"　　　(D)"一路一带"

【答案】　B

3.2.2　多选题

La2B3001　在 Word2007 编辑状态下,要将某个段落的内容移动至其他位置,应先执行(　　　)操作。

(A)剪切　　　　　　　　　　　　　　(B)复制

(C)选中后直接拖动　　　　　　　　　(D)使用格式刷

【答案】　AC

La2B3002　在 Word2007 中,以下关于"查找和替换"操作说法不正确的是(　　　)。

(A)不能使用通配符进行模糊查找

(B)查找的方向只能从插入点向下查找

(C)不能查找特殊的符号,如查找段落标记及分节符等

(D)利用"查找和替换"功能,可以将文档中找到的词全部删除

【答案】　ABC

La2B3003　在 Word2007 中,关于替换操作说法正确的是(　　　)。

(A)可以替换文字　　　　　　　　　　(B)可以替换格式

(C)只替换文字,不能替换格式　　　　(D)格式和文字可以一起替换

【答案】　ABD

La2B3004　在 Word2007 中,下列说法正确的是(　　　)。

(A)标尺有水平标尺和垂直标尺

(B)使用标尺可以快速设置页边距

(C)使用标尺可以快速设置段落格式

(D)按 Ctrl 键,再拖动标尺上的首行缩进标志,可精确设置首行缩进值

【答案】 ABC

La2B3005 在 Word2007 中,下列关于分栏操作说法不正确的是( )。

(A)可以将选定的段落分为制定宽度的两栏

(B)用户可以在"页面视图"和"阅读版式视图"两种视图方式下查看分栏的效果

(C)设置的各栏宽度和间距与页面无关

(D)可以将所选段落分为 11 栏,但分栏较多时将无法设置分隔线

【答案】 BCD

La2B3006 在 Word2007 中,下列关于分页符的说法不正确的是( )。

(A)在页面视图方式下,可以删除手工插入的分页符

(B)在文档中定位插入点的位置,按 Ctrl+Enter 组合键,可以插入手工分页符

(C)在文档中定位插入点的位置,按 Shift+Enter 组合键,可以插入手工分页符

(D)用户可以根据需要删除自动分页符和手工插入的分页符

【答案】 ACD

Lb2B3007 用电信息采集系统远程通信方式包括( )。

(A)光纤网络   (B)无线专网 23 MHz

(C)无线公网 GPRS/CDMA   (D)中压电力线载波信

【答案】 ACD

La2B3008 电路一般由( )组成。

(A)电源   (B)负载   (C)连接导线   (D)控制开关

【答案】 ABCD

La2B3009 电路是若干电气设备按照一定的方式连接起来而构成的电流通路。最简单的电路是由( )组成的闭合回路。

(A)电源   (B)负载

(C)连接导线   (D)电气控制设备

【答案】 ABCD

Lb2B3010 变压器运行电压过高时的危害有( )。

(A)电压过高会造成铁芯饱和、励磁电流增大

(B)电压过高铜损增加

(C)电压过高会使磁滞损耗增加

(D)电压过高会使铁芯发热,使绝缘老化

(E)电压过高会影响变压器的正常运行和使用寿命

【答案】 ADE

Lb2B3011 关于爬电比距,下列说法正确的是( )。

(A)爬电比距指电力设备外绝缘的爬电距离与过电压有效值之比

(B)爬电比距指电力设备外绝缘的爬电距离与最高工作电压有效值之比

(C)中性点非直接接地系统在大气特别严重污染的Ⅳ类地区架空线路爬电比距为 3.8~4.5 cm/kV

(D)中性点直接接地系统在大气特别严重污染的Ⅳ类地区架空线路爬电比距为 3.8~ 4.5 cm/kV

【答案】 AC

Lb2B3012 配电变压器三相电压不平衡的原因是( )。

(A)三相负荷不平衡 (B)经常过负荷

(C)油温过高 (D)绕组局部短路

【答案】 AD

Lb2B3013 变压器的特性试验项目有( )。

(A)耐压试验 (B)变比试验

(C)极性及连接组别试验 (D)短路和空载试验

【答案】 BCD

Lb2B3014 柱上断路器电气连接处实测温度( )℃不属于危急缺陷。

(A)65 (B)75 (C)85 (D)95

【答案】 ABC

Lb2B3015 若两相或三相电压均有升高,且电压互感器声音异常,不可能是电压互感器产生 ( )。

(A)大气过电压 (B)谐振过电压 (C)暂态过电压 (D)工频过电压

【答案】 ACD

Lb2B3016 以下为柱上断路器主回路直流电阻试验数据与初始值的差值,属于缺陷的是( )。

(A)10 (B)20 (C)30 (D)40

【答案】 BCD

Lb2B3017 ( )属于柱上负荷开关操作机构缺陷。

(A)负荷开关机构卡涩 (B)储能弹簧未储能

(C)电池能量不足 (D)分和指示标志脱落

【答案】 ABC

Lb2B3018 柱上负荷开关本体缺陷有( )。

(A)瓷件上部分破损 (B)分合指示标志脱落

(C)SF6 气体压力表指示不在正常范围 (D)真空开关真空度降低

【答案】 ABCD

Lb2B3019 以下配电变压器绕组及套管绝缘电阻与初始值相比降低值,属于严重缺陷的是( )%。

(A)10　　　　　　　(B)20　　　　　　　(C)30　　　　　　　(D)40

【答案】 CD

Lb2B3020 可以通过以下( )信息查询到某客户在营销系统中的综合信息。

(A)客户户号　　　　　　　　　　(B)客户名称

(C)客户用电地址　　　　　　　　(D)客户预留在营销系统中的联系
方式

【答案】 ABCD

Lb2B3021 SG186营销业务应用系统中,会发起合同终止的流程有( )无表临时用电终止
等业务。

(A)销户　　　　(B)分户　　　　(C)并户　　　　(D)过户

【答案】 ACD

Lb2B3022 下列属于变更用电的有( )。

(A)过户　　　　(B)分户　　　　(C)减容　　　　(D)改类

【答案】 ABCD

Lb2B3023 在( )不变条件下,允许办理更名或过户。

(A)用电容量　　　(B)用电类别　　　(C)用电地址　　　(D)供电点

【答案】 ABC

Lb2B3024 建议是指客户对供电企业在( )等方面提出积极的、正面的、有利于供电企业自
身发展的诉求业务。

(A)电网建设　　　(B)供电服务　　　(C)服务质量　　　(D)供电业务

【答案】 ABC

Lb2B3025 国网客服中心应详细记录( )等信息,根据客户反映的内容及性质,准确选择业
务类型与处理单位,生成建议工单。

(A)客户信息　　　　　　　　　　(B)反映内容

(C)联系方式　　　　　　　　　　(D)是否需要回访

【答案】 ABCD

Lb2B3026 对于( )等渠道反映的举报、建议工单,由于客户原因导致回复(回访)不成功
的,国网客服中心回访工作应满足:不少于3天,每天不少于3次回复(回访),每次
回复(回访)时间间隔不小于2 h。

(A)政府相关部门　　　　　　　　(B)12398

(C)新闻媒体　　　　　　　　　　(D)客户向物业小区

【答案】 ABC

Lb2B3027 国网客服中心应详细记录( )等信息,选择举报等级、类型与处理单位,并尊重
和满足举报人匿名、保密要求,生成举报业务工单。

(A)客户信息　　　　　　　　　　(B)举报内容

(C)联系方式　　　　　　　　　　　　　(D)是否要求回访

【答案】　ABCD

Lb2B3028　举报、建议工单回复审核时发现工单回复内容存在(　　)情况,可将工单回退。

(A)未对客户提出的诉求进行答复或答复不全面、表述不清楚、逻辑不对应的

(B)未向客户沟通解释处理结果的(除匿名、保密工单外)

(C)应提供而未提供相关诉求处理依据的

(D)审核部门回复内容不违背公司相关规定的

【答案】　ABC

Lb2B3029　(　　)逐级对举报、建议类工单回单质量进行审核,对工单质量或处理意见不符合要求的,应注明回退原因后将工单回退至业务处理部门再次处理。

(A)各省客服中心　　　　　　　　　　(B)地市供电企业营销部

(C)县供电企业营销部　　　　　　　　(D)省公司营销部

【答案】　ABC

Lb2B3030　意见是指客户对供电企业在(　　)等方面存在不满而提出的诉求业务。

(A)吃拿卡要　　　(B)供电服务　　　(C)徇私舞弊　　　(D)供电业务

【答案】　BD

Lb2B3031　国网客服中心应详细记录(　　)等信息,根据客户反映的内容及性质,准确选择业务类型与处理单位,生成意见工单。

(A)客户信息　　　　　　　　　　　　(B)反映内容

(C)联系方式　　　　　　　　　　　　(D)是否需要回访

【答案】　ABCD

La2B3032　电气原理图由(　　)组成。

(A)电源部分　　　(B)负载部分　　　(C)中间环节　　　(D)控制回路

【答案】　ABC

La2B3033　电路图的简化主要包括连接线图示的简化、相同符号构成的符号组图示的简化,除此之外,还包括(　　)。

(A)多个端子图示的简化、电路图示的简化　　(B)多路连接图示的简化

(C)重复电路图示的简化

(D)用方框符号和端子功能图表示电路

【答案】　ABCD

La2B3034　(　　)用的都是功能布局方法布局。

(A)概略图　　　(B)功能图　　　(C)电路图　　　(D)接线图

【答案】　ABC

La2B3035　电气图识读的一般方法包括(　　)。

(A)阅读图纸说明　　　　　　　　　　(B)系统模块分解

(C)导线和元器件识别　　　　　　　　(D)主辅电路识别

【答案】　ABC

La2B3036　识读电气原理图主电路的具体步骤包括(　　　)。

(A)看用电设备

(B)看清楚主电路中用电设备,用几个控制元件控制

(C)看清楚主电路除用电设备以外还有哪些元器件以及这些元器件的作用

(D)看电源

【答案】　ABCD

Lb2B3037　架空绝缘线在一耐张段内出现散股、灯笼现象,构成一般缺陷的是(　　　)。

(A)一处　　　　　(B)二处　　　　　(C)三处　　　　　(D)四处

【答案】　BCD

Lb2B3038　输配线路中对导线的要求有(　　　)。

(A)足够的绝缘强度　　　　　　　　(B)足够的机械强度

(C)较高的电导率　　　　　　　　　(D)抗腐蚀能力强

(E)成本低　　　　　　　　　　　　(F)质量轻

【答案】　BCDEF

Lb2B3039　以下属于危急缺陷的是(　　　)。

(A)拉线明显松弛　　　　　　　　　(B)电杆发生倾斜

(C)拉线轻微松弛　　　　　　　　　(D)电杆有明显裂纹

【答案】　AB

Lb2B3040　导线受损后,正确的处理方法有(　　　)。

(A)将导线受损处的线股处理平整

(B)选用与导线同金属的单股线作缠绕材料,其直径不应小于 1 mm

(C)缠绕中心应位于损伤最严重处,缠绕应紧密、受损伤部分应全部覆盖

(D)缠绕长度不应小于 50 mm

【答案】　AC

Lb2B3041　配电线路常用的单金属裸导线有(　　　)。

(A)铝绞线　　　　　(B)钢芯铝绞线　　　　　(C)铜绞线　　　　　(D)铝合金线

【答案】　AC

Lb2B3042　对低压绝缘线连接后的绝缘恢复的要求是(　　　)。

(A)导线连接后,均应用绝缘带包扎,常用胶皮布带和黑包布带来恢复绝缘

(B)用于三相电源的导线用胶皮布带包一层后再用黑包布带包一层

(C)用于单相电源的导线上可直接用黑包布带包缠三层即可

(D)可用绝缘自粘胶带直接包缠一层

(E)低压绝缘线应错位连接,便于绝缘恢复

【答案】　ABE

Lb2B3043　弧垂过小对线路运行的影响(　　)。

(A)导线运行应力小　　　　　　　　　(B)横担容易扭曲变形

(C)导线的受力过大易被拉断　　　　　(D)导线的对地距离过小

【答案】　BC

Lb2B3044　弧垂过大对线路运行的影响(　　)。

(A)导线运行应力大　　　　　　　　　(B)对地安全距离变小

(C)容易造成断线　　　　　　　　　　(D)容易造成相间短路

【答案】　BD

Lb2B3045　架空配电线路上如果存在不良绝缘子线路绝缘水平就要相应降低,再加上线路周围环境污秽的影响,容易发生污闪事故。因此,对绝缘子的要求是(　　)。

(A)对绝缘子进行定期测试

(B)及时更换合格的绝缘子

(C)及时更换不合格的绝缘子

(D)一般每5年就要进行一次绝缘子测试工作

(E)一般每1~2年就要进行一次绝缘子测试工作

【答案】　ACE

Lc2B3046　从计划的重要性程度上来看,可以将计划分为(　　)。

(A)战术计划　　　　(B)战略计划　　　　(C)作业计划　　　　(D)职能计划

【答案】　BC

Lc2B3047　根据计划的明确性,可以把计划分为(　　)。

(A)程序性计划　　　(B)具体计划　　　　(C)指导计划　　　　(D)战术性计划

【答案】　BC

Lc2B3048　班组技术管理制度包括(　　)三个要素。

(A)制定班组技术管理制度的目的　　　(B)制度针对什么技术管理活动

(C)该管理活动的目的、条件、要求　　　(D)进行管理活动的方法

【答】　BCD

Lc2B3049　下列选项中,属于安全生产监督管理部门的职权的是(　　)。

(A)检察权　　　　　(B)书面调查权　　　(C)询问权　　　　　(D)查询资料权

【答案】　ABCD

Lb2B3050　供电服务指挥系统中在流程查询中通过申请编号查询出的数据中包含(　　)。

(A)流程状态　　　　(B)有权限处理人员(C)处理人　　　　　(D)上级单位

【答案】　ABC

La2B3051　基尔霍夫第一定律的正确说法有(　　)。

(A)该定律基本内容是研究电路中各支路电流之间的关系

(B)电路中任何一个节点(即 3 个以上的支路连接点叫节点)的电流其代数和为零,其数学表达式为 $\Sigma I=0$

(C)规定一般取流入节点的电流为正,流出节点的电流为负

(D)基本内容是研究回路中各部分电流之间的关系

【答案】 ABC

La2B3052 正弦交流电三要素的内容以及表示的含义是( )。

(A)最大值:是指正弦交流量最大的有效值

(B)最大值:是指正弦交流量最大的瞬时值

(C)角频率:是指正弦交流量每秒钟变化的电角度

(D)初相角:正弦交流电在计时起点 $t=0$ 时的相位,要求其绝对值小于180°

【答案】 BCD

La2B3053 电能质量的两个基本指标是( )。

(A)电流 (B)电压 (C)频率 (D)电能

【答案】 BC

La2B3054 正弦交流电的三要素是( )。

(A)最大值 (B)频率 (C)周期 (D)初相角

【答】 ABD

La2B3055 在交流电路中,电压与电流的大小关系用( )表示时均符合欧姆定律。

(A)平均值 (B)瞬时值 (C)有效值 (D)最大值

【答案】 ABCD

La2B3056 所谓正弦量的三要素即为( )。

(A)最大值 (B)频率 (C)初相位 (D)平均值

(E)有效值

【答案】 ADE

La2B3057 在 PowerPoint2007 中,插入幻灯片中的声音有( )。

(A)剪辑管理器中的声音 (B)文件中的声音

(C)播放 CD 乐曲 (D)录制声音

【答案】 ABCD

La2B3058 PowerPoint2007 插入的超链接可以链接到( )等。

(A)网页 (B)电子邮件地址

(C)本文档中的位置 (D)新建文档

【答案】 ABCD

La2B3059 PowerPoint2007 自定义动画只可以设置( )效果。

(A)进入 (B)退出 (C)强调 (D)对比

【答案】 ABC

La2B3060 在 Word2007 中,对图片设置( )环绕方式后,不可以形成水印效果。

(A)四周形环绕 　　　　　　　　　　(B)紧密型环绕

(C)衬于文字下方 　　　　　　　　　　(D)浮于文字上方

【答案】 ABD

La2B3061 在 Word2007 的编辑状态下,使用( )选项卡,不可以设置首字下沉。

(A)开始 　　　　(B)插入 　　　　(C)引用 　　　　(D)审阅

【答案】 ACD

La2B3062 在 Word2007 中,关于表格的操作,以下说法正确的是( )。

(A)将插入点放置在表格最后一行的最后一个单元格中,按 Tab 键,可在表格末尾添加一个新的表格行

(B)可以利用公式计算表格中的数据,但表格中的数据只能按升序排序

(C)可以将表格转换为常规文字

(D)对跨页表格,可以设置重复标题行

【答案】 ACD

La2B3063 在 Word2007 中,以下( )操作方法不可以在单元格中绘制斜线表头。

(A)选定单元格后,单击"表格工具 设计"选项卡"表样式"组中的"边框"下拉按钮,在弹出的下拉列表中选择"斜下框线"

(B)选定单元格后,单击"表格工具 设计"选项卡"绘图边框"组中的"绘制表格"按钮,直接在单元格中绘制斜线

(C)选定单元格后,单击"表格工具 布局"选项卡"表"组中的"绘制斜线表头"下拉按钮,在打开的对话框中进行相应的设置

(D)选定单元格后,单击"表格工具 布局"选项卡"表"组中的"属性"按钮,在打开的对话框中进行相应的设置

【答案】 ABC

La2B3064 在 Excel2007 中的名称框中输入下面( )能选定 A2 至 A6 五个单元格。

(A)A2,A3,A4,A5,A6 　　　　　　　　(B)A2&A6

(C)A:A2:6 　　　　　　　　　　　　(D)A2:A6

【答案】 ACD

La2B3065 在 Excel2007 工作簿中,同时选定 Sheet1、Sheet2、Sheet3 三个工作表,并在 Sheet1 工作表的 A1 单元格中输入数值"9",则下列说法不正确的是( )。

(A)Sheet2 和 Sheet3 工作表中 A1 单元格的内容是 9

(B)Sheet2 和 Sheet3 工作表中 A1 单元格没有任何数据

(C)Sheet2 和 Sheet3 工作表中 A1 单元格的内容是 0

(D)Sheet2 和 Sheet3 工作表中 A1 单元格内显示错误提示

【答案】 BCD

La2B3066 在 Excel2007 中不进行任何设置,输入分数时,需在数字前加( ),否则会被当成日期类型。

(A)0 (B)' (C)/ (D)空格

【答案】 AD

La2B3067 下列各选项中,能调整列宽的操作方法是( )。

(A)在列标上双击鼠标以调整列宽

(B)使用自动调整列宽

(C)在"列宽"对话框中输入设定的列宽

(D)使用鼠标拖动列标之间的分隔线调整列宽

【答案】 BCD

La2B3068 关于高级筛选,下列说法中正确的是( )。

(A)筛选条件和表格之间必须有一行或以上的空行

(B)可以在原有区域显示筛选结果

(C)可以将筛选结果复制到其他位置

(D)不需要写筛选条件

【答案】 ABC

Lb2B3001 同一张工作票多点工作,工作票上的工作地点、( )应填写完整。不同工作地点的工作应分栏填写。

(A)线路名称 (B)设备双重名称 (C)工作任务 (D) 安全措施

【答案】 ABCD

Lb2B3002 配电线路、设备检修,在显示屏上( )的操作处应设置"禁止合闸,有人工作!"或"禁止合闸,线路有人工作!"以及"禁止分闸!"标记。

(A)断路器(开关) (B)母线刀闸

(C)隔离开关(刀闸) (D)保护压板

【答案】 AC

Lb2B3003 以下属于工作负责人(监护人)的安全责任是( )。

(A)正确组织工作

(B)检查工作票所列安全措施是否正确完备,是否符合现场实际条件,必要时予以补充完善

(C)确认工作的必要性

(D)工作前,对工作班成员进行工作任务、安全措施、技术措施交底和危险点告知,并确认每个工作班成员都已签名

【答案】 ABD

Lb2B3004 专责监护人的安全责任包含:明确( )。

(A)许可工作的命令正确 (B)被监护人员

　　　　　(C)监护范围　　　　　　　　　　　　(D)安全注意事项

【答案】　BC

Lb2B3005　工作间断,若工作班离开工作地点,应采取措施或派人看守,不让人、畜接近(　　)等。

　　　　　(A)挖好的基坑　　　　　　　　　　　(B)未竖立稳固的杆塔

　　　　　(C)负载的起重和牵引机械装置　　　　(D)工作地点

【答案】　ABC

Lb2B3006　工作地点,应停电的线路和设备中,包含危及线路停电作业安全,且不能采取相应安全措施的(　　)线路。

　　　　　(A)交叉跨越　　　　　　　　　　　　(B)平行

　　　　　(C)同杆(塔)架设　　　　　　　　　　(D)通信

【答案】　ABC

Lb2B3007　对无法直接验电的设备,应间接验电,即通过设备的(　　)等信号的变化来判断。

　　　　　(A)机械位置指示　　　　　　　　　　(B)电气指示

　　　　　(C)带电显示装置　　　　　　　　　　(D)仪表

【答案】　ABCD

Lb2B3008　停电时应拉开隔离开关(刀闸),手车开关应拉至(　　)位置,使停电的线路和设备各端都有明显断开点。

　　　　　(A)试验　　　　　　(B)合闸　　　　　　(C)工作　　　　　　(D)检修

【答案】　AD

Lb2B3009　禁止作业人员越过未经验电、接地的线路对(　　)线路进行验电。

　　　　　(A)上层　　　　　　(B)下层　　　　　　(C)远侧　　　　　　(D)近侧

【答案】　AC

Lb2B3010　动火执行人的安全责任有(　　)。

　　　　　(A)动火前应收到经审核批准且允许动火的动火工作票

　　　　　(B)按本工种规定的防火安全要求做好安全措施

　　　　　(C)全面了解动火工作任务和要求,并在规定的范围内执行动火

　　　　　(D)动火工作间断、终结时清理现场并检查有无残留火种

【答案】　ABCD

Lb2B3011　对无法直接验电的设备,应间接验电,即通过设备的(　　)及各种遥测、遥信等信号的变化来判断。

　　　　　(A)机械位置指示　　　(B)电气指示　　　(C)带电显示装置　　(D)仪表

【答案】　ABCD

Lb2B3012　配电线路、设备停电时,熔断器的熔管应摘下或悬挂(　　)的标示牌。

　　　　　(A)"止步,高压危险!"　　　　　　　　(B)"禁止分闸!"

　　　　　(C)"禁止合闸,有人工作!"　　　　　　(D)"禁止合闸,线路有人工作!"

【答案】 CD

Lb2B3013 装设同杆(塔)架设的多层电力线路接地线,应( )。

(A)先装设低压、后装设高压　　　　(B)先装设下层、后装设上层

(C)先装设近侧、后装设远侧　　　　(D)先装设高压、后装设低压

【答案】 ABC

Lb2B3014 在室内高压设备上工作,应在( )悬挂"止步,高压危险!"的标示牌。

(A)工作地点两旁运行设备间隔的围栏上

(B)工作地点对面运行设备间隔的围栏上

(C)禁止通行的过道围栏上

(D)检修设备上

【答案】 ABC

Lb2B3015 高处作业区周围的孔洞、沟道等应设( )并有固定其位置的措施。

(A)盖板　　　　(B)安全网　　　　(C)围栏　　　　(D)专人看守

【答案】 ABC

Lb2B3016 临时遮拦,可用( )制成,装设应牢固,并悬挂"止步,高压危险!"的标示牌。

(A)干燥木材　　　　　　　　(B)橡胶

(C)不锈钢　　　　　　　　(D)其他坚韧绝缘材料

【答案】 ABD

Lb2B3017 SG186营销业务应用系统高压新装中,接电前应具备的条件有( )。

(A)合同已经归档　　(B)客户已经回访　　(C)流程归档　　(D)装表

【答案】 AD

Lb2B3018 《国家电网公司业扩报装工作规范(试行)》规定了业务受理、现场勘查、供电方案确定及答复、( )、供用电合同签订、接电、资料归档、服务回访全过程的作业规范、流程衔接及管理考核要求。

(A)业务收费　　　　　　　　(B)受电工程设计审核

(C)工程施工　　　　　　　　(D)中间检查及竣工检验

【答案】 ABD

Lb2B3019 《国家电网公司业扩报装工作规范(试行)》规定,业扩报装工作必须全面践行四个服务宗旨,认真贯彻国家法律法规、标准、规程和有关供电监管要求,严格遵守公司供电服务"三个十条"规定,按照"( )、三不指定、办事公开"的原则开展工作。

(A)便捷高效　　(B)三个十条　　(C)客户导向　　(D)一口对外

【答案】 AD

Lb2B3020 《国家电网公司业扩供电方案编制导则》规定,100kV·A及以上高压供电的电力客户,在高峰负荷时的功率因数不宜低于( );其他电力客户和大、中型电力排灌站、趸购转售电企业,功率因数不宜低于( );农业用电功率因数不宜低于( )。

(A)0.95　　　　　　(B)0.9　　　　　　(C)0.85　　　　　　(D)0.8

【答案】　ABC

Lb2B3021　供电服务指挥系统自动收集设备异动需求信息,主要包括从(　　)等其他设备异动需求信息等。

(A)OMS系统内提取已审核发布的月度停(送)电计划

(B)从供电服务指挥系统带电作业模块提取月(周)带电作业计划

(C)其他渠道获取的临时、事故处理

(D)PMS系统

【答案】　ABC

Lb2B3022　配电设备异动统计分析主要包括异动(　　)统计、督办单数量统计、督办单责任部门或班组统计、督办单类型统计等,定期报送运检部。

(A)总体数量　　　　(B)分类　　　　(C)规模　　　　(D)执行率

【答案】　AB

Lb2B3023　公司规定的质量事件中的(　　)级质量事件界定为重要投诉。

(A)五　　　　　　(B)六　　　　　　(C)七　　　　　　(D)八

【答案】　CD

Lb2B3024　符合下列情形之一的客户投诉,界定为特殊投诉:(　　)。

(A)国家党政机关、电力管理部门转办的集体客户投诉事件

(B)省级及以上政府部门或社会团体督办的客户投诉事件

(C)中央或全国性媒体关注或介入的客户投诉事件

(D)公司规定的质量事件中的六级质量事件

【答案】　ABC

Lb2B3025　符合下列情形之一的客户投诉,界定为重要投诉:(　　)。

(A)县级政府部门或社会团体督办的客户投诉事件

(B)省会城市、副省级城市外的地市媒体关注或介入的客户投诉事件

(C)客户表示将向政府部门、电力管理部门、新闻媒体、消费者权益保护协会等反映,可能造成不良影响的客户投诉事件

(D)公司规定的质量事件中的七级和八级质量事件

【答案】　ABCD

Lb2B3026　符合下列情形之一的客户投诉,界定为重大投诉:(　　)。

(A)国家党政机关、电力管理部门、省级政府部门转办的客户投诉事件

(B)地市级政府部门或社会团体督办的客户投诉事件

(C)省级或副省级媒体关注或介入的客户投诉事件

(D)公司规定的质量事件中的六级质量事件

【答案】　ABCD

Lb2B3027 按照投诉( )原则,由各承办部门存档投诉调查材料,并将调查材料录入营销业务应用系统。

(A)分级 (B)属实 (C)不属实 (D)分类

【答案】 AD

Lb2B3028 视听资料指利用录音、录像等技术手段反映的声音、图像以及电子计算机储存的数据等资料,包括( )。

(A)电话录音 (B)现场录音 (C)录像 (D)照片

【答案】 ABCD

Lb2B3029 通过( )等非 95598 渠道受理的投诉,由受理部门按照投诉分级原则,逐级向投诉归口管理部门上报,并由相关部门按投诉分级的原则处理。

(A)信函 (B)营业厅 (C)客户经理 (D)网站

【答案】 AB

Lb2B3030 供电质量投诉主要包括( )等方面。

(A)电压质量 (B)供电频率 (C)供电可靠性 (D)供电合格率

【答案】 ABC

Lb2B3031 通过( )等渠道受理的客户投诉,按照 95598 客户投诉处理流程和投诉分级原则,分别由相关部门处理。

(A)95598 电话 (B)信函 (C)营业厅 (D)网站

【答案】 AD

Lb2B3032 客户投诉包括( )。

(A)服务投诉 (B)停送电投诉 (C)供电质量投诉 (D)基建投诉

【答】 ABC

Lb2B3033 工单回复审核时发现工单回复内容存在( )问题,应将工单回退。

(A)回复工单中未对客户投诉的问题进行答复或答复不全面的

(B)除保密工单外,未向客户反馈调查结果的

(C)应提供而未提供相关 95598 客户投诉处理依据的

(D)承办部门回复内容明显违背公司相关规定或表述不清、逻辑混乱的

【答案】 ABCD

Lb2B3034 当进出线回路较多时,且要求较高的可靠性时,可以采用的接线方式是( )。

(A)单母线接线 (B)单母线分段 (C)双母线分段 (D)双母线带旁路。

【答】 CD

Lb2B3035 下列关于架空线路主要元件及作用的说法正确的是( )。

(A)架空线路的主要元件有导线、避雷线、绝缘子、杆塔、杆塔基础、拉线、接地装置和各种金具等

(B)导线是传输电能的

(C)避雷线是防止雷击的导线

(D)绝缘子是支持导线、避雷线及其金具、铁附件,并使导线、避雷线、杆塔三者之间保持一定的安全距离

(E)接地装置将雷电流引入大地

【答案】 ABCE

Lb2B3036 以下水泥杆本体倾斜度为杆塔本体的危急缺陷的是(   )度。

(A)2　　　　　　(B)3　　　　　　(C)4　　　　　　(D)5

【答案】 BCD

Lb2B3037 下列关于电杆装配时的螺栓穿向,说法正确的是(   )。

(A)不论水平结构还是立体结构,垂直方向由下向上

(B)顺线路方向,双面构件由内向外

(C)顺线路方向,单面构件由送电侧穿入或按统一方向

(D)横线路方向,两侧由内向外,中间由左向右(面向)

(E)对立体结构,水平方向由内向外

【答案】 ABCE

Lb2B3038 杆上避雷器的安装规定正确的是(   )。

(A)瓷套与固定抱箍之间加垫层

(B)排列整齐、高低一致,相间距离:1～10 kV 时,不小于 300 mm

(C)引线采用绝缘线时,引上线截面积:铜线不小于 25 mm²,铝线不小于 35 mm²

(D)与电气部分连接,不应使避雷器产生外加应力

(E)引下线接地要可靠,接地电阻值符合规定

【答案】 ADE

Lb2B3039 电杆基础坑深度应符合设计规定,电杆基础坑深的允许偏差应为(   )mm。

(A)＋100　　　　(B)－50　　　　(C)＋150　　　　(D)－100

【答案】 AB

Lb2B3040 电杆基础采取卡盘时,卡盘的安装位置、方向、深度应符合设计要求。深度允许偏差为(   )mm。

(A)＋100　　　　(B)＋50　　　　(C)－50　　　　(D)－100

【答案】 BC

Lb2B3041 电杆上安装电气设备有(   )正确要求。

(A)采用绝缘线连接

(B)安装应牢固可靠

(C)电气连接应接触紧密,不同金属连接应有过渡措施

(D)瓷件表面光洁,无裂缝、破损等现象

【答案】 BCD

Lb2B3042 电压互感器( )时不允许用隔离开关直接切断带故障的电压互感器,应使用上一级断路器将其退出运行。

(A)过热冒烟 　　(B)喷油 　　(C)绝缘损坏 　　(D)匝间短路

【答案】 AB

Lb2B3043 分合操作可以查找柱上隔离开关的( )缺陷。

(A)动静触头分、合不到位 　　　　(B)分、合闸操作限位装置断裂

(C)转轴卡涩 　　　　(D)绝缘罩脱落或歪斜影响分合闸

【答案】 ABCD

Lb2B3044 设备巡视可以查找柱上隔离开关的( )缺陷。

(A)触头脏污 　　　　(B)合成绝缘子伞裙老化断裂

(C)传动连杆焊接部位脱落 　　　　(D)接地电阻和回路接触电阻不合格

【答案】 ABC

Lb2B3045 柱上隔离开关接地电阻缺陷不应用( )方法查找。

(A)红外测试 　　(B)分合操作 　　(C)设备巡视 　　(D)预试、检修

【答案】 ABC

Lb2B3046 红外测试可以查找柱上隔离开关的( )缺陷。

(A)触头和触指烧伤 　　　　(B)绝缘子表面污闪

(C)转轴卡涩 　　　　(D)分、合闸操作限位装置断裂

【答案】 AB

Lb2B3047 采用用电信息采集终端设备按应用场合分为( )以及其他信道几类终端。

(A)专用无线网 　　(B)无线公网 　　(C)电力线载波 　　(D)有线网络

【答案】 ABCD

Lb2B3048 终端根据主站发来的( )命令进行跳闸及报警,而且可将用户的实时功率数和执行有序用电的结果主动上报。

(A)遥控 　　(B)报警 　　(C)遥测 　　(D)遥感

【答案】 AB

Lb2B3049 用电信息与监控系统主站包括的设备有( )。

(A)前置机 　　(B)数据库服务器 　　(C)智能表 　　(D)防火墙

【答案】 ABD

Lb2B3050 悬式绝缘子安装时的正确要求有( )。

(A)悬垂串上的弹簧销子、螺栓及穿钉应向送电侧穿入

(B)悬垂串上的弹簧销子、螺栓及穿钉,两边线应由内向外穿入

(C)悬垂串上的弹簧销子、螺栓及穿钉,中线应由左向右(面向受电侧)穿入

(D)耐张串上的弹簧销子、螺栓及穿钉应由下向上穿入

【答案】 BC

Lb2B3051 配电线路上使用的绝缘子有( )。

(A)悬式绝缘子、蝶式绝缘子 　　(B)新型绝缘子、支柱绝缘子

(C)棒式绝缘子(瓷横担) 　　(D)合成绝缘子、针式绝缘子

【答案】 ACD

Lb2B3052 架空电力线路使用的线材,架设前应进行外观检查,应符合的规定有( )。

(A)不应有松股、交叉、折叠、断裂及破损等缺陷

(B)不应有严重腐蚀现象

(C)钢绞线、钢芯铝绞线表面镀锌层应良好,无锈蚀

(D)绝缘线表面应平整、光滑、色泽均匀

(E)绝缘线端部应有密封措施

【答案】 ABDE

Lb2B3053 跌落式开关( )属于一般缺陷。

(A)固定松动 　　(B)剧烈弹动 　　(C)支架位移 　　(D)有异物

【答案】 ACD

Lb2B3054 下列关于架空配电线路拉线装设说法正确的是( )。

(A)拉线与电杆的夹角宜采用45°

(B)当受地形限制可适当减小,且不应小于30°

(C)跨越道路的水平拉线,对路边缘的垂直距离不应小于9 m

(D)拉线应采用镀锌钢绞线

(E)其截面应按受力情况计算确定,且不应小于25 mm²

(F)空旷地区配电线路连续直线杆超过10基时,宜装设防风拉线

【答案】 ABDEF

Lb2B3055 拉线盘的埋深和方向应符合设计要求。拉线棒与拉线盘应垂直,拉线棒外露地面部分的长度为( )mm。

(A)500 　　(B)600 　　(C)700 　　(D)800

【答案】 ABC

Lb2B3056 线路通道保护区内树木距导线距离,在最大风偏情况下水平距离:( );在最大弧垂情况下垂直距离:架空裸导线在2~2.5m之间,绝缘线在1~1.5 m之间。

(A)架空裸导线在2.5~3 m之间 　　(B)架空裸导线在1.5~2 m之间

(C)绝缘线在1.5~2 m之间 　　(D)绝缘线在2.5~3 m之间

【答案】 AC

Lb2B3057 变压器并列运行的基本条件有( )。

(A)变压器一、二次额定电压应分别相等 　　(B)阻抗电压相同

(C)联结组别相同 　　(D)容量比不能大于4∶1

【答案】　ABC

Lb2B3058　电源电压不变,改变变压器一次侧匝数,其(　　　)。

（A）二次电压不变　　　　　　　　　　　（B）二次电压变化

（C）一、二次电流频率变化　　　　　　　（D）二次电流频率不变

【答案】　BD

Lb2B3059　缺陷管理的目的之一是对缺陷进行全面分析,总结变化规律,为(　　　)提供依据。

（A）运行　　　　　　　　　　　　　　　（B）调度

（C）大修　　　　　　　　　　　　　　　（D）更新改造设备

【答案】　CD

Lb2B3060　变压器根据如(　　　)等现象,可初步确定变压器有内部故障。

（A）过热　　　　　　（B）喷油　　　　　（C）声音异常　　　（D）油温过高

【答案】　BCD

Lb2B3061　(　　　)会导致配电变压器油温突然升高。

（A）过负荷　　　　　（B）接线松动　　　（C）绕组内部短路　　（D）油箱漏油

【答案】　ABC

Lb2B3062　变压器按冷却方式可分为(　　　)。

（A）自冷变压器

（B）风冷变压器

（C）油冷变压器

（D）强迫油循环自冷变压器

（E）强迫油循环水冷变压器

（F）强迫油循环风冷变压器

【答案】　ABEF

Lb2B3063　(　　　)会导致配电变压器着火。

（A）严重过负荷　　　　　　　　　　　　（B）绕组层间短路

（C）铁芯及穿心螺栓绝缘损坏　　　　　　（D）变压器油质变坏

【答案】　ABC

Lb2B3064　高压熔断器可以对(　　　)进行过载及短路保护。

（A）输配电线路　　　　　　　　　　　　（B）电力变压器

（C）电流互感器　　　　　　　　　　　　（D）电压互感器

（E）电力电容器　　　　　　　　　　　　（F）电动机

【答案】　ABCDE

Lb2B3065　(　　　)会导致配电变压器绕组绝缘老化。

（A）油箱漏油　　　　（B）变压器受潮　　（C）超过使用年限　　（D）过负荷

【答案】　CD

Lb2B3066 系统运行中出现于设备绝缘上的电压有( )。

(A)正常运行时的工频电压 (B)工频过电压

(C)操作过电压 (D)雷电过电压

(E)暂态过电压

【答案】 ABCDE

Lb2B3067 ( )会导致配电变压器绝缘下降。

(A)内部短路 (B)油质变坏 (C)变压器受潮 (D)过负荷

【答案】 BC

Lb2B3068 工作票票面上的( )等关键字不得涂改。

(A)时间、工作地点 (B)线路名称 (C)设备双重名称 (D)动词

【答案】 ABCD

Lb2B3069 在Word2007的编辑状态下,以下关于页眉与页脚的说法正确的是( )。

(A)在页眉中可以插入图片

(B)可以在页眉、页脚区域插入页码

(C)可以为奇、偶页设置不同的页眉与页脚

(D)不能为首页指定不同的页眉与页脚

【答案】 ABC

Lb2B3070 在Word2007中,使用( )选项卡中的工具按钮,不可在文档中插入页眉。

(A)开始 (B)插入 (C)引用 (D)视图

【答案】 ACD

Lb2B3071 在Word2007编辑状态下,若要查看页眉及页脚设置状态,应将视图方式切换到"( )"方式。

(A)阅读版式视图 (B)大纲视图 (C)页面视图 (D)普通视图

【答案】 AC

Lb2B3072 在Word2007中打印及打印预览文档,下列说法正确的是( )。

(A)在同一页上,可以同时设置纵向和横向打印

(B)在同一文档中,可以同时设置纵向和横向两种页面方式

(C)在打印预览时可以同时显示多页

(D)在打印时可以制定需要打印的页面

【答案】 BCD

Lb2B3073 在Word2007中,对于插入文档中的图片能进行操作的是( )。

(A)修改图片中的图形 (B)改变图片的大小

(C)改变图片周围文字的环绕方式 (D)裁剪图片

【答案】 BCD

Lb2B3074 对于电气主接线的基本要求是( )。

(A)可靠性,对用户保证供电可靠和电能质量

(B)灵活性,能适合各种运行方式、便于检修

(C)操作方便,接线清晰,布置对称合理,运行方便

(D)稳定性,在任何工况下保证电力系统稳定运行

(E)经济性,在满足上述三个基本要求的前提下,力求投资少,维护费用少

【答案】 ABCE

Lb2B3075 接线图主要的组成部分有(   )。

(A)元件   (B)端子   (C)标注   (D)连接线

【答案】 ABD

Lb2B3076 电气图形符号的基本形式有(   )。

(A)符号要素   (B)一般符号   (C)限定符号   (D)方框符号

【答案】 ABCD

Lb2B3077 元件组合符号的表示方法有(   )。

(A)集中表示法   (B)半集中表示法 (C)分开表示法   (D)分立表示法

【答案】 ABC

Lb2B3078 电路图一般由(   )组成。

(A)电路   (B)技术说明   (C)接线图   (D)标题栏

【答案】 ABD

Lb2B3079 电气图的形式多种多样,但是所反映的内容基本相同,包括(   )。

(A)电气产品   (B)电气系统的工作原理

(C)连接方法   (D)系统结构

【答案】 ABCD

Lb2B3080 电气图按照表达方式分可分为(   )。

(A)图样   (B)简图   (C)表图   (D)表格

【答案】 ABCD

Lb2B3081 电气图按照功能和用途分可分为(   )。

(A)系统图   (B)电气原理图

(C)电气接线图、接线表   (D)主电路图

【答案】 ABC

Lb2B3082 DL/T1053—2007《电能质量 技术监督规程》规定,电压偏差技术监督所监督的设备一般为(   ),变压器分接头、电压测量记录仪表等。

(A)发电机   (B)调相机   (C)电容器   (D)电抗器

【答案】 ABCD

Lb2B3083 DL/T1053—2007《电能质量 技术监督规程》规定,在规划设计电力系统时,应按照无功电力在(   )负荷时均能分(电压)、分(供电)区基本平衡的原则进行配置。

(A)高峰　　　　　　(B)低谷　　　　　(C)平谷　　　　　(D)夜间

【答案】　AB

Lb2B3084　DL/T1053—2007《电能质量 技术监督规程》规定,在规划设计电力系统时,应具有灵活的(　　)。

(A)无功电压调整能力　　　　　　(B)检修事故备用容量

(C)旋转动力　　　　　　　　　　(D)补偿方式

【答案】　AB

Lb2B3085　DL/T1053—2007《电能质量 技术监督规程》规定,在规划设计电力系统时,在设计时,对于(　　)均应配备无功、电压表计。

(A)发电机　　　　(B)母线　　　　(C)变压器各测　　(D)用户

【答案】　ABC

Lb2B3086　DL/T1053—2007《电能质量 技术监督规程》规定,在规划设计电力系统时,各电压等级的供电半径应根据(　　)的原则予以确定,并留有一定的裕度。

(A)地域　　　　(B)电压损失允许值(C)负荷密度　　(D)供电可靠性

【答案】　BCD

Lb2B3087　DL/T1053—2007《电能质量 技术监督规程》规定,电网企业电压质量、无功电力管理工作实行(　　)管理负责制。

(A)分区　　　　(B)就地　　　　(C)分级　　　　(D)总体

【答案】　AC

Lb2B3088　DL/T1053—2007《电能质量 技术监督规程》规定,电网的(　　)运行方式应包括无功平衡、电压调整等保证电压质量的内容。

(A)年　　　　　(B)季　　　　　(C)月　　　　　(D)日

【答案】　ABCD

Lb2B3089　DL/T1053—2007《电能质量 技术监督规程》规定,电网企业值班调度员应在进行有功电力调度和频率调整的同时,进行(　　)。

(A)无功电力调度　　(B)电压调整　　(C)负荷调整　　(D)无功补偿

【答案】　AB

Lb2B3090　DL/T1053—2007《电能质量 技术监督规程》规定,电网企业 220 kV 及电网电压调整不宜实行(　　)方案。

(A)逆调压　　　　(B)顺调压　　　　(C)正调压　　　　(D)调压

【答案】　BCD

Lb2B3091　DL/T1053—2007《电能质量 技术监督规程》规定,无功电源中的事故备用容量,应主要储存于(　　)中。

(A)运行的发电机　　　　　　　　(B)调相机

(C)静止型动态无功补偿设备　　　(D)电容器

【答案】 ABC

Lb2B3092 DL/T1053—2007《电能质量 技术监督规程》规定,电网企业定期对用户功率因数的（　　）,确保其满足电网要求。

(A)普查　　　　　(B)监督　　　　　(C)测量　　　　　(D)调节

【答案】 AB

Lb2B3093 国网客服中心通过（　　）等自助查询方式向客户提供信息查询服务。

(A)营业厅　　　　　　　　　　　(B)95598电话自助语音

(C)95598网站　　　　　　　　　(D)95598业务支持系统

【答案】 BC

Lb2B3094 咨询内容主要包括计量装置、停电信息、电费抄核收、用电业务、（　　）、新兴业务、电网改造、企业信息、特色业务等。

(A)用户信息　　　　(B)法规制度　　　　(C)服务渠道　　　　(D)用电常识

【答案】 ABCD

Lb2B3095 业务咨询是指客户对各类（　　）等问题的业务询问。

(A)供电服务信息　　　(B)服务渠道信息　　　(C)业务办理情况　　　(D)电力常识

【答案】 ACD

Lb2B3096 咨询工单通过（　　）,能直接答复客户的,应直接进行答复,并办结工单。

(A)知识库　　　　　　　　　　　(B)客户统一视图

(C)停送电信息　　　　　　　　　(D)业务工单查询

【答案】 ABCD

Lb2B3097 受理咨询工单国网客服中心、各省客服中心应详细记录（　　）等信息。

(A)客户信息　　　　　　　　　　(B)咨询内容

(C)联系方式　　　　　　　　　　(D)是否需要回复

【答案】 ABCD

Lb2B3098 指挥中心对设备异动（　　）各环节采取预警、督办两种管控方式。

(A)上报　　　　　(B)发起　　　　　(C)审核　　　　　(D)发布

【答案】 BCD

Lb2B3099 表扬是指客户对供电企业在（　　）等方面提出的表扬请求业务。

(A)优质服务　　　　(B)行风建设　　　　(C)拾金不昧　　　　(D)见义勇为

【答案】 AB

Lb2B3100 表扬一级分类有（　　）。

(A)供电服务　　　　(B)行风建设　　　　(C)电网建设　　　　(D)其他表扬

【答案】 ABCD

Lb2B3101 国网客服中心应详细记录（　　）等信息,准确选择业务类型与处理部门,生成表扬工单。

　　　　(A)受理时间　　　　　　(B)客户信息　　　　(C)反映内容　　　　(D)联系方式

【答案】　BCD

Lb2B3102　服务申请是指客户向供电企业提出或需要开展(　　　)的诉求业务。

　　　　(A)需求　　　　　　　(B)协助　　　　　(C)配合　　　　　(D)现场服务

【答案】　BCD

Lb2B3103　国网客服中心应详细记录(　　　)等信息,根据客户反映的内容及性质,准确选择业务类型与处理单位,生成服务申请工单。

　　　　(A)客户信息　　　　　　　　　　　　(B)反映内容

　　　　(C)联系方式　　　　　　　　　　　　(D)是否需要回复

【答案】　ABCD

Lb2B3104　国网客服中心应详细记录客户信息、反映内容、联系方式、是否需要回访等信息,根据客户反映的内容及性质,准确选择(　　　),生成服务申请工单。

　　　　(A)工单分类　　　　(B)业务类型　　　　(C)所属地区　　　　(D)处理单位

【答案】　BD

Lb2B3105　配电设备巡视计划包括(　　　)两类。

　　　　(A)周期巡视　　　　(B)日常巡视　　　　(C)特殊巡视　　　　(D)不定期巡视

【答案】　AC

Lb2B3106　巡视计划应包括巡视设备名称,设备管理单位、班组(所),(　　　)等信息。

　　　　(A)巡视人员　　　　　　　　　　　　(B)线路主人

　　　　(C)巡视类型　　　　　　　　　　　　(D)计划(实际)巡视日期

【答案】　ABCD

Lb2B3107　巡视计划应包括巡视(　　　),巡视类型,线路主人、巡视人员等信息。

　　　　(A)设备名称　　　　　　　　　　　　(B)设备管理单位

　　　　(C)班组(所)　　　　　　　　　　　　(D)计划(实际)巡视日期

【答案】　ABCD

Lb2B3108　指挥中心人员在供电服务指挥系统中对巡视计划应进行(　　　)审核。

　　　　(A)完整性　　　　(B)周期　　　　　(C)格式　　　　　(D)时间

【答案】　ABC

Lb2B3109　供电服务指挥系统中,如巡视计划有问题,对责任班组(所)人员派发督办单进行整改,督办单应包含(　　　)等信息。

　　　　(A)督办事项　　　　(B)反馈时限　　　　(C)单位领导　　　　(D)单位专责

【答案】　AB

Lb2B3110　供电服务指挥系统中,指挥中心人员在供电服务指挥系统中接收到巡视计划后,1个工作日内对(　　　)进行审核。

　　　　(A)计划完整性　　　　(B)格式　　　　　(C)周期　　　　　(D)明细

【答案】 ABC

Lb2B3111　预警督办对象包括(　　　)。

(A)责任人员　　　　(B)实班组(所)长　　(C)专工　　　　(D)领导

【答案】 ABCD

Lb2B3112　指挥中心对巡视(　　　)进行综合评价,形成配网运检管控记录。

(A)完整性　　　　(B)及时性　　　　(C)督办反馈情况　　(D)设备情况

【答案】 BC

Lc2B3001　以下属于团队角色中凝聚者角色特点的是:(　　　)。

(A)关心他人　　　　(B)性情温和　　　　(C)言行谨慎　　　　(D)善解人意

【答案】 ABCD

Lc2B3002　从协调的性质上看,下面说法正确的是(　　　)。

(A)可分为促进式协调和纠偏式协调

(B)对组织有贡献的要积极支持

(C)对破坏整体利益的给予批评

(D)对于破坏性消极因素可采用促进式协调

【答案】 ABC

Lc2B3003　下面属于会议协调途径的是(　　　)。

(A)座谈会　　　　(B)广播电视　　　　(C)讨论会　　　　(D)汇报会

【答案】 ACD

Lc2B3004　目标具有(　　　)等特点。

(A)稳定性　　　　(B)多重性　　　　(C)层次性　　　　(D)动态性

【答案】 BCD

Lc2B3005　目标设定的原则包括(　　　)、协调性原则及时间性原则。

(A)明确性原则　　(B)定量化原则　　(C)相关性原则　　(D)现实性原则

【答案】 ABD

Lc2B3006　定一个切实可行的计划,一般有(　　　)、计划修改和定稿等步骤。

(A)做好分析和预测　　　　　　(B)计划执行与控制

(C)提出目标与任务　　　　　　(D)计划草拟及讨论

【答案】 ACD

Lc2B3007　计划的调整必须符合组织计划管理的要求,并遵循(　　　)的原则。

(A)整体协调性　　(B)及时性　　　　(C)主观能动性　　(D)相对稳定性

【答案】 ABCD

Lc2B3008　目标是计划制订的(　　　)。

(A)基础　　　　　(B)依据　　　　　(C)延伸　　　　　(D)细则

【答案】 AB

Lc2B3009 绩效管理的重点是员工(   )。

(A)绩效反馈   (B)素质提升   (C)绩效改善   (D)能力提升

【答案】 CD

Lc2B3010 班组绩效考核工作需要重视以下几个方面(   )。

(A)制订考核计划   (B)做好考核准备

(C)确定绩效考核标准   (D)组织绩效考核

【答案】 BCD

Lc2B3011 绩效考评是对员工一段时间内的(   )所进行的考核,是这段时间的工作总结。

(A)绩效目标   (B)工作情况   (C)工作计划   (D)工作目标

【答案】 AB

Lc2B3012 班组安全管理具有(   )、手段科学性、效益社会性等特点。

(A)责任首要性   (B)预防重要性   (C)基础现行性   (D)管理系统性

【答案】 ABCD

Lc2B3013 "两票三制"中的"两票"是指(   )。

(A)操作票   (B)工作票   (C)许可票   (D)服务票

【答案】 AB

Lc2B3014 按照违章的性质划分,习惯性违章的表现形式可分为(   )三种,俗称"三违"。

(A)违章工作   (B)违章指挥   (C)违章作业   (D)违反劳动
纪律

【答案】 BCD

Lc2B3015 习惯性违章的特点是(   )。

(A)危害巨大   (B)具有一定的顽固性和排他性

(C)隐蔽性   (D)传染性

【答案】 ABCD

Lc2B3016 职业规范包括(   )。

(A)岗位责任   (B)操作规则   (C)规章制度   (D)领导要求

【答案】 ABC

Lc2B3017 职业技能是指从业人员从事职业劳动和完成岗位工作应具有的业务素质,包括(   )。

(A)职业知识   (B)职业技术   (C)职业能力   (D)职业道德

【答案】 ABC

Lc2B3018 下面关于职业道德与职工关系的正确说法是(   )。

(A)职业道德是职工事业成功的重要条件

(B)企业不把职业道德素质状况作为录用员工与否的重要条件

(C)职业道德不利于跳槽、升迁

(D)职业道德有利于职工人格的升华

【答案】　AD

Lc2B3019 所谓职业道德,是指从事一定职业的人,必须遵循与所从事的职业活动相适应的、符合职业特性所要求的(　　)的总和。

(A)道德准则　　(B)道德情操　　(C)道德品质　　(D)礼仪规范

【答案】　ABC

Lc2B3020 班组管理基础工作具有(　　)的特点。

(A)民主性　　(B)先行性　　(C)监控性　　(D)动态性

【答案】　ABCD

Lc2B3021 主站向专变采集终端下发时段功控投入命令,终端收到该命令后显示"时段功控投入"状态,当不在保电状态时,终端在功控时段内监测实时功率,自动执行功率定值控制功能。控制过程中应在显示屏上(　　)等。

(A)显示定值　　(B)控制对象　　(C)执行结果　　(D)功控时段

【答案】　ABC

Lc2B3022 电路就是电流流经的路径;电路的构成元件有(　　)。

(A)电源　　(B)导体　　(C)控制器　　(D)负载装置

【答案】　ABCD

Lc2B3023 电路的组成部分有(　　)。

(A)电源　　(B)负载　　(C)辅助设备　　(D)导线

【答案】　ABCD

Lc2B3024 变压器在电力系统中的主要作用是(　　)。

(A)变换电压,以利于功率的传输　　(B)变换电压,可以减少线路损耗

(C)变换电压,可以改善电能质量　　(D)变换电压,扩大送电距离送电

【答案】　ABD

Lc2B3025 为测量精确,电流表、电压表的内阻应(　　)。

(A)电流表的内阻应尽量大　　(B)电压表的内阻应尽量小

(C)电流表的内阻应尽量小　　(D)电压表的内阻应尽量大

【答案】　AB

Lc2B3026 所谓正弦交流电是指电路中的(　　)的大小和方向均随时间按正弦函数规律变化。

(A)电流　　(B)电压　　(C)电动势　　(D)电能

【答案】　ABC

Lc2B3027 平板电容器的电容可用公式计算,根据计算公式可知平板电容器电容的大小与(　　)有关。

(A)介电常数　　(B)电压大小　　(C)平板面积　　(D)两极板间距离

【答案】 ACD

Lc2B3028 电容器具有( )的性能。

(A)隔直流 (B)通直流 (C)通交流 (D)阻交流

【答案】 AC

Lc2B3029 下列关于行高与列宽的调整方法,说法正确的是( )。

(A)不可批量调整

(B)可以将鼠标指针指向两行行号之间的分隔线上,当鼠标指针变为双箭头形状后,按下鼠标左键拖动调整

(C)可以在行号上单击鼠标右键,在弹出的快捷菜单中选择"行高"后,输入数值精确调整

(D)可以选中多列,在某两列列标中间双击鼠标左键进行批量调整到与单元格内容匹配的宽度

【答案】 BCD

Lc2B3030 Excel2007 中,单元格的引用分为( )。

(A)相对引用 (B)绝对引用 (C)混合引用 (D)多重引用

【答案】 ABC

Lc2B3031 以下属于配电变压器的巡视内容的是( )。

(A)各部件连接点接触是否良好 (B)有无放电声

(C)有无过热变色、烧熔现象 (D)示温片是否熔化脱落

【答案】 ACD

Lc2B3032 选用电工测量仪表应考虑( )等环境条件。

(A)温度 (B)湿度 (C)外界电磁场 (D)机械振动

【答案】 ABCD

Lc2B3033 三表法测量交流阻抗中的"三表"是指( )。

(A)电压表 (B)功率表 (C)相位表

(D)频率表 (E)电流表

【答案】 ABE

Lc2B3034 客户档案包括( )等。

(A)基本信息 (B)关口及配变信息

(C)用电基本信息 (D)测量信息

【答案】 ABC

Lc2B3035 SG186 营销业务应用系统中现场周期检查服务管理界面功能包括( )。

(A)用电检查工作单打印 (B)检查计划完成情况统计

(C)检查结果登记 (D)检查周期记录

【答案】 ABCD

Lc2B3036 SG186营销业务应用系统中的合同续签功能可以完成续签供用电合同的( )等流程的管理。

(A)起草   (B)审核   (C)审批

(D)签订   (E)归档

【答案】 ABCDE

Lc2B3037 《国家电网公司变更用电及低压居民新装(增容)业务工作规范(试行)》竣工检验时限:竣工检验受理后( )内完成;对有特殊要求的用户,按照( )完成。

(A)3个工作日   (B)5个工作日

(C)7个工作日   (D)与用户约定的时间

【答案】 BD

Lc2B3038 《国家电网公司业扩报装工作规范(试行)》规定,严格供用电合同管理,落实供用电合同分级管理、( )的管理要求,参照公司统一合同文本格式,按照平等自愿的原则与客户签订合同,确保合同的有效性和合法性。

(A)平等协商   (B)分级授权   (C)授权签订   (D)及时变更

【答案】 CD

Lc2B3039 档案维护流程包括( )环节。

(A)业务受理   (B)资料核实   (C)审批   (D)业务查勘

【答案】 ABC

Lc2B3040 营销类停送电信息包括( )。

(A)违约停电   (B)窃电停电   (C)欠费停电   (D)有序用电

【答案】 ABCD

Lc2B3041 生产类停送电信息包括( )。

(A)计划停电   (B)临时停电

(C)电网故障停限电   (D)超电网供电能力停限电

【答案】 ABCD

Lc2B3042 有序用电类停送电信息应包含( )。

(A)客户名称   (B)客户编号   (C)用电地址   (D)供电电源

【答案】 ABCD

Lc2B3043 停送电信息报送管理应遵循( )的原则。

(A)全面完整   (B)真实准确   (C)规范及时   (D)分级负责

【答案】 ABCD

Lc2B3044 停电区域(设备)包括( )。

(A)停电的供电设施名称   (B)供电设施编号

(C)变压器属性(公变/专变)   (D)变压器型号

【答案】 ABC

Lc2B3045 停送电信息状态包括(　　)。

(A)有效　　　　(B)失效　　　　(C)新增　　　　(D)删除

【答案】 AB

Lc2B3046 停电范围包括(　　)。

(A)学校　　　　　　　　　　　(B)涉及的高危及重要客户

(C)专变客户　　　　　　　　　(D)医院

【答案】 ABCD

Lc2B3047 以下属于生产类停送电信息应填写的主要内容是(　　)。

(A)供电单位　　　　　　　　　(B)停送电变更时间

(C)停送电信息状态　　　　　　(D)变压器型号

【答案】 ABC

Lc2B3048 现场送电类型包括(　　)。

(A)全部送电　　　(B)部分送电　　　(C)延迟送电　　　(D)未送电

【答案】 ABD

Lc2B3049 以下钢管杆倾斜度为钢管杆危急缺陷的是(　　)%。

(A)1　　　　　(B)2　　　　　(C)3　　　　　(D)4

【答案】 BCD

Lc2B3050 架空电力线路使用的绝缘子,架设前应进行外观检查,应符合的规定有(　　)。

(A)瓷件与铁件组合无歪斜现象,且结合紧密

(B)铁件镀锌良好

(C)瓷釉光滑

(D)无毛刺、缺釉、斑点、烧痕、气泡或瓷釉烧坏等缺陷

【答案】 ABC

Lc2B3051 在最大风偏情况时,以下架空绝缘导线水平距离构成危急缺陷的是(　　)m。

(A)0.5　　　　　(B)1　　　　　(C)1.5　　　　　(D)2

【答案】 AB

Lc2B3052 在最大弧垂情况时,以下架空绝缘导线水平距离构成危急缺陷的是(　　)m。

(A)0.5　　　　　(B)1　　　　　(C)1.5　　　　　(D)2

【答案】 ABC

Lc2B3053 DL/T1053—2007《电能质量 技术监督规程》规定技术监督是指在(　　)过程中,以安全和质量为中心,对电力设备的健康水平及与安全、质量、经济运行有关的重要参数、性能、指标进行监测与控制,以确保其在安全、优质、经济的工作状态下运行。

(A)电力基建　　　　　　　　　(B)生产

(C)电能的传输和使用　　　　　(D)营销

【答案】 ABC

Lc2B3054 DL/T1053—2007《电能质量 技术监督规程》规定技术监督是指以安全和质量为中心,依据国家、行业有关标准、规程,利用先进的(   )手段,对电力设备的健康水平及与安全、质量、经济运行有关的重要参数、性能、指标进行监测与控制,以确保其在安全、优质、经济的工作状态下运行。

(A)测试   (B)管理   (C)监测   (D)监督

【答案】 AB

Lc2B3055 DL/T1053—2007《电能质量 技术监督规程》规定电能质量的监测分为(   )三种。

(A)连续监测   (B)不定时监测   (C)专项监测   (D)特殊监测

【答案】 ABC

Lc2B3056 DL/T1053—2007《电能质量 技术监督规程》规定,频率偏差技术监督的范围包括(   )。

(A)电网企业   (B)发电企业   (C)用户   (D)建设单位

【答案】 ABC

Lc2B3057 DL/T1053—2007《电能质量 技术监督规程》规定,频率偏差技术监督的设备一般为(   )等。

(A)发电机组   (B)电网低频减载装置

(C)频率测量记录仪表   (D)用户

【答案】 ABC

Lc2B3058 DL/T1053—2007《电能质量 技术监督规程》规定,电压偏差技术监督的范围包括(   )。

(A)电网企业   (B)发电企业   (C)用户   (D)建设单位

【答案】 ABC

Lb2B3059 按照 DL/T1053—2007《电能质量 技术监督规程》规定,100 kV·A 以下电力用户,在用户高峰负荷时变压器高压侧功率因数以下数值合格的是(   )。

(A)0.9   (B)0.85   (C)0.95   (D)0.99

【答案】 ACD

Lc2B3060 计划具有(   )等特点。

(A)预见性   (B)可行性   (C)指令性   (D)指导性

【答案】 ABD

Lc2B3061 计划管理就是计划的(   )的过程。

(A)编制   (B)执行   (C)调整   (D)考核

【答案】 ABCD

Lc2B3062 (   )是绩效管理最重要的两个主体。

(A)职工   (B)管理者   (C)领导   (D)员工

【答案】 BD

Lc2B3063 （   ）需要管理者和员工共同参与。

(A)绩效面谈　　　　(B)绩效计划　　　　(C)绩效反馈　　　　(D)绩效改进

【答案】　CD

Lc2B3064 （   ）是相互协调的两个方面。

(A)目标管理　　　　(B)绩效管理　　　　(C)决策管理　　　　(D)民主管理

【答案】　AB

Lc2B3065 班组安全管理目标的具体化由（   ）负责完成。

(A)五大员　　　　　(B)班组长　　　　　(C)安全员　　　　　(D)员工

【答案】　BC

Lc2B3066 国家电网公司发展布局是以电网业务为核心,以（   ）为支柱。

(A)产业　　　　　　(B)金融　　　　　　(C)国际业务　　　　(D)经济

【答案】　ABC

Lc2B3067 国家电网公司战略方针是:（   ）、数字化、国际化。

(A)集团化　　　　　(B)集约化　　　　　(C)标准化　　　　　(D)精益化

【答案】　ABCD

Lc2B3068 国家电网公司发展根本保障是:坚持党的全面领导,加强（   ）。

(A)队伍建设　　　　(B)法制建设　　　　(C)文化建设　　　　(D)品牌建设

【答案】　ABCD

Lc2B3069 电网发展理念是（   ）、高效。

(A)安全　　　　　　(B)优质　　　　　　(C)经济　　　　　　(D)绿色

【答案】　ABCD

Lc2B3070 国家电网公司科学发展的基本工作思路是"三抓一创、内质外形",其中"三抓一创"指的是（   ）、创一流。

(A)抓管理　　　　　(B)抓队伍　　　　　(C)抓发展　　　　　(D)抓服务

【答案】　ABC

3.2.3 判断题

La2C3001 用理想元件代替实际电器设备而构成的电路模型,叫电路图。（√）

La2C3002 用电压表测量电压时,必须与被测电路串联;用电流表测量电流时,必须与被测电路并联。（×）

La2C3003 没有电压就没有电流,没有电流也就没有电压。（×）

La2C3004 电源电动势的方向是由低电位指向高电压。（√）

La2C3005 将各种形式的能量转换成电能的装置,通常是电路的能源叫电源。（√）

La2C3006 电源是将其他形式的能转换成电能的一种转换装置。（√）

La2C3007 电源电动势的实际方向是由低电位指向高电位。（√）

La2C3008　当电源内阻为零时,电源电动势的大小等于电源的端电压。（√）

La2C3009　电源是输出电能的设备,负载是消耗电能的设备。（√）

La2C3010　节点定律也叫基尔霍夫第一定律。（√）

La2C3011　基尔霍夫第一定律又称节点电流定律,它表明流过任一节点的电流的代数和为零。（√）

La2C3012　对于电路中的任一节点来说,流进节点的所有电流之和必须大于流出节点的所有电流之和。（×）

La2C3013　基尔霍夫第一定律又称节点电流定律,它的内容是:流入任一节点的电流之和,等于流出该节点的电流之和。（√）

La2C3014　基尔霍夫第一定律是指在同一刻流入和流出任一节点的电流的代数和等于零。（√）

La2C3015　在电路节点上,任一瞬间流入电流的代数和等于流出电流的代数和。（√）

La2C3016　复数形式的基尔霍夫两定律为:$\sum U=0,\sum I=0$。（√）

La2C3017　电路中任一节点的电流代数和等于零。（√）

La2C3018　基尔霍夫第二定律是:沿任一回路环绕一周,回路中各电位升之和必定等于各电位降之和。（√）

La2C3019　基尔霍夫第二定律是指在任一闭合回路内各段电压的代数和等于零。（√）

La2C3020　正弦交流电中的角频率就是交流电的频率。（×）

La2C3021　正弦交流电的三要素是最大值、初相位、角频率。（√）

La2C3022　交流电的周期和频率互为倒数。（√）

La2C3023　使用 Word2007 的分栏功能,可以将所选段落设置为不等宽的两栏。（√）

La2C3024　在 Word2007 中,单击"页面布局"选项卡"页面设置"组中的"分隔符"按钮,可在文档中插入分页符。（√）

La2C3025　在 Word2007 编辑状态下,单击"页面布局"选项卡"页面背景"组中"页面颜色"按钮,可为选定的段落添加底纹效果。（×）

La2C3026　在 Word2007 编辑状态下,单击"页面布局"选项卡"页面背景"组中"页面边框"按钮,可为选定的段落添加边框。（×）

La2C3027　在 Word2007 中,只能使用"开始"选项卡"段落"组中的工具栏按钮,设置段落格式。（×）

La2C3028　在 Word2007 中,段落标记保留该段落的格式设置信息。（√）

La2C3029　在 Word2007 中,将插入点设置到文档的某个段落中,设置对齐方式及行间距,则只对插入点所在段落设置段落格式。（√）

La2C3030　在 Word2007 中,对文档中的某个段落设置字符格式,应先执行的操作是选定。（√）

La2C3031　在 Word2007 的普通视图方式下,无法显示水平标尺。（×）

La2C3032　在 Word2007 中,插入页眉后,清除"页眉和页脚工具设计"选项卡"选项"组中"奇偶页不同"复选框中的选中标记,即可为奇、偶页设置不同的页眉和页脚信息。(×)

La2C3033　在 Word2007 的编辑状态下,单击"页面布局"选项卡"页面设置"组中的工具按钮,可以设置纸张的大小、页边距。(√)

La2C3034　在打印文档前,单击"快速访问工具栏"中的"打印预览"工具按钮,可查看文档各页面的输出状况。(√)

La2C3035　在 Word2007 中,打印文档前,建议使用打印预览功能,查看整个文档的排版及输出效果。(√)

La2C3036　在 Word2007 中,绘制的多个形状,先绘制的形状在最上层,后绘制的形状在最下层。(×)

La2C3037　在 Word2007 中,插入艺术字后,可重新设置艺术字的样式。(√)

La2C3038　在 Word2007 中,可以对表格中的单元格进行合并或拆分操作。(√)

La2C3039　如果在工作表中插入一列,则工作表中的总列数将会增加一个。(×)

La2C3040　被保护的工作表可以通过"另存为"获得一份新的撤销保护的工作表。(×)

La2C3041　Excel2007 的工作表最多有 256 列。(×)

La2C3042　在 Excel2007 中,不能在不同的工作簿之间移动或复制工作表。(×)

La2C3043　在工作表的名称框中输入 A:A,能选定 A 列。(√)

La2C3044　在 Excel2007 中进行单元格复制时,无论单元格是什么内容,复制出来的内容与原单元格总是一致。(×)

La2C3045　要使单元格的列宽正好显示出数据,可以双击列标之间的分隔线。(√)

La2C3046　为不同单元格设置不同显示方式可以使用条件格式。(√)

La2C3047　在使用函数进行运算时,如果不需要参数,则函数后面的括号可以省略。(×)

La2C3048　Excel2007 中,删除工作表中与图表链接的数据时,图表将不会发生变化。(×)

La2C3049　Excel2007 的图表必须与生成该图表的有关数据处于同一张工作表上。(×)

La2C3050　图表只能和数据放在同一个工作表中。(×)

La2C3051　Excel2007 的图表不能与生成该图表的有关数据处于同一张工作表上。(×)

La2C3052　Excel2007 中,同一工作表中的数据才能进行合并计算。(×)

La2C3053　建立数据透视表后,将不能更改布局。(×)

La2C3054　在数据透视表字段列表中,可以分辨出哪些字段已经显示在报表中。(√)

La2C3055　当生成数据透视表的源数据发生变化时,会自动地反映到数据透视表中。(×)

La2C3056　当显示模式为页面布局模式时,可以编辑页眉页脚。(√)

La2C3057　PowerPoint2007 可以上网下载模板文件。(√)

La2C3058　不可以在幻灯片中插入艺术字。(×)

La2C3059　可以在幻灯片中插入声音和影像。(√)

La2C3060　用户可以创建自己的主题颜色和主题字体,但不能创建自己的主题效果。(√)

La2C3061　PowerPoint2007 演示文稿如果是应用模板生成的,通常只会有一张标题幻灯片。(√)

La2C3062　在普通视图的"幻灯片"选项卡中,用鼠标右键单击某张幻灯片。在弹出的快捷菜单中选择"复制幻灯片"命令,无须粘贴即可生成一张新的幻灯片。(√)

La2C3063　在 PowerPoint2007 中,可以对普通文字进行三维效果设置。(√)

La2C3064　不可以在幻灯片中插入剪贴画和绘制形状。(√)

La2C3065　在 PowerPoint2007 中,可在利用绘图工具绘制的图形中加入文字。(√)

La2C3066　PowerPoint2007 对插入的图片可以调整亮度和对比度。(√)

La2C3067　在 PowerPoint2007 中,当新插入的剪贴画遮挡住原来的对象时,只能删除这个剪贴画,更换大小合适的剪贴画。(×)

La2C3068　在 PowerPoint2007 中,超级链接的颜色设置是无法改变的。(×)

La2C3069　在 PowerPoint2007 中,如果要排练计时发挥作用,需要采用"手动"换片方法。(×)

La2C3070　一般电压表都有两个以上的量程,是在表内并入不同的附加电阻所构成。(×)

La2C3071　一般电流表都有两个以上的量程,是在表内并入不同阻值的分流电阻所构成。(√)

La2C3072　利用串联电阻的办法可以扩大电压表的量程;利用并联电阻的办法可以扩大电流表的量程。(√)

La2C3073　交流电流通过某电阻,在一周期时间内产生的热量,如果与一直流电流通过同一电阻、在同一时间内产生的热量相等,则这一直流电的大小就是交流电的最大值。(×)

La2C3074　交流电流在导体内趋于导线表面流动的现象叫集肤效应。(√)

La2C3075　交流电有效值实质上是交流电压或交流电流的平均值。(×)

La2C3076　交流电的平均值,是指交流电一个周期内的平均值。(√)

La2C3077　纯电阻单相正弦交流电路中的电压与电流,其瞬时值遵循欧姆定律。(√)

La2C3078　在交流电路中,磁通与电压的关系是滞后90°。(√)

La2C3079　最大值是正弦交流电在变化过程中出现的最大瞬时值。(√)

La2C3080　两个同频率正弦量相等的条件是最大值相等。(×)

La2C3081　电阻两端的交流电压与流过电阻的电流相位相同,在电阻一定时,电流与电压成正比。(√)

La2C3082　直流耐压为 220 V 的交直流通用电容器也可以接到交流 220 V 的电源上使用。(×)

La2C3083　在电阻 R 两端加 10 V 直流电压,消耗功率为 4 W,若在该电阻上加 $U=10\sin 3.14t$ V 的交流电,则消耗的功率也为 4 W。(×)

La2C3084　在电工技术中,一般讲到交流电动势、电压和电流都是指有效值,分别用符号 E、U、

I 表示。（√）

La2C3085　若电流的大小和方向随时间变化,此电流称为交流电。（√）

La2C3086　两个同频率的正弦量同时达到最大值,这两个正弦量称为反相。（√）

La2C3087　两交流电之间的相位差说明了两交流电在时间上超前或滞后的关系。（√）

La2C3088　交流电的超前和滞后,只是对同频率的交流电而言,不同频率的交流电,不能说超前和滞后,也不能进行相量运算。（√）

La2C3089　在纯电阻电路中,外加正弦交流电压时,电路中有正弦交流电流,电流与电压的频率相同,相位也相同。（√）

La2C3090　在纯电感单相交流电路中,电压超前电流 90°相位角;在纯电容单相交流电路中,电压滞后电流 90°相位角。（√）

La2C3091　PowerPoint2007 在添加幻灯片切换效果时,默认是为全部幻灯片设置幻灯片的切换效果。（×）

La2C3092　在幻灯片放映时,没有设计动画效果的对象最先出现。（√）

La2C3093　PowerPoint2007 中,幻灯片中加入演讲者的原音讲解,可通过在幻灯片中加入旁白实现。（√）

La2C3094　幻灯片放映视图意味着幻灯片一定全屏显示。（×）

La2C3095　观众自行浏览模式放映时,幻灯片出现在一个可缩放的窗口中,放映过程中可用鼠标控制幻灯片的播放。（×）

La2C3096　在 PowerPoint2007 中,可通过"动画"选项卡"切换到此幻灯片"组设定"无切换效果",以移除幻灯片的换页特效。（√）

La2C3097　若需变更或增设安全措施,应填用新的工作票,并重新履行签发、许可手续。（√）

La2C3098　在出线到用电负荷中,使用主干大截面电缆出线,然后在接近负荷时使用电缆分支箱,由小截面电缆接入负荷。（√）

La2C3099　带电可触摸与带电不可触摸的电缆分支箱,以采用可触摸硅橡胶电缆接头较为理想。（×）

La2C3100　额定电压 U 介于 6～35 kV 之间的电缆为中压电缆。（√）

La2C3101　同一高压配电站、开闭所内,全部停电或属于同一电压等级、同时停送电的几个电气连接部分上的工作,可使用一张配电第一种工作票。（×）

La2C3102　用计算机生成或打印的工作票可不使用统一的票面格式。（×）

La2C3103　方框符号通常用于组合表示法的电气图中,也可用在示出全部输入和输出接线的电气图中。（×）

La2C3104　在直流电路中,电流的频率为零,电感的感抗为无穷大,电容的容抗为零。（×）

La2C3105　在电容器的两端加上直流电时,阻抗为无限大,相当于"开路"。（√）

La2C3106　电容器具有阻止交流电通过的能力。（×）

La2C3107　大小和方向均随时间周期性变化的电压或电流,叫正弦交流电。（×）

La2C3108 电容越大容抗越大。（×）

La2C3109 给电容器充电就是把直流电能储存到电容器内。（√）

La2C3110 中性点不接地电力网单相接地电流较小,容易实现灵敏而有选择性的接地继电保护。（×）

La2C3111 各种电气设备都是按额定电压设计和制造的,只有在额定电压下运行,电气设备才能获得最佳的效益和性能。（√）

La2C3112 在电路中只要没有电流通过,就一定没有电压。（×）

La2C3113 理想电压源与理想电流源的外特性曲线是垂直于坐标轴的直线,两者是不能进行等效互换的。（√）

La2C3114 从能量的观点来看,电源就是其他形式的能转化为电能的装置。（√）

La2C3115 恒流源的电流不随负载而变,电流对时间的函数是固定的,而电压随与之连接的外电路不同而不同。（√）

La2C3116 基尔霍夫电压定律指出:在直流回路中,沿任一回路方向绕行一周,各电源电势的代数和等于各电阻电压降的代数和。（√）

La2C3117 基尔霍夫第二定律(电压定律)指明的是:电路中,沿任一回路循一个方向,在任一时刻其各段的电压代数和恒等于零。（√）

La2C3118 在用跌落式开关对分支线路停电时,应对分支线路所带的配电变压器进行逐台停电,最后拉开分支跌落式开关,并取下熔丝管。（√）

La2C3119 对难以做到与电源完全断开的检修线路、设备,可拆除其与电源之间的电气连接。（√）

La2C3120 可以在只经断路器(开关)断开且未接地的高压配电线路或设备上工作。（×）

Lb2C3001 客户反映问题与实际情况不符的,为"不属实、非供电企业责任投诉"投诉。（√）

Lb2C3002 客户提供的线索不全,无法进行追溯或调查核实的,为"不属实、非供电企业责任投诉"投诉。（√）

Lb2C3003 明显存在歪曲、捏造事实的,为"不属实、非供电企业责任投诉"投诉。（√）

Lb2C3004 95598 客户投诉承办部门对业务分类、超时、回访满意度等存在异议时,由各地市公司、国网电动汽车公司发起,以省公司、国网电动汽车公司为单位向国网客服中心提出初次申诉。（√）

Lb2C3005 在电力系统正常状况下,供电企业供到用户受电端的供电电压允许偏差为:35 kV 及以上电压供电的,电压正、负偏差的绝对值之和不超过额定值的 10%。（√）

Lb2C3006 在电力系统正常状况下,供电企业供到用户受电端的供电电压允许偏差为:10 kV 及以下三相供电的,为额定值的 ±7%。（√）

Lb2C3007 在电力系统正常状况下,供电企业供到用户受电端的供电电压允许偏差为:220 V 单相供电的,为额定值的 +7%,−10%。在电力系统非正常状况下,用户受电端的电压最大允许偏差不应超过额定值的 ±10%。（√）

Lb2C3008　计划检修停电应提前 7 天。（√）

Lb2C3009　临时检修停电应提前 24 h。（√）

Lb2C3010　供电设备跳闸停电后,配网抢修指挥相关班组应在 15 min 内向国网客服中心报送停电信息。（√）

Lb2C3011　超电网供电能力需停电时原则上应提前报送停限电范围及停送电时间,无法预判的停电拉路应在执行后 15 min 内报送停限电范围及停送电时间。（√）

Lb2C3012　超电网供电能力现场送电后,应在 10 min 内填写送电时间。（√）

Lb2C3013　停送电信息内容发生变化后 10 min 内更新系统信息,并记录变更类型、变更说明、变更后停送电时间等,以便及时答复客户。（√）

Lb2C3014　对客户因窃电、违约用电、欠费等原因实施的停电,应及时在营销业务系统中应用维护停电标志。（√）

Lb2C3015　省公司按照省级政府电力运行主管部门的指令启动有序用电方案,提前 1 天向有关用户发送有序用电指令。（√）

Lb2C3016　知识管理工作内容主要包括:知识采集发布、知识下线、分析与完善等。（√）

Lb2C3017　各省公司在接到或发起知识采集任务后 4 个工作日内在知识库系统中完成知识编辑、审核工作。（√）

Lb2C3018　测量线路的电压时要把电压表串入电路。（×）

Lb2C3019　对同一电压等级、同类型、相同安全措施且依次进行的数条配电线路上的带电作业,可使用一张配电带电作业工作票。（√）

Lb2C3020　电缆分支箱安装后,必须按照有关规定的试验标准和条件,对电缆和组件一起进行试验。（√）

Lb2C3021　箱式变电站是指将高低压开关设备和变压器共同安装于一个封闭箱体内的户外配电装置。（√）

Lb2C3022　欧式箱式变电站,三部分各为一室,组成"目"或"品"字结构。（√）

Lb2C3023　10 kV 开闭所在不改变电压等级的情况,下,对电能进行二次分配,为周围用户提供供电电源。（√）

Lb2C3024　配电室变压器外的配电设备、低压线路应根据最终负荷水平情况一次性规划、改造到位。（√）

Lb2C3025　高压计量箱是直接测量高压线路中有功和无功电能的计量设备。（√）

Lb2C3026　电缆屏蔽层,在正常运行时通过短路电流,当发生短路时,作为电容电流的通道,同时也起到屏蔽电场的作用。（×）

Lb2C3027　省公司、国网电动汽车公司与国网客服中心初次申诉结果不一致时,由省公司营销部、国网电动汽车公司向国网营销部提出最终申诉,国网营销部做出最终认定。（√）

Lb2C3028　服务类、营业类、停送电类投诉,客户针对同一事件在首次投诉办结后,连续 2 个月

内投诉 3 次及以上且属实的,由上一级单位介入调查处理。(√)

Lb2C3029　供电质量和电网建设类投诉,客户针对同一事件在首次投诉办结后,连续 6 个月内投诉 3 次及以上且属实的,由上一级单位介入调查处理。(√)

Lb2C3030　投诉证据包括书面证据、视听资料、媒体公告、短信等,原则上每件投诉证据材料合计存储容量不超过 10M。(√)

Lb2C3031　投诉证据保存:合同、业务受理申请单等与客户营业档案相关的书面证据,按照营业档案资料存档的要求执行。(√)

Lb2C3032　投诉证据保存:客户信函原件按照档案管理的相关规定执行。(√)

Lb2C3033　投诉证据保存:其他与 95598 客户投诉相关的证据材料,形成电子文档后,作为95598 客户投诉工单附件。(√)

Lb2C3034　投诉证据保存:重要、一般投诉证据保存年限为 3 年,特殊、重大投诉证据保存年限为 5 年,超过保存年限的投诉证据按照保密材料销毁要求执行。(√)

Lb2C3035　客户反映公司对外公布的电话服务不通畅、不便捷的情况,应派发意见工单。(√)

Lb2C3036　客户反映营业厅设施没有达到要求或存在问题的情况,客户反映营业厅服务未达到要求,应派发意见工单。(√)

Lb2C3037　客户反映电费代收网点营业设施不合理、系统不稳定的情况,应派发意见工单。(√)

Lb2C3038　客户反映未收到电力短信的情况,应派发意见工单。(√)

Lb2C3039　客户反映电力短信发送错误的情况,应派发意见工单。(√)

Lb2C3040　客户对供电公司执行的电价电费标准、电费违约金收取及标准存有异议,或客户对电价执行错误未及时弥补、拒收现金、计算错误等问题有异议且无投诉意愿,应派发意见工单。(√)

Lb2C3041　客户对供电公司抄表时间、抄表周期存在意见,要求调整,以及反映未抄、错抄、估抄、漏抄等抄表差错的问题且无投诉意愿,应派发意见工单。(√)

Lb2C3042　客户对轮换、户表改造时间、费用、质量、设备归属等方面存有异议,对表箱、空开、表前线等表计以外的配套设施改造存有异议,或客户反映计量人员非红线违规问题且无投诉意愿,应派发意见工单。(√)

Lb2C3043　客户反映窃电处理的电量电费不合理、责任划分不满意、供电公司在处理窃电行为过程中存在服务态度或规范问题,应派发意见工单。(√)

Lb2C3044　客户对停电安排存有异议的情况,或客户反映停电信息公告不准确、不及时且无投诉意愿,应派发意见工单。(√)

Lb2C3045　客户反映故障处理后现场存有安全隐患或未彻底修复故障的情况,应派发意见工单。(√)

Lb2C3046　客户反映现场处理故障的时间太长、效率低下的情况,应派发意见工单。(√)

Lb2C3047　频繁停电或长期未得到改善、处理不彻底等问题且客户无投诉意愿,应派发意见工

单。（√）

Lb2C3048　多户经常出现电压高、低或电压不稳,或长期没有得到改善、处理不彻底且客户无投诉意愿等问题,应派发意见工单。（√）

Lb2C3049　客户反映因电网建设未及时清理施工废弃物,影响客户日常生产、生活,客户经济利益、人身未受到直接损害的情况或客户无投诉意愿,应派发意见工单。（√）

Lb2C3050　低压工作票,对在同一天的多条低压架空线路或设备上的工作,可使用一张工作票。（×）

Lb2C3051　已终结的工作票(含工作任务单)、故障紧急抢修单、现场勘察记录至少应保存 2 年。（×）

Lb2C3052　工作票由工作负责人填写,也可由工作票签发人填写。（√）

Lb2C3053　工作票、故障紧急抢修单采用手工方式填写时,应用黑色或蓝色的钢(水)笔或圆珠笔填写和签发,至少一式两份。（√）

Lb2C3054　供电服务指挥系统,支撑运检、营销、调度业务。（√）

Lb2C3055　供电服务指挥系统中:国网下派疑似停电预警工单根据供电单位、受理时间、设备名称、工单状态、用户编号等条件进行查询。（√）

Lb2C3056　供电服务指挥系统中:抢修指挥是以抢修业务为主,通过调取调度自动化、配电自动化、用电信息采集、故障指示器、智能开关主站、漏电保护等系统设备运行数据。（×）

Lb2C3057　供电服务指挥系统中:一方面为日常设备运行监控提供依据,另一方面实现故障信息快速获取、精准研判、准确定位与资源调配目的,可主动派发抢修工单,提高抢修效率和服务水平。（√）

Lb2C3058　供电服务指挥系统会根据停电信息的停电设备来决定发送的人员,并可以根据短信模板编辑短信内容。（√）

Lb2C3059　供电服务指挥系统中线路监控模块,可对监测到的线路查看曲线图、召测、停电信息编译,不能发布主动工单。（×）

Lb2C3060　供电服务指挥系统中全线路配变召测不能对线路下所有配变进行召测。（×）

Lb2C3061　客户投诉包括服务投诉、营业投诉、停送电投诉、供电质量投诉、电网建设投诉五类。（√）

Lb2C3062　服务投诉指供电企业员工在工作场所或工作过程中服务行为不规范、公司服务渠道不畅通等引发的客户投诉,主要包括员工服务态度、服务行为规范(不含抢修、施工行为)、窗口营业时间、服务项目、服务设施、省公司自主运营电子渠道服务平台管理等方面。（√）

Lb2C3063　营业投诉指供电企业在处理具体营业业务过程中存在工作超时限、疏忽、差错等引发的客户投诉,主要包括业扩报装、用电变更、抄表催费、电费电价、电能计量、业务收费、充电业务等方面。（√）

Lb2C3064 停送电投诉指供电企业在停送电管理、现场抢修服务等过程中发生服务差错引发的客户投诉,主要包括停送电信息公告、停电计划执行、抢修质量(含抢修行为)、增值服务等方面。(√)

Lb2C3065 供电质量投诉指供电企业向客户输送的电能长期存在电压偏差、频率偏差、电压不平衡、电压波动或闪变等供电质量问题,影响客户正常生产生活秩序引发的客户投诉,主要包括电压质量、供电频率、供电可靠性等方面。(√)

Lb2C3066 电网建设投诉指供电企业在电网建设(含施工行为)过程中存在供电设施改造不彻底、电力施工不规范等问题引发的客户投诉,主要包括输配电供电设施安全、供电能力、农网改造、施工人员服务态度及规范、施工现场恢复等方面。(√)

Lb2C3067 按照客户投诉受理渠道,可将客户投诉分为95598客户投诉和非95598客户投诉。(√)

Lb2C3068 据客户投诉的重要程度及可能造成的影响,将客户投诉分为特殊、重大、重要、一般四个等级。(√)

Lb2C3069 特殊投诉:公司规定的质量事件中的五级质量事件。(√)

Lb2C3070 重大投诉:省级或副省级媒体关注或介入的客户投诉事件。(√)

Lb2C3071 重要投诉:省会城市、副省级城市外的地市媒体关注或介入的客户投诉事件。(√)

Lb2C3072 重要投诉:公司规定的质量事件中的七级和八级质量事件。(√)

Lb2C3073 一般投诉:影响程度低于特殊、重大、重要投诉的其他投诉。(√)

Lb2C3074 特殊投诉由公司总部有关部门按业务管理范围归口处理。(√)

Lb2C3075 重大投诉由省公司本部、国网电动汽车公司有关部门按业务管理范围归口处理。(√)

Lb2C3076 重要投诉由国网电动汽车公司、地市公司本部有关部门按业务管理范围归口处理。(√)

Lb2C3077 一般投诉由国网电动汽车公司及所属地市、县公司有关部门按业务管理范围归口处理。(√)

Lb2C3078 国网客服中心受理客户投诉时,应初步了解客户投诉的原因,尽量缓和、化解矛盾,安抚客户,做好解释工作。(√)

Lb2C3079 若客户明确表示其权益受到损害,要详细记录客户所属区域、投诉人姓名、联系电话、投诉时间、客户投诉内容、客户编号("e充电"账号、充电卡号)、是否要求回复(回访)等信息,根据客户反映的内容判断投诉级别,并尊重和满足投诉人保密要求。(√)

Lb2C3080 国网客服中心应在客户挂断电话后20 min内完成投诉工单填写、审核、派单。(√)

Lb2C3081 国网客服中心针对不符合退单标准的投诉工单,应详细填写退单原因并将工单回退;针对符合退单标准的投诉工单,应详细填写修改原因并将工单改类或修改投诉工单子类重新派发。(√)

Lb2C3082 经国网客服中心退单分理环节复核后改派为其他类型的原投诉工单不纳入省公司、国网电动汽车公司投诉业务量统计。（√）

Lb2C3083 PMS系统、供电服务指挥系统与95598业务支持系统贯通融合后，可通过95598业务支持系统判别为同一停电事件导致的频繁停电投诉，在已派发投诉工单的前提下，后续24 h内对同一诉求按台区进行合并，派发意见工单并进行关联和标注。（√）

Lb2C3084 如客户来电要求撤销投诉，国网客服中心应如实记录客户诉求，咨询办结并与前期工单关联，前期投诉工单按正常流程办理，不得办结。（√）

Lb2C3085 如研判为客户诉求不属于投诉范畴或投诉子类不符，可填写原因后进行退单，最多可回退2次。（√）

Lb2C3086 对于二次投诉工单退单分理结果，仍有不同意见的，不得再次退单，工单派发同时申请发起"业务分类错误—客服专员责任"类型最终申诉，由国网营销部最终认定。（√）

Lb2C3087 地市、县公司接收客户投诉工单后，应在2个小时内完成接单转派或退单，如可直接处理，按照业务处理时限要求完成工单回复工作。（√）

Lb2C3088 投诉工单接收单位应将工单回退至派发单位，重新派发：国网客服中心记录的客户信息有误或核心内容缺失，接单部门无法处理的。（√）

Lb2C3089 投诉工单接收单位应将工单回退至派发单位，重新派发：对于业务分类或投诉工单一、二、三级分类错误的。（√）

Lb2C3090 投诉工单接收单位应将工单回退至派发单位，重新派发：同一客户、同一诉求在业务办理时限内，国网客服中心再次派发的投诉工单。（√）

Lb2C3091 投诉工单接收单位应将工单回退至派发单位，重新派发：特殊客户的诉求。（√）

Lb2C3092 承办部门从国网客服中心受理客户投诉（客户挂断电话）后24 h内联系客户（除保密工单外），4个工作日内按照有关法律法规、公司相关要求进行调查、处理，答复客户，并反馈国网客服中心。（√）

Lb2C3093 如遇特殊情况，投诉处理时限按上级部门要求的时限办理。（√）

Lb2C3094 重大、重要投诉，承办部门按照优先处理的原则开展调查、落实，每日向上级主管部门汇报一次工作进度。（√）

Lb2C3095 国网客服中心、省营销服务中心，国网电动汽车公司，地市、县公司逐级对回单质量进行审核，对回单内容或处理意见不符合要求的，应注明原因后将工单回退至投诉处理部门再次处理。（√）

Lb2C3096 国网客服中心工单回复审核时发现工单回复内容存在以下问题，应将工单回退：回复工单中未对客户投诉的问题进行答复或答复不全面的。（√）

Lb2C3097 国网客服中心工单回复审核时发现工单回复内容存在以下问题，应将工单回退：除保密工单外，未向客户反馈调查结果的。（√）

Lb2C3098 国网客服中心工单回复审核时发现工单回复内容存在以下问题,应将工单回退:应提供而未提供相关 95598 客户投诉处理依据的。（√）

Lb2C3099 国网客服中心工单回复审核时发现工单回复内容存在以下问题,应将工单回退:承办部门回复内容明显违背公司相关规定或表述不清、逻辑混乱的。（√）

Lb2C3100 国网客服中心统一对通过审核的 95598 客户投诉开展回访工作。（√）

Lb2C3101 对于特殊、重大投诉,由于客户原因导致回访不成功的,国网客服中心回访工作应满足:不少于 5 天,每天不少于 3 次,每次回访时间间隔不小于 2 h。（√）

Lb2C3102 如果确因客户原因回访不成功的投诉工单,应在"回访内容"中写明失败原因,经国网客服中心业务处理部门批准后办结工单。（√）

Lb2C3103 客服专员在回访客户前应熟悉工单回复内容,将工单回复的核心内容回访客户,不得以阅读工单的方式回访客户。遇客户不便接受回访时应与客户约定下次回访时间。（√）

Lb2C3104 回访时存在以下问题,应将工单回退:工单填写存在不规范。（√）

Lb2C3105 回访时存在以下问题,应将工单回退:回复结果未对客户诉求逐一答复。（√）

Lb2C3106 回访时存在以下问题,应将工单回退:回复结果违反有关政策法规。（√）

Lb2C3107 回访时存在以下问题,应将工单回退:客户表述内容与承办部门回复内容不一致,且未提供支撑说明。（√）

Lb2C3108 供电服务指挥系统中已经处理的但还没结束的工单会出现在历史工作单中。（×）

Lb2C3109 因客户原因或第三方(银行、支付宝、电费充值卡、微信、第三方缴费网点)责任造成客户交费差错,协助电费退回的业务,应派发服务申请工单。（√）

Lb2C3110 供电服务指挥系统中配变异常工单核实结果分类为可治理－需立项时工单会继续流转。（×）

Lb2C3111 供电服务指挥系统中,停电信息报送管理可支持新增、补录、编译、编辑和发布停电信息功能,此处新增是发布停电信息的第一步骤。（√）

Lb2C3112 供电服务指挥系统中配电线路重载是指持续 1 个小时负载率超过 80％以上的线路。（√）

Lb2C3113 供电服务指挥系统中配电线路过载是指持续 1 个小时负载率超过 100％以上的线路。（√）

Lb2C3114 供电服务指挥系统中配电线路轻载是指持续 1 个小时负载率小于 30％以上的线路。（√）

Lb2C3115 供电服务指挥系统中服务质量管控指通过业务工单办理进度和相关信息,对现场服务履约情况进行监督,对服务预约调整情况进行检查,对未能及时现场服务的工单进行督办。（√）

Lb2C3116 供电服务指挥系统中线路,配变页面中都有曲线图,统计时段的电流情况。（√）

Lb2C3117 跌落式开关污秽较为严重,但表面无明显放电属于一般缺陷。（√）

Lb2C3118 消弧线圈接地方式采用的补偿方式是欠补偿。（×）

Lb2C3119 拉、合跌落式熔断器应缓慢平稳,但用力不能过猛,以免损坏跌落式熔断器。（×）

Lb2C3120 倒闸操作可依据现场情况适当调整操作顺序。（×）

Lb2C3121 倒闸操作中发生问题时,可依据现场情况更改操作项。（×）

Lb2C3122 两台及以上配电变压器低压侧共用一个接地引下线时,任一台配电变压器停电检修,其他配电变压器也应停电。（√）

Lb2C3123 检修线路、设备停电,应把工作地段内所有可能来电的电源全部断开(任何运行中星形接线设备的中性点,可视为不带电设备)。（×）

Lb2C3124 回访时存在以下问题,应将工单回退:承办部门对 95598 客户投诉属实性认定错误或强迫客户撤诉。（√）

Lb2C3125 投诉工单进行催办:国网客服中心受理客户催办诉求后应关联被催办工单,10 分钟内派发工单。（√）

Lb2C3126 已生成工单的投诉诉求,客户再次来电要求补充相关资料等业务诉求的,需将补充内容详细记录并生成催办工单。（√）

Lb2C3127 同一投诉事件催办次数原则上不超过 2 次。（√）

Lb2C3128 在途未超时限工单,办理周期未过半的投诉工单由国网客服中心向客户解释,办理周期过半的工单由国网客服中心向各省营销服务中心、国网电动汽车公司派发催办工单。（√）

Lb2C3129 客户表示强烈不满,诉求有升级隐患或可能引发服务投诉事件等特殊情况的,办理周期未过半的工单或已催办 2 次的工单,可由国网客服中心向各省营销服务中心、国网电动汽车公司派发催办工单,规避服务风险,避免引发舆情事件。（√）

Lb2C3130 95598 客户投诉的属实性由承办部门根据处理情况如实填报。（√）

Lb2C3131 投诉按照调查情况和责任归属分为"属实、供电企业责任投诉""属实、非供电企业责任投诉"和"不属实、非供电企业责任投诉"三类。（√）

Lb2C3132 供电企业已按相关政策法规、制度、标准及服务承诺执行的,为"不属实、非供电企业责任投诉"投诉。（√）

Lb2C3133 客户反映问题无相关政策法规规定的,为"不属实、非供电企业责任投诉"投诉。（√）

Lc2C3001 国家相关法规、公司相关知识,由国网客服中心负责采集,经公司总部有关部门审核后发布。（√）

Lc2C3002 触碰供电服务"十项承诺"、员工服务"十个不准"等红线问题,无论客户是否有投诉意愿,派发投诉工单。（√）

Lc2C3003 坚强的电网是优质服务优质供电的根基。（√）

Lc2C3004 加强员工队伍的管理和培训是做好优质服务的重要保证。（√）

Lc2C3005 评价企业文化建设效果的标准只有一个,就是是否有助于推进企业的长远发展。

（√）

Lc2C3006 企业文化是企业的灵魂，是推动企业发展的不竭动力。（√）

Lc2C3007 所有企业的企业文化，都有其最基础的运营原理和最基础的价值观，对企业员工的思想、心理和行为具有约束和规范作用。（√）

Lc2C3008 国家电网公司的宗旨使服务党和国家的工作大局、服务经济社会发展、服务电力客户、服务发电企业。（×）

Lc2C3009 国家电网公司始终坚持人民电业为人民的企业宗旨，弘扬以客户为中心、专业专注、持续改善的企业核心价值观。（√）

Lc2C3010 关于书面沟通，既要强调你为阅读者做了什么，也要强调阅读者能获得什么或能做什么。（×）

Lc2C3011 关于书面沟通，除非你有把握读者会感兴趣，否则尽量少谈自己的感受。（√）

Lc2C3012 要进行有效沟通，需要进行的前期准备包括：制订计划、设立沟通的目标、预测可能遇到的异议和争执、对情况进行 SWOT 分析。（√）

Lc2C3013 在沟通中，经常会遇到异议，可采用"柔道法"站在对方的角度说服对方。（√）

Lc2C3014 要重视沟通的有效性。沟通的有效性不仅在于形式，更在于内涵。（√）

Lc2C3015 角色定义途径就是将成员的角色和角色期望进行归类。（√）

Lc2C3016 以任务为导向的途径强调团队执行任务的重要性和挑战性。（√）

Lc2C3017 团队是协作精神较强的群体。（√）

Lc2C3018 分工细密、层级森严的组织结构模式会造成组织反应迟钝、行动僵化、效率低下。（√）

Lc2C3019 团队属于高度开放、高度自主、高度民主的群体。（√）

Lc2C3020 团队就一所能够有效塑造个人、高效打造群体的学校。（√）

Lc2C3021 根据适用范围不同，标准有国家标准、行业标准、地方标准和公司标准。（×）

Lc2C3022 标准化工作主要包括编制、发布和实施标准的过程。（√）

Lc2C3023 班组规章制度应具有一定的实时性。（×）

Lc2C3024 班组长是班组安全第一责任人。（√）

Lc2C3025 安全员是班组安全第一责任人。（×）

Lc2C3026 在电网企业生产活动中，工作负责人实际上承担着工作票签发的责任。（×）

Lc2C3027 安全生产的基本方针是"安全第一、预防为主"。（√）

3.2.4 计算题

La2D3001 一直径 $D_1=3$ mm，长 $L_1=1$ m 的铜导线，被均匀拉长至 $L_2=X_1$ m（设体积不变），则此时电阻 $R_2=\_\_\_\_R_1$。

（X_1 取值范围：0.5、2、3、4、5。）

【答】 计算公式：

$$R_2 = \left(\frac{L_2}{L_1}\right)^2 R_1 = X_1{}^2 R_1$$

La2D3002 将 $U = 220$ V、$P = 100$ W 的灯泡接在 220 V 的电源上,允许电源电压波动 $\pm X_1$ %,则最高电压时灯泡的实际功率 $P_{max} = $ ____ W 和最低电压时灯泡的实际功率 $P_{min} = $ ____ W。

(X_1 取值范围:2、4、5、10。)

【答】 计算公式:

$$P_{max} = \frac{[U(1+X_1)]^2}{\dfrac{U^2}{P}} = (1+X_1)^2 P = 100\,(1+X_1)^2$$

$$P_{min} = \frac{[U(1-X_1)]^2}{\dfrac{U^2}{P}} = (1-X_1)^2 P = 100\,(1-X_1)^2$$

La2D3003 有一只电动势为 $E = X_1$ V、内阻为 $R_0 = 0.1$ Ω 的电池,给一个电阻为 $R = 4.9$ Ω 的负载供电,求电池产生的功率为 $P_1 = $ ____ W,电池输出的功率 $P_2 = $ ____ W,电池的效率 $\eta = $ ____。

(X_1 取值范围:1、2、3、4、5。)

【答】 计算公式:

$$P_1 = \frac{E^2}{R+R_0} = \frac{X_1^2}{4.9+0.1} = \frac{X_1^2}{5} = 0.2X_1^2$$

$$P_2 = \left(\frac{E}{R+R_0}\right)^2 R = 4.9 \times \left(\frac{X_1}{4.9+0.1}\right)^2 = \frac{4.9X_1^2}{25} = 0.196X_1^2$$

$$\eta = \frac{P_2}{P_1} = \frac{0.196X_1^2}{0.2X_1^2} \times 100\,\% = 98\%$$

La2D3004 在磁感应强度 $B = 0.6$ T 的磁场中有一条有效长度 $L = 0.15$ m 的导线,导线在垂直于磁力线的方向上切割磁力线时,速度 $v = X_1$ m/s,则导线中产生的感应电动势 $E = $ ____ V。

(X_1 取值范围:10、20、30、40、50。)

【答】 计算公式:

$$E = BLv = 0.6 \times 0.15 X_1 = 0.09 X_1$$

La2D3005 电场中某点有一个电量 $Q = 20\ \mu C$ 的点电荷,需用 $F = X_1$ N 的力才能阻止它的运动,则该点的电场强度 $E = $ ____ N/C。

(X_1 取值范围:10、20、30、40、50。)

【答】 计算公式:

$$E = \frac{F}{Q} = \frac{X_1}{20 \times 10^{-6}}$$

Lb2D3006 三相对称负载三角形连接时,线电压最大值 $U_{Lmax} = X_1$ V,则线电压有效值 $U_L = $ ____ V。

(X_1 取值范围:95、190、285、380、475。)

【答】 计算公式:

$$U_L = \frac{U_{L\max}}{\sqrt{2}} = \frac{X_1}{\sqrt{2}}$$

Lb2D3007 三相对称负载星接时,相电压有效值 $U_{ph}=X_1$ V,则 $U_L=$ ____ V。

（X_1 取值范围：110、220、330、440、550。）

【答】 计算公式：

$$U_L = \sqrt{3}\, U_{ph} = \sqrt{3}\, X_1$$

Lb2D3008 有一对称三相正弦交流电路,负载为星形连接时,线电压为 $U_L = 380$ V,每相负载阻抗为 $R=10$ Ω 电阻与 $R_L=X_1$ Ω 感抗串接,负载的相电流 $I_{ph}=$ ____ A。

（X_1 取值范围：10、20、30、40、50。）

【答】 计算公式：

$$I_{ph} = \frac{U_L}{\sqrt{3}\sqrt{R_L{}^2+R^2}} = \frac{220}{\sqrt{X_1{}^2+10^2}}$$

La2D3009 有一电感线圈,其电感量 $L=1$ H,将其接在频率 $f=50$ Hz 的交流电源上,其线圈通过的电流 $i=I_m\sin\omega t$ A,其中 $I_m=X_1$ A,则线圈两端的电压降 $U=$ ____ V,所吸收的无功功率 $Q=$ ____ varA。

（X_1 取值范围：1、2、3、4、5。）

【答】 计算公式：

$$U = IX_L = \frac{I_m}{\sqrt{2}}2\pi f L = \frac{X_1}{\sqrt{2}} \cdot 2\times3.14\times50\times1 = 314\frac{X_1}{\sqrt{2}}$$

$$Q = I^2 X_L = \left(\frac{I_m}{\sqrt{2}}\right)^2 2\pi f L = \left(\frac{X_1}{\sqrt{2}}\right)^2 2\times3.14\times50\times1 = 157X_1{}^2$$

La2D3010 有一电阻 $R=10$ kΩ 和 $C=0.637$ μF 的电阻电容串联电路,接在电压 $U=X_1$ V,频率 $f=50$ Hz 的电源上,该电路中电容两端的电压 $U_c=$ ____ V。

（X_1 取值范围：2.23、22.3、44.6、223、446。）

【答】 计算公式：

$$X_C = \frac{1}{2\pi f C} = \frac{1}{2\times3.14\times50\times0.637\times10^{-6}} = 5000$$

$$U_c = \frac{X_C U}{\sqrt{(X_C)^2+R^2}} = \frac{5000X_1}{\sqrt{5000^2+10000^2}} = \frac{X_1}{\sqrt{5}}$$

La2D3011 正弦交流量的频率 $f=X_1$ Hz,则它的周期 $T=$ ____ s,角频率 $\omega=$ ____ Hz。

（X_1 取值范围：25、50、100、200、250。）

【答】 计算公式：

$$T = \frac{1}{f} = \frac{1}{X_1}$$

$$\bar{\omega} = 2\pi f = 2\times3.14X_1$$

La2D3012 一组 GGF-500 型蓄电池在平均液温 $T=15$ ℃ 时,以 $I=X_1$ A 的负荷电流放电,可

放时长为 $t=$____h。

（X_1 取值范围：30、40、50、60、70。）

【答】 计算公式：

$$t = \frac{500 \times [1 + 0.008(T - 25)]}{I} = \frac{500 \times [1 + 0.008 \times (15 - 25)]}{X_1} = \frac{460}{X_1}$$

Lb2D3001 有一台三相电动机绕组，接成三角形后接于线电压 $U_L = 380$ V 的电源上，电源供给的有功功率 $P_1 = X_1$ kW，功率因数 $\cos\varphi = 0.83$，则电动机的线 $I_L =$____A，相电流 $I_{Ph} =$____A。

（X_1 取值范围：0.5、2、3、4、5。）

【答】 计算公式：

$$I_L = \frac{1000 P_1}{\sqrt{3} U_L \cos\varphi} = \frac{1000 X_1}{\sqrt{3} \times 380 \times 0.83} = 1.83 X_1$$

$$I_{Ph} = \frac{I_L}{\sqrt{3}} = 1.057 X_1$$

Lb2D3002 一台额定容量 $S_e = X_1$ kV·A 的三相变压器，额定电压 $U_{1e} = 220$ kV，$U_{2e} = 38.5$ kV，一次侧的额定电流 $I_{e1} =$____A、二次侧的额定电流 $I_{e2} =$____A。

（X_1 取值范围：31 500、50 000、60 000、120 000、180 000。）

【答】 计算公式：

$$I_{e1} = \frac{S_e}{\sqrt{3} U_{1e}} = \frac{X_1}{\sqrt{3} \times 220} = \frac{X_1}{381.04}$$

$$I_{e1} = \frac{S_e}{\sqrt{3} U_{2e}} = \frac{X_1}{\sqrt{3} \times 38.5} = \frac{X_1}{66.682}$$

Lb2D3003 有一个电感 L 和一个电容 C，在 $f = 50$ Hz 时，感抗等于容抗，则 $f_1 = X_1$ Hz 时感抗与容抗的比值 $k =$____。

（X_1 取值范围：25、75、100、125、150。）

【答】 计算公式：

$$\bar{\omega} L = \frac{1}{\bar{\omega} C}$$

$$LC = \frac{1}{(2\pi f)^2} = \frac{1}{4\pi^2 f^2}$$

$$k = \frac{X_L}{X_C} = \frac{\bar{\omega} L}{\dfrac{1}{\bar{\omega} C}} = \bar{\omega}^2 LC = (2\pi f_1)^2 LC = (2\pi X_1)^2 LC = 4\pi^2 X_1^2 LC = \frac{X_1^2}{f^2} = \frac{X_1^2}{2500}$$

Lb2D3004 某正弦电流的初相为 30°，在 $t = T/2$ 时，瞬时值 $i = -X_1$ A，其有效值 $I =$____A。

（X_1 取值范围：1、2、3、4、5。）

【答】 计算公式：

$$i = I_m \sin\left(\bar{\omega}t + \frac{\pi}{6}\right) = I_m \sin\left(2\pi \frac{1}{T}t + \frac{\pi}{6}\right)$$

$$I_m \sin\left(2\pi \frac{1}{T}\frac{T}{2} + \frac{\pi}{6}\right) = -\frac{I_m}{2} = -X_1$$

$$I_m = 2X_1$$

$$I = \frac{I_m}{\sqrt{2}} = \frac{2X_1}{\sqrt{2}} = \sqrt{2}\,X_1$$

Lb2D3005 三相负载接成星型,已知相电压有效值为 $U_{ph} = 220$ V,每相负载的阻抗为 $Z = X_1$ Ω。则线电压有效值 $U_L = $____V、线电流有效值 $I_L = $____A、相电流有效值 $I_{ph} = $____A。($X_1$ 取值范围:5、10、11、20、22。)

【答】 计算公式:

$$U_L = \sqrt{3}U_{ph} = \sqrt{3} \times 220 = 380$$

$$I_{ph} = \frac{U_{ph}}{Z} = \frac{220}{X_1}$$

$$I_L = I_{ph} = \frac{220}{X_1}$$

La2D3006 如图所示,电动势 $E = X_1$ V、内阻 $R_0 = 1$ Ω、$R_1 = 2$ Ω、$R_2 = 3$ Ω、$R_3 = 1.8$ Ω,则电流 $I = $____A、$I_1 = $____A、$I_2 = $____A,电路的端电压 $U_{ab} = $____V。

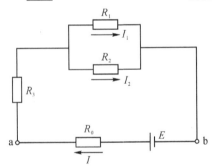

(X_1 取值范围:2、4、6、8、10。)

【答】 计算公式:

$$R = R_0 + R_3 + \frac{R_1 R_2}{R_1 + R_2} = 1 + 1.8 + \frac{2 \times 3}{2 + 3} = 4$$

$$I = \frac{X_1}{R} = \frac{X_1}{4}$$

$$I_1 = \frac{3}{5}I = \frac{3}{5} \cdot \frac{X_1}{4} = \frac{3X_1}{20}$$

$$I_2 = \frac{2}{5}I = \frac{2}{5} \cdot \frac{X_1}{4} = \frac{X_1}{10}$$

$$U_{ab} = X_1 - R_0 I = X_1 - \frac{1}{4}X_1 = \frac{3}{4}X_1$$

Lb2D3007 如图所示,电路中各元件参数的值 $E = X_1$ V,$R_0 = 100$ Ω,$R_1 = 80$ Ω,$R_2 = 120$ Ω,R_3

$=240\ \Omega, R_4 = 360\ \Omega, R_5 = 147.48\ \Omega$。则线路的总电流 $I=$____A。

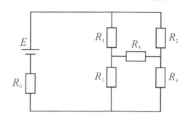

（X_1 取值范围：12、24、36、48、60。）

【答】　计算公式：

$$I = \frac{X_1}{R_0 + \dfrac{(R_1 + R_3)(R_2 + R_4)}{(R_1 + R_3) + (R_2 + R_4)}} = \frac{X_1}{100 + \dfrac{(80 + 240) \times (120 + 360)}{(80 + 240) + (120 + 360)}} = \frac{X_1}{292}$$

Lb2D3008　如图所示，若 $U=220$ V，$E=214$ V，$r=X_1\ \Omega$，则在正常状态下的电流 $I=$____A、短路状态下的电流 $I_0=$____A。

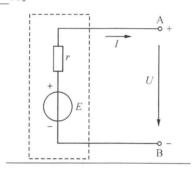

（X_1 取值范围：0.006、0.012、0.018、0.024、0.03。）

【答】　计算公式：

$$I = \frac{E - U}{r} = \frac{214 - 220}{X_1} = -\frac{6}{X_1}$$

$$I_0 = \frac{E}{r} = \frac{214}{X_1}$$

3.2.5　识图题

Lb2E3001　继电器的常开接点示意图是否正确（　　）。

（A）正确　　　　　　　（B）错误

【答案】　A

Lb2E3002　下图所示延时闭合的常闭接点是否正确（　　）。

（A）正确　　　　　　　（B）错误

【答案】 B

Lb2E3003 下图表示闪络击穿是否正确（　　）。

(A)正确　　　　　　　(B)错误

【答案】 B

Lb2E3004 下图所示断路器符号是否正确（　　）。

(A)正确　　　　　　　(B)错误

【答案】 A

Lb2E3005 下图表示继电器的常闭接点是否正确（　　）。

(A)正确　　　　　　　(B)错误

【答案】 A

Lb2E3006 下图所示变压器差动保护动作逻辑是否正确（　　）。

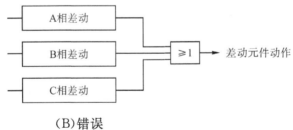

(A)正确　　　　　　　(B)错误

【答案】 A

Lb2E3007 下图表示内桥接线方式是否正确（　　）。

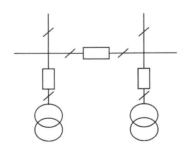

(A)正确　　　　　　　(B)错误

【答案】 B

Lb2E3008 下图所示保护配置图是否正确( )。

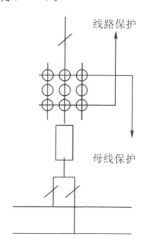

（A）正确 （B）错误

【答案】 A

Lb2E3009 下图中画圈的部分表示的是( )。

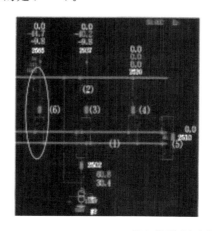

（A）隔离开关(刀闸) （B）旁路断路器

（C）母联断路器 （D）间隔

【答案】 D

Lb2E3010 下图是( )三角形图。

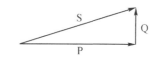

（A）功率 （B）电压 （C）电流 （D）频率

【答案】 A

Lb2E3011 三相四线电能表经两台互感器的安装接线图是否正确( )。

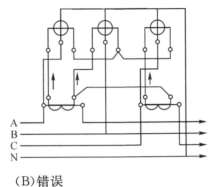

（A）正确　　　　　　（B）错误

【答案】　B

Lb2E3012　下图所示电阻与电容串联电路及其相量图是否正确（　　）。

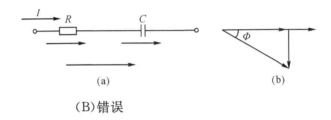

（A）正确　　　　　　（B）错误

【答案】　A

Lb2E3013　下图所示环形供电网络接线图是否正确（　　）。

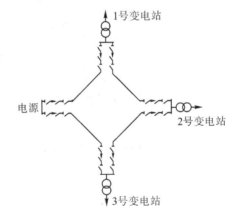

（A）正确　　　　　　（B）错误

【答案】　A

Lb2E3014　下图所示电阻、电感、电容串联电路与其相量图是否正确（　　）。

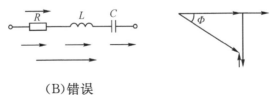

（A）正确　　　　　　（B）错误

【答案】　A

Lb2E3015　下图所示三相三线电路有功电能表接线图是否正确（　　）。

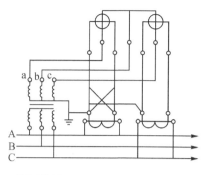

（A）正确　　　　　　（B）错误

【答案】　B

3.2.6　简答题

La2F3001　直流并联电路的基本特性有哪些？

【答】　(1)各支路电压相同,且等于电路两端总电压;(2)总电流等于各支路电流之和,即 $I=I_1+I_2+I_3+\cdots+I_n$;(3)各电阻消耗的电功率与其电阻值成反比;(4)并联等效电阻值的倒数,等于各电阻值倒数之和。

La2F3002　线路电晕会产生什么影响？

【答】　(1)增加线路功率损耗,称为电晕损耗;(2)产生臭氧和可听噪声,破坏了环境;(3)电晕的放电脉冲,对无线电和高频通信造成干扰;(4)电晕作用还会腐蚀导线,严重时烧伤导线和金具;(5)电晕的产生有时还可能造成导线舞动,危及线路安全运行。

Lb2F3003　根据现场勘查,写出断杆事故抢修工作的主要步骤。

【答】　(1)准备材料;(2)拉合有关断路器、隔离开关切断事故线路电源;(3)将材料运至现场;(4)挂接地线;(5)对人员进行分工,进行立杆、撤杆和接线等工作;(6)检查施工质量;(7)抢修完毕、拆除接地线,报告上级,要求恢复送电。

Lb2F3004　线路常见的接地体有几种形式？

【答】　(1)单一的垂直接地体;(2)单一的水平接地体;(3)水平环形接地体;(4)水平辐射接地体。

Lb2F3005　架空导线弧垂变化引起的原因有哪些？

【答】　(1)架空线的初伸长;(2)设计、施工观察的错误;(3)耐张杆位移或变形;(4)拉线松动,横担扭转、杆塔倾斜;(5)导线质量不好;(6)线路长期过负载;(7)自然气候影响。

Lb2F3006　说明防火隔门的作用及装设地点。

【答】　(1)防火隔门的作用是将火灾限制在一定的范围内,防止事故扩大;(2)防火隔门一般装设在变电站高压室的进、出口处。

Lb2F3007　电力系统中性点接地有几种方式？配电系统属于哪种接地方式？

【答】　(1)中性点大电流接地方式;(2)中性点小电流接地方式;(3)配电系统属于小电流接地方式。

Lb2F3008 变压器的特性试验有哪些项目？

【答】 (1)变比试验;(2)极性及连接组别试验;(3)短路试验;(4)空载试验等。

Lb2F3009 双杆立好后应正直,位置偏差应符合哪些规定？

【答】 (1)直线杆结构中心与中心桩之间的横方向位移,不应大于 50 mm;(2)转角杆结构中心与中心桩之间的横、顺方向位移,不应大于 50 mm;(3)迈步不应大于 30 mm;(4)根开不应超过±30 mm。

Lb2F3010 现场工作人员要求掌握哪些紧急救护法？

【答】 (1)正确解脱电源;(2)会心肺复苏法;(3)会止血、包扎,会正确搬运伤员;(4)会处理急救外伤或中毒;(5)能正确解救杆上遇难人员。

Lb2F3011 《国家电网有限公司 95598 客户服务业务管理办法》中涉及的 95598 停送电信息包含哪些？

【答】 《国家电网有限公司 95598 客户服务业务管理办法》涉及的 95598 停送电信息指影响客户供电的停送电信息,分为生产类停送电信息和营销类停送电信息。生产类停送电信息包括：计划停电、临时停电、电网故障停限电、超电网供电能力停限电和其他停电等;营销类停送电信息包括：客户窃电、违约用电、欠费、有序用电等。

Lb2F3012 《国家电网有限公司 95598 客户服务业务管理办法》中服务投诉指哪些方面引发的客户投诉？

【答】 服务投诉指供电企业员工在工作场所或工作过程中服务行为不规范、公司服务渠道不畅通等引发的客户投诉,主要包括员工服务态度、服务行为规范(不含抢修、施工行为)、窗口营业时间、服务项目、服务设施、省公司自主运营电子渠道服务平台管理等方面。

Lb2F3013 《国家电网有限公司 95598 客户服务业务管理办法》中营业投诉指哪些方面引发的客户投诉？

【答】 营业投诉指供电企业在处理具体营业业务过程中存在工作超时限、疏忽、差错等引发的客户投诉,主要包括业扩报装、用电变更、抄表催费、电费电价、电能计量、业务收费、充电业务等方面。

Lb2F3014 《国家电网有限公司 95598 客户服务业务管理办法》中停送电投诉指哪些方面引发的客户投诉？

【答】 停送电投诉指供电企业在停送电管理、现场抢修服务等过程中发生服务差错引发的客户投诉,主要包括停送电信息公告、停电计划执行、抢修质量(含抢修行为)、增值服务等方面。

Lb2F3015 《国家电网有限公司 95598 客户服务业务管理办法》中供电质量投诉指哪些方面引发的客户投诉？

【答】 供电质量投诉指供电企业向客户输送的电能长期存在电压偏差、频率偏差、电压不平衡、电压波动或闪变等供电质量问题,影响客户正常生产生活秩序引发的客户投诉,主要包括电压质量、供电频率、供电可靠性等方面。

Lb2F3016 《国家电网有限公司 95598 客户服务业务管理办法》中电网建设投诉指哪些方面引

发的客户投诉?

【答】 电网建设投诉指供电企业在电网建设(含施工行为)过程中存在供电设施改造不彻底、电力施工不规范等问题引发的客户投诉,主要包括输配电供电设施安全、供电能力、农网改造、施工人员服务态度及规范、施工现场恢复等方面。

Lb2F3017 《国家电网有限公司95598客户服务业务管理办法》关于故障报修业务的定义是什么?

【答】 故障报修业务是指国网客服中心通过95598电话、95598网站、"网上国网"等受理的故障停电、电能质量、充电设施故障或存在安全隐患须紧急处理的电力设施故障诉求业务。

Lb2F3018 什么是计量故障?

【答】 计量故障是指计量设备、用电采集设备故障,主要包括高压计量设备、低压计量设备、用电信息采集设备故障等。

Lb2F3019 抢修人员到达故障现场时限是什么?

【答】 抢修人员到达故障现场时限应符合:城区范围一般为45 min,农村地区一般为90 min,特殊边远地区一般为120 min。

Lb2F3020 故障抢修工作的总体要求是什么?

【答】 (1)现场抢修服务行为应符合《国家电网公司供电服务规范》要求,抢修指挥、抢修技术标准、安全规范、物资管理等应按照国网设备管理部、国调中心等相关专业管理部门颁布的标准执行。(2)故障抢修人员到达现场后应尽快查找故障点和停电原因,消除事故根源,缩小故障停电范围,减少故障损失,防止事故扩大。(3)因地震、洪灾、台风等不可抗力造成的电力设施故障,应按照公司应急预案执行。

Lb2F3021 简述配电网自动化的基本概念和构成。

【答案】 配电自动化系统是可以使配电企业在远方以实时方式监视、协调和操作配电设备的自动化系统。其中包括配电网SCADA系统、配电地理信息系统、需方管理系统。配电网SCADA系统又包括进线监控,开闭所、变电站自动化,馈线自动化,变压器巡检与无功补偿,需方管理系统包括负荷监控与管理系统和远方抄表与计费自动化。

Lb2F3022 请解释小电流接地选线的含义。

【答案】 小电流接地故障选线是指当小电流接地系统(中性点非有效接地系统)发生单相接地故障时,选出带有接地故障的线路并给出指示信号,又称为小电流接地保护。

Lb2F3023 请简述配电SCADA系统的概念。

【答案】 配电监控系统即配电数据采集与监视控制系统,又称SCADA(supervisory control and data acquisition)系统。它可以实时采集现场数据,对现场进行本地或远程的自动控制,对配电网供电过程进行全面、实时的监视,并为生产、调度和管理提供必要的数据。

Lb2F3024 简述配电自动化系统的作用。

【答案】 配电自动化的作用:在正常运行情况下,通过监视配网运行工况,优化配网运行方式;当配网发生故障或异常运行时,迅速查出故障区段或异常情况,快速隔离故障区段,及时恢复非故障区域用户的供电,因此缩短了对用户的停电时间,减少了停电面积;根据配网电压合理控制无功负荷和电压水平,改善供电质量,达到经济运行目的;合理控制用电负荷,从而提高设备利用率;自动抄表计费,保证了抄表计费的及时和准确,提高了企业的经济效益和工作效率,并可为用户提供自动化的用电信息服务等。

Lb2F3025　保证电力线路安全工作的技术措施有哪些?

【答】　(1)停电;(2)验电;(3)装设接地线;(4)使用个人保安线;(5)悬挂标示牌和装设围栏。

Lb2F3026　带电作业工具应定期进行电气试验及机械试验,其试验周期分别是多久?

【答】　电气试验:预防性试验每年一次,检查性试验每年一次,两次试验间隔半年。

机械试验:绝缘工具每年一次,金属工具两年一次。

Lb2F3027　哪些工作可以不用操作票?

【答】　(1)事故应急处理;(2)拉合断路器(开关)的单一操作。

Lb2F3028　何谓电磁环网?

【答】　电磁环网是指不同电压等级运行的电力网,通过变压器电磁回路的连接而并列运行所构成的环网。

Lb2F3029　电磁环网有何弊病?

【答】　电磁环网对电网运行主要有下列弊端:(1)易造成系统热稳定破坏;(2)易造成系统动稳定破坏;(3)不利于超高压电网的经济运行;(4)需装设高压线路因故障停运后的连锁切机、切负荷等安全自动装置,但安全自动装置的拒动和误动将影响电网的安全运行。

Lb2F3030　线路工作终结的报告应简明扼要,应包括哪些内容?

【答】　工作负责人姓名,某线路上某处(说明起止杆塔号、分支线名称等)工作已经完工,设备改动情况,工作地点所挂的接地线、个人保安线已全部拆除,线路上已无本班组工作人员和遗留物,可以送电。

第4章

技能操作

▶ 4.1 技能操作大纲

配电抢修指挥员——中级工技能等级评价技能知识考核大纲

等级	考核方式	能力种类	能力项	考核项目	考核主要内容
中级工	技能操作	基本技能	计算机基础知识	PowerPoint 基本操作	使用幻灯片软件 PowerPoint 完成一系列基本操作
				Word 基本操作	使用文字处理软件 Word 完成一系列基本操作
				Excel 基本操作	使用表格软件 Excel 完成一系列基本操作
		专业技能	配网抢修指挥	抢修工单处理	故障报修工单全过程处理
				停送电信息	停送电信息编写与发布
				抢修工单管理规定	抢修工单要求及相关内容
			客户服务指挥	举报工单处置	举报工单全过程处理
				建议工单处置	建议工单全过程处理
			配电运营管控	配电变压器过载处置	配电变压器过载任务单
				配电变压器出口电压异常处置	配电变压器出口电压异常任务单
				配电设备异动处置	在供电服务指挥系统中监测配网异动设备，开展配电设备异动异常任务单处理
				配变电压异常任务单处置	配电变压器过载及异常任务单处理
				设备巡视管控	设备巡视管控要求
			常用电气图形符号识别	常用电气图形符号识别	识别常用电气设备图形符号

▶ 4.2 技能操作项目

4.2.1 基本技能题

PZ2JB0101 PowerPoint 基本操作

一、作业

（一）工器具、材料、设备

1.工器具：无。

2.材料：无。

3.设备：计算机；软件设备：Microsoft PowerPoint 或 WPS 演示。

（二）操作步骤及工艺要求（含注意事项）

1.注意题目要求，按要求插入模板，字体，段落。

2.图片、表格按要求进行插入，注意图片表格的大小、对齐方式。

二、考核

（一）考核场地

微机室。

（二）考核时间

30 min。

（三）考核要点

1.打开 PPT，插入"标题和内容"模板的幻灯片。

2.在插入的幻灯片标题内容输入"国家电网"，在正文处输入 50 个字，分 2 个段落。

3.对正文中文本设置字体样式为"常规"、颜色"黑色"、对齐方式"左对齐"、段落缩进"两个字符"、行距间距"单倍行距"、边框底纹"无"。

4.对正文中两个段落设置项目符号，符号为"黑色方块"。

5.在文档段落后位置插入图片，环绕方式为嵌入式，高度、宽度分别为 3 cm、4 cm。

6.在文档插入表格，设置表格的行高列宽分别为 1 cm、5 cm，文字对齐方式"左对齐"、边框底纹"无"、内外框线"实线"。

7.在表格最后插入柱状图，横坐标设为"数据"。

8.在幻灯片插入多媒体文件。

9.对文字设置"超链接"。

三、评分标准

行业:电力工程　　　　　　工种:配电抢修指挥员　　　　　　等级:中级工

编号	PZ2JB0101	行为领域	基础技能	评价范围		
考核时限	30 min	题型	多项操作	满分	100 分	得分
试题名称	PowerPoint 基本操作					
考核要点及其要求	1.打开 PPT,插入"标题和内容"模板的幻灯片。 2.在插入的幻灯片标题内容输入"国家电网",在正文处输入 50 个字,分 2 个段落。 3.对正文中文本设置字体样式为"常规"、颜色"黑色"、对齐方式"左对齐"、段落缩进"两个字符"、行距间距"单倍行距"、边框底纹"无"。 4.对正文中两个段落设置项目符号,符号为"黑色方块"。 5.在文档段落后位置插入图片,环绕方式为嵌入式,高度、宽度分别为 3 cm、4 cm。 6.在文档插入表格,设置表格的行高列宽分别为 1 cm、5 cm,文字对齐方式"左对齐"、边框底纹"无"、内外框线"实线"。 7.在表格最后插入柱状图,横坐标设为"数据"。 8.在幻灯片插入多媒体文件。 9.对文字设置"超链接"					
现场设备、工器具、材料	硬件设备:计算机;软件设备:Microsoft PowerPoint 或 WPS 演示					
备注	上述栏目未尽事宜					

评分标准

序号	考核项目名称	质量要求	分值	扣分标准	扣分原因	得分
1	插入模板	选择要求的模板	10 分	错、漏操作扣 10 分		
2	输入文字	输入两段文字	5 分	错、漏操作扣 5 分		
3	字体设置	设置正确的字体样式	15 分	错、漏操作要点每一处扣 5 分,扣完为止		
4	设置项目符号	设置为黑色方块	10 分	错、漏操作扣 10 分		
5	插入图片	环绕方式,格式正确	10 分	错、漏操作要点每一处扣 5 分,扣完为止		
6	插入表格	表格属性正确	15 分	错、漏操作要点每一处扣 5 分,扣完为止		
7	插入柱状图	正确完成操作	10 分	错、漏操作扣 10 分		
8	插入多媒体	正确完成操作	10 分	错、漏操作扣 10 分		
9	超链接	设置正确	15 分	错、漏操作扣 15 分		

PZ2JB0102 数据统计分析应用

一、作业

(一)工器具、材料、设备

1. 工器具:无。

2. 材料:无。

3. 设备:计算机;供电服务指挥系统,一个工单数据表。

(二)操作步骤及工艺要求(含注意事项)

1. 所使用工单数据表为 PMS 系统,并按要求填写超时工单的内容。

2. App 接单率＝App 终端接单数量/工单总数×100％。

3. 照片上传率＝已上传照片工单数量/工单总数×100％。

二、考核

(一)考核场地

微机室。

(二)考核时间

30 min。

(三)考核要点

1. 找出工单处理时长超 3 h 的工单,并将超 3 h 工单的工单编号、所属单位、一级分类、产权所属,故障原因、抢修时长等分别填写在相应的表格中。

2. 对工单 App 接单数量、非 App 接单数量进行统计,计算 App 接单率数字格式为百分数,保留 2 位小数。

3. 对工单上传照片数量、未上传照片数量进行统计,计算照片上传率,数字格式为百分数,保留 2 位小数。

4. 根据各单位工单数量,给定单位户数,计算各单位万户报修比,数字保留 2 位小数。

三、评分标准

行业:电力工程   工种:配电抢修指挥员   等级:中级工

编号	PZ2JB0102	行为领域	基础技能	评价范围		
考核时限	30 min	题型		满分	100 分	得分
试题名称	数据统计分析应用					
考核要点及其要求	1.找出工单处理时长超 3 h 的工单,并将超 3 h 工单的工单编号、所属单位、一级分类、产权所属,故障原因、抢修时长等分别填写在相应的表格中。 2.对工单 App 接单数量、非 App 接单数量进行统计,计算 App 接单率数字格式为百分数,保留 2 位小数。 3.对工单上传照片数量、未上传照片数量进行统计,计算照片上传率,数字格式为百分数,保留 2 位小数。 4.根据各单位工单数量,给定单位户数,计算各单位万户报修比,数字保留 2 位小数					

续表

现场设备、工器具、材料	硬件设备:计算机;软件设备:Microsoft Excel 或 WPS 表格
备注	上述栏目未尽事宜

评分标准

序号	考核项目名称	质量要求	分值	扣分标准	扣分原因	得分
1	超 3 h 数据整理分析	准确填写各项数据	40 分	数据每错一项扣 5 分,扣完为止		
2	App 接单率	准确计算 App 接单率,数字格式准确	20 分	计算结果不正确扣 10 分,格式不正确扣 10 分		
3	照片上传率	准确计算照片上传率,数字格式准确	20 分	计算结果不正确扣 10 分,格式不正确扣 10 分		
4	万户报修比	准确计算万户报修比	20 分	计算结果不正确扣 10 分,格式不正确扣 10 分		

4.2.2 专业技能题

PZ2ZY0101 PMS 系统故障报修工单全过程处理

一、作业

(一)工器具、材料、设备

1.工器具:无。

2.材料:无。

3.设备:计算机;供电服务指挥系统,一个工单数据表。

(二)安全要求

无。

(三)操作步骤及工艺要求(含注意事项)

1.此操作在 PMS 系统中模拟发起的主动工单进行操作,请勿操作正常的 95598 工单。

2.现场勘察、工单回复的内容应该按照题干所给的现场情况进行回复。

二、考核

(一)考核场地

微机室。

(二)考核时间

30 min。

(三)考核要点

1.考核员工对抢修工单接派的熟悉程度。

2.考核员工对抢修工单回复、审核的熟悉程度。

三、评分标准

行业:电力工程 工种:配电抢修指挥员 等级:中级工

编号	PZ1ZY0101	行为领域	基础技能	专业范围		
考核时限	30 min	题型	多项操作	满分	100分	得分
试题名称	PMS系统故障报修工单全过程处理					
考核要点及其要求	1.考核员工对抢修工单接派的熟悉程度。 2.考核员工对抢修工单回复、审核的熟悉程度					
现场设备、工器具、材料	1.硬件设备:内网计算机;软件设备:谷歌浏览器、PMS系统; 2.工具和材料:工单现场勘察及修复过程资料,95598工单回复模板					
备注	上述栏目未尽事宜					

评分标准

序号	考核项目名称	质量要求	分值	扣分标准	扣分原因	得分
1	接派抢修工单	正确接单并派发至相应抢修队伍	20分	未正确完成扣20分		
2	抢修工单点击到场	正确完成点击到场操作	20分	未正确完成扣20分		
3	现场勘察内容填写	根据所给资料完成现场勘察,选择正确的三级分类、故障原因等	20分	未完成扣20分,选择不正确酌情扣分		
4	工单回复	根据所给资料,完成工单回复工作	20分	回复不准确、不完整,酌情扣分		
5	恢复送电	完成工单的审核送电	20分	未正确完成扣20分		

PZ2ZY0102 停电信息编写和发布(分支、全线)

一、作业

(一)工器具、材料、设备

1.工器具:无。

2.材料:无。

3.设备:计算机,包含谷歌浏览器,PMS系统,配网图部分。

(二)安全要求

无。

(三)操作步骤及工艺要求(含注意事项)

1.注意根据要求,在PMS系统中进行停电信息编写和发布操作,在PMS系统填写完成后进行保存即可,请勿点击"报送"。

2.注意根据题干及图形要求进行录入,不要随意选择设备。

二、考核

(一)考核场地

微机室。

(二)考核时间

30 min。

(三)考核要点

能正确登入 PMS 系统,进入停电信息报送新增界面,根据题干故障情况输入停电信息相关内容并保存。

三、评分标准

行业:电力工程　　　　　　工种:配电抢修指挥员　　　　　　等级:中级工

编号	PZ2ZY0102	行为领域	专业技能	评价范围		
考核时限	30 min	题型	多项操作	满分	100 分	得分
试题名称	停电信息编写和发布(分支、全线)					
考核要点及其要求	能正确登入 PMS 系统,进入停电信息报送新增界面,根据题干故障情况输入停电信息相关内容并保存					
现场设备、工器具、材料	硬件设备:计算机;软件设备:谷歌浏览器,PMS 系统					
备注	上述栏目未尽事宜					

评分标准

序号	考核项目名称	质量要求	分值	扣分标准	扣分原因	得分
1	进入停电信息报送界面	进入停电信息报送界面	10 分	未进入界面扣 10 分		
2	停电类型	停电类型选择正确	10 分	停电类型不正确扣 10 分		
3	变电站、线路选择正确	选择正确	10 分	线路选择不正确扣 10 分		
4	停电设备	选择准确,符合规范性要求	20 分	设备不准确、不规范每项扣 10 分,扣完为止		
5	停电范围	选择准确,符合规范性要求	20 分	范围不准确、不规范每项扣 10 分,扣完为止		
6	停电原因	选择准确,符合规范性要求	20 分	原因不准确、不规范每项扣 10 分,扣完为止		
7	分析用户	分析用户	10 分	未分析用户扣 10 分		

PZ2ZY0201　举报工单全过程管控

一、作业

（一）工器具、材料、设备

1. 工器具：黑、蓝色签字笔。

2. 材料：答题纸。

3. 设备：书写桌椅。

（二）安全要求

无。

（三）操作步骤及工艺要求（含注意事项）

1. 注意按要求在试卷指定位置作答。

2. 答题时应字迹清晰，整齐。

二、考核

（一）考核场地

1. 技能考场。

2. 设置评判桌和相应的计时器。

（二）考核时间

1. 30 min。

2. 在时限内作业，不得超时。

（三）考核要点

1. 考查考生对举报接单时限及回退国网要求是否掌握。

2. 考查考生对举报工单处理时限要求的掌握程度。

3. 考查考生对举报工单审核后回退要求的掌握程度。

书面问题：

1. 工单接单分理时限要求。

2. 工单处理时限要求。

3. 工单回复审核时发现工单回复内容存在什么问题的，应将工单回退。

答案要点：

1. 接单分理：应在 2 个工作小时内，完成接单转派或退单。符合以下条件的，可将工单回退国网客服中心：(1)非本单位区域内的业务，应注明其可能所属的供电区域后退单。(2)国网客服中心记录的客户信息有误或核心内容缺失，接单部门无法处理的。(3)业务类别及子类选择错误。(4)知识库中的知识点、重要服务事项报备、最终答复能有效支撑服务工作，可以正确解答客户诉求，且客户无异议的。

2. 业务处理部门在国网客服中心受理客户一般诉求后，应在 9 个工作日内按照相关要求开展调查处理，并完成工单反馈。

3.工单回复审核时发现工单回复内容存在以下问题的,应将工单回退:(1)未对客户提出的诉求进行答复或答复不全面、表述不清楚、逻辑不对应的。(2)未向客户沟通解释处理结果的(除匿名、保密工单外)。(3)应提供而未提供相关诉求处理依据的。(4)承办部门回复内容明显违背公司相关规定。(5)其他经审核应回退的。

三、评分标准

行业:电力工程　　　　工种:配电抢修指挥员　　　　等级:中级工

编号	PZ2ZY0201	行为领域	专业技能	评价范围		
考核时限	30 min	题型	多项操作	满分	100 分	得分
试题名称	举报工单全过程管控					
考核要点及其要求	1.考查考生对举报接单时限及回退国网要求是否掌握。 2.考查考生对举报工单处理时限要求的掌握程度。 3.考查考生对举报工单审核后回退要求的掌握程度					
现场设备、工器具、材料	签字笔、书写桌椅					
备注	上述栏目未尽事宜					

评分标准

序号	考核项目名称	质量要求	分值	扣分标准	扣分原因	得分
1	工单接单分理	时限正确	10 分	时限错误扣 10 分		
2	工单回退国网要求	知识点完整	40 分	每少一项扣 10 分,扣完为止		
3	工单处理	时限正确	10 分	时限错误扣 10 分		
4	工单回退	知识点完整	40 分	每少一项扣 8 分,扣完为止		

PZ2ZY0202　建议工单全过程管控

一、作业

(一)工器具、材料、设备

1.工器具:黑、蓝色签字笔。

2.材料:答题纸。

3.设备:书写桌椅。

(二)安全要求

无。

（三）操作步骤及工艺要求（含注意事项）

1.注意按要求在试卷指定位置作答。

2.答题时应字迹清晰，整齐。

二、考核

（一）考核场地

1.技能考场。

2.设置评判桌和相应的计时器。

（二）考核时间

1.30 min。

2.在时限内作业，不得超时。

（三）考核要点

1.考查考生对建议接单时限及回退国网要求是否掌握。

2.考查考生对建议工单处理时限要求的掌握程度。

3.考查考生对建议工单审核后回退要求的掌握程度。

书面问题：

1.工单接单分理时限要求。

2.工单处理时限要求。

3.工单回复审核时发现工单回复内容存在什么问题的，应将工单回退。

答案要点：1.接单分理：应在2个工作小时内，完成接单转派或退单。符合以下条件的，可将工单回退国网客服中心：（1）非本单位区域内的业务，应注明其可能所属的供电区域后退单。（2）国网客服中心记录的客户信息有误或核心内容缺失，接单部门无法处理的。（3）业务类别及子类选择错误。（4）知识库中的知识点、重要服务事项报备、最终答复能有效支撑服务工作，可以正确解答客户诉求，且客户无异议的。

2.业务处理部门在国网客服中心受理客户一般诉求后，应在9个工作日内按照相关要求开展调查处理，并完成工单反馈。

3.工单回复审核时发现工单回复内容存在以下问题的，应将工单回退：（1）未对客户提出的诉求进行答复或答复不全面、表述不清楚、逻辑不对应的。（2）未向客户沟通解释处理结果的（除匿名、保密工单外）。（3）应提供而未提供相关诉求处理依据的。（4）承办部门回复内容明显违背公司相关规定。（5）其他经审核应回退的。

三、评分标准

行业：电力工程　　　　　工种：配电抢修指挥员　　　　　等级：中级工

编号	PZ1ZY0202	行为领域	专业技能	评价范围		
考核时限	30 min	题型	多项操作	满分	100分	得分
试题名称	建议工单全过程管控					

续表

考核要点 及其要求	1.考查考生对建议接单时限及回退国网要求是否掌握。 2.考查考生对建议工单处理时限要求的掌握程度。 3.考查考生对建议工单审核后回退要求的掌握程度。
现场设备、 工器具、材料	场地:技能考场
备注	上述栏目未尽事宜

	评分标准					
序号	考核项目名称	质量要求	分值	扣分标准	扣分 原因	得分
1	工单接单分理	时限正确	10分	时限错误扣10分		
2	工单回退国网要求	知识点完整	40分	每少一项扣10分,扣完为止		
3	工单处理	时限正确	10分	时限错误扣10分		
4	工单回退	知识点完整	40分	每少一项扣8分,扣完为止		

PZ2ZY0301 配电变压器过载任务单处理

一、作业

（一）工器具、材料、设备

1.工器具:黑、蓝色签字笔。

2.材料:答题纸。

3.设备:书写桌椅。

（二）安全要求

无。

（三）操作步骤及工艺要求(含注意事项)

1.注意按要求在试卷指定位置作答。

2.答题时应字迹清晰,整齐。

二、考核

（一）考核场地

1.技能考场。

2.设置评判桌和相应的计时器。

（二）考核时间

1.30 min。

2.在时限内作业,不得超时。

（三）考核要点

1.主动运检任务单的含义。

2. 配电变压器过载满足什么条件时系统会自动生成主动运检任务单？

3. 如何开展主动运检任务单的跟踪验证？

4. 主动运检任务单处理后的总结分析工作要求。

5. 对于重复出现异常工况的台区应如何处理？

6. 配电网设备运行监测使用的系统都有什么？

三、评分标准

行业：电力工程　　　　　　工种：配电抢修指挥员　　　　　　等级：中级工

编号	PZ2ZY0301	行为领域	专业技能	评价范围	
考核时限	30 min	题型	多项操作	满分	100分	得分

试题名称	配电变压器过载任务单处理
考核要点 及其要求	1. 主动运检任务单的含义。 2. 配电变压器过载满足什么条件时系统会自动生成主动运检任务单？ 3. 如何开展主动运检任务单的跟踪验证？ 4. 主动运检任务单处理后的总结分析工作要求？ 5. 对于重复出现异常工况的台区应如何处理？ 6. 配电网设备运行监测使用的系统都有什么？
现场设备、 工器具、材料	黑、蓝色签字笔、答题纸、书面桌椅
备注	上述栏目未尽事宜

评分标准

序号	考核项目名称	质量要求	分值	扣分标准	扣分 原因	得分
1	主动运检任务单的含义	设备未停运的工单称为主动运检任务单	10分	答不对，不得分		
2	配电变压器过载满足什么条件时系统会自动生成主动运检任务单	配变过载：配变负载率大于100%且持续2 h以上	10分	答不对，不得分		
3	如何开展主动运检任务单的跟踪验证	(1)项目措施处理验证：工程管控系统后评估与销号功能自动推送至供服系统进行验证，通过比对改造后运行数据和问题工单，如仍不达标，则问题始终挂起，监测指挥班进行督办。(2)运维措施处理验证：处理后三日内，运行数据不达标或再次出现相同异常数据，则重新生成异常工单，监测指挥班进行督办	20分	错、漏知识点每一处扣5分，扣完为止		
4	主动运检任务单处理后的总结分析工作要求	总结分析：工单的处理措施通过后，监测指挥班对异常数据及工单处理全过程简要总结分析，提出改进措施和考核建议，完成工单审核归档	20分	错、漏知识点每一处扣5分，扣完为止		

序号	考核项目名称	质量要求	分值	扣分标准	扣分原因	得分
5	对于重复出现异常工况的台区应如何处理	对于重复出现异常工况的台区,规定时限内通过运维手段无法解决的,设备运维管理单位可提报储备项目,经专业部室审批后,生成项目需求工单或问题工单,自动推送至工程管控系统	20分	错、漏知识点每一处扣5分,扣完20分为止		
6	配电网设备运行监测使用的系统都有什么	配电网设备运行监测使用的系统包括:供电服务指挥系统、生产信息管理系统(PMS2.0)、用电信息采集系统、一体化电量与线损管理系统等。具备条件的单位可使用配电室综合监控系统、智能台区综合监测系统等开展相关工作	20分	错、漏知识点每一处扣5分,扣完为止		

PZ2ZY0302　配电设备异动异常任务单处理

一、作业

（一）工器具、材料、设备

1. 工器具:黑、蓝色签字笔。

2. 材料:答题纸。

3. 设备:书写桌椅。

（二）安全要求

无。

（三）操作步骤及工艺要求(含注意事项)

1. 注意按要求在试卷指定位置作答。

2. 答题时应字迹清晰,整齐。

二、考核

（一）考核场地

1. 技能考场。

2. 设置评判桌和相应的计时器。

（二）考核时间

1. 30 min。

2. 在时限内作业,不得超时。

（三）考核要点

1. 考查考生对配电设备异动异常情况的掌握程度。

2. 考查考生对配电设备异动概念的理解程度。

3. 考查考生对配电异动信息收集方式的掌握程度。

书面问题

1.如何判断配电设备异动存在异常。

2.配电设备异动的概念是什么。

3.配电设备异动信息如何收集。

答案要点:

1.监测设备运维管理单位是否按期发起设备异动,判定是否督办(10分);监测状态评价班是否按期完成 PMS 设备异动,判定是否督办(10分);监测设备异动申请单位或营销部相关部室是否按期完成营销系统设备异动,判定是否督办(10分);监测自动化班是否按期完成主站系统图资异动,判定是否督办(10分);监测调控班是否按期完成设备异动审定并发布,判定是否督办(10分)。

2.配网设备异动是指配电网一、二次设备投运、更换、退(复)役引起的接线方式及参数改变等,例如设备型号、配变容量、线路长度等参数改变(10分);新建、改建电网工程(包括业扩、增容)影响配电网运行方式、接线结构的变化;设备改造、出线变化或用户变更引起配网设备名称、编号变化等(10分)。

3.供电服务指挥系统自动收集设备异动需求信息主要包括:

从 OMS 系统内提取已审核发布的月度停(送)电计划(6分);从供电服务指挥系统带电作业模块提取月(周)带电作业计划(6分);其他渠道获取的临时、事故处理等其他设备异动需求信息等(6分)。根据异动需求信息,供电服务指挥系统自动生成设备异动计划列表,设备管理单位接收异动计划(6分),计划内容应包括设备异动基本信息、责任单位信息、设备异动时间节点等(6分)。

三、评分标准

行业:电力工程　　　　　工种:配电抢修指挥员　　　　　等级:中级工

编号	PZ2ZY0302	行为领域	专业技能	评价范围		
考核时限	30 min	题型	多项操作	满分	100 分	得分
试题名称	配电设备异动异常任务单处理					
考核要点及其要求	1.考查考生对配电设备异动异常情况的掌握程度。2.考查考生对配电设备异动概念的理解程度。3.考查考生对配电异动信息收集方式的掌握程度					
现场设备、工器具、材料	场地:技能考场					
备注	上述栏目未尽事宜					

评分标准

序号	考核项目名称	质量要求	分值	扣分标准	扣分原因	得分
1	考查考生对配电设备异动异常情况的掌握程度	知识点完整	50 分	错、漏知识点每一处扣 5 分,每错一项扣 10 分,扣完为止		
2	考查考生对配电设备异动概念的理解程度	知识点完整	20 分	错、漏知识点每一处扣 5 分,每错一项扣 10 分,扣完为止		
3	考查考生对配电异动信息收集方式的掌握程度	知识点完整	30 分	错、漏知识点每一处扣 5 分,每错一项扣 10 分,扣完为止		

PZ2ZY0303　配电变压器出口电压异常任务单

一、作业

（一）工器具、材料、设备

1. 工器具：无。

2. 材料：书面试卷、黑色中性笔。

3. 设备：答题书桌。

（二）安全要求

无。

（三）操作步骤及工艺要求（含注意事项）

1. 注意按要求在试卷指定位置作答。

2. 答题时应字迹清晰，整齐。

二、考核

（一）考核场地

微机室。

（二）考核时间

30 min。

（三）考核要点

1. 什么是主动运检任务单，什么是主动抢修任务单？

2. 配电网设备运行监测使用的系统主要有哪些？

3. 配电网设备运行监测的业务类型及具体内容。

4. 对于重复出现异常工况的台区应如何处理？

书面问题：

1. 什么是主动运检任务单，什么是主动抢修任务单？

答案：设备未停运的工单称为主动运检任务单（10分）。设备已停运的工单称为主动抢修任务单（10分）。

2. 配电网设备运行监测使用的系统主要有哪些？

答案：智能化供电服务指挥系统（5分）。生产信息管理系统（PMS2.0）（5分）。用电信息采集系统（5分）。一体化电量与线损管理系统（5分）。具备条件的单位可使用配电室综合监控系统、智能台区综合监测系统等开展相关工作（10分）。

3. 配电网设备运行监测的业务类型及具体内容。

答案：配电网设备运行监测的业务类型分为全面监测、正常监测和特殊监测（15分）。全面监测是指对所有监测内容进行全面的检查（5分）。正常监测是指对设备故障、异常、临界状态、越限等告警信息进行不间断监视，及时确认监测信息。（5分）特殊监测是指在保供电、恶劣天

气等特殊情况下开展的设备监测。(15分)

4.对于重复出现异常工况的台区应如何处理?

答案:对于重复出现异常工况的台区,规定时限内通过运维手段无法解决的,设备运维管理单位可提报储备项目,经专业部室审批后,生成项目需求工单或问题工单,自动推送至工程管控系统。(20分)

三、评分标准

行业:电力工程　　　　　　工种:配电抢修指挥员　　　　　　等级:中级工

编号	PZ2ZY0303	行为领域	专业技能	评价范围		
考核时限	30 min	题型	多项操作	满分	100分	得分
试题名称	配电变压器出口电压异常任务单					
考核要点及其要求	1.什么是主动运检任务单,什么是主动抢修任务单? 2.配电网设备运行监测使用的系统主要有哪些? 3.配电网设备运行监测的业务类型及具体内容。 4.对于重复出现异常工况的台区应如何处理?					
现场设备、工器具、材料	书面试卷、黑色中性笔					
备注	上述栏目未尽事宜					

				评分标准			
序号	考核项目名称	质量要求	分值	扣分标准		扣分原因	得分
1	主动运检任务单与主动抢修任务单	完整回答知识点	20分	错、漏知识点每一处扣10分,扣完为止			
2	运行监测使用的系统	完整回答知识点	30分	错、漏知识点每一处扣5分,每错一项扣5分,扣完为止			
3	运行监测的业务类型及内容	完整回答知识点	40分	错、漏知识点每一处扣5分,扣完为止			
4	重复异常工况台区处理	完整回答知识点	20分	错、漏知识点每一处扣5分,扣完为止			

PZ2ZY0401　常用电气图形符号识别

一、作业

(一)工器具、材料、设备

1.工器具:无。

2.材料:书面试卷、黑色中性笔。

3.设备:答题书桌。

(二)安全要求

无。

(三)操作步骤及工艺要求(含注意事项)

1.注意识别电气符号,使用电气规范名称。

2.电气接线方式,使用电气规范名称。

二、考核

(一)考核场地

微机室。

(二)考核时间

30 min。

(三)考核要点

1.能识别常用电气符号,选择常用的电气符号,进行识别。

2.能看懂简单的电气图纸,给出电气连接的接线方式。

三、评分标准

行业:电力工程　　　　　　　工种:配电抢修指挥员　　　　　　等级:中级工

编号	PZ2ZY0401	行为领域	专业技能	评价范围		
考核时限	30 min	题型	多项操作	满分	100 分	得分
试题名称	常用电气图形符号识别					
考核要点及其要求	1.能识别常用电气符号,选择常用的电气符号进行识别。2.能看懂简单的电气图纸,给出电气连接的接线方式					
现场设备、工器具、材料	书面试卷、黑色中性笔					
备注	上述栏目未尽事宜					
评分标准						

序号	考核项目名称	质量要求	分值	扣分标准	扣分原因	得分
1	电气符号	正确回答电气符号名称	80 分	每个符号 5 分,答对得分,答错扣分,扣完为止		
2	电气图纸	正确回答配网接线方式	20 分	每个 5 分,答对得分,答错扣分,扣完为止		

第三部分

高级工

第 5 章

理论

▶ 5.1　理论大纲

配电抢修指挥员——高级工技能等级评价理论知识考核大纲

等级	考核方式	能力种类	能力项	考核项目	考核主要内容
高级工	理论知识考试	基本知识	电工基础	电工基础	电磁感应基本知识
					电路的过渡过程概念及计算
				电气识、绘图	电气图的基本识图、绘图
			电能计量	电能计量	电子式电能表
					电能计量装置
					互感器
					无功计量
					电工仪表与测量基础知识
			计算机基础知识	计算机基础知识	Excel 表格编辑及函数应用
		专业知识	配电网基础	配电网检修规程	配电架空线路常见缺陷
					配电变压器及附件故障的处理
					配电开关设备常见缺陷
				电能质量相关规定	供电可靠性的提高
				配电线路基础	配电线路相关标准
				配电网调度术语	相关开关、刀闸、线路下令调度术语
			配电运营管控	配电网运行监测指挥	配网运行情况诊断、分析、研判
				配电设备在线监测	配电设备的经济运行监测
				配网运行情况诊断分析	配电设备的经济运行异常工况主动检（抢）修工作单处理
			配网抢修指挥	故障报修业务	故障工单处理流程
				停电信息业务	停电信息报送流程
			客户服务指挥	非抢工单业务	12398、投诉工单处理

续表

等级	考核方式	能力种类	能力项	考核项目	考核主要内容
高级工	理论知识考试	专业知识	专业系统应用	供电服务指挥系统	供电服务指挥系统异常基础数据处理
					供电服务指挥系统相关数据明细查询
				用电信息采集系统	用电信息采集系统应用
				营销业务应用系统	系统功能综合应用
				PMS 系统	系统功能综合应用
		相关知识	班组管理	班组管理	班组基础及安全管理
			法律法规	法律法规	《营业规则》《95598 业务管理办法》《民法典》电力部分等
			专业素养	职业道德	国家电网公司员工职业道德规范
					沟通技巧
			企业文化	企业文化	国家电网公司企业文化理念

▶ 5.2　理论试题

5.2.1　单选题

La3A3001　班组安全管理不具有（　　）的特点。

（A）责任首要性　　　　（B）预防重要性　　（C）基础现行性　　　（D）管理系统性

【答案】　D

La3A3002　安全法制包括（　　）四个方面的内容。

（A）学法、知法、守法、执法　　　　　　　（B）立法、知法、守法、执法

（C）立法、识法、守法、执法　　　　　　　（D）立法、知法、守法、懂法

【答案】　B

La3A3003　（　　）是安全生产的责任主体。

（A）企业　　　　　　（B）领导　　　　　　（C）班长　　　　　　（D）员工

【答案】　B

La3A3004　"两票三制"中的"三制"是指（　　）。

（A）轮班制、巡回检查制、设备定期试验与更换制

（B）交接班制、定期检查制、设备定期试验与更换制

（C）交接班制、巡回检查制、设备定期试验与检验制

（D）交接班制、巡回检查制、设备定期试验与更换制

【答案】　D

La3A3005　在 CAD 中单位设置的快捷键是(　　)。

(A)U＋M　　　　　(B)U　　　　　(C)Ctrl＋U　　　　　(D)Alt＋U

【答案】　B

La3A3006　(　　)是分析电路过渡过程和确定初始值的基础。

(A)欧姆定律　　　(B)电流定律　　　(C)电压定律　　　(D)换路定律

【答案】　D

La3A3007　只要有(　　)存在,其周围必然有磁场。

(A)电压　　　　　(B)电流　　　　　(C)电阻　　　　　(D)电容

【答】　B

La3A3008　线圈磁场方向的判断方法用(　　)。

(A)直导线右手定则　　　　　　　(B)螺旋管右手定则

(C)左手定则　　　　　　　　　　(D)右手发电机定则

【答案】　B

La3A3009　表示磁场大小和方向的量是(　　)。

(A)磁通　　　　　(B)磁力线　　　　(C)磁感应强度　　　(D)电磁力

【答案】　C

La3A3010　关于磁场强度和磁感应强度的说法,下列说法中,错误的是(　　)。

(A)磁感应强度和磁场强度都是表征增长率强弱和方向的物理量,是一个矢量

(B)磁场强度与磁介质性质无关

(C)磁感应强度的单位采用特斯拉

(D)磁感应强度与磁介质性质无关

【答案】　D

La3A3011　关于磁感应强度,下面说法中错误的是(　　)。

(A)磁感应强度 B 和磁场 H 有线性关系,H 定了,B 就定了

(B)B 值的大小与磁介质性质有关

(C)B 值还随 H 的变化而变化

(D)磁感应强度是表征磁场的强弱和方向的量

【答案】　A

La3A3012　自感系数 L 与(　　)有关。

(A)电流大小　　　　　　　　　　(B)电压高低

(C)电流变化率　　　　　　　　　(D)线圈结构及材料性质

【答案】　D

La3A3013　下列论述中,正确的是(　　)。

(A)当计算电路时,规定自感电动势的方向与自感电压的参考方向都跟电流的参考
　　方向一致

(B)自感电压的实际方向始终与自感电动势的实际方向相反

(C)在电流增加的过程中,自感电动势的方向与原电流的方向相同

(D)自感电动势的方向除与电流变化方向有关外,还与线圈的绕向有关。这就是说,自感电压的实际方向就是自感电动势的实际方向

【答案】 B

La3A3014 下列论述中,完全正确的是（   ）。

(A)自感系数取决于线圈的形状、大小和匝数等,跟是否有磁介质无关

(B)互感系数的大小取决于线圈的几何尺寸、相互位置等,与匝数多少无关

(C)空心线圈的自感系数是一个常数,与电压和电流大小无关

(D)互感系数的大小与线圈自感系数的大小无关

【答案】 C

La3A3015 电感在直流电路中相当于（   ）。

(A)开路   (B)短路   (C)断路   (D)虚路

【答案】 B

La3A3016 电感线圈所储存的磁场能量为零的条件是（   ）。

(A)线圈两端电压为零

(B)通过线圈的电流为零

(C)线圈两端电压为零和通过线圈的电流为零

(D)线圈两端电压不为零

【答案】 C

La3A3017 巡视中发现高压配电线路、设备接地或高压导线、电缆断落地面、悬挂空中时,室内人员应距离故障点（   ）m以外。

(A)2   (B)4   (C)6   (D)8

【答案】 B

La3A3018 大风天气巡线,应沿线路（   ）前进,以免触及断落的导线。

(A)上风侧   (B)下风侧   (C)内侧   (D)外侧

【答案】 A

La3A3019 已操作的操作票应注明（   ）字样。

(A)已操作   (B)已执行   (C)合格   (D)已终结

【答案】 B

La3A3020 操作票至少应保存（   ）。

(A)1个月   (B)6个月   (C)1年   (D)2年

【答案】 C

La3A3021 若遇特殊情况需解锁操作,应经设备运维管理部门防误操作闭锁装置专责人或（   ）指定并经公布的人员到现场核实无误并签字。

（A)公司   （B)调控部门

（C)设备运维管理部门   （D)设备检修管理部门

【答案】 C

La3A3022 短时间退出防误操作闭锁装置，由（   ）批准，并应按程序尽快投入。

（A)设备运维管理部门   （B)领导

（C)工区   （D)配电运维班班长

【答案】 D

La3A3023 在居民区及交通道路附近开挖的基坑，应设坑盖或可靠遮拦，加挂警告标示牌，夜间挂（   ）。

（A)黄灯   （B)绿灯   （C)红灯   （D)白炽灯

【答案】 C

La3A3024 在超过（   ）m 深的基坑内作业时，向坑外抛掷土石应防止土石回落坑内，并做好防止土层塌方的临边防护措施。

（A)1   （B)1.5   （C)2   （D)2.5

【答案】 B

La3A3025 在土质松软处挖坑，应有防止塌方措施，如加挡板、（   ）等。

（A)撑木   （B)石头   （C)砖块   （D)混凝土

【答案】 A

La3A3026 立、撤杆应设专人统一指挥。开工前，应交代施工方法、指挥信号和（   ）。

（A)安全措施   （B)技术措施   （C)组织措施   （D)应急措施

【答案】 A

La3A3027 架空绝缘导线不得视为（   ）。

（A)绝缘设备   （B)导电设备   （C)乘力设备   （D)载流设备

【答案】 A

La3A3028 在停电检修作业中，开断或接入绝缘导线前，应做好防（   ）的安全措施。

（A)感应电   （B)火   （C)坠落   （D)高温

【答案】 A

La3A3029 邻近 10 kV 带电线路工作时，人体、导线、施工机具等与带电线路的距离应满足（   ）m 要求。

（A)0.5   （B)0.7   （C)1   （D)3

【答案】 C

La3A3030 同杆(塔)架设多回线路中部分线路停电的工作时，工作票中应填写多回线路中每回线路的（   ）。

（A)双重称号   （B)双重名称   （C)位置称号   （D)线路名称

【答案】 A

La3A3031 当发现配电箱、电表箱箱体带电时,应(　　　　),查明带电原因,并做相应处理。

(A)检查接地装置　　　　　　　　(B)断开上一级电源

(C)通知用户停电　　　　　　　　(D)将带电箱体接地

【答案】 B

La3A3032 带电作业需要停用重合闸,应向(　　　　)申请并履行工作许可手续。

(A)运行人员　　　　　　　　　　(B)设备运维管理单位

(C)调控人员　　　　　　　　　　(D)运行值班负责人

【答案】 C

La3A3033 试验装置的电源开关,应使用(　　　　)。在刀刃或刀座上加绝缘罩,防止误合。

(A)单极刀闸　　　　　　　　　　(B)双极刀闸

(C)有过载保护的开关　　　　　　(D)电动开关

【答案】 B

La3A3034 高压回路上使用钳形电流表的测量工作,至少应两人进行。非运维人员测量时,应(　　　　)。

(A)填用配电第一种工作票　　　　(B)填用配电第二种工作票

(C)填用配电带电作业工作票　　　(D)取得运维人员许可

【答案】 B

La3A3035 测量线路绝缘电阻时,应在取得许可并通知(　　　　)后进行。

(A)变电运维人员　　(B)工作负责人　　(C)监控人员　　(D)对侧

【答案】 D

La3A3036 电缆及电容器接地前应(　　　　)充分放电。

(A)逐相　　　　(B)保证一点　　　　(C)单相　　　　(D)三相

【答案】 A

La3A3037 AutoCAD 的坐标体系,包括世界坐标和(　　　　)。

(A)绝对坐标　　(B)平面坐标　　(C)相对坐标　　(D)用户坐标

【答案】 D

La3A3038 AutoCAD 中的图层数最多可设置为(　　　　)。

(A)10 层　　　(B)没有限制　　(C)5 层　　　(D)256 层

【答案】 B

La3A3039 剪切物体需用(　　　　)命令。

(A)Trim　　　(B)Extend　　(C)Stretch　　(D)Chamfer

【答案】 A

La3A3040 在执行 SOLID 命令后,希望所画的图元内部填充,必须设置(　　　　)。

(A)FILL 为 ON　　(B)FILL 为 OFF　　(C)LTSCALE　　(D)COLOR

【答案】 A

La3A3041　在 AutoCAD 中给一个对象指定颜色特性可以使用以下多种调色板,除了(　　)。

(A)灰度颜色　　　　　(B)索引颜色　　　　(C)真彩色　　　　(D)配色系统

【答案】　A

La3A3042　在 CAD 中在用 Line 命令绘制封闭图形时,最后一直线可敲(　　)字母后回车而自动封闭。

(A)C　　　　　　　　(B)G　　　　　　　　(C)D　　　　　　　　(D)O

【答案】　A

La3A3043　在 AutoCAD 中复制其他文件中块的命令快捷键是(　　)。

(A)Ctrl+Alt+C　　　　　　　　　　　(B)Ctrl+C

(C)Ctrl+Shift+C　　　　　　　　　　(D)Ctrl+A

【答案】　B

La3A3044　在 CAD 中多文档的设计环境允许(　　)。

(A)同时打开多个文档,但只能在一个文档上工作

(B)同时打开多个文档,在多个文档上同时工作

(C)只能打开一个文档,但可以在多个文档上同时工作

(D)不能在多文档之间复制、粘贴

【答案】　B

La3A3045　不能应用修剪命令"trim"进行修剪的对象是(　　)。

(A)圆弧　　　　　　(B)圆　　　　　　　(C)直线　　　　　　(D)文字

【答案】　D

La3A3046　在 CAD 中用 POLYGON 命令画成的一个正六边形,它包含(　　)个图元。

(A)1　　　　　　　　(B)6　　　　　　　(C)不确定　　　　　(D)2

【答案】　A

La3A3047　在 CAD 中使用 POLYGON 命令绘制正多边形,边数最大值是(　　)。

(A)300　　　　　　　(B)50　　　　　　　(C)100　　　　　　(D)1024

【答案】　D

La3A3048　在 CAD 中在启动向导中,AutoCAD 使用的样板图形文件的扩展名是(　　)。

(A)DWG　　　　　　(B)DWT　　　　　　(C)DWK　　　　　　(D)TEM

【答案】　B

La3A3049　AutoCAD 中用多段线绘制弧形时 D 表示弧形的(　　)。

(A)大小　　　　　　(B)位置　　　　　　(C)方向　　　　　　(D)坐标

【答案】　C

La3A3050　通电导体在磁场中受力向下运动,电源的正、负极和磁铁的 N、S 极标示正确的是(　　)。

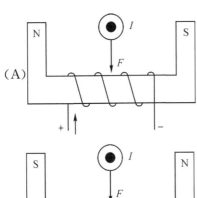
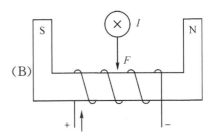

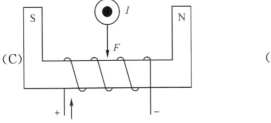
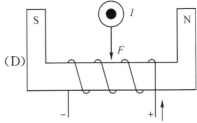

【答案】 C

La3A3051 只要有电流存在,其周围必然有(　　)。

(A)磁场　　　　　(B)电流　　　　　(C)电阻　　　　　(D)电压

【答案】 A

La3A3052 磁感应线是用以表示空间各处磁场强度和方向的有方向(　　)。

(A)直线　　　　　(B)曲线　　　　　(C)波浪线　　　　　(D)虚线

【答案】 B

La3A3053 由于导体本身的(　　)发生变化而产生的电磁感应现象叫自感现象。

(A)磁场　　　　　(B)电流　　　　　(C)电阻　　　　　(D)电压

【答案】 B

La3A3054 任一瞬间电感上的电压与自感电势(　　)。

(A)大小相等,方向相同　　　　　　　(B)大小相等,方向相反

(C)大小不等,方向相同　　　　　　　(D)大小不等,方向相反

【答案】 B

La3A3055 下列描述电感线圈主要物理特性的各项中,(　　)项是错误的。

(A)电感线圈能储存磁场能量

(B)电感线圈能储存电场能量

(C)电感线圈中的电流不能突变

(D)电感在直流电路中相当于短路,在交流电路中,电感将产生自感电动势,阻碍电流的变化

【答案】 B

La3A3056 发布指令的全过程(包括对方复诵指令)和听取指令的报告时,(　　)应录音并做好记录。

(A)低压指令　　　　(B)高压指令　　　　(C)所有指令　　　　(D)单项指令

【答案】 B

La3A3057 ( )断路器(开关)前,宜对现场发出提示信号,提醒现场人员远离操作设备。

(A)远方遥控操作 (B)远方程序操作 (C)就地操作 (D)拉开

【答案】 A

La3A3058 在下水道、煤气管线、潮湿地、垃圾堆或有腐质物等附近挖坑时,应设( )。

(A)工作负责人 (B)工作许可人 (C)监护人 (D)工作班成员

【答案】 C

La3A3059 塔脚检查,在不影响铁塔稳定的情况下,可以在( )的两个塔脚同时挖坑。

(A)对角线   (B)同一侧

(C)四个角中任选   (D)相邻

【答案】 A

La3A3060 配电站、开闭所户内高压配电设备的裸露导电部分对地高度小于( )m时,该裸露部分底部和两侧应装设护网。

(A)2.4   (B)2.5   (C)2.6   (D)2.7

【答案】 B

La3A3061 配电站户外高压设备部分停电检修或新设备安装,工作地点四周围栏上悬挂适当数量的"止步,高压危险!"标示牌,标示牌应朝向( )。

(A)围栏里面 (B)围栏外面 (C)围栏入口 (D)围栏出口

【答案】 A

La3A3062 高压试验过程中,变更接线或试验结束,应断开试验电源,并将升压设备的高压部分( )。

(A)放电   (B)短路接地

(C)放电、短路   (D)放电,短路接地

【答案】 D

La3A3063 带电设备附近测量绝缘电阻,( )应与设备的带电部分保持安全距离。

(A)测量人员

(B)绝缘电阻表

(C)测量引线

(D)测量人员和绝缘电阻表安放的位置

【答案】 D

La3A3064 在下水道、煤气管线、潮湿地、垃圾堆或有腐质物等附近挖沟(槽)时,应设监护人。在挖深超过( )m的沟(槽)内工作时,应采取安全措施。

(A)1   (B)1.5   (C)1.8   (D)2

【答案】 D

La3A3065 在电缆隧道内巡视时,作业人员应携带便携式气体检测仪,通风不良时还应携带

（　　）。

(A)正压式空气呼吸器 (B)防毒面具

(C)口罩 (D)湿毛巾

【答案】 A

La3A3066 遇有冲刷、起土、上拔或导地线、拉线松动的杆塔,登杆塔前,应先(　　),打好临时拉线或支好架杆。

(A)培土加固 (B)三交代 (C)两穿一戴 (D)测量接地

【答案】 A

La3A3067 在 110 kV 带电线路下方进行交叉跨越档内松紧、降低或架设导线的检修及施工,应采取防止导线跳动或过牵引与带电线路接近至(　　)m 安全距离的措施。

(A)2 (B)2.5 (C)3 (D)4

【答案】 C

La3A3068 配电站、开闭所、箱式变电站等的钥匙至少应有(　　)。

(A)一把 (B)两把 (C)三把 (D)四把

【答案】 C

La3A3069 装有 SF6 设备的配电站,应装设强力通风装置,风口应设置在(　　),其电源开关应装设在门外。

(A)室内中部 (B)室内顶部

(C)室内底部 (D)室内电缆通道

【答案】 C

La3A3070 高压开关柜前后间隔没有可靠隔离的,工作时应(　　)。

(A)同时停电 (B)加强监护

(C)装设围栏 (D)加装绝缘挡板

【答案】 A

La3A3071 设备检修时,回路中所有(　　)隔离开关(刀闸)的操作手柄,应加挂机械锁。

(A)来电侧 (B)受电侧 (C)两侧 (D)负荷侧

【答案】 A

La3A3072 环网柜部分停电工作,若进线柜线路侧有电,进线柜应设遮拦,悬挂(　　)标示牌。

(A)"止步,高压危险!" (B)"在此工作!"

(C)"禁止合闸,有人工作!" (D)"禁止分闸!"

【答案】 A

La3A3073 低压电气工作时,拆开的引线、断开的线头应采取(　　)等遮蔽措施。

(A)胶带包裹 (B)绝缘包裹 (C)帆布遮盖 (D)剪断包裹

【答案】 B

La3A3074 低压配电网中的开断设备应易于操作,并有明显的(　　)指示。

　　(A)仪表　　　　　　　(B)信号　　　　　　(C)开断　　　　　　(D)机械

【答案】　C

La3A3075　低压电气带电工作使用的工具应有(　　)。

　　(A)绝缘柄　　　　　　(B)木柄　　　　　　(C)塑料柄　　　　　(D)金属外壳

【答案】　A

La3A3076　低压装表接电时,(　　)。

　　(A)应先安装计量装置后接电　　　　(B)应先接电后安装计量装置

　　(C)计量装置安装和接电的顺序无要求　(D)计量装置安装和接电应同时进行

【答案】　A

La3A3077　电容器柜内工作,应断开电容器的电源、(　　)后,方可工作。

　　(A)逐相充分放电　　(B)充分放电　　　　(C)刀闸拉开　　　　(D)接地

【答案】　A

La3A3078　使用钳形电流表测量高压电缆各相电流,电缆头线间距离应大于(　　)mm,且绝缘良好、测量方便。当有一相接地时,禁止测量。

　　(A)100　　　　　　　(B)200　　　　　　(C)300　　　　　　(D)500

【答案】　C

La3A3079　(　　)不会导致功率因数低。

　　(A)大量采用感应电动机或其他电感性用电设备

　　(B)大量采用感应电动机或其他电容性用电设备

　　(C)变压器等电感性用电设备不配套或使用不合理,造成设备长期轻载或空载运行

　　(D)采用日光灯、路灯照明时,没有配电容器或电容器补偿不合理

【答案】　B

La3A3080　关于功率因数,下列说法正确的是(　　)。

　　(A)电器设备功率越大,功率因数越大

　　(B)电器设备功率越大,功率因数越小

　　(C)电器设备功率越小,功率因数越小

　　(D)电器设备功率大小与功率因数无必然联系

【答案】　D

La3A3081　(　　)不是对称三相电源的特点。

　　(A)三相对称电动势在任意瞬间的代数和不等于零

　　(B)对称三相电动势最大值相等、角频率相同、彼此间相位差120°

　　(C)三相对称电动势的相量和等于零

　　(D)三相对称电动势在任意瞬间的代数和等于零

【答案】　A

La3A3082　交流电路的电压最大值和(　　)最大值的乘积为视在功率。

（A）电阻　　　　　　　（B）电量　　　　　　（C）电流　　　　　　（D）功率

【答案】　C

La3A3083　电容器在充电过程中,其（　　）。

（A）充电电流不能发生变化　　　　　　　　　　（B）两端电压不能发生突变

（C）储存能量发生突变　　　　　　　　　　　　（D）储存电场发生突变

【答案】　B

La3A3084　在（　　）串联电路中发生的谐振叫作串联谐振。

（A）RL　　　　　　　（B）RC　　　　　　　（C）LC　　　　　　　（D）LCL

【答案】　B

La3A3085　R、L 串联电路与正弦电压接通后,在初始值一定的条件下,电路的过渡过程与
（　　）有关。

（A）开关动作　　　　　（B）开关拉弧　　　　　（C）开关灭弧　　　　　（D）开关储能

【答案】　A

La3A3086　下图所示电路中,已知 $L=2H$,$R=10\ \Omega$,$U=100\ V$,该电路的时间常数和电路进入
稳态后电阻上的电压分别为（　　）。

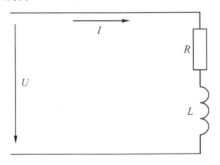

（A）0.2 s,100 V　　　（B）2 s,10 V　　　（C）2 s ,100 V　　　（D）0.2 s,10 V

【答案】　A

La3A3087　当线圈中的电流（　　）时,线圈两端产生自感电动势。

（A）变化　　　　　　　（B）不变　　　　　　　（C）很大　　　　　　　（D）很小

【答案】　A

La3A3088　S级电能表与普通电能表的主要区别在于小电流时的特性不同,S级电能表在（　　）s
基本电流时误差也能满足要求。

（A）0.01　　　　　　　（B）0.02　　　　　　　（C）0.05　　　　　　　（D）0.06

【答案】　A

La3A3089　六角图法中组成六角图的六个相量是（　　）。

（A）相电压和相电流　　　　　　　　　　　　　（B）线电压和线电流

（C）相电压和线电流　　　　　　　　　　　　　（D）相电流和线电流

【答案】　A

La3A3090　某用户三相四线计量方式,电流互感器变比为150/5,其 V 相电流互感器反接 6 个月,累计电量为 600 kW·h,计算应退补的电量是(　　)kW·h。

(A)24 000　　　　　(B)48 000　　　　　(C)12 000　　　　　(D)36 000

【答案】　D

La3A3091　低压三相四线制线路中,在三相负荷对称情况下,U、W 相电压线互换,则电能表(　　)。

(A)停转　　　　　(B)反转　　　　　(C)正常　　　　　(D)烧表

【答案】　A

La3A3092　三相三线 60°内相角无功电能表中断开 C 相电压,电能表将会(　　)。

(A)正常　　　　　(B)停转　　　　　(C)慢走一半　　　　　(D)快走一倍

【答案】　C

La3A3093　电磁系测量机构可动部分的稳定偏转角与通过线圈的(　　)。

(A)电流成正比　　　　　　　　　　(B)电流平方成正比

(C)电流成反比　　　　　　　　　　(D)电流平方成反比

【答案】　B

La3A3094　数字万用表的中驱动液晶的反相方波是通过(　　)门电路产生的。

(A)与　　　　　(B)或　　　　　(C)非　　　　　(D)异或

【答案】　D

Lb3A3001　在 PMS2.0 系统中,各类生产计划发布的部门为(　　)。

(A)运维检修部　　　(B)基建部　　　(C)调度部门　　　(D)营销部

【答案】　C

Lb3A3002　PMS2.0 系统抢修管控模块可支撑(　　)等,全面监控抢修综合态势,并为指挥决策提供依据。

(A)配调人员　　　　　　　　　　(B)95598 客户服务人员

(C)抢修指挥人员　　　　　　　　(D)抢修过程管控人员

【答案】　C

Lb3A3003　PMS 图形管理可以实现放大操作是(　　)。

(A)左键单击"拉框缩放"按键,按住鼠标左键进行自左上向右下拖曳

(B)按住鼠标左键进行自左上向右下拖曳

(C)左键单击"拉框缩放"按键,按住鼠标左键进行自右下向左上拖曳

(D)按住鼠标左键进行自右下向左上拖曳

【答案】　A

Lb3A3004　PMS 图形管理中点击"添加",打开"电缆类设备"下拉菜单,点击"电缆段",(　　)连接点,移动鼠标确定其走向,(　　)鼠标左键建成电缆段。

(A)单击,单击　　　(B)单击,双击　　　(C)双击,双击　　　(D)单击,单击

【答案】 B

Lb3A3005 PMS 系统带电检测查询功能路径是系统导航—（　　）—检测管理。

(A)实物资产管理 　　　　　　　　　　　　(B)电网资源中心

(C)标准数据管理 　　　　　　　　　　　　(D)电网运维检修管理

【答案】 D

Lb3A3006 在 PMS 系统线路台账查询可查询设备有无（　　）。

(A)主变压器 　　　(B)接地变 　　　(C)电缆 　　　(D)消弧装置

【答案】 C

Lb3A3007 PMS 系统线路图模查询需选择对应的设备类型为（　　）。

(A)线路设备 　　　(B)低压设备 　　　(C)生产辅助设备 　　　(D)站内一次设备

【答案】 A

Lb3A3008 在 CAD 中文本窗口切换的快捷键是（　　）。

(A)F1 　　　(B)F2 　　　(C)F3 　　　(D)F4

【答案】 B

Lb3A3009 变压器的额定容量是指变压器额定运行状态下输出的（　　）。

(A)有功功率 　　　(B)无功功率 　　　(C)视在功率 　　　(D)有用功率

【答案】 C

Lb3A3010 我国规定电力系统的额定频率为（　　）Hz。

(A)30 　　　(B)40 　　　(C)50 　　　(D)60

【答案】 C

Lb3A3011 配电变台用变压器容量应在（　　）kV·A 以下。

(A)200 　　　(B)315 　　　(C)400 　　　(D)630

【答案】 C

Lb3A3012 配电变台用变压器接线组别应为（　　）。

(A)Yyn0 　　　(B)Dyn5 　　　(C)Dyn7 　　　(D)Dyn11

【答案】 D

Lb3A3013 隔离开关应安装牢固,动、静触头在（　　）。

(A)一侧 　　　(B)一面 　　　(C)一个断面上 　　　(D)一条直线上

【答案】 D

Lb3A3014 断路器本体接地应可靠,接地电阻不大于（　　）Ω。

(A)4 　　　(B)5 　　　(C)10 　　　(D)12

【答案】 C

Lb3A3015 断路器三相引线连接可靠,排列规范整齐,相间距离不小于（　　）mm。

(A)100 　　　(B)200 　　　(C)300 　　　(D)400

【答案】 C

Lb3A3016 低压综合配电箱馈电单元的出线回路数不应超过（　　）回路。

(A)三 　　　　　(B)四 　　　　　(C)五 　　　　　(D)六

【答案】 A

Lb3A3017 配电线路严重缺陷应在（　　）天内消除。

(A)7 　　　　　(B)10 　　　　　(C)15 　　　　　(D)30

【答案】 D

Lb3A3018 危急缺陷应在（　　）小时内消除。

(A)24 　　　　　(B)36 　　　　　(C)48 　　　　　(D)69

【答案】 A

Lb3A3019 测得某 10 kV 线路上一点实际电压为 9.3 kV，则该点的电压偏差为（　　）%。

(A)−0.7 　　　　　(B)0.7 　　　　　(C)−7 　　　　　(D)7

【答案】 B

Lb3A3020 情况轻微，近期对电力系统安全运行影响不大的电缆设备缺陷，可判定为（　　）缺陷。

(A)一般 　　　　　(B)重大 　　　　　(C)严重 　　　　　(D)紧急

【答案】 A

Lb3A3021 情况危急，危及人身安全或造成电力系统设备故障甚至损毁电缆设备的缺陷，可判定为（　　）缺陷。

(A)一般 　　　　　(B)重大 　　　　　(C)严重 　　　　　(D)紧急

【答案】 D

Lb3A3022 若柱上断路器 SF6 气压突然降至零，应立即将该断路器改为（　　）状态，并断开其控制电源。

(A)全自动 　　　　　(B)半自动 　　　　　(C)非自动 　　　　　(D)维持原状态

【答案】 C

Lb3A3023 柱上真空度降低弧光变为（　　）色时，应及时更换真空灭弧室。

(A)微蓝 　　　　　(B)橙红 　　　　　(C)红褐 　　　　　(D)紫红

【答案】 B

Lb3A3024 柱上真空断路器真空度必须保证在（　　）Pa 以上，才能可靠地运行。

(A)0.0133 　　　　　(B)0.133 　　　　　(C)1.33 　　　　　(D)13.3

【答案】 A

Lb3A3025 柱上断路器如果电源良好，铁芯动作无力，铁芯卡涩或线圈故障造成拒跳，可能是（　　）。

(A)电气故障 　　　　　　　　　　(B)机械故障

(C)电气和机械两方面同时存在故障 　　　(D)操作不当

【答案】　C

Lb3A3026 柱上断路器跳闸电源的电压过低导致断路器拒跳属于(　　　)回路故障。

(A)控制　　　　　　　　(B)电气　　　　　　　　(C)机械　　　　　　　　(D)二次

【答案】　B

Lb3A3027 配电变压器三相电压不平衡时应该调整负荷平衡和(　　　)。

(A)更换熔丝片　　　　　　　　　　　　(B)更换变压器

(C)检查短路点并排除　　　　　　　　　(D)吊芯检查接头并紧固

【答案】　C

Lb3A3028 电缆耐压试验分相进行时,另两相电缆应(　　　)。

(A)可靠接地　　　　　　　　　　　　　(B)用安全围栏与被试相电缆隔开

(C)用绝缘挡板与被试相电缆隔开　　　　(D)短接

【答案】　A

Lb3A3029 某 10 kV 工业客户,变压器容量 1000 kV·A,请选择计量方式。该客户可应采用(　　　)计量方式。

(A)低供低计　　　　(B)低供高计　　　　(C)高供低计　　　　(D)高供高计

【答案】　D

Lb3A3030 某电网经营企业之间电量交换点的计量装置平均月电量为 2 000 000 kW·h,则该套计量装置属于(　　　)计量装置。

(A)Ⅰ类　　　　　　(B)Ⅱ类　　　　　　(C)Ⅲ类　　　　　　(D)Ⅳ类

【答案】　A

Lb3A3031 高压三相四线电能计量装置主要运行在(　　　)kV 及以上电力系统。

(A)10　　　　　　　(B)35　　　　　　　(C)110　　　　　　　(D)220

【答案】　C

Lb3A3032 单相电能表相、中性线应采用不同颜色的导线并对号入座,其中中性线应采用的颜色是(　　　)。

(A)黄色　　　　　　(B)红色　　　　　　(C)绿色　　　　　　(D)黑色

【答案】　D

Lb3A3033 "(　　　)"直接接入式是单相电能表常用的接线方式。

(A)一进一出　　　　(B)一进两出　　　　(C)两进一出　　　　(D)两进两出

【答案】　A

Lb3A3034 三相四线直入式电能表 C 相接反,在负荷平衡的情况下,电能表少计量了(　　　)。

(A)1/3　　　　　　　(B)1/2　　　　　　　(C)2/3　　　　　　　(D)1/4

【答案】　C

Lb3A3035 经 TA 接入低压三相四线电能计量装置分为经联合接线盒接入和(　　　)接入两种。

　　(A)不经联合接线盒　　　　　　　　(B)直入式

　　(C)缠绕式　　　　　　　　　　　　(D)悬挂式

【答案】　A

Lb3A3036　组合互感器二次回路数目不应少于(　　)个。

　　(A)1　　　　　　(B)2　　　　　　(C)3　　　　　　(D)4

【答案】　D

Lb3A3037　经 TA 接入的三相四线电能计量装置,电能表的电流采样数据是通过电流互感器(　　)后的数据。

　　(A)升流　　　　　　(B)降流　　　　　　(C)降压　　　　　　(D)升压

【答案】　B

Lb3A3038　电能计量用互感器或电能表误差超出允许范围时,以误差值为(　　)基准,按验证后的误差值退补电量。

　　(A)100　　　　　　(B)50　　　　　　(C)25　　　　　　(D)0

【答案】　D

Lb3A3039　某一工厂 10 kV 供电,有功负荷 $P = 1000$ kW,功率因数为 0.8,高压计量,需配置的电流互感器变比是(　　)。

　　(A)100/5　　　　　(B)150/5　　　　　(C)75/5　　　　　(D)200/5

【答案】　C

Lb3A3040　某用电客户申请新装一台 400 kV·A 变压器,其功率因数为 0.9,电能计量装置安装在变压器低压侧,用户应该选用的电流互感器的变比是(　　)。

　　(A)800/5　　　　　(B)600/5　　　　　(C)500/5　　　　　(D)750/5

【答案】　D

Lb3A3041　某 10 kV 工业客户,变压器容量 1000 kV·A,请选择计量方式。电压互感器选用(　　)。

　　(A)10 000/100 V　　(B)6000/100 V　　(C)35 000/100 V　　(D)10 000/380 V

【答案】　A

Lb3A3042　电力系统的无功补偿与无功平衡是保证(　　)质量和电网稳定运行的基本条件。

　　(A)电压　　　　　　(B)频率　　　　　　(C)谐波　　　　　　(D)电能

【答案】　A

Lb3A3043　下列(　　)条件不会使仪表的读数产生误差。

　　(A)环境温度变化　　　　　　　　　(B)放置方式的改变

　　(C)外电场或磁场的干扰　　　　　　(D)波形为正弦波

【答案】　D

Lb3A3044　系统误差按其产生的原因又可分为基本误差和(　　)。

　　(A)绝对误差　　　　(B)相对误差　　　　(C)附加误差　　　　(D)疏忽误差

【答案】 C

Lb3A3045 直流单臂电桥主要用于精确测量（   ）。

(A)大电阻   (B)中电阻   (C)小电阻   (D)任何电阻

【答案】 B

Lb3A3046 使用钳形电流表时测量电流时，应按动手柄使铁芯张开，把被测导线穿到钳口（   ），就可以直接从表盘上读出被测电流的数值。

(A)里面   (B)外面   (C)中央   (D)上面

【答案】 C

Lb3A3047 使用钳形表测量导线电流时，应使被测导线（   ）。

(A)尽量离钳口近些   (B)尽量离钳口远些   (C)尽量居中   (D)无所谓

【答案】 C

Lb3A3048 钳形电流表不用时将量程开关切换至电流（   ）挡位。

(A)最大   (B)最小   (C)初始位置   (D)零

【答案】 A

Lb3A3049 使用钳形电流表时测量前在不知大小的情况下先选用（   ）的量程测量，然后再视读数的大小，逐渐减小量程。

(A)最大   (B)最小   (C)较大   (D)较小

【答案】 C

Lb3A3050 PMS2.0系统中，设备变更申请由（   ）提出，并提供电网资源维护的过程管理和控制。

(A)基建人员   (B)运维人员   (C)检修人员   (D)施工人员

【答案】 B

Lb3A3051 PMS图形调度审核环节对变更前后的图形对比展示中（   ）色表示更新设备。

(A)蓝   (B)绿   (C)黄   (D)红

【答案】 B

Lb3A3052 PMS图形调度审核环节对变更前后的图形对比展示中（   ）色表示新增设备。

(A)蓝   (B)绿   (C)黄   (D)红

【答案】 A

Lb3A3053 PMS图形调度审核环节对变更前后的图形对比展示中（   ）色表示删除设备。

(A)蓝   (B)绿   (C)黄   (D)红

【答案】 C

Lb3A3054 10 kV月线损在（   ）范围内为达标。

(A)0～6%   (B)0～8%   (C)0～10%   (D)0～5%

【答案】 A

Lb3A3055 （   ）是配电设备的主要经济运行指标。

  (A)电压   (B)电流   (C)无功   (D)线损

【答案】　D

Lb3A3056　一般油浸变压器采用 A 级绝缘,最高允许温度为(　　)℃。

  (A)85   (B)95   (C)105   (D)110

【答案】　C

Lb3A3057　油浸变压器在运行时,上层油面的最高温度不应超过(　　)℃。

  (A)75   (B)85   (C)95   (D)105

【答案】　C

Lb3A3058　三相配电变压器星形接线的连接组标号中,低压侧有中性线引出时用(　　)表示。

  (A)N   (B)n   (C)0   (D)Y

【答案】　B

Lb3A3059　当 10 kV 架空线路供电区域负荷对供电可靠性要求较高时,其(　　)或支线开关宜采用柱上断路器。

  (A)首端开关 (B)分段开关 (C)解列点开关 (D)联络开关

【答案】　B

Lb3A3060　更换柱上跌落式熔断器时,要求天气良好,无雷雨,风力不超过(　　)级。

  (A)3   (B)4   (C)5   (D)6

【答案】　D

Lb3A3061　跌落式熔断器和引线的相间距离不小于(　　)mm。

  (A)300   (B)400   (C)500   (D)600

【答案】　C

Lb3A3062　隔离开关和引线排列整齐,相间距离不小于(　　)mm。

  (A)300   (B)400   (C)500   (D)600

【答案】　C

Lb3A3063　SN10 - 10 Ⅱ 型断路器的额定开断电流 $I_k = 16$ kA,该断路器的遮断容量 S 为(　　)MV・A。

  (A)277.13   (B)288.13   (C)299.13   (D)308.13

【答案】　A

Lb3A3064　在 PMS2.0 系统中,(　　)进入设备变更申请页面,发起变更申请。

  (A)运维人员 (B)基建人员 (C)检修人员 (D)施工人员

【答案】　A

Lb3A3065　低压综合配电箱的正常使用的温度范围是(　　)℃。

  (A)±35   (B)±40   (C)±45   (D)±50

【答案】　B

Lb3A3066　低压综合配电箱安装地点的系统电压波动范围不应超过额定工作电压的(　　)%。

(A)±5　　　　　　(B)±10　　　　　　(C)±15　　　　　　(D)±20

【答案】 B

Lb3A3067 低压综合配电箱补偿容量宜按装置安装处变压器容量的(　　)配置。

(A)10%～20%　(B)15%～30%　(C)25%～40%　(D)30%～50%

【答案】 B

Lb3A3068 低压综合配电箱箱门打开角度不应小于(　　)°。

(A)90　　　　　　(B)120　　　　　　(C)135　　　　　　(D)150

【答案】 C

Lb3A3069 柱上断路器干式电流互感器故障应进行局部放电测量,在1.1倍相电压的局部放量应不大于(　　)pC。

(A)7　　　　　　(B)8　　　　　　(C)9　　　　　　(D)10

【答案】 D

Lb3A3070 柱上隔离开关触头或触指烧伤深度超过(　　)mm时,应更换烧损触头或触指。

(A)0.3　　　　　(B)0.5　　　　　(C)0.7　　　　　(D)0.9

【答案】 B

Lb3A3071 柱上隔离开关压力弹簧退火、锈蚀应更换压力弹簧,弹簧应有(　　)mm以上的压缩量。

(A)2　　　　　　(B)3　　　　　　(C)4　　　　　　(D)5

【答案】 B

Lb3A3072 柱上隔离开关触头或触指烧伤面积不超过(　　)%时,可用细齿锉刀锉平或0号砂纸打磨烧伤面。

(A)5　　　　　　(B)6　　　　　　(C)7　　　　　　(D)8

【答案】 C

Lb3A3073 (　　)是经过运行考验,技术状况良好,能保证在满负荷下安全供电的设备。

(A)一类设备　　(B)二类设备　　(C)三类设备　　(D)四类设备

【答案】 A

Lb3A3074 (　　)是基本完好的设备,能经常保证安全供电,但个别部件有一般缺陷。

(A)一类设备　　(B)二类设备　　(C)三类设备　　(D)四类设备

【答案】 B

Lb3A3075 (　　)是有重大缺陷的设备,不能保证安全供电,或出力降低,严重漏剂,外观很不整洁,锈烂严重。

(A)一类设备　　(B)二类设备　　(C)三类设备　　(D)四类设备

【答案】 C

Lb3A3076 情况严重,虽可继续运行,但在短期内将影响电力系统正常运行的电缆设备缺陷,可判定为(　　)缺陷。

(A)一般　　　　　(B)重大　　　　　(C)严重　　　　　(D)紧急

【答案】 C

Lb3A3077 电能计量装置综合误差包括( )、互感器合成误差、电压互感器二次回路压降引起的误差。

(A)基本误差　　　(B)电能表误差　　(C)变差　　　　　(D)相对误差

【答案】 B

Lb3A3078 一工厂低压计算负荷为170 kW,功率因数为0.83,应配( )容量的电流互感器。

(A)300/5　　　　　(B)250/5　　　　　(C)200/5　　　　　(D)400/5

【答案】 A

Lb3A3079 已知某10 kV高压供电工业户,电流互感器变比为50/5,电压互感器变比为10 000/100,有功表起码为165、止码为235,该用户有功计费电量为( )。

(A)700　　　　　　(B)7000　　　　　(C)7500　　　　　(D)7550

【答案】 B

Lb3A3080 钳形电流表的钳头实际上是一个( )。

(A)电压互感器　　(B)电流互感器　　(C)自耦变压器　　(D)整流器

【答案】 B

Lb3A3081 电磁式钳型电流表的核心是电磁系测量机构,它可以测量( )。

(A)交流电流　　　(B)直流电流　　　(C)交流、直流电流　(D)任何电流

【答案】 C

Lb3A3082 钳形电流表的钳口若有污垢,可用( )擦净。

(A)汽油　　　　　(B)酒精　　　　　(C)肥皂　　　　　(D)消毒液

【答案】 A

Lb3A3083 通常兆欧表的额定转速为( )r/min。

(A)100　　　　　　(B)120　　　　　　(C)140　　　　　　(D)160

【答案】 B

Lb3A3084 PMS2.0系统中,下面关于线路变更异动描述错误的是( )。

(A)线路合并可以对线路的起点位置进行修改

(B)线路开剖可以修改线路1的终点位置

(C)改变线路起点和终点只可以修改线路的起点位置

(D)增加电缆段可以修改线路的终点位置

【答案】 B

Lb3A3085 Ⅲ类电能计量装置,月平均用电量为( )kW·h及以上。

(A)50 000　　　　(B)100 000　　　(C)500 000　　　(D)1 000 000

【答案】 B

Lb3A3086 某10 kV工业客户,变压器容量1 000 kV·A,请选择计量方式。电能表选用( )。

(A)单相电能表 3 只,电压 220 V,额定电流 1.5(6)A

(B)单相电能表 2 只,电压 220 V,额定电流 1.5(6)A

(C)三相四线多功能电能表 1 只,电压 3*100 V,额定电流 1.5(6)A

(D)三相三线多功能电能表 1 只,电压 3*100 V,额定电流 1.5(6)A

【答案】 D

Lb3A3087 在三相负荷平衡的前提下,当断开三相三线有功电能表电源侧的 B 相电压时,电能表脉冲在单位时间内发出的脉冲数为正常时的( )。

(A)1/2   (B)3/2   (C)2/3   (D)1/3

【答案】 A

Lb3A3088 三相四线有功电能表,抄表时发现一相电流接反,抄得电量为 500 kW·h,若三相负荷对称,则实际用电量应为( )kW·h。

(A)2000   (B)1500   (C)1000   (D)500

【答案】 B

Lb3A3089 三相四线有功电能表,若两相电流接反,发现时表上抄到示度为 -600 kW·h,若三相负荷对称,则实际电量应为( )kW·h。

(A)600   (B)1200   (C)1800   (D)2400

【答案】 C

Lb3A3090 三相三线电能表中相电压断了,此时电能表应走慢( )。

(A)1/3   (B)1/2   (C)2/3   (D)1/4

【答案】 B

Lb3A3091 单相电压互感器 2 只 V,v 接,接 AB 相的 1 只互感器二次极性接反,则二次侧 3 个线电压为( )。

(A)100 V,100 V,100 V   (B)100 V,100 V,173 V

(C)100 V,173 V,173 V   (D)100 V,110 V,100 V

【答案】 B

Lb3A3092 当两只单相电压互感器按 V,v12 接线,如果二次空载时,二次线电压 $U_{ab}=0$ V,$U_{bc}=100$ V,$U_{ca}=100$ V,那么( )。

(A)电压互感器一次回路 A 相断线   (B)电压互感器一次回路 B 相断线

(C)电压互感器一次回路 C 相断线   (D)电压互感器二次回路 C 相断线

【答案】 A

Lb3A3093 当三只单相电压互感器按 Y,y12 接线,如果二次空载时,二次线电压 $U_{ab}=100$ V,$U_{bc}=0$ V,$U_{ca}=0$ V,那么( )。

(A)电压互感器二次回路 A 相断线   (B)电压互感器二次回路 B 相断线

(C)电压互感器二次回路 C 相断线   (D)电压互感器一次回路某一相断线

【答案】 C

Lb3A3094　电压互感器一、二次绕组匝数增大时,电压互感器的负载误差(　　)。

(A)增大　　　　　　(B)减小　　　　　　(C)不变　　　　　　(D)随机

【答案】　A

Lb3A3095　互感器或电能表误差超出允许范围时,以"0"误差为基准,按验证后的误差值追补电量。退补时间从上次校验或换装后投入之日起至误差更正之日止的(　　)时间计算。

(A)1/3　　　　　　(B)1/2　　　　　　(C)1/4　　　　　　(D)全部

【答案】　B

Lb3A3096　某用户安装一只低压三相四线有功电能表,B相电流互感器二次极性反接达一年之久,三相负荷平衡,累计抄见电量为2000 kW·h,该客户应追补电量为(　　)kW·h。

(A)2000　　　　　　(B)3000　　　　　　(C)4000　　　　　　(D)1000

【答案】　C

Lb3A3097　计量技术机构受理用户提出有异议的电能计量装置的检验申请后,对低压和照明用户,一般应在(　　)个工作日内将电能表和低压电流互感器鉴定完毕。

(A)1　　　　　　(B)3　　　　　　(C)5　　　　　　(D)7

【答案】　D

Lb3A3098　按照无功电能表和有功电能表的计量结果,可以计算出用电的(　　)。

(A)加权平均功率因数　　　　　　　　(B)平均功率因数

(C)功率因数　　　　　　　　　　　　(D)瞬时功率因数

【答案】　A

Lb3A3099　示波器使用的衰减器多数为(　　)电路。

(A)RL　　　　　　(B)RC　　　　　　(C)LC　　　　　　(D)LCL

【答案】　B

Lb3A3100　欲精确测量中电阻的阻值,应选用(　　)。

(A)万用表　　　　　　(B)兆欧表　　　　　　(C)单臂电桥　　　　　　(D)双臂电桥

【答案】　C

Lb3A3101　绝缘电阻表的端电压一般(　　)绝缘电阻表的额定电压。

(A)等于　　　　　　(B)小于　　　　　　(C)大于　　　　　　(D)均等于

【答案】　B

Lb3A3102　测量瓷瓶的绝缘电阻,应选用额定电压为(　　)V 的兆欧表。

(A)500　　　　　　(B)1000　　　　　　(C)500~1000　　　　　　(D)2500~5000

【答案】　D

Lb3A3103　使用钳形电流表时测量小于5A 以下电流时,为了得到较准确的读数,若条件允许,可把导线多绕几圈放进钳口进行测量,但实际电流值应为仪表读数(　　)放进钳口内的导线圈数。

(A)加上　　　　　　(B)减去　　　　　(C)乘以　　　　　(D)除以

【答案】　D

Lb3A3104　测量额定电压为 380 V 的发电机线圈绝缘电阻,应选用额定电压为(　　)V 的兆欧表。

(A)380　　　　　　(B)500　　　　　(C)1000　　　　　(D)2500

【答案】　C

Lb3A3105　适合测量损耗大的电容器的电桥是(　　)电桥。

(A)串联电容　　　(B)并联电容　　　(C)海氏　　　　(D)串联欧文

【答案】　B

Lb3A3106　PMS2.0 系统以资产寿命周期管理为主线,以(　　)为核心,优化关键业务流程。

(A)状态检修　　　(B)生产管理　　　(C)业务管控　　　(D)运维一体化

【答案】　A

Lb3A3107　PMS 系统设备台账查询统计功能路径是系统导航—(　　)—设备台账管理—设备台账查询统计。

(A)实物资产管理　　　　　　　　　(B)电网资源中心

(C)标准数据管理　　　　　　　　　(D)电网运维检修管理

【答案】　B

Lb3A3108　PMS 系统设备缺陷查询统计功能路径是系统导航—(　　)—缺陷管理—缺陷查询统计。

(A)实物资产管理　　　　　　　　　(B)电网资源中心

(C)标准数据管理　　　　　　　　　(D)电网运维检修管理

【答案】　D

Lb3A3109　经济运行是指 10 kV 线路分线(　　)所处的达标、不达标、临界状态。

(A)电流　　　　　(B)同期线损　　　(C)功率因数　　　(D)有功功率

【答案】　B

Lb3A3110　配电变压器的不平衡度应符合:Yyn0 接线不大于(　　)%。

(A)15　　　　　　(B)25　　　　　(C)40　　　　　(D)50

【答案】　A

Lb3A3111　配电变压器的不平衡度应符合:Yyn0 接线零线电流不大于变压器额定电流(　　)%。

(A)15　　　　　　(B)25　　　　　(C)40　　　　　(D)50

【答案】　B

Lb3A3112　配电变压器的不平衡度应符合:Dyn11 接线不大于(　　)%。

(A)15　　　　　　(B)25　　　　　(C)40　　　　　(D)50

【答案】　B

Lb3A3113　配电变压器的不平衡度应符合:Dyn11 接线零线电流不大于变压器额定电

流(   )％。

(A)15   (B)25   (C)40   (D)50

【答案】 C

Lb3A3114 配变出口低电压是出口相电压低于(   )V。

(A)198   (B)200   (C)204.6   (D)217.6

【答案】 C

Lb3A3115 配电变压器运行应经济,年最大负载率不宜低于(   )％。

(A)40   (B)50   (C)60   (D)70

【答案】 B

Lb3A3116 两台并(分)列运行的变压器,在低负荷季节里,当一台变压器能够满足负荷需求时,应将另一台(   )。

(A)退出运行   (B)低负荷运行   (C)拆除   (D)迁移

【答案】 A

Lb3A3117 配电变压器的三相负荷应力求平衡,不平衡度宜按:(最大电流－最小电流)/(   )×100％的方式计算。

(A)最大电流   (B)最小电流   (C)平均电流   (D)额定电流

【答案】 A

Lb3A3118 10(20)kV 及以下三相供电电压允许偏差为额定电压的(   )。

(A)±7％   (B)－10％～＋7％

(C)－7％～＋10％   (D)±10％

【答案】 A

Lb3A3119 220 V 单相供电电压允许偏差为(   )的－10％～＋7％。

(A)最大电压   (B)额定电压   (C)最小电压   (D)平均电压

【答案】 B

Lb3A3120 计划管理就是计划的(   )、考核的过程。

(A)改进、调整、执行   (B)组织、控制、执行

(C)控制、执行、组织   (D)编制、执行、调整

【答案】 D

Lb3A3121 安装跌落式熔断器时,熔丝管轴线与地面的垂线夹角应在(   )范围内。

(A)10°～20°   (B)15°～25°   (C)15°～30°   (D)20°～30°

【答案】 C

Lb3A3122 断路器交流耐压试验过程中,分闸时,断口耐压不小于(   )kV/min。

(A)36   (B)38   (C)40   (D)42

【答案】 B

Lb3A3123 低压综合配电箱外壳宜采用厚度不小于(   )mm 的 SMC 材料。

| | (A)3 | (B)4 | (C)5 | (D)6 |

【答案】 B

Lb3A3124 在巡视电缆线路中,如发现有普遍的缺陷应记入缺陷记录本,据以编订( )维修计划。

(A)周 (B)月度 (C)季度 (D)年度

【答案】 D

Lb3A3125 脉冲的( )就是指电子式电能表的每个脉冲代表多少瓦时的电能量。

(A)电能当量 (B)功率当量 (C)频率当量 (D)脉冲频率

【答案】 A

Lb3A3126 下面( )不具备远程自动抄表功能。

(A)脉冲电能表 (B)机械表 (C)电子式电能表 (D)分时电表

【答案】 B

Lb3A3127 现场检查一只三相三线电能表,发现 U 相电压回路断线,根据用电信息采集系统数据,发生断线时电能表示数为 100,恢复时电能表示数为 110,此用户电流互感器为 50/5,电压互感器为 10000/100,功率因数为 0.866,应追补( )kW·h 电量。

(A)8000 (B)400 (C)500 (D)5000

【答案】 D

Lb3A3128 电压的质量管理工作中营销业务涉及的是对( )的监测与管理相关工作内容,电力用户装设的各种无功补偿设备要按照负荷和电压状况及时调整无功出力。

(1)客户侧负荷 (B)客户侧电压 (C)客户侧电流 (D)用电侧电压

【答案】 B

Lc3A3001 班组的组织结构的特点是( )。

(A)实 (B)小 (C)全 (D)细

【答案】 B

Lc3A3002 班组的管理内容的特点是( )。

(A)实 (B)小 (C)全 (D)细

【答案】 C

Lc3A3003 班组基础管理就是对班组( )的管理。

(A)基本业务 (B)基础工作 (C)工作资料 (D)工作设备

【答案】 B

Lc3A3004 班组基础管理不包括( )、班组安全管理等内容。

(A)班组目标管理、班组生产管理 (B)班组民主管理、班组技术管理
(C)班组技术管理、班组生产管理 (D)班组标准化工作、班组安全管理

【答案】 C

Lc3A3005 SWOT 分析是班组设定目标的基本方法之一,其中 S 是指( )。

(A)优势 (B)劣势 (C)机会 (D)威胁

【答案】 A

Lc3A3006 SWOT 分析是班组设定目标的基本方法之一,其中 W 是指( )。

(A)优势 　　　(B)劣势 　　　(C)机会 　　　(D)威胁

【答案】 B

Lc3A3007 SWOT 分析是班组设定目标的基本方法之一。其中 O 是指( )。

(A)优势 　　　(B)劣势 　　　(C)机会 　　　(D)威胁

【答案】 C

Lc3A3008 根据计划的执行情况和客观环境的变化定期修订计划,这种方法是( )。

(A)定额法 　　　(B)比较法 　　　(C)整体综合法 　　　(D)滚动计划法

【答案】 D

Lc3A3009 目标是计划制订的( )和( )。

(A)来源,根基 　　　(B)基础,依据 　　　(C)指令,依据 　　　(D)基础,根基

【答案】 B

Lc3A3010 计划是目标的( )和具体化。

(A)延伸 　　　(B)细化 　　　(C)行动 　　　(D)动力

【答案】 A

Lc3A3011 在应用文阅读中,对于"报告"的阅读应属于( )阅读。

(A)特定指向性 　　　(B)单一性 　　　(C)实用性 　　　(D)时效性

【答案】 C

Lc3A3012 会议记录很不完整,要在会后补记时( )。

(A)忠于事实 　　　(B)可有记录者的主观意志

(C)可有记录者的好恶 　　　(D)按领导要求

【答案】 A

Lc3A3013 ( )的主要职责是确保企业生产、销售等流程的最佳作业。

(A)高层管理 　　　(B)中层管理 　　　(C)基层管理 　　　(D)作业管理

【答案】 C

Lc3A3014 企业班组的设置或组建方法,一般有( )种。

(A)3 　　　(B)4 　　　(C)5 　　　(D)6

【答案】 A

Lc3A3015 班组的工作作风的特点是( )。

(A)实 　　　(B)小 　　　(C)全 　　　(D)细

【答案】 D

Lc3A3016 班组的工作要求的特点是( )。

(A)实 　　　(B)小 　　　(C)全 　　　(D)细

【答案】 A

Lc3A3017 班组管理是班组为了完成上级部门(或工区)下达的(　　)而必须搞好的各项(　　)工作的总称。

(A)工作目标、组织管理　　　　　　　　(B)工作目标、行政管理

(C)工作任务、行政管理　　　　　　　　(D)工作任务、组织管理

【答案】　D

Lc3A3018 班组管理的核心工作是做好(　　)。

(A)外部协调　　　　(B)内部协调　　　　(C)外部沟通　　　　(D)内部沟通

【答案】　B

Lc3A3019 班组在企业中处于(　　)。

(A)最基层　　　　(B)中间层　　　　(C)最高层　　　　(D)核心层

【答案】　A

Lc3A3020 班组管理基础工作具有(　　)等特点。

(A)集中性　　　　(B)先进性　　　　(C)监控性　　　　(D)静态性

【答案】　C

Lc3A3021 班组管理基础工作不具有(　　)的特点。

(A)民主性　　　　(B)先行性　　　　(C)监控性　　　　(D)动态性

【答案】　B

Lc3A3022 目标管理的基本精神是(　　)。

(A)以自我管理为中心　　　　　　　　(B)以监督控制为中心

(C)以岗位设置为中心　　　　　　　　(D)以人员编制为中心

【答案】　A

Lc3A3023 (　　)是衡量班组工作实际绩效的基本标准。

(A)战略目标　　　(B)管理目标　　　(C)工作目标　　　(D)任务目标

【答案】　C

Lc3A3024 目标设定的原则不包括(　　)。

(A)明确性原则　　　(B)定量化原则　　　(C)相关性原则　　　(D)现实性原则

【答案】　C

Lc3A3025 计划不仅是各级管理人员都应履行的一项工作职能,而且渗透到各项管理工作之中,这反映了计划的(　　)。

(A)目的性　　　　(B)经济性　　　　(C)适应性　　　　(D)普遍性

【答案】　D

Lc3A3026 根据计划的执行情况和环境变化情况定期修订未来的计划,并逐期向前推移,使短期、中期计划有机结合起来。这是(　　)。

(A)滚动计划法　　　(B)关键路径法　　　(C)组合网络法　　　(D)计划评审法

【答案】　A

Lc3A3027 安全管理的五个要素是( )。

(A)安全文化、安全法治、安全责任、安全投入、安全科技

(B)安全文化、安全法制、安全责任、安全生产、安全科技

(C)安全环境、安全法制、安全责任、安全投入、安全科技

(D)安全文化、安全法制、安全责任、安全投入、安全科技

【答案】 D

Lc3A3028 在电网企业班组生产实践中,普遍实行以( )为主的现场作业标准化流程。

(A)"一票两制"   (B)"两票两制"   (C)"两票三制"   (D)"三票三制"

【答案】 C

Lc3A3029 安全检查不包括( )等形式。

(A)员工抽查   (B)班组日常检查   (C)定期检查   (D)专项检查

【答案】 A

Lc3A3030 公文中的词语应( )。

(A)含义确切   (B)韵味无穷   (C)可圈可点   (D)色彩丰富

【答案】 A

Lc3A3031 对未来一定时期工作做出打算和安排的公文文体是( )。

(A)简报   (B)总结   (C)调查报告   (D)计划

【答案】 D

Lc3A3032 对工作实践进行全面、深刻概括,找出经验和教训的文体是( )。

(A)总结   (B)简报   (C)计划   (D)方案

【答案】 A

Lc3A3033 调查报告能使读者对整个调查有一个总体认识并把握全文主要内容的部分是( )。

(A)主题   (B)结尾   (C)前言   (D)标题

【答案】 C

Lc3A3034 目标管理实施的第一阶段是( )。

(A)目标建立   (B)目标分解

(C)目标控制   (D)目标评定与考核

【答案】 A

Lc3A3035 目标管理实施的第二阶段是( )。

(A)目标控制   (B)目标评定与考核

(C)目标建立   (D)目标分解

【答案】 D

Lc3A3036 目标管理实施的第三阶段是( )。

(A)目标控制   (B)目标评定与考核

　　　　　　（C）目标建立　　　　　　　　　　　　　（D）目标分解

【答案】 A

Lc3A3037 目标管理实施的第四阶段是（　　　）。

（A）目标控制　　　　　　　　　　　　　　（B）目标评定与考核

（C）目标建立　　　　　　　　　　　　　　（D）目标分解

【答案】 B

Lc3A3038 现代管理学提倡（　　）式目标设定法。

（A）自上而下　　　　（B）参与　　　　（C）自下而上　　　　（D）指令

【答案】 B

Lc3A3039 目标要比当前能力（　　　），以便顺利地实现。

（A）持平　　　　　（B）略高　　　　　（C）略低　　　　　（D）近似

【答案】 B

Lc3A3040 目标管理（BMO），是美国学者（　　　）于1954年首先提出来的。现已在世界各地广泛应用。

（A）赫兹伯格　　　（B）迈克尔·哈默　（C）彼得·德鲁克　（D）马斯洛

【答案】 C

Lc3A3041 目标管理的控制手段是组织成员的（　　　）。

（A）互相协调　　　（B）相互监督　　　（C）自我控制　　　（D）公开考评

【答案】 C

Lc3A3042 目标管理的突出特点是（　　　）。

（A）强调组织成员相互协调　　　　　　　（B）强调职、责、权、利相一致

（C）强调公开公正的绩效考核　　　　　　（D）强调组织成员的"自我控制"

【答案】 D

Lc3A3043 国家电网公司企业文化"五统一"是统一价值理念、统一发展战略、统一行为规范、统一公司品牌、（　　　）。

（A）统一企业标准　　　　　　　　　　　（B）统一制度标准

（C）统一安全标准　　　　　　　　　　　（D）统一服务标准

【答案】 B

Lc3A3044 （　　　）是班组管理的首要责任和重要组成部分。

（A）安全管理　　　　（B）计划管理　　　（C）绩效管理　　　（D）目标管理

【答案】 A

Lc3A3045 现代社会使用录音、录像、摄影等手段，能够最大限度地生动地再现会议情境。但我们常说的会议记录则指的是会议的（　　　）。

（A）声音记录　　　　（B）文字记录　　　（C）影像摄录　　　（D）声像合录

【答案】 B

5.2.2　多选题

La3B3001　在线性电路中,如果电源电压是方波,则电路中各部分的(　　)也是方波。

(A)电流　　　　　(B)电压　　　　　(C)电感　　　　　(D)电抗

【答案】　AB

La3B3002　(　　)等巡视工作,应至少两人一组进行。

(A)夜间　　　　　　　　　　(B)电缆隧道

(C)事故或恶劣天气　　　　　(D)偏僻山区

【答案】　ABCD

La3B3003　操作票应用(　　)钢(水)笔或圆珠笔逐项填写。

(A)黑色　　　　　(B)蓝色　　　　　(C)红色　　　　　(D)绿色

【答案】　AB

La3B3004　在带电杆塔上进行(　　)、清除杆塔异物等工作,可以使用绝缘无极绳索。

(A)测量　　　　　(B)防腐　　　　　(C)巡视检查　　　(D)紧杆塔螺栓

【答】　ABCD

La3B3005　环网柜应在(　　)后,方可打开柜门。

(A)停电　　　　　　　　　　(B)验电

(C)合上接地刀　　　　　　　(D)闸 悬挂"止步,高压危险!"标示牌

【答案】　ABC

La3B3006　在低压用电设备上工作,应采用(　　)等形式,口头或电话命令应留有记录。

(A)工作票或派工单　　　　　(B)任务单

(C)工作记录　　　　　　　　(D)口头、电话命令

【答案】　ABCD

La3B3007　继电保护、配电自动化装置、安全自动装置及自动化监控系统在做传动试验或一次通电或进行直流系统功能试验前,应(　　),方可进行。

(A)通知运维人员　　　　　　(B)通知有关人员

(C)通知工作票签发人　　　　(D)指派专人到现场监视

【答案】　ABD

La3B3008　高压试验前,试验负责人应向全体试验人员交代(　　)。

(A)工作中的安全注意事项　　(B)邻近间隔的带电部位

(C)邻近线路设备的带电部位　(D)被试验设备带电情况

【答案】　ABC

La3B3009　识读电气接线图的步骤主要包括(　　)。

(A)分析清楚电气原理图中的主电路和辅助电路所含有的元器件,弄清楚各元器件的动作原理和作用

(B)弄清电气原理图和接线图中元器件的对应关系

(C)弄清电气接线图中接线导线的根数和所用导线的具体规格

(D)根据电气接线图中的线号弄清主电路和辅助电路的走向

【答案】 ABCD

La3B3010 巡视拉线杆时,应检查是否有( )及拉直现象。

  (A)磨损   (B)损坏   (C)开裂   (D)起弓

【答案】 BCD

La3B3011 供电服务指挥系统中供电能力异常信号包括( )。

  (A)配变重载   (B)配变过载

  (C)配变三相不平衡   (D)配变轻载

【答案】 ABC

La3B3012 以下柱上负荷开关主回路直流电阻试验数据与初始值相差值,构成缺陷的是( )%。

  (A)20   (B)30   (C)40   (D)50

【答案】 ABCD

La3B3013 采用用电信息采集终端设备按应用场合分为( )等几类终端。

  (A)厂站采集终端   (B)专用变压器采集终端

  (C)公用变压器采集终端   (D)低压集中抄表终端

【答案】 ABCD

La3B3014 PMS2.0系统运维检修中心是电网生产管理的核心模块,可被( )和决策支持中心模块直接使用。

  (A)计划中心   (B)电网资源中心

  (C)运维检修中心   (D)监督评价中心

【答案】 BCD

La3B3015 PMS2.0系统设备管理模块的功能点包括( )等。

  (A)设备台账维护   (B)图形维护

  (C)拓扑分析   (D)设备资产维护

【答案】 ABC

La3B3016 PMS2.0系统运维检修管理模块的功能点包含( )等。

  (A)设备巡视   (B)缺陷   (C)抢修   (D)检修

【答案】 ABC

La3B3017 PMS2.0系统的总体功能构架可分为( )、计划中心、监督评价中心和决策支持中心。

  (A)标准中心   (B)电网资源中心

  (C)运维检修中心   (D)实物资产中心

【答案】 ABC

La3B3018　PMS2.0 系统功能模块的作业层分为(　　　)。

(A)设备管理　　　　　　　　　　　(B)运行维护管理

(C)保供电管理　　　　　　　　　　(D)重要用户管理

【答案】　AB

La3B3019　PMS 图形变更审批由运检班组或项目单位提交(　　　)逐级审核,根据需要提交调度部门审核。

(A)检修班组负责人　　　(B)运维班组负责人(C)检修公司专责　　　(D)运检部专责

【答案】　BC

La3B3020　通常,把企业管理划分为(　　　)三个层次。

(A)决策层　　　　　(B)管理层　　　　　(C)作业层　　　　　(D)执行层

【答案】　ABC

La3B3021　基层管理者的称谓有(　　　)等,统称班组长。

(A)班长　　　　　(B)站(所)长　　　　　(C)主管　　　　　(D)领班

【答案】　ABCD

La3B3022　电网企业班组的中心任务是:以岗位责任制和目标管理为基础,以提高效率和效益为核心,狠抓(　　　)两个关键。

(A)安全生产　　　　　(B)质量监控　　　　　(C)指标提升　　　　　(D)增值增效

【答案】　AB

La3B3023　班组基础管理包括(　　　)、班组文化建设、班组基本建设、班组培训工作等内容。

(A)班组目标管理　　　　　　　　　(B)班组民主管理

(C)班组组织管理　　　　　　　　　(D)班组标准化工作

【答案】　ABCD

La3B3024　班组作业管理包括(　　　)、班组质量管理、班组设备、工具和物资管理等内容。

(A)班组目标管理　　　　　　　　　(B)班组生产管理

(C)班组技术管理　　　　　　　　　(D)班组安全管理

【答案】　BCD

La3B3025　目标具有(　　　)等特点。

(A)静态性　　　　　(B)多重性　　　　　(C)层次性　　　　　(D)动态性

【答案】　BCD

La3B3026　目标按层次可分为(　　　)。

(A)高层目标　　　　　(B)部门目标　　　　　(C)班组目标　　　　　(D)个人目标

【答案】　ABCD

La3B3027　目标管理分为(　　　)等阶段。

(A)目标建立　　　　　　　　　　　(B)目标分解

(C)目标控制　　　　　　　　　　　(D)目标评定与考核

【答案】 ABCD

La3B3028 目标管理第一阶段的主要任务是目标的( )。

(A)控制　　　　　　(B)评定与考核　　(C)建立　　　　　(D)分解

【答案】 CD

La3B3029 计划的实施过程包括( )等过程。

(A)计划的制订　　　(B)计划的执行　　(C)计划的控制　　(D)计划的调整

【答案】 BCD

La3B3030 与企业管理的三个层次相对应,企业绩效管理也分为( )三个层次。

(A)决策层　　　　　(B)管理层　　　　(C)操作层　　　　(D)战略层

【答案】 ABC

La3B3031 班组绩效计划一般分为( )两种。

(A)本周绩效计划　　　　　　　　　(B)季度绩效计划

(C)月度绩效计划　　　　　　　　　(D)年度绩效计划

【答案】 CD

La3B3032 安全生产的基本方针是"( )"。

(A)安全第一　　　　(B)预防为主　　　(C)教育为主　　　(D)预防第一

【答案】 AB

La3B3033 工业生产中存在( )及重大危险源的几种风险。

(A)事故　　　　　　(B)事故隐患　　　(C)危险

【答案】 ABC

La3B3034 班组安全管理的八项基本原则包括( )。

(A)零事故原则、全员参加原则　　　(B)全过程管理原则、危险预知原则

(C)预防为主原则、科学合理原则　　(D)综合治理原则、适应性原则

【答案】 ABCD

La3B3035 班组安全生产规章制度主要包括( )。

(A)安全生产责任制　　　　　　　　(B)安全考核责任制

(C)安全检查责任制　　　　　　　　(D)安全评估责任制

【答案】 AC

La3B3036 班组安全活动包括( )等。

(A)班前会　　　　　(B)班后会　　　　(C)安全日活动　　(D)定期例会

【答案】 ABCD

La3B3037 安全检查包括( )等形式。

(A)员工自查　　　　(B)班组日常检查　(C)定期检查　　　(D)专项检查

【答案】 ABCD

La3B3038 ( )是事故发生的基础,( )是事故的诱发条件。

(A)事物的危险因素　　　　　　　　　　(B)人的不安全行为

(C)环境的不稳定　　　　　　　　　　　(D)设备的不安全

【答案】　AB

La3B3039　定性安全评价的方法有(　　　)。

(A)逐项赋值评价法　　　　　　　　　　(B)逐项加权计分法

(C)单项赋值评价法　　　　　　　　　　(D)单项加权计分法

【答案】　AD

La3B3040　班组安全生产考核方法有(　　　)。

(A)依据安全生产岗位责任进行考核

(B)按照领导的要求进行考核

(C)采取自评和互评相结合的方式进行考核

(D)以月度、季度和年度为周期进行考核

【答案】　ACD

La3B3041　变压器的按相数分为(　　　)变压器。

(A)单相　　　　(B)两相　　　　(C)三相　　　　(D)多相

【答案】　ACD

La3B3042　变压器的按用途分为(　　　)变压器和试验变压器。

(A)电力　　　　(B)调压　　　　(C)测量　　　　(D)特种

【答案】　ABCD

La3B3043　变压器的按调压方式不同分为(　　　)调压变压器。

(A)有载　　　　(B)无载　　　　(C)自耦　　　　(D)星角

【答案】　AB

La3B3044　智能仪表硬件部分主要组成部分有(　　　)。

(A)主机电路　　　　　　　　　　　　　(B)输入、输出通道

(C)人机联系部件和接口电路　　　　　　(D)路由模块

【答案】　ABC

La3B3045　应用文写作中最主要的表达方式是(　　　)。

(A)叙述　　　　(B)议论　　　　(C)说明　　　　(D)描写

【答案】　ABC

La3B3046　计划的标题一般由(　　　)三要素组成。

(A)时限　　　　(B)内容　　　　(C)文种　　　　(D)文体

【答案】　ABC

La3B3047　用户申请新装或增加用电时,应向供电企业提供的用电资料包括(　　　)。

(A)用电地点　　　　　　　　　　　　　(B)用电负荷

(C)用电设备清单　　　　　　　　　　　(D)用电时间

【答案】　ABC

La3B3048　属于非永久性供电范畴的是(　　　)。

　　(A)基建工地　　　　　(B)农田水利　　　　　(C)市政建设　　　　　(D)工厂企业

【答案】　ABC

La3B3049　以下(　　　)设备在PMS2.0图形客户进行绘制时不需要建铭牌。

　　(A)变压器　　　　　(B)导线　　　　　(C)35 kV线路　　　　　(D)杆塔

【答案】　AC

La3B3050　供电服务指挥系统中稽查校核工单不包括(　　　)流程。

　　(A)地市接单分理　　　　　　　　(B)地市回单审核

　　(C)回单确认　　　　　　　　　　(D)校核处理

【答案】　AD

La3B3051　供电服务指挥系统中配变异常工单的核实结果有(　　　)。

　　(A)无须治理-专用公变　　　　　(B)无须治理-其他

　　(C)无须治理-已有项目　　　　　(D)无须治理-无项目

【答案】　ABC

La3B3052　命令行的作用是(　　　)。

　　(A)提示　　　　　(B)显示　　　　　(C)命令　　　　　(D)操作

【答案】　AB

La3B3053　只要(　　　)的波形不是标准的正弦波,其中必定包含高次谐波。

　　(A)电流　　　　　(B)电压　　　　　(C)电感　　　　　(D)电抗

【答案】　AB

La3B3054　磁体具有以下性质:(　　　)。

　　(A)吸铁性和磁化性

　　(B)具有南北两个磁极,即N极(北极)和S极(南极)

　　(C)不可分割性

　　(D)磁极间有相互作用

【答案】　ABCD

La3B3055　在纯电感电路中,电压与电流的关系是(　　　)。

　　(A)纯电感电路的电压与电流频率相同

　　(B)电流的相位滞后于外加电压u为$\pi/2$(即$90°$)

　　(C)电流的相位超前于外加电压u为$\pi/2$(即$90°$)

　　(D)电压与电流有效值的关系也具有欧姆定律的形式

【答案】　ABD

La3B3056　计量、负控装置工作时,应有防止(　　　)和防止相间短路、相对地短路、电弧灼伤的措施。

(A)电流互感器二次侧开路 　　　　(B)电流互感器二次侧短路

(C)电压互感器二次侧开路 　　　　(D)电压互感器二次侧短路

【答案】 AD

Lb3B3001 PMS2.0系统中,监督评价中心的评价内容包括( )。

(A)设备评价 　　(B)实物资产评价 　　(C)项目评价 　　(D)技术监督

【答案】 ABCD

Lb3B3002 在PMS2.0系统设备变更申请信息包括( )。

(A)申请信息 　　　　　　　　(B)变更信息

(C)变更前接线图信息 　　　　(D)变更后接线图信息

【答案】 ABCD

Lb3B3003 在PMS2.0系统设备变更申请表单包括:( )、工程名称、相关附件。

(A)设备名称 　　(B)变更范围 　　(C)变更依据 　　(D)变更说明

【答案】 ABCD

Lb3B3004 PMS系统带电检测执行查询结果包换的信息有( )。

(A)设备总数 　　(B)检测完成率 　　(C)检测项目 　　(D)完成时间

【答案】 ABC

Lb3B3005 设备台账查询左侧设备树分为站内一次设备、站内二次设备、( )。

(A)线路设备 　　(B)低压设备 　　(C)生产辅助设备 　　(D)阀冷却系统

【答案】 ABCD

Lb3B3006 PMS系统设备台账查询统计的展现方式分为( )。

(A)统计 　　(B)查询 　　(C)报表 　　(D)GIS图

【答案】 ABCD

Lb3B3007 在AutoCAD 2007中,可以对实体的面执行( )等操作。

(A)拉伸面 　　(B)旋转面 　　(C)偏移面 　　(D)倾斜面

【答案】 ABCD

Lb3B3008 变压器的按绕组数分为( )变压器。

(A)双绕组 　　(B)三绕组 　　(C)多绕组 　　(D)自耦

【答案】 ABCD

Lb3B3009 变压器常用冷却方式有( )。

(A)油浸自冷式 　　　　　　(B)油浸风冷式

(C)强迫油循环冷却 　　　　(D)强迫油循环导向冷却

【答案】 ABCD

Lb3B3010 干式变压器的形式有( )。

(A)开启式 　　(B)封闭式 　　(C)浇注式 　　(D)防爆式

【答案】 ABC

Lb3B3011 干式变压器高压绕组的结构一般采用( )结构。

 (A)多层圆筒式   (B)层式   (C)多层分段式   (D)箔式

【答案】 AC

Lb3B3012 配电变压器台由( )和避雷器等部件组成。

 (A)标准化台架   (B)变压器

 (C)低压综合配电箱   (D)熔断器

【答案】 ABD

Lb3B3013 城市 10 kV 架空线路长度较短或供电半径较短时,线路的( )可选用柱上负荷开关。

 (A)解列点开关   (B)支线开关   (C)分段开关   (D)联络开关

【答案】 CD

Lb3B3014 跌落式熔断器更换前的检查包括( )。

 (A)出厂安装说明书   (B)熔断器绝缘子表面有无硬伤

 (C)动、静触头接触良好   (D)绝缘电阻不得小于 300 MΩ

【答案】 ABC

Lb3B3015 跌落式熔断器的安装要求包括( )。

 (A)安装跌落式熔断器并固定牢靠   (B)分、合闸操作灵活可靠

 (C)连接跌落式熔断器引线   (D)铜铝连接应有可靠的过渡措施

【答案】 ACD

Lb3B3016 隔离开关的安装要求包括( )。

 (A)相间距离不小于 600 mm   (B)安装隔离开关并固定牢靠

 (C)连接隔离开关引线   (D)铜铝连接应有可靠的过渡措施

【答案】 BCD

Lb3B3017 更换断路器的验收质量标准包括( )。

 (A)水平倾斜不大于托架长度的 2%

 (B)相间距离不小于 300 mm

 (C)接地电阻不大于 10 Ω

 (D)断路器保护定值整定,符合原设计要求

【答案】 BCD

Lb3B3018 电缆分支箱的技术参数包括( )。

 (A)额定电流   (B)额定电压

 (C)额定热稳定电流   (D)回路电阻

【答案】 ABCD

Lb3B3019 某市供电公司配电运检班组根据巡视人员的巡视记录将电缆线路的各类的缺陷统计,根据( )进行分类并记入生产管理系统,准备按计划进行消缺。

(A)对供电可靠性的影响 　　　　(B)对运行安全的影响程度

(C)处理方式 　　　　(D)电网运行方式

【答案】 BC

Lb3B3020 电缆线路及附属设备缺陷涉及范围包括(　　　)、电缆线路上构筑物。

(A)电缆本体 　　　　(B)电缆接头

(C)接地设备 　　　　(D)电缆监测设备

【答案】 ABC

Lb3B3021 电缆设备的绝缘定级符合下列(　　　)指标的设备,其绝缘定为一级绝缘。

(A)试验项目齐全结果合格

(B)运行和检修中未发现绝缘缺陷

(C)耐压试验因故障低于试验标准

(D)运行和检修中发现威胁安全运行的绝缘缺陷

【答案】 AB

Lb3B3022 电缆设备凡有下列(　　　)情况之一的设备,其绝缘定为二级绝缘。

(A)主要试验项目齐全,但有某些项目处于缩短检测周期阶段

(B)一个及以上次要试验项目漏试或结果不合格

(C)运行和检修中发现暂不影响安全的缺陷

(D)运行和检修中发现威胁安全运行的绝缘缺陷

【答案】 ABC

Lb3B3023 电缆设备凡有下列(　　　)情况之一的设备,其绝缘定为三级绝缘。

(A)一个及以上主要试验项目漏试或结果不合格

(B)预防性试验快要超过规定周期

(C)耐压试验因故障低于试验标准

(D)运行和检修中发现威胁安全运行的绝缘缺陷

【答案】 ACD

Lb3B3024 柱上 SF6 断路器气压下降原因有(　　　)。

(A)瓷套与法兰胶合处胶合不良

(B)瓷套的胶垫连接处,胶垫老化或位置未放正

(C)瓷套的胶垫连接处,胶垫老化或位置未放正

(D)压力表,特别是接头处密封垫损伤

【答案】 ABCD

Lb3B3025 柱上断路器拒合、拒跳应从(　　　)方面查明原因,分别检修处理。

(A)电气 　　　(B)操作 　　　(C)机械 　　　(D)运维

【答案】 AC

Lb3B3026 柱上断路器及负荷开关缺陷处理中的危险点预控包括(　　　)。

(A)防止机械部分释放弹簧压力伤及人手

(B)防止低压触电及低压回路短路

(C)防止高空落物伤人

(D)在厂家指导下参照说明书进行处理

【答案】 ABCD

Lb3B3027 电压互感器按相数分为( )。

(A)单相式 (B)两相式 (C)三相式 (D)多相式

【答案】 AC

Lb3B3028 对高压三相三线电能计量装置接线进行分析,用相位伏安表测量电能表各电压端子( ),一元件和二元件接入电压、电流,一元件和二元件电压、电流之间( );用相序表测定( )。

(A)对地电压 (B)相电压 (C)相位角 (D)电压相序

【答案】 ACD

Lb3B3029 电能计量装置错误接线的种类主要有( )。

(A)电压回路发生短路 (B)电流回路发生开路

(C)互感器极性接反 (D)进电能表的电压、电流线错误

【答案】 ABCD

Lb3B3030 电能表联合接线应安装联合接线盒,这样能使现场实负荷检表和带电状态下拆表、装表做到方便安全,以保证操作过程中防止( )。

(A)电流二次回路短路 (B)电压二次回路短路

(C)电流二次回路开路 (D)电压二次回路开路

【答案】 AB

Lb3B3031 偶然误差具有( )等特征。

(A)有界性 (B)无界性 (C)单峰性 (D)对称性

【答案】 ACD

Lb3B3032 功率表量程选择要考虑( )等因素。

(A)功率 (B)电压 (C)时间常数 (D)电压因数

【答案】 AB

Lb3B3033 按总结的性质来分,总结可以分为( )。

(A)工作总结 (B)年度总结 (C)学习总结 (D)思想总结

【答案】 ACD

Lb3B3034 总结是单位(或个人)对过去一定阶段所做的工作或开展的活动进行全面、系统的( )。

(A)分析 (B)研究 (C)评价 (D)改进

【答案】 ABC

Lb3B3035 调查报告的正文组成部分一般有( )。

(A)标题 　　　　(B)前言 　　　　(C)主体 　　　　(D)结尾

【答案】 BCD

Lb3B3036 指挥中心跟踪任务单处理过程,督办责任单位及班组进行( ),对回复工单进行验证、分析总结并归档。

(A)现场研判 　　　　(B)确定方案 　　　　(C)运维处理 　　　　(D)回复工单

【答案】 ABCD

Lb3B3037 配电设备经济运行出现异常工况时,现场研判的责任属于( )。

(A)责任班组(所)专责人 　　　　　　(B)监测指挥值班员

(C)责任单位专责 　　　　　　(D)责任单位领导

【答案】 AC

Lb3B3038 企业班组大致可分为( )。

(A)生产型班组 　　　　(B)辅助型班组 　　　　(C)职能型班组 　　　　(D)服务型班组

【答案】 ABCD

Lb3B3039 企业中的班组按( )划分的基本作业单元。

(A)生产工艺 　　　　(B)服务功能 　　　　(C)管理职能 　　　　(D)工作性质

【答案】 ABC

Lb3B3040 企业班组的设置或组建方法,一般有( )几种方法。

(A)按行业特点组建

(B)按工艺特点组建

(C)按工艺和专业特点结合起来组建

(D)按专业特点组建

【答案】 BCD

Lb3B3041 班组管理工作是对班组中( )的合理组织和有效利用,以顺利完成上级下达的各项任务,实现企业规定的目标和要求。

(A)人 　　　　(B)物 　　　　(C)设备 　　　　(D)财

【答案】 ABD

Lb3B3042 班组管理的主要特征是( )。

(A)作业主导性 　　　　(B)非经营性 　　　　(C)相对独立性 　　　　(D)绝对独立性

【答案】 ABC

Lb3B3043 班组管理可大致分为( )两大领域。

(A)班组工作管理 　　　　　　(B)班组基础管理

(C)班组行政管理 　　　　　　(D)班组业务管理

【答案】 BD

Lb3B3044 PMS2.0系统中规定巡视记录—蓄电池检测记录测试分类包括( )。

　　（A）抽测　　　　　　　　（B）全测　　　　　　　（C）普测　　　　　　　（D）简测

【答案】　ABCD

Lb3B3045　当磁铁顺时针转动时,导体中感应电动势的方向应当是（　　　）。

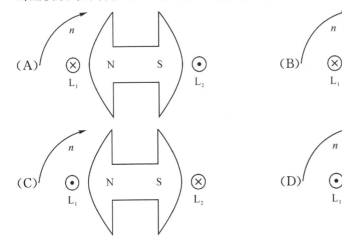

【答案】　AD

Lb3B3046　导线中的电流 I 和 M 平面上画出的磁场方向正确的是（　　　）。

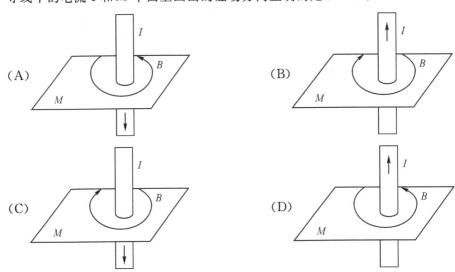

【答案】　CD

Lb3B3047　线圈的自感系数与线圈的（　　　）有关。

　　（A）线圈的几何形状　　　　　　　　　（B）尺寸

　　（C）匝数　　　　　　　　　　　　　　　（D）线圈周围的磁介质

【答案】　ABCD

Lb3B3048　电子式电能表由（　　　）等功能单元组成,实现对电能量的测量与记录。

　　（A）电能计量单元　　　　　　　　　　（B）MCU 控制单元

　　（C）显示单元　　　　　　　　　　　　　（D）通信单元

【答案】　ABCD

Lb3B3049　电子式载波电能表为电子式电能表内置载波通信模块,采用一体化设计,它是(　　)。

(A)数据处理单元　　　　　　　　　　(B)数据传输单元

(C)数据采集单元　　　　　　　　　　(D)数据测量设备

【答案】　CD

Lb3B3050　在 PowerPoint2007 中,只能在占位符中插入(　　)等。

(A)图片　　　　　(B)形状　　　　　(C)图表　　　　　(D)多媒体文件

【答案】　ABC

Lb3B3051　工作票签发人的安全责任有(　　)。

(A)确认工作必要性和安全性

(B)确认工作票上所填安全措施是否正确完备

(C)确认所派工作负责人和工作班人员是否适当和充足

(D)对工作班成员进行工作任务、安全措施、技术措施交底和危险点告知

【答案】　ABC

Lb3B3052　以下属于工作班成员的安全责任是(　　)。

(A)正确使用施工器具、安全工器具和劳动防护用品

(B)熟悉工作内容、工作流程,掌握安全措施,明确工作中的危险点,并在工作票上
　　履行交底签名确认手续

(C)正确组织工作

(D)服从工作负责人(监护人)、专责监护人的指挥,严格遵守本规程和劳动纪律,在
　　确定的作业范围内工作,对自己在工作中的行为负责,互相关心工作安全

【答案】　ABD

Lb3B3053　(　　)不适合反映数据随时间推移的变化趋势。

(A)折线图　　　　　(B)饼图　　　　　(C)圆环图　　　　　(D)柱形图

【答案】　BCD

Lb3B3054　下列(　　)项可以打开"添加趋势线格式"对话框,以添加或修改趋势线。

(A)双击数据系列线

(B)右键单击数据系列线,从弹出的快捷菜单中选择"添加趋势线"命令

(C)右键单击已添加的"趋势线",在弹出的快捷菜单中选择"设置趋势线格式"命令

(D)选择"布局"选项卡,单击"分析"组中的趋势线按钮,在弹出的下拉菜单中选择
　　"其他趋势线选项"命令

【答案】　BCD

Lb3B3055　选用电工测量仪表应考虑(　　)等环境条件。

(A)温度　　　　　(B)湿度　　　　　(C)外界电磁场　　　　　(D)机械振动

【答案】　ABCD

Lb3B3056　三表法测量交流阻抗中的"三表"是指(　　)。

（A）电压表 　　　　（B）功率表 　　　　（C）相位表 　　　　（D）频率表

（E）电流表

【答案】 ABE

Lb3B3057 PMS2.0系统运维检修管理模块包含的子模块有( )。

（A）缺陷管理 　　　　　　　　　　　（B）故障管理

（C）设备台账维护 　　　　　　　　　（D）任务池管理

【答案】 ABD

Lb3B3058 PMS2.0系统标准中心包括( )，通过共享经验库、专家库和知识库，实现对运检工作质量和管理水平的提升。

（A）标准代码库 　　（B）专业标准库 　　（C）铭牌库 　　（D）定额库

【答案】 ABD

Lb3B3059 状态评价范围应包括( )、电缆分支箱、柱上设备、开关柜、配电柜、配电变压器、建(构)筑物及外壳等设备、设施。

（A）架空线路 　　（B）电力电缆线路 　　（C）配电变压器 　　（D）绝缘子

【答案】 AB

Lb3B3060 运行分析的一般要求为：根据配电网管理工作、运行情况、巡视结果、状态评价等信息，对配电网的运行情况进行( )和总结，并根据分析结果，制定解决措施，提高运行管理水平。

（A）分析 　　（B）归纳 　　（C）提炼 　　（D）研究

【答案】 ABC

Lb3B3061 干式变压器的种类有( )。

（A）环氧树脂干式变压器 　　　　　　（B）气体绝缘干式变压器

（C）欧式干式变压器 　　　　　　　　（D）"赛格迈"干式变压器

【答案】 ABD

Lb3B3062 配电变台的应选择用( )变压器。

（A）油浸式 　　　　　　　　　　　　（B）高效节能型

（C）干式 　　　　　　　　　　　　　（D）全密封变压器

【答案】 AD

Lb3B3063 10 kV 开闭所按电气主接线方式可分为( )接线。

（A）单母线 　　　　　　　　　　　　（B）单母线分段联络

（C）单母线分段不联络 　　　　　　　（D）双母线

【答案】 ABC

Lb3B3064 开闭所单母线分段联络接线的优点包括( )。

（A）运行方式灵活

（B）投资省

(C)可为用户提供双电源

(D)转移负荷时,系统运行方式相对复杂

【答案】　AC

Lb3B3065　开闭所单母线分段不联络接线的优点包括(　　　)。

(A)运行方式灵活　　　　　　　　　　(B)投资省

(C)可为用户提供双电源　　　　　　　(D)供电可靠性较高

【答案】　CD

Lb3B3066　低压综合配电箱馈电单元应具备(　　　)及短路等异常跳闸的保护功能。

(A)投切正常负荷的控制功能　　　　　(B)电气隔离功能

(C)过流　　　　　　　　　　　　　　(D)速断

【答案】　ABC

Lb3B3067　无功补偿单元应具备自动投切功能,可实现(　　　)或共补分补混合补偿。

(A)三相共补　　　(B)三相串补　　　(C)单相分补　　　(D)三相并补

【答案】　AC

Lb3B3068　电缆设备中一类设备的参数标准包括(　　　)。

(A)规格能满足实际运行需要无过热接地正确可靠

(B)各项试验符合规程要求绝缘评为一级

(C)电缆的固定和支架完好

(D)电缆终端无漏油绝缘套管完整无损

【答案】　ABC

Lb3B3069　电缆设备中二类设备仅能达到下列(　　　)标准的,绝缘评级为一级或二级。

(A)规格能满足实际运行需要且无过热现象

(B)无机械损伤且接地正确可靠

(C)绝缘良好且绝缘评为一级

(D)电缆终端分相颜色和标志铭牌正确清楚

【答案】　ABC

Lb3B3070　电缆设备中三类设备达不到下列(　　　)标准的,绝缘评级为三级。

(A)规格能满足实际运行需要无过热现象

(B)无机械损伤接地正确可靠

(C)各项试验符合规程要求且绝缘评为一级

(D)电缆终端漏油但绝缘套管完整无损

【答案】　ABC

Lb3B3071　电子式电能表的误差主要分布在(　　　)。

(A)CPU　　　　　　(B)分压器　　　　(C)乘法器　　　　(D)分流器

【答案】　BCD

Lb3B3072 安装式电能表按其结构和工作原理可分为机械式电能表和（　　）。

    (A)感应式电能表　　　　　　　　　　(B)机电式电能表

    (C)电子式电能表　　　　　　　　　　(D)复费率电能表

【答案】 BC

Lb3B3073 DL/T1053—2007《电能质量 技术监督规程》规定,电力用户装设的各种无功补偿设备包括（　　）。

    (A)调相机　　　　　　　　　　　　　(B)电容器

    (C)静止无功补偿装置　　　　　　　　(D)同步电动机

【答案】 ABCD

Lb3B3074 DL/T1053—2007《电能质量 技术监督规程》规定,各级电压监测点的（　　）应根据电网发展和网架结构变化按年进行调整。

    (A)设置原则　　　(B)设置地点　　　(C)设置数量　　　(D)设置时间

【答案】 BC

Lb3B3075 DL/T1053—2007《电能质量 技术监督规程》规定,主网电压监测点的设置范围是（　　）。

    (A)并入 110 kV 及以上电网的发电厂高压母线电压

    (B)并入 220 kV 及以上电网的发电厂高压母线电压

    (C)220 kV 及以上电压等级的变电站母线电压

    (D)110 kV 及以上电压等级的变电站母线电压

【答案】 BC

Lb3B3076 DL/T1053—2007《电能质量 技术监督规程》规定,各供电企业应在所辖电网内按照有关规定,设置（　　）电压监测点。

    (A)A　　　　　　　(B)B　　　　　　　(C)C　　　　　　　(D)D

【答案】 ABCD

Lb3B3077 电能表可分为（　　）3 类。

    (A)正常付费电能表　　　　　　　　　(B)预付费电能表

    (C)预付费智能电能表　　　　　　　　(D)后付费智能电能表

【答案】 ABC

Lb3B3078 以下（　　）是电能计量装置的配置原则。

    (A)足够的准确度　　　　　　　　　　(B)足够的可靠性

    (C)可靠的封闭性　　　　　　　　　　(D)可靠防窃电性能

【答案】 ABCD

Lb3B3079 潮流计算需要输入的原始数据有（　　）参数。

    (A)支路元件　　　　(B)发电机　　　　(C)负荷　　　　(D)接线

【答案】 ABC

Lb3B3080　每年(　　)季负荷高峰来临前,对配电线路负荷进行分析预测。

(A)春　　　　　　(B)夏　　　　　　(C)秋　　　　　　(D)冬

【答案】　BD

Lb3B3081　每年冰雪后,对配电线路沿线进行(　　)。

(A)清雪　　　　　(B)清障　　　　　(C)清污　　　　　(D)清树

【答案】　AB

Lb3B3082　供电服务指挥系统中,配变负载率介于80%与100%之间且持续2 h以上时,系统不会自动生成(　　)任务单。

(A)主动抢修　　　(B)主动运检　　　(C)抢修　　　　　(D)运检

【答案】　ACD

Lb3B3083　配电设备缺陷消除业务管控应按照(　　)要求对业务部门缺陷处理情况进行监督预警。

(A)缺陷分类　　　(B)缺陷数量　　　(C)缺陷地点　　　(D)处理时限

【答案】　AD

Lb3B3084　配电线路负荷预测,检查(　　),对可能超、过载的线路、配电变压器采取相应的措施。

(A)线路开关　　　　　　　　　　　(B)接头接点运行情况

(C)线路本体　　　　　　　　　　　(D)线路交叉跨越情况

【答案】　BD

Lc3B3001　对于班组和个人的安全目标,班组应有相应的(　　)来保证其执行。

(A)组织措施　　　(B)生产措施　　　(C)技术措施　　　(D)管理措施

【答案】　ACD

Lc3B3002　对于"三违"要以"三铁",即(　　)来对待。

(A)铁的方法　　　(B)铁的制度　　　(C)铁的面孔　　　(D)铁的处理

【答案】　BCD

Lc3B3003　班组应该根据生产实际,配合企业加强应急管理,定期组织全体成员开展(　　),提高保证成员处理事故和异常的能力。

(A)事故设计　　　　　　　　　　　(B)事故预想

(C)反事故演习　　　　　　　　　　(D)事故分析活动

【答案】　BCD

Lc3B3004　安全性评价的内容一般包括(　　)三大部分。

(A)装备系统　　　　　　　　　　　(B)设备系统

(C)劳动安全与作业环境　　　　　　(D)安全管理

【答案】　BCD

Lc3B3005　职业道德主要通过(　　)的关系,增强企业的凝聚力。

(A)协调企业职工之间　　　　　　　(B)调节领导与职工

(C)协调职工与企业　　　　　　　　(D)调节企业与市场

【答案】　ABC

Lc3B3006　职业道德与企业发展密切相关,以下说法正确的是(　　)。

(A)职业道德对企业发展具有重要价值

(B)职业道德在企业文化中占据重要作用

(C)职业道德是增强企业凝聚力的手段

(D)职业道德可以增强企业竞争力

【答案】　ABCD

Lc3B3007　关于职业道德与人的自身发展的正确说法是(　　)。

(A)职业道德是事业成功的保证

(B)职业道德是人格的一面镜子

(C)职业道德是人类社会发展的基本条件

(D)职业道德是人全面发展最重要的条件

【答案】　ABD

Lc3B3008　"转变电网发展方式"是指实施"一特四大"战略,建设以特高压电网为骨干网架,各级电网协调发展,具有(　　)特征的智能电网。

(A)信息化　　　　(B)自动化　　　　(C)互动化　　　　(D)智能化

【答案】　ABC

Lc3B3009　国家电网公司"三集五大"体系中,"三集"是指实施(　　)集约化管理。

(A)人力资源　　　(B)财务　　　　(C)物力　　　　(D)党务

【答案】　ABC

Lc3B3010　以下属于会议协调形式的是(　　)。

(A)信息交流会　　(B)表明态度会　　(C)解决问题会　　(D)培训会议

【答案】　ABCD

5.2.3　判断题

La3C3001　测量直流电流时,应选择磁力系电流表。(√)

La3C3002　开关站可解决变电站进出线间隔有限问题,并在区域中起到电压支撑的作用。(×)

La3C3003　开关站的接线力求简化,一般采用双母线分段,两回进线。(×)

La3C3004　开关站的单母线分段联络接线的特点是线路停电抢修时客户也需停电。(×)

La3C3005　遇客户不方便接受回复(回访)时,应与客户沟通,约定下次回复(回访)时间。(√)

La3C3006　由于客户原因导致回复(回访)不成功,国网客服中心应安排不少于3次回复(回访),每次回复(回访)时间间隔不小于2 h。(√)

La3C3007　从电压互感器端子观察,一次电流瞬时流入电压互感器时,二次电流瞬时从电压互感器流出,这样的极性关系称为减极性。(√)

La3C3008　电磁系仪表由固定线圈与可动磁片两者结合组成的。(√)

La3C3009　万用表的直流电流测量电路,一般采用闭路式分流器来改变电流的量程。(√)

La3C3010　干扰交流电桥测量准确性的因素是:电桥元件互相影响。(×)

La3C3011　磁极不能单独存在,任何磁体都是同时具有 N 极和 S 极。(√)

La3C3012　磁力线是在磁体的外部,由 N 极到 S 极,而在磁体的内部,由 S 极到 N 极的闭合曲线。(√)

La3C3013　磁场是用磁力线来描述的,磁铁中的磁力线方向始终是从 N 极到 S 极。(√)

La3C3014　载流导体周围的磁场方向与产生该磁场的载流导体中的电流方向无关。(√)

La3C3015　用右手螺旋定则判断直导线周围磁场方向的方法是:(1)用右手握住导线,使大拇指指向导线内电流的方向。(2)四指所指的方向为磁场的方向。(√)

La3C3016　电感"L"的大小与电压的高低无关。(√)

La3C3017　线圈本身的电流变化而在线圈内部产生电磁感应的现象,叫作互感现象,简称互感。(×)

La3C3018　在直流回路中串入一个电感线圈,回路中的灯就会变暗。(√)

La3C3019　当线圈的电感值一定时,所加电压的频率越高,感抗越大。(√)

La3C3020　把电路元件并列接在电路上两点间的连接方法称为并联电路。(√)

La3C3021　几个电阻一起连接在两个共同的节点之间,每个电阻两端所承受的是同一个电压,这种连接方式称为电阻的串联。(×)

La3C3022　电阻并联时的等效电阻值比其中最小的电阻值还要小。(√)

La3C3023　电阻并联使用时,各电阻上消耗的功率与电阻成反比;若串联使用时,各电阻消耗的功率与电阻成正比。(√)

La3C3024　电阻 R_1,R_2 并联,已知 $R_1 \gg R_2$,并联后的等值电阻近似等于 R_1,即 $R \approx R_1$。(×)

La3C3025　用右手螺旋定则判断通电线圈内磁场方向的方法是:(1)用右手握住通电线圈,使四指指向线圈中电流的方向。(2)使拇指与四指垂直,则拇指的指向为线圈中心磁场的方向。(√)

La3C3026　磁场强度单位名称是"安培每米",简称"安每米"。(√)

Lb3C3001　钳形电流表的最大缺点是准确度低。(√)

Lb3C3002　安装式电磁系电压表一般采用磁力系测量机构。(√)

Lb3C3003　钳型电流表测量过程中可任意切换量程开关的挡位。(×)

Lb3C3004　钳型电流表测量完毕后一定要把调节开关放在最小电流量程位置。(×)

Lb3C3005　箱式变电站操作隔离开关时,断路器必须在合闸位置。(×)

Lb3C3006　箱式变电站设备送电前,继电保护或自动跳闸机构必须退出运行。(×)

Lb3C3007　箱式变电站在操作设备间电气距离较小的箱式变电站过程中,必要时加绝缘隔离。(√)

Lb3C3008　箱式变电站运行环境较恶劣,应加强监督,操作前应详细检查设备健康状况。(√)

Lb3C3009　客服专员在回复(回访)客户前应熟悉工单的回复内容,将核心业务内容回访客户,不得通过阅读工单"回复内容"的方式回访客户。(√)

Lb3C3010　PMS2.0系统配网抢修管控模块的抢修可视化功能中,提供了电网的图形信息编辑功能。(×)

Lb3C3011　计量不一定是一种准确的测量。(×)

Lb3C3012　电流互感器的额定电流比是一次电流与二次电流之比。(√)

Lb3C3013　三相三线制接地的电能计量装置,当任意一台电流互感器二次测极性接反时,三相三线有功电能表都会反转。(×)

Lb3C3014　某三相四线低压用户,原电流互感器变比为300/5(穿2匝),在TA更换时误将W相的变比换成200/5,而计算电量时仍然全部按300/5计算,应追补电量。(×)

Lb3C3015　电力用户的无功管理不到位,造成流过线路的无功电流加大,引起线损降低。(×)

Lb3C3016　凡实行功率因数调整电费的客户,应装有带防倒装置的无功电能表,按客户每月实用有功电量和无功电量,计算月考核加权平均功率因数。(√)

Lb3C3017　由测量人员的粗心造成的严重歪曲测量结果的误差是随机误差。(×)

Lb3C3018　配电变压器的巡视应检查变压器有无异常声音,是否存在重载、超载现象。(√)

Lb3C3019　配电变压器设备标识、警示标识错误属于一般缺陷。(×)

Lb3C3020　配电变压器中性线带电属于配电变压器内部故障。(×)

Lb3C3021　熔断器额定开断容量小,其下限值大于被保护系统的三相短路容量,熔丝误熔断。(×)

Lb3C3022　有载调压变压器变换挡位时可跳级变换分接开关。(×)

Lb3C3023　闪变包括电压波动对电工设备的影响和危害,可以以电压波动代替闪变。(×)

Lb3C3024　电能生产是一种能量形态的转换,要求生产与消费同时完成。(√)

Lb3C3025　用电设备铭牌上标的有功功率即为设备容量。(×)

Lb3C3026　供电方案的有效期是指从供电方案正式通知书发出之日起至受电工程开工日止。(√)

Lb3C3027　国网客服中心应详细记录客户信息、反映内容、联系方式等信息,准确选择业务类型与处理部门,生成表扬工单。(√)

Lb3C3028　故障停送电信息发布10 min内派发的工单,可进行工单合并,但不可回退至工单派发单位。(√)

Lb3C3029　故障报修业务退单均应详细注明退单原因及整改要求,以便接单部门及时更正。(√)

Lb3C3030　各单位可对工单超时、回退、回访不满意等影响指标数据的故障报修工单提出申诉。(√)

Lb3C3031　当发生自然灾害等突发事件造成短时间内工单量突增,超出接派单人员或抢修人

员的承载能力,各单位可对此类超时工单提出申诉,申诉时需提供证明材料。(√)

Lb3C3032 抢修类催办业务,客服专员应做好解释工作,并根据客户诉求派发催办工单。(√)

Lb3C3033 客服专员受理客户故障报修诉求后,依托用电信息系统实时召测继电器状态信息辅助研判客户内部故障,若判断为客户内部故障,建议客户自行排查,或联系产权单位、物业或有资质的施工单位处理。(√)

Lb3C3034 抢修人员到达现场后,发现由于电力运行事故导致客户家用电器损坏的,抢修人员应做好相关证据的收集及存档工作,并及时转相关部门处理。(√)

Lb3C3035 故障抢修人员到达现场后应尽快查找故障点和停电原因,消除事故根源,缩小故障停电范围,减少故障损失,防止事故扩大。(√)

Lb3C3036 高压熔断器开断大电流时,上端帽的薄熔片熔化形成双端排气。(√)

Lb3C3037 我国的电价制度中,当企业的功率因数低于功率因数标准值,要减收电费;当高于功率因数标准值,要增收电费。(×)

Lb3C3038 在电压不变的情况下,并联电容器后,负荷支路上的电流、自然功率因数未发生改变,但整个电路的总电流可能减小。(√)

Lb3C3039 高压集中补偿是将高压电容器组集中装设在企业变配电所得 $6\sim10\ kV$ 母线上,不仅能补偿 $6\sim10\ kV$ 母线前所有线路的无功功率,也能使母线后的客户电网得到无功补偿。(×)

Lb3C3040 业务处理部门在国网客服中心受理客户一般诉求后,应在如下时限内按照相关要求开展调查处理,并完成工单反馈:咨询工单 4 个工作日,举报、建议、意见工单 9 个工作日。(√)

Lb3C3041 服务申请各子类业务工单处理时限要求:已结清欠费的复电登记业务 24 h 内为客户恢复送电,送电后 1 个工作日内回复工单。(√)

Lb3C3042 服务申请各子类业务工单处理时限要求:电器损坏业务 24 h 内到达现场核查,业务处理完毕后 1 个工作日内回复工单。(√)

Lb3C3043 服务申请各子类业务工单处理时限要求:服务平台系统异常业务 3 个工作日内核实并回复工单。(√)

Lb3C3044 服务申请各子类业务工单处理时限要求:电能表异常业务 4 个工作日内处理并回复工单。(√)

Lb3C3045 服务申请各子类业务工单处理时限要求:电表数据异常业务 4 个工作日内核实并回复工单。(√)

Lb3C3046 供电服务指挥系统中非抢修工单包含业务咨询、故障、举报、投诉等类型。(√)

Lb3C3047 可以通过供电服务指挥系统受理业务咨询类型的工作单。(√)

Lb3C3048 检验钳形表时,除被测导线外,其他所有载流导体与被检钳形表的距离不小于 0.5 m。(√)

Lb3C3049 更换柱上隔离开关的损坏元件作业时,下方严禁同时有人工作。(√)

Lb3C3050　配电变压器声音乱而嘈杂应检查内部结构或紧固穿心螺栓。（√）

Lb3C3051　配电变压器声音沉重应增大变压器容量或改变大容量设备启动方式。（√）

Lb3C3052　柱上变压器台架工作，应先断开低压侧的空气开关、刀开关，再断开变压器台架的高压线路的隔离开关（刀闸）或跌落式熔断器，高低压侧验电、接地后，方可工作。（√）

Lb3C3053　在配电站的带电区域内或邻近带电线路处，禁止使用金属梯子。（√）

Lb3C3054　配电变压器测控装置二次回路上工作，应按低压带电工作进行，并采取措施防止电流互感器二次侧开路。（√）

Lb3C3055　试验现场应装设围栏，围栏与试验设备高压部分应有足够的安全距离，向外悬挂"止步，高压危险！"标示牌。（√）

Lb3C3056　在雷电情况下测量高压设备的绝缘电阻时，应戴绝缘手套。（×）

Lb3C3057　电缆耐压试验前，应先对被试电缆充分放电。加压前应在被试电缆周围设置围栏并悬挂警告标示牌，防止人员误入试验场所。（×）

Lb3C3058　电缆试验需拆除接地线时，应征得工作负责人的同意。（×）

Lb3C3059　在 PMS 系统带电检测完成情况统计结果中包含检测结果。（×）

Lb3C3060　PMS 系统线路图模查询需在电网图形管理查询。（×）

Lb3C3061　PMS 系统设备缺陷登记时勾选已消除时，将不会在查询统计中显示。（×）

Lb3C3062　PMS2.0 系统标准中心是为其他五大中心提供标准规范支撑的重要模块。（√）

Lb3C3063　PMS 设备变更申请路径只能从电网运维检修管理模块进入。（×）

Lb3C3064　PMS 系统带电检测情况异常统计结果中包含检测结果。（√）

Lb3C3065　季节性用电的变压器，应在无负荷季节停止运行。（√）

Lb3C3066　带电可触摸与带电不可触摸的电缆分支箱，以采用可触摸硅橡胶电缆接头较为理想。（×）

Lb3C3067　在巡视电缆线路中，如发现有零星缺陷应记入缺陷记录簿内，据以编订月度或季度维护小修计划。（√）

Lb3C3068　PMS 图形变更审批由运检班组提交运维班组负责人、检修公司专责逐级审核，根据需要提交调度部门审核。（×）

Lb3C3069　PMS 图形管理中可以用鼠标滑轮进行缩小放大操作，鼠标滑轮向后滚动为放大，鼠标滑轮向前滚动为缩小。（×）

Lb3C3070　PMS 图形管理中点击"添加"，打开"电缆类设备"下拉菜单，点击"电缆段"，单击连接点，移动鼠标确定其走向，双击鼠标左键建成电缆段。（√）

Lb3C3071　PMS 系统线路台账查询可以在 GIS 图选择查询设备。（√）

Lb3C3072　10 kV 日线损在 0～6% 范围内为达标。（×）

Lb3C3073　设备经济运行可在配网运行状态中查询。（×）

Lb3C3074　电压是配电设备的主要经济运行指标。（×）

Lb3C3075 无功是配电设备的主要经济运行指标。（×）

Lb3C3076 配网调控班负责配电设备的经济运行实时在线监测。（×）

Lb3C3077 指挥中心跟踪任务单处理过程,督办责任单位及班组进行现场研判、确定方案、运维处理、回复工单,对回复工单进行验证、分析总结并归档。（√）

Lb3C3078 配电设备经济运行出现异常工况时,现场研判的责任属于监测指挥班。（×）

Lb3C3079 配电设备经济运行出现异常工况时,现场研判的责任属于责任班组（所）专责人或责任单位专责。（√）

Lb3C3080 供电营业所的工作只限于营抄和收费等具体销售作业,向公司的用电客户提供直接服务。（√）

Lb3C3081 三相变压器的额定电压是指线电压。（√）

Lb3C3082 在带电设备周围可以使用皮卷尺和线尺进行测量。（×）

Lb3C3083 低压电气带电工作,应采取绝缘隔离措施防止相间短路和单相接地。（√）

Lb3C3084 低压电气带电工作时,作业范围内电气回路的剩余电流动作保护装置应投入运行。（√）

Lb3C3085 带电断开低压导线时,应先断开零线,后断开相线（火线）。（×）

Lb3C3086 电压互感器的作用是将一次侧的高电压变成二次侧标准的低电压。（√）

Lb3C3087 电压互感器 TV 的一次绕组串联在被测电路的一次电路中。（×）

Lb3C3088 电压互感器的一次侧和二次侧均应装设熔断器。（√）

Lb3C3089 测量杆塔的接地电阻,若线路带电,在解开或恢复杆塔的接地引线时,应戴手套。（×）

Lb3C3090 掘路施工应做好防止交通事故的安全措施。施工区域应用安全围栏进行分隔,并有明显标记,夜间施工人员应佩戴黄色标志,施工地点应加挂警示灯。（×）

Lb3C3091 若必须带电移动电缆接头,施工人员应在专人统一指挥下,平正移动。（×）

Lb3C3092 高压供电并且在高压侧计量称为高供高计。（√）

Lb3C3093 用户内部电缆线路较长时,可选用带接地检测功能的分界开关。（×）

Lb3C3094 隔离开关动触头连接电源侧,静触头连接负荷侧。（×）

Lb3C3095 电缆分支箱安装后,必须按照有关规定的试验标准和条件,对电缆和组件一起进行试验。（√）

Lb3C3096 安装跌落式熔断器,地面人员用循环绳绑牢跌落式熔断器并缓缓拉上杆。（√）

Lb3C3097 新安装的跌落式熔断器,分、合闸操作灵活可靠,动触头与静触头压力正常,接触良好。（√）

Lb3C3098 地面人员用循环绳绑牢隔离开关并快速拉上杆,在向上拉的过程中防止隔离开关与电杆相碰而损坏绝缘子及其他部件。（×）

Lb3C3099 一般缺陷可结合检修计划尽早消除,但应处于可控状态。（√）

Lb3C3100 对于已投入运行或备用的各电压等级的电缆线路及附属设备有威胁安全运行的异

常现象,视情况进行处理。(×)

Lb3C3101 配电变压器由于内部短路导致高压熔断器熔断时应该停止运行,排除故障。(√)

Lb3C3102 为防止树木(树枝)倒落在线路上,应使用绝缘绳索将其拉向与线路相反的方向,绳索应有足够的长度和强度,以免拉绳的人员被倒落的树木砸伤。(√)

Lb3C3103 配电站、开闭所的环网柜可以在低负荷的状态下更换熔断器。(×)

Lb3C3104 供电服务指挥系统中综合查询界面可以通过用户编号、业务类型条件查询。(√)

Lb3C3105 PMS2.0检修流程中的两票指的是工作票和操作票。(√)

Lc3C3001 总结选用材料的原则,是最能表现主旨,最能说明问题本质。(√)

Lc3C3002 大电网的形成,使得整个系统的电能生产成本提高。(×)

Lc3C3003 能够掌握工作人员工作闪光点,分析"闪光"原因,提升人员管理水平,同时利用统计结果以点带面提升整体服务水平。(√)

Lc3C3004 班组长所管理的对象、所带的团队就是班组。(√)

Lc3C3005 班组对外可以发生经营关系。(×)

Lc3C3006 班组长需要具备高超的管理能力。(×)

Lc3C3007 长期目标应保持一定的灵活性,短期目标要保持一定的稳定性。(×)

Lc3C3008 目标要在保证质与量有机结合的前提下尽可能量化。(√)

Lc3C3009 计划是人们为达到某种目标,事先拟定出具体措施和行动步骤的一种书面文件。(√)

Lc3C3010 计划是人们为达到某种目标,事后编写的一种书面文件。(×)

Lc3C3011 绩效管理是一个管理过程,绩效考核是绩效管理过程中的一个环节,不能将二者等同起来。(√)

Lc3C3012 绩效考核的目的:一是为了对员工过去一个绩效周期内的业绩做出客观评价,二是促使员工改进行为方式、提高综合素质。(×)

Lc3C3013 对电网企业而言,安全意味着不出现触电、高处坠落、物体打击、火灾等引起的人身伤亡事故,以及任何影响系统稳定及持续、优质供电的设备损毁事故和电网事故。(√)

Lc3C3014 治理习惯性违章要检查原则,不能姑息纵容、态度暧昧。(√)

Lc3C3015 安全评价方法按指标量化的程度,可分为定性安全评价和定量安全评价。(√)

Lc3C3016 调查报告是用事实说话,只要详尽而具体地列举大量各种各样的事实,就能将话说好,说出令人信服的道理。(×)

Lc3C3017 会议记录的作用主要体现在它对工作的指导性。(×)

Lc3C3018 会议记录真正的文献价值在于必须保持记录的"原汁原味"。(√)

Lc3C3019 目标的内容和重点应保持相对稳定,不随外部环境和企业经营思想的变化而变化。(×)

Lc3C3020 设定的目标不一定要包含目标达成的时间。(×)

Lc3C3021　目标是计划制订的来源和依据,计划是目标的延伸和细则。（×）

Lc3C3022　绩效是指班组或班组成员完成任务、实现目标的成果和在实现目标过程中的行为表现。（√）

5.2.4　计算题

La3D3001　正弦交流电流中的电压表的读数为 $U=X_1$ V,交流电压的最大值 $U_m=$ ＿＿＿ V。

（X_1 取值范围:200、300、400、500。）

【答】　计算公式:

$$U_m=\sqrt{2}U=\sqrt{2}X_1$$

La3D3002　三相负载接成三角形,已知线电压有效值为 $U_L=380$ V,每相负载的阻抗为 $Z=X_1$ Ω。则相电压的有效值 $U_{ph}=$ ＿＿＿ V、相电流的有效值 $I_{ph}=$ ＿＿＿ A、线电流有效值 $I_L=$ ＿＿＿ A。

（X_1 取值范围:19、38、57、76。）

【答】　计算公式:

$$U_{ph}=U_L=380$$

$$I_{ph}=\frac{U_{ph}}{Z}=\frac{380}{X_1}$$

$$I_L=\sqrt{3}\,I_{ph}=\sqrt{3}\,\frac{380}{X_1}$$

La3D3003　某线圈的电阻 $R=8$ Ω,阻抗 $X=X_1$ Ω,频率 $f=50$ Hz,则线圈的电感 $L=$ ＿＿＿ mH。

（X_1 取值范围:9、10、12。）

【答】　计算公式:

$$X_L=\sqrt{Z^2-R^2}=\sqrt{X_1{}^2-8^2}$$

$$L=\frac{10^3\sqrt{Z^2-R^2}}{\bar{\omega}}=\frac{10^3\sqrt{X_1^2-8^2}}{2\pi f}=\frac{10^3\sqrt{X_1^2-8^2}}{2\times3.14\times50}=\frac{10\sqrt{X_1^2-8^2}}{3.14}$$

La3D3004　在 220 V 交流电路中,电阻 $R=9$ Ω 与电感 $X_L=X_1$ Ω 串联,则该电路的电流值 $I=$ ＿＿＿ A。

（X_1 取值范围:8、10、12。）

【答】　计算公式:

$$Z=\sqrt{R^2+X_L{}^2}=\sqrt{81+X_1^2}$$

$$I=\frac{U}{\sqrt{R^2+X_L{}^2}}=\frac{220}{\sqrt{81+X_1^2}}$$

La3D3005　三相星形负载均为 $R=X_1$ Ω,求它的等效三角形负载 $R'=$ ＿＿＿ Ω。

（X_1 取值范围:10、15、20。）

【答】　计算公式:

$$R'=3R$$

La3D3006 一直流电压 $U=220$ V，额定电流 $I=50$ A，各种损耗之和 $P=X_1$ kW，则直流设备的效率 $\eta=$____。

（X_1 取值范围：0.2、0.3、0.4、0.5。）

【答】 计算公式：

$$\eta=\left(1-\frac{10^3 X_1}{UI}\right)\times100\%=\left(1-\frac{10^3 X_1}{220\times50}\right)\times100\%=\left(1-\frac{X_1}{11}\right)\times100\%$$

La3D3007 已知电源电压 $U=220$ V，电流 $I=10$ A，消耗有功功率 $P=X_1$ kW，则电路的功率因数 $\cos\varphi=$____。

（X_1 取值范围：1、1.5、2。）

【答】 计算公式：

$$\cos\varphi=\frac{P}{UI}=\frac{10^3 X_1}{220\times10}=\frac{5X_1}{11}$$

La3D3008 某用户有 2 盏 $P=X_1$ W 灯泡，每天使用 3 h，一台电视机功率为 60 W，平均每天收看 2 h，冰箱一台，平均每天耗电 1.1 kW·h。该户每月（30 天）需交电费 $F=$____元 [电费费率 0.27 元/（kW·h）]。

（X_1 取值范围：10、20、40、50、60。）

【答】 计算公式：

$$F=\left(\frac{6X_1}{1000}+0.12+1.1\right)\times30\times0.27$$

La3D3009 某化工厂，10 kV 双电源、双回路供电，两台主变压器，容量分别为 6300 kV·A 和 5000 kV·A，一次侧装有连锁装置互为备用，所用两台变压器，容量均为 X_1 kV·A，一主一备（热备用）。请按《供电营业规则》规定计算，每月应计收该用户基本电费 $F=$____元[设基本电价为 20 元/（kV·A·月）]。

（X_1 取值范围：50、60、70、80、90。）

【答】 计算公式：

$$F=(6300+X_1\times2)\times20$$

La3D3010 有一个三相负载，每相的等效电阻 $R=X_1$ Ω，等效电抗 $X_L=10$ Ω。接线为星形，当把它接到线电压 $U_L=380$ V 的三相电源时，则负载消耗的电流 $I=$____A、功率因数 $\cos\varphi=$____，有功功率 $P=$____W。

（X_1 取值范围：10、20、30、40、50。）

【答】 计算公式：

$$I=\frac{U_{ph}}{X}=\frac{U_L}{\sqrt{3}\times\sqrt{R^2+(X_L)^2}}=\frac{380}{\sqrt{3}\times(\sqrt{X_1^2+(10)^2})}=\frac{220}{\sqrt{X_1^2+100}}$$

$$\cos\varphi=\frac{X_1}{\sqrt{X_1^2+100}}$$

$$P=3I^2R=3\times\left(\frac{U_L}{\sqrt{3}\times\sqrt{R^2+(X_L)^2}}\right)^2 R=3\times\left(\frac{380}{\sqrt{3}\times\sqrt{X_1^2+(10)^2}}\right)^2 X_1=\frac{380^2 X_1}{X_1^2+100}$$

La3D3011　有一台三角连接的电动机,接在线电压 $U_L=380$ V 电源上,电动功率 $P_1=8.2$ kW,效率 $\eta=X_1$,$\cos\varphi=0.83$,则相电流 $I_{ph}=$ ____ A、线电流 $I_L=$ ____ A。

（X_1 取值范围:0.7、0.8、0.9。）

【答】　计算公式:

$$P=\frac{P_1}{\eta}=\frac{8.2\times10^3}{X_1}$$

$$I_L=\frac{P}{\sqrt{3}U_L\cos\varphi}=\frac{P_1}{\sqrt{3}U_L\cos\varphi\eta}=\frac{8.2\times10^3}{\sqrt{3}\times380\times0.83X_1}$$

$$I_{ph}=\frac{I_L}{\sqrt{3}}=\frac{8.2\times10^3}{\sqrt{3}\times\sqrt{3}\times380\times0.83X_1}=\frac{8.2\times10^3}{3\times380\times0.83X_1}$$

La3D3012　一台单相电动机由电压 $U=220$ V 交流电源供电,电路中电流为 X_1 A,$\cos\varphi=0.83$,则视在功率 $S=$ ____ W,有功功率 $P=$ ____ W,无功功率 $Q=$ ____ W。

（X_1 取值范围:11、22、33、44。）

【答】　计算公式:

$$S=UI=220X_1$$

$$P=UI\cos\varphi=220\times0.83X_1=182.6X_1$$

$$Q=UI\sin\varphi=220\times\sqrt{1-0.83^2}\,X_1$$

Lb3D3001　电池的电压不够高时,可以串联使用。现将 $n=X_1$ 个 $E=1.56$ V,$r_0=0.06$ Ω 的电池串联起来,给 $R=15$ Ω 的电阻负载供电,则负载的电流 $I=$ ____ A、电压 $U=$ ____ V。

（X_1 取值范围:5、10、15、20。）

【答】　计算公式:

$$I=\frac{nE}{nr_0+R}=\frac{n1.56}{n0.06+15}$$

$$U=IR=\frac{nER}{nr_0+R}=\frac{n1.56\times15}{n0.06+15}$$

Lb3D3002　有一台 110 kV 双绕组变压器,$S_e=X_1$ kV·A,当高低压侧的阻抗压降为 $\Delta U_D=10.5\%$,短路损耗为 $\Delta P_D=230$ kW,则变压器绕组的电阻 $R_B=$ ____ Ω 和漏抗值 $X_B=$ ____ Ω。

（X_1 取值范围:31 500、40 000、50 000、60 000。）

计算公式:

$$\Delta P_D=\left(\frac{S_e}{U_e}\right)^2R_B$$

$$R_B=\frac{\Delta P_D\times10^3U_e^2}{S_e^2}=\frac{230\times10^3\times(110)^2}{X_1^2}$$

$$\Delta U_D=\frac{\left(\frac{S_e}{U_e}\right)X_B10^{-3}}{U_e}$$

$$X_B=\frac{\Delta U_DU_e^2}{S_e\times10^{-3}}=\frac{10.5\%\times(110)^2}{X_1\,10^{-3}}$$

Lb3D3003　某设备装有电流保护,电流互感器的变比是 $N_1 = 200/5$,电流保护整定值是 $I_1 = X_1 A$,如果一次电流不变,将电流互感器变比改为 $N_2 = 300/5$,电流保护整定值应整定为 $I = \underline{\qquad}$ A。

（X_1 取值范围：3、6、9、12、15。）

【答】　计算公式：

$$I_1 = N_1 I_2 = \frac{200}{5} X_1 = 40 X_1$$

$$I = \frac{I_1}{N_2} = \frac{40 X_1}{\frac{300}{5}} = \frac{2 X_1}{3}$$

Lb3D3004　某站新装 GGF-300 型蓄电池共 118 个准备投入运行,运行人员在验收时以 X_1 A 的电流放电,测得电压为 236 V,停止放电后蓄电池组电压立即回升到 250 V,则蓄电池的总内阻 $R_1 = \underline{\qquad}$ Ω 和每个电池的内阻 $R_2 = \underline{\qquad}$ Ω。

（X_1 取值范围：1、2、7、14、28。）

【答】　计算公式：

$$R_1 = \frac{U_1 - U_2}{I} = \frac{250 - 236}{X_1} = \frac{14}{X_1}$$

$$R_2 = \frac{R_1}{n} = \frac{14}{118 X_1}$$

La3D3005　如图所示,已知 $C_1 = 1\ \mu F$,$C_2 = X_1 \mu F$,$C_3 = 6\ \mu F$,$C_4 = 3\ \mu F$,求等效电容 $C = \underline{\qquad}$ μF。

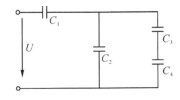

（X_1 取值范围：1、2、3、4、5。）

【答】　计算公式：

$$C = \frac{\left(\dfrac{C_3 C_4}{C_3 + C_4} + C_2 \right) \cdot C_1}{\left(\dfrac{C_3 C_4}{C_3 + C_4} + C_2 \right) + C_1} = \frac{\dfrac{3 \times 6}{3 + 6} + X_1}{\dfrac{3 \times 6}{3 + 6} + X_1 + 1} = \frac{2 + X_1}{3 + X_1}$$

Lc3D3001　如图所示,已知 $R = 4\ \Omega$,$X_L = X_1 \Omega$,$X_C = 9\ \Omega$,电源电压 $U = 100$ V,若电路中的电压和电流的相位差用 δ 标示,则 $\tan\delta = \underline{\qquad}$。

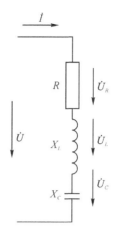

（X_1 取值范围：9、10、11、12、13。）

【答】 计算公式：

$$\tan\delta = \frac{X_L - X_C}{R} = \frac{X_1 - 9}{4}$$

Lc3D3002 如图所示的电路中，$E = X_1$ V，$R_1 = 1.6$ kΩ，$R_2 = 6$ kΩ，$R_3 = 4$ kΩ，$L = 0.5$ H，开关原在合上位置。把开关打开，在换路瞬间 $t = 0+$ 时，电感上的电压 $U_L(0+) = \underline{\quad}$ V。

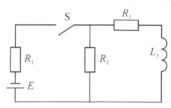

（X_1 取值范围：10、12、14、16、18。）

【答】 计算公式：

$$R = \frac{R_2 R_3}{R_2 + R_3} + R_1 = \frac{6 \times 4}{6 + 4} + 1.6 = 4$$

$$I = \frac{X_1}{R} = \frac{X_1}{4}$$

$$I_L(0+) = \frac{R_2}{R_2 + R_3} \frac{X_1}{R} = \left(\frac{6}{6+4}\right) \times \frac{X_1}{4} = \frac{3X_1}{20}$$

$$U_L(0+) = I_L(0+)(R_2 + R_3) = \frac{3X_1}{20}(6+4) = \frac{3X_1}{2}$$

Lc3D3003 一个电路如图所示，$R_1 = X_1$ Ω，$R_2 = 2$ Ω，$R_3 = 1$ Ω，$R_4 = 1$ Ω，$R_5 = 2$ Ω，$R_6 = 1$ Ω。则它的等值电阻 $R_{ab} = \underline{\quad}$ Ω。

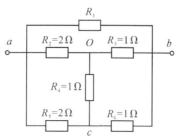

(X_1 取值范围:3、4、5、6。)

【答】　计算公式:

$$R_{ac1} = R_2 + R_4 + \frac{R_2 R_4}{R_3} = 2 + 1 + \frac{2 \times 1}{1} = 5$$

$$R_{bc1} = R_3 + R_4 + \frac{R_3 R_4}{R_2} = 1 + 1 + \frac{1 \times 1}{2} = 2.5$$

$$R_{ab1} = R_2 + R_3 + \frac{R_2 R_3}{R_4} = 2 + 1 + \frac{2 \times 1}{1} = 5$$

$$\frac{R_{ac1} R_5}{R_{ac1} + R_5} + \frac{R_{bc1} R_6}{R_{bc1} + R_6} = \frac{5 \times 2}{5 + 2} + \frac{2.5 \times 1}{2.5 + 1} = \frac{15}{7}$$

$$\frac{R_{ab1} R_1}{R_{ab1} + R_1} = \frac{5 X_1}{5 + X_1}$$

$$R_{ab} = \frac{\frac{15}{7} \times \frac{5 X_1}{5 + X_1}}{\frac{15}{7} + \frac{5 X_1}{5 + X_1}}$$

5.2.5　识图题

Lb3E3001　下图所示的自保持回路中(　　)起到断开回路的作用。

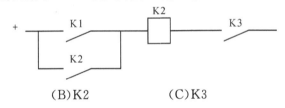

(A)K1　　　　　　　(B)K2　　　　　　(C)K3

【答案】　C

Lb3E3002　导线通如下图方向的电流,放在通电线圈形成的磁场中,受到向下的磁场力作用,图中标出的通电线圈电流方向和磁铁 N 极 S 极是否正确(　　)。

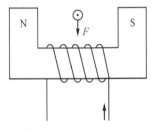

(A)正确　　　　　　(B)错误

【答案】　B

Lb3E3003　下图中的磁铁 N 极、S 极和通电导体在磁场中受力方向已知,标出的导体中的电流方向是否正确(　　)。

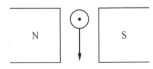

(A)正确　　　　　　　　　　(B)错误

【答案】　B

Lb3E3004　下图中标出的通电螺线管中 A 点,外部 B 点的磁场方向是否正确(　　)。

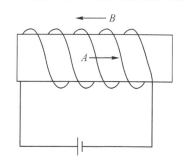

(A)正确　　　　　　　　　　(B)错误

【答案】　A

Lb3E3005　下图中标出的导体切割磁力线产生的感生电流方向是否正确(　　)。

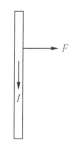

(A)正确　　　　　　　　　　(B)错误

【答案】　A

Lb3E3006　遥测单元工作原理框图中 1 和 2 分别表示(　　)。

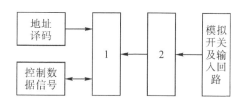

(A)A/D、采样保持　　　　　　(B)D/A、采样保持

(C)采样保持、A/D　　　　　　(D)采样保持、D/A

【答案】　A

Lb3E3007　下图所示为电力系统三相系统中的(　　)短路类型。

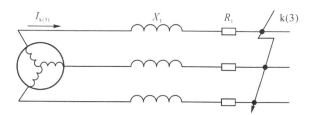

（A）三相 　　　　（B）两相 　　　　（C）单相接地 　　　（D）两相接地

【答案】 A

Lb3E3008 下图所示为电力系统三相系统中的( )短路类型。

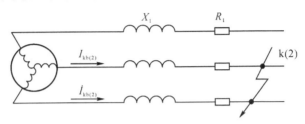

（A）三相 　　　　（B）两相 　　　　（C）单相接地 　　　（D）两相接地

【答案】 B

Lb3E3009 下图表示 IEC104 规约中的可变结构限定词,其中 N 的值有可能是( )。

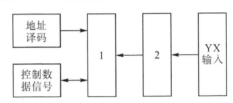

（A）121 　　　　　（B）200 　　　　　（C）256 　　　　　（D）300

【答案】 A

Lb3E3010 遥信单元工作原理框图中 1 和 2 分别表示( )。

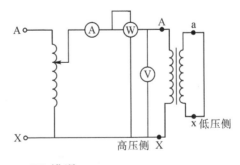

（A）状态量变数字量、光电耦合 　　　　（B）数字量变状态量、光电耦合

（C）光电耦合、状态量变数字 　　　　　（D）光电耦合、数字量变状态量

【答案】 A

Lb3E3011 下图的三相三线电路有功电能表接线图是否正确( )。

（A）正确 　　　　（B）错误

【答案】 A

Lb3E3012　下图所示为(　　)的图形符号。

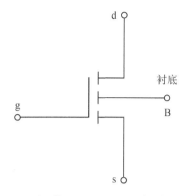

　　(A)二极管　　　　　　(B)三极管　　　　　(C)场效应管　　　　(D)稳压管

【答】　B

Lb3E3013　下图所示反时限过流保护的原理展开图是否正确(　　)。

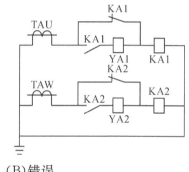

　　(A)正确　　　　　　　(B)错误

【答案】　A

Lb3E3014　下图所示三绕组变压器等值图是否正确(　　)。

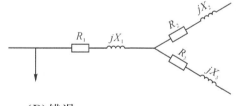

　　(A)正确　　　　　　　(B)错误

【答案】　A

Lb3E3015　下图所示完全星形接线可测量三相电流是否正确(　　)。

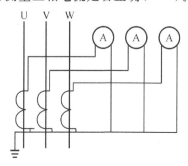

　　(A)正确　　　　　　(B)错误

【答案】　A

5.2.6　简答题

Lb3F3001　什么是电压损耗？什么是电压降落？两者的区别是什么？

【答】　(1)电压降落是指电网中两点电压相量差；(2)电压损耗是两点电压的大小差；(3)电压降落通常以电压值表示，电压损耗通常以额定电压的百分数表示。

Lb3F3002　配电线路常见的故障有哪些？

【答】　(1)有外力破坏的事故，如风筝、机动车辆碰撞电杆等；(2)有自然危害事故，如大风、大雨、山洪、雷击、鸟害、冰冻等；(3)有人为事故，如误操作、误调度等。

Lb3F3003　何谓一级负荷、二级负荷、三级负荷？

【答】　电力负荷应根据对供电可靠性的要求及中断供电在政治、经济上所造成损失或影响的程度进行分级：(1)符合下列情况之一时，应为一级负荷：①中断供电将造成人身伤亡时；②中断供电将在政治、经济上造成重大损失时，例如：重大设备损坏、重大产品报废、用重要原料生产的产品大量报废、国民经济中重点企业的连续生产过程被打乱需要长时间才能恢复等；③中断供电将影响有重大政治、经济意义的用电单位的正常工作，例如：重要交通枢纽、重要通信枢纽、重要宾馆、大型体育场馆、经常用于国际活动的大量人员集中的公共场所等用电单位中的重要电力负荷。(2)在一级负荷中，当中断供电将发生中毒、爆炸和火灾等情况的负荷，以及特别重要场所的不允许中断供电的负荷，应视为特别重要的负荷。(3)符合下列情况之一时，应为二级负荷：①中断供电将在政治、经济上造成较大损失时，例如：主要设备损坏、大量产品报废、连续生产过程被打乱需较长时间才能恢复、重点企业大量减产等；②中断供电将影响重要用电单位的正常工作，例如：交通枢纽、通信枢纽等用电单位中的重要电力负荷，以及中断供电将造成大型影剧院、大型商场等较多人员集中的重要的公共场所秩序混乱。(4)不属于一级和二级负荷者应为三级负荷。

Lb3F3004　架空配电线路避雷器有哪些试验项目？周期为多少？

【答】　(1)避雷器绝缘电阻试验，周期为1～3年；(2)避雷器工频放电试验，周期为1～3年。

Lb3F3005　变压器运行电压有什么要求？过高有什么危害？

【答】　(1)运行变压器中的电压不得超过分接头电压的5%。(2)电压过高的危害：①电压过高会造成铁芯饱和、励磁电流增大；②电压过高铁损增加；③电压过高会使铁芯发热，使绝缘老化；④电压过高会影响变压器的正常运行和使用寿命。

Lb3F3006　系统运行中出现于设备绝缘上的电压有哪些？

【答】　(1)正常运行时的工频电压；(2)暂时过电压(工频过电压、谐振过电压)；(3)操作过电压；(4)雷电过电压。

Lb3F3007　应用叠加原理进行电路计算时要注意什么？

【答】　(1)叠加原理只适用于线性电路；(2)叠加原理只适用于电压和电流的计算，对功率计算不起作用；(3)当每个电动势单独作用时，其他电动势不起作用。

Lb3F3008　《国家电网有限公司 95598 客户服务业务管理办法》关于客户一般诉求业务的定义是什么？

【答】　一般诉求业务是指国网客服中心通过 95598 电话、95598 网站、"网上国网"等多种渠道受理的客户业务咨询、举报、建议、意见、表扬、服务申请等诉求业务。

Lb3F3009　《国家电网有限公司 95598 客户服务业务管理办法》关于业务咨询的定义是什么？

【答】　业务咨询是指客户对各类供电服务信息、业务办理情况、电力常识等问题的业务询问。咨询内容主要包括计量装置、停电信息、电费抄核收、用电业务、用户信息、法规制度、服务渠道、新兴业务、电网改造、企业信息、用电常识、特色业务等。

Lb3F3010　《国家电网有限公司 95598 客户服务业务管理办法》关于举报的定义是什么？

【答】　举报(行风问题线索移交)是指客户对供电企业内部存在的徇私舞弊、吃拿卡要等行为或外部人员存在的窃电、破坏和偷窃电力设施等违法行为进行检举的诉求业务，主要包括行风问题线索移交、窃电、违约用电、破坏和偷盗电力设施等。

Lb3F3011　《国家电网有限公司 95598 客户服务业务管理办法》关于建议的定义是什么？

【答】　建议是指客户对供电企业在电网建设、服务质量、营业业务等方面提出积极的、正面的、有利于供电企业自身发展的诉求业务。

Lb3F3012　《国家电网有限公司 95598 客户服务业务管理办法》关于意见的定义是什么？

【答】　意见是指客户对供电企业在供电服务、供电业务、停送电问题、供电质量问题、电网建设、充电服务、电 e 宝业务等方面存在不满而提出的诉求业务。

Lb3F3013　《国家电网有限公司 95598 客户服务业务管理办法》关于表扬的定义是什么？

【答】　表扬是指客户对供电企业在供电服务、行风建设、电网建设等方面提出的表扬请求业务。

Lb3F3014　《国家电网有限公司 95598 客户服务业务管理办法》关于服务申请的定义是什么？

【答】　服务申请是指客户向供电企业提出协助、配合或需要开展现场服务的诉求业务。

Lb3F3015　初次申诉和最终申诉分别指什么？

【答】　初次申诉是指地市公司、省营销服务中心、国网电动汽车公司对 95598 业务发起的第一次申诉及国网客服中心发起的抽检修正工作；最终申诉是指省公司、国网电动汽车公司对国网客服中心审核未通过的申诉有不同意见，向国网营销部提出的第二次申诉，以及国网营销部发起的抽检修正工作。

Lb3F3016　《国家电网有限公司 95598 客户服务业务管理办法》关于 95598 停送电信息的定义是什么？

【答】　95598 停送电信息是指因各类原因致使客户正常用电中断，需及时向国网客服中心报送的信息。停送电信息主要分为生产类停送电信息和营销类停送电信息。生产类停送电信息包括：计划停电、临时停电、电网故障停限电、超电网供电能力停限电、其他停电等；营销类停送电信息包括：违约停电、窃电停电、欠费停电、有序用电等。

Lb3F3017　哪些投诉可以界定为特殊投诉？

【答】 符合下列情形之一的客户投诉,可以界定为特殊投诉:(1)国家党政机关、电力管理部门转办的集体客户投诉事件;(2)省级及以上政府部门或社会团体督办的客户投诉事件;(3)中央或全国性媒体关注或介入的客户投诉事件;(4)公司规定的质量事件中的五级质量事件。

Lb3F3018　高压断路器的主要技术指标有哪些?

【答】 主要技术指标有:额定电压、额定电流、额定开断电流、额定开断容量、热稳定电流、动稳定电流等。

Lb3F3019　线路事故跳闸,在哪两种情况下,现场值班员可不待调度指令自行处理?

【答】 (1)单电源线路故障跳闸后若重合闸拒动或无自动重合闸,下级值班人员应立即自行强送一次;(2)当线路开关跳闸且线路有电压时,下级值班人员应立即检同期(具有检同期装置)合上该开关。以上事故及处理情况,应向调度值班员汇报。

Lb3F3020　何为运用中的电气设备?

【答】 (1)全部带有电压的电气设备;(2)一部分带有电压的电气设备;(3)一经操作即有电压的电气设备。

Lb3F3021　倒闸操作的分类?

【答】 (1)监护操作;(2)单人操作;(3)检修人员操作。

Lb3F3022　电网调度的运行原则是什么?

【答】 保证电网安全、保护用户利益、适应经济建设和人民生活用电的需要,电网调度运行实行统一调度、分级管理的原则。

Lb3F3023　发现变压器有哪些情况时,应停止变压器运行?

【答】 有下列情况之一时,应停止变压器运行:(1)变压器内部音响很大,很不均匀,有放电声;(2)在正常负荷及冷却条件下,变压器温度不正常并不断上升;(3)油枕喷油或防爆管喷油;(4)严重漏油致使油面低于油位指示计上的限度;(5)套管有严重的破损和放电现象。

Lb3F3024　操作中发带负荷拉、合隔离开关后应如何处理?

【答】 (1)带负荷合隔离开关时,即使发现合错,也不准将隔离开关再拉开。因为带负荷拉隔离开关,将造成三相弧光短路事故。(2)带负荷拉隔离开关时,在刀片刚离开固定触头时,便发生电弧,这时应立即合上,可以消除电弧,避免事故。但如隔离开关已全部拉开,则不许将误拉的隔离开关再合上。

Lb3F3025　调度指令分为哪几项? 各项指令是如何划分的?

【答】 调度指令分逐项指令、综合指令和即时指令。涉及两个以上单位的配合操作或需要根据前一项操作后对电网产生的影响才能决定下一项操作的,必须使用逐项指令;凡不需要其他单位配合仅一个单位的单项或多项操作,可采用综合指令;处理紧急事故或进行一项单一的操作,可采用即时指令。

Lb3F3026　哪些操作值班调度员可不用填写操作指令票?

【答】 合上或拉开单一的开关或刀闸(含接地刀闸);投入或退出一套保护、自动装置;投入或退出机组 AGC 功能;发电机组启停;计划曲线修改和功率调整;应做好上述内容的记录。

Lb3F3027　变压器并列运行的条件是什么?

【答】　(1)结线组别相同;(2)电压比相同;(3)短路电压相;(4)电压比不同和短路电压不等的变压器经计算和试验,在任一台都不会发生过负荷的情况下,可以并列运行。

Lb3F3028　为了正确选择重合器,应考虑哪些因素?

【答】　应考虑下述五个因素:(1)系统电压:重合器额定电压必须不小于系统电压;(2)最大可能故障电流;(3)最大负载电流;(4)保护区内最小故障电流;(5)重合器与其他保护装置的配合。

Lb3F3029　为保证线路的安全运行,防污闪的措施有哪些?

【答】　(1)确定线路污秽区的污秽等级;(2)定期清扫绝缘子;(3)更换不良和零值绝缘子;(4)增加绝缘子串的单位爬电比距;(5)采用憎水性涂料;(6)采用合成绝缘子。

Lb3F1030　什么叫爬电比距?大气污染特别严重的Ⅳ类地区架空线路爬电比距要求为多少?

【答】　(1)爬电比距指电力设备外绝缘的爬电距离与最高工作电压有效值之比;(2)中性点非直接接地系统在大气特别严重污染的Ⅳ类地区架空线路爬电比距为 3.8~4.5 cm/kV。

第 6 章

技能操作

▶ 6.1 技能操作大纲

配电抢修指挥员——高级工技能等级评价技能知识考核大纲

等级	考核方式	能力种类	能力项	考核项目	考核主要内容
高级工	技能操作	专业技能	计算机基础知识	Excel 表格编辑与函数应用	使用表格软件 Excel 完成一系列基本操作
			配电运营管控	配电变压器出口电压异常处置	配电变压器出口电压异常任务单
				配电线路线损不达标处置	配电线路线损不达标任务单
				供服日报编辑	配网异常设备及工单数量进行统计分析
				电压异常处置	配电变压器过载及异常任务单处置
				设备巡视管控	设备巡视管控要求
			配网抢修指挥	停送电信息	供服系统停送电信息编写与发布
				供电服务指挥系统保电	供电服务指挥系统保电模块应用
				抢修工单管理规定	抢修工单要求及相关内容
			客户服务指挥	投诉工单处置	投诉工单全过程处理
				95598 知识管理	95598 知识管理
				95598 工单最终答复	95598 业务最终答复处理流程
			常用电气图形符号识别	常用电气图形符号识别	识别常用电气设备图形符号
		相关技能	PMS 系统应用	PMS 系统综合查询	PMS 系统综合查询及图形定位

（注：第二列"考核方式"列中"基本技能"出现在"计算机基础知识"行）

6.2 技能操作项目

6.2.1 基本技能题

PZ3JB0101 Excel 表格编辑与函数应用

一、作业

(一)工器具、材料、设备

1.工器具:无。

2.材料:无。

3.设备:计算机;软件设备:Microsoft Excel 或 WPS 表格,营销业务系统。

(二)安全要求

无。

(三)操作步骤及工艺要求(含注意事项)

1.在要求编辑公式获得结果的,必须在单元格中利用函数计算,直接填入结果(不包含函数)视为无效。

2.在数据透视操作后,注意插入按停电类型划分的饼图。

二、考核

(一)考核场地

微机室。

(2)考核时间

30 min。

(3)考核要点

1.进入营销业务系统,停电信息界面,查询某日的停电信息并导出,另存至桌面,命名为"停电信息数据表"。

2.打开导出的数据表,在 O 列之后插入两列空白列,空白列列首分别输入"停电时长""是否超时"。数据表行高 15、列宽 18。

3.在"停电时长"列编辑 Excel 公式,单位为小时,停电时长为送电时间减去停电时间。在"是否超时"列编辑公式,若停电大于等于 3 h,显示"超时";若停电小于 3 h,显示"未超时"。

4.对数据表进行数据透视操作,透视到新工作表,行区域按停电类型分类,数据区域选择计数,插入按停电类型分类的饼图。

5.将数据表的单元格格式数字分类设置为"常规",对齐方式选择水平居中,垂直靠下。

三、评分标准

行业:电力工程　　　　　　工种:配电抢修指挥员　　　　　　等级:高级工

编号	PZ3JB0101	行为领域	基础技能	评价范围		
考核时限	30 min	题型	多项操作	满分	100 分	得分
试题名称	Excel 表格编辑与函数应用					
考核要点及其要求	1.进入营销业务系统,停电信息界面,查询某日的停电信息并导出,另存至桌面,命名为"停电信息数据表"。 2.打开导出的数据表,在 O 列之后插入两列空白列,空白列首分别输入"停电时长""是否超时"。数据表行高 15、列宽 18。 3.在"停电时长"列编辑 Excel 公式,单位为小时,停电时长为送电时间减去停电时间。在"是否超时"列编辑公式,若停电大于等于 3 h,显示"超时";若停电小于 3 h,显示"未超时"。 4.对数据表进行数据透视操作,透视到新工作表,行区域按停电类型分类,数据区域选择计数,插入按停电类型分类的饼图。 5.将数据表的单元格格式数字分类设置为"常规",对齐方式选择水平居中,垂直靠下					
现场设备、工器具、材料	硬件设备:计算机; 软件设备:Microsoft Excel 或 WPS 表格,营销业务系统					
备注	上述栏目未尽事宜					

评分标准

序号	考核项目名称	质量要求	分值	扣分标准	扣分原因	得分
1	数据查找导出	准确查找导出	20 分	操作错误,每项扣 10 分,扣完为止		
2	插入列,设置	按要求设置表格	20 分	操作错误,每项扣 10 分,扣完为止		
3	公式编辑	正确编辑公式	20 分	公式错误,每项扣 10 分,扣完为止		
4	数据透视操作	正确透视结果	20 分	未按要求透视,每项扣 10 分,扣完为止		
5	单元格格式设置	正确设置	20 分	操作错误每项扣 10 分,扣完为止		

6.2.2　专业技能题

PZ3ZY0101　配电变压器出口电压异常任务单处理

一、作业

(一)工器具、材料、设备

1.工器具:黑色中性笔。

2.材料:书面试卷。

3.设备:答题书桌。

(二)安全要求

无。

（三）操作步骤及工艺要求（含注意事项）

正确答题。

二、考核

（一）考核场地

微机室。

（二）考核时间

30 min。

（三）考核要点

1.考查考生对主动运检任务单处理流程的掌握程度。

2.考查考生对配电变压器出口电压异常的理解程度。

3.考查考生对配电网设备监测内容的熟悉程度。

4.考查考生对配电网设备运行监测指挥业务定义的掌握程度。

5.考查考生对重复出现异常工况的处理流程掌握程度。

书面问题：

1.配电变压器出口电压异常主动运检任务单生成后的处理流程。

答案：配电变压器出口电压异常主动运检任务单生成后系统自动派发至责任单位及其相关班组（必要时同时报送专业部室专责）；（10分）。监测指挥值班员跟踪任务单处理过程，督办责任单位及班组进行现场研判、确定方案、运维处理，对回复工单进行验证、分析总结并归档。（10分）

2.配电变压器出口电压异常满足什么条件时系统会自动生成主动运检任务单？

答案：配电变压器出口电压异常：配变出口低电压：出口相电压低于 204.6 V；配变出口过电压：出口相电压高于 235.4 V。（10分）

3.配电网设备监测业务包括哪几类，具体内容是什么？

答案：配电网设备监测内容包括供电能力、电压质量、经济运行、设备运行环境和停电信息共五类。（10分）

（1）供电能力包括配变轻、重、过载、配变三相不平衡，以及变压器负载状态所处的正常、异常、临界状态。（6分）

（2）电压质量包括客户低（过）电压、配变出口低（过）电压，以及 D 类监测点电压的正常、异常、临界状态。（6分）

（3）经济运行是指 10 kV 线路分线同期线损所处的达标、不达标、临界状态。（6分）

（4）运行环境包括配电网设备温湿度、有害气体等设备运行环境的正常、异常、临界状态。（6分）

（5）停电信息包括配网调控班、95598、12398 及掌上电力 App 等"互联网＋"渠道线上、线下转来的被动停电信息和监测发现的主动停电信息。（6分）

4.配电网设备运行监测指挥业务的定义。

答案：配电网设备运行监测指挥业务是指供电服务指挥中心依托供电服务指挥系统，根据配电网的运行状态和异常状况，按照一定标准和规则生成主动抢修任务单或主动运检任务单，派发至责任单位及其相关班组（必要时同时报送专业部室专责）（10分）。跟踪任务单处理过程，督办责任单位及班组进行现场研判、确定方案、运维处理，对回复工单进行验证、分析总结并归档。（10分）

5.对于重复出现异常工况的台区应如何处理?

答案:对于重复出现异常工况的台区,规定时限内通过运维手段无法解决的,设备运维管理单位可提报储备项目,经专业部室审批后,生成项目需求工单或问题工单,自动推送至工程管控系统。(10分)

三、评分标准

行业:电力工程　　　　工种:配电抢修指挥员　　　　等级:高级工

编号	PZ3ZY0101	行为领域	专业技能	评价范围	
考核时限	30 min	题型	多项操作	满分	100分	得分	
试题名称	配电变压器出口电压异常任务单处理				
考核要点及其要求	1.考查考生对主动运检任务单处理流程的掌握程度。 2.考查考生对配电变压器出口电压异常的理解程度。 3.考查考生对配电网设备监测内容的熟悉程度。 4.考查考生对配电网设备运行监测指挥业务定义的掌握程度。 5.考查考生对重复出现异常工况的处理流程掌握程度				
现场设备、工器具、材料	黑色中性笔、书面试卷、答题书桌				
备注	上述栏目未尽事宜				
评分标准					

序号	考核项目名称	质量要求	分值	扣分标准	扣分原因	得分
1	主动运检任务单处理流程	完整回答知识点	20分	错、漏知识点每一处扣5分,扣完为止		
2	配电变压器出口电压异常	完整回答知识点	10分	错、漏知识点每一处扣5分,扣完为止		
3	配电网设备监测	完整回答知识点	40分	错、漏知识点每一处扣5分,每错一项该项不得分,扣完为止		
4	运行监测指挥业务	完整回答知识点	20分	错、漏知识点每一处扣5分,扣完为止		
5	重复出现异常工况的处理流程	完整回答知识点	10分	错、漏知识点每一处扣5分,扣完为止		

PZ3ZY0102　配电线路线损不达标任务单

一、作业

(一)工器具、材料、设备

1.工器具:黑、蓝签字笔。

2.材料:答题纸。

3.设备:书写桌椅。

(二)安全要求

无。

（三）操作步骤及工艺要求（含注意事项）

正确答题。

二、考核

（一）考核场地

1.技能考场。

2.设置评判桌和相应的计时器。

（二）考核时间

1.30 min。

2.在时限内作业，不得超时。

（三）考核要点

1.考查考生对配电线路线损达标标准的掌握程度。

2.考查考生对主动运检任务单生成原因的熟悉程度。

3.考查考生对配电网设备运行监测的业务类型及内容的掌握程度。

4.考查考生对重复出现异常工况的处理流程掌握程度。

书面问题：

1.配电线路线损达标标准是什么？

2.出现什么情形时系统自动生成主动运检任务单？

3.配电网设备监测业务包括哪几类，具体内容是什么？

4.对于重复出现异常工况的台区应如何处理？

参考答案

1.线路日线损在 0～10% 范围内为达标，月线损在 0～6% 范围内为达标。（10分）

2.出现以下情形时系统自动生成主动运检任务单：

(1)配变过载：配变负载率大于 100% 且持续 2 时以上。（5分）

(2)配变重载：配变负载率介于 80% 与 100% 之间且持续 2 小时以上。（5分）

(3)配变三相不平衡，当月平均负载大于 20%，Yyn0 接线配变不平衡大于 15%、Dyn11 接线配变不平衡大于 25%，持续 1 h，月度累计 5 天。（5分）

(4)用户低电压：用户电压低于 198 V 且累计时长 48 h 以上。（5分）

(5)用户过电压：用户电压高于 235.4 V 且持续 24 h 以上。（5分）

(6)配变出口低电压：出口相电压低于 204.6 V。（5分）

(7)配变出口过电压：出口相电压高于 235.4 V。（5分）

(8)10 kV 线损不达标：线路日线损在 0～10% 范围内为达标，月线损在 0～6% 范围内为达标。（5分）

(9)运行环境：配电室温湿度、有害气体超出规定范围。（5分）

3.对于重复出现异常工况的台区，规定时限内通过运维手段无法解决的，设备运维管理单位可提报储备项目，经专业部室审批后，生成项目需求工单或问题工单，自动推送至工程管控系统。（10分）

三、评分标准

行业:电力工程　　　　　　工种:配电抢修指挥员　　　　　　等级:高级工

编号	PZ3ZY0102	行为领域	专业技能	评价范围	
考核时限	30 min	题型	多项操作	满分	100 分	得分	
试题名称	配电线路线损不达标任务单				
考核要点及其要求	1.考查考生对配电线路线损达标标准的掌握程度。 2.考查考生对主动运检任务单生成原因的熟悉程度。 3.考查考生对配电网设备运行监测的业务类型及内容的掌握程度。 4.考查考生对重复出现异常工况的处理流程掌握程度				
现场设备、工器具、材料					
备注	上述栏目未尽事宜				

评分标准

序号	考核项目名称	质量要求	分值	扣分标准	扣分原因	得分
1	考查考生对配电线路线损达标标准的掌握程度	知识点完整	10 分	错、漏知识点每一处扣 5 分,扣完为止		
2	考查考生对主动运检任务单生成原因的熟悉程度	知识点完整	45 分	错、漏知识点每一处扣 5 分,每错一项扣 5 分,扣完为止		
3	考查考生对配电网设备运行监测的业务类型及内容的掌握程度	知识点完整	35 分	错、漏知识点每一处扣 5 分,每错一项该项不得分,扣完为止		
4	考查考生对重复出现异常工况的处理流程掌握程度	知识点完整	10 分	错、漏知识点每一处扣 5 分,扣完为止		

PZ3ZY0201　供电服务指挥系统停电信息发布编译

一、作业

(一)工器具、材料、设备

1.工器具:无。

2.材料:无。

3.设备:计算机,包含谷歌浏览器、供电服务指挥系统、PMS 系统。

(二)安全要求

无。

(三)操作步骤及工艺要求(含注意事项)

1.本操作在供电服务指挥系统进行停电信息编译后推送至 PMS 系统,但不在 PMS 系统进行保存。

2.停电信息内容根据题干要求进行填写。

3.向用户发送短信为模拟操作,将界面截图保存即可。

4.短信查询在供电服务指挥系统操作。

二、考核

（一）考核场地

微机室。

（二）考核时间

30 min。

（三）考核要点

1.能正确登入供电服务指挥系统停电信息报送新增界面。

2.根据题干故障情况输入停电信息相关内容并保存。

3.进行停电信息的发布、编译，推送至 PMS 系统。

4.模拟向用户推送停电告知短信，并查询给定条件下，系统向用户自动发送短信的数量。

5.在 PMS 系统中找到供电服务指挥系统推送的停电信息并打开。

三、评分标准

行业:电力工程　　　　　工种:配电抢修指挥员　　　　　等级:高级工

编号	PZ3ZY0201	行为领域	专业技能	评价范围		
考核时限	30分钟	题型	多项操作	满分	100分	得分
试题名称	供电服务指挥系统停电信息发布编译					
考核要点及其要求	1.能正确登入供电服务指挥系统停电信息报送新增界面。 2.根据题干故障情况输入停电信息相关内容并保存。 3.进行停电信息的发布、编译，推送至 PMS 系统。 4.模拟向用户推送停电告知短信，并查询给定条件下，系统向用户自动发送短信的数量。 5.在 PMS 系统中找到供电服务指挥系统推送的停电信息并打开					
现场设备、工器具、材料	硬件设备:计算机; 软件设备:谷歌浏览器,PMS 系统					
备注	上述栏目未尽事宜					

评分标准

序号	考核项目名称	质量要求	分值	扣分标准	扣分原因	得分
1	进入停电信息报送界面	进入停电信息报送界面	10分	未进入界面扣10分		
2	停电信息填报	各项内容符合规范性要求	40分	停电设备不规范扣10分,范围不规范扣10分,原因不规范扣10分,其他类不规范扣10分		
3	停电信息发布和编译	操作正确,推送至 PMS	30分	每个操作要点不正确扣10分,扣完为止		
4	拟向用户推送短信	推送操作正确,内容准确	10分	每错一个操作要点扣5分,扣完为止		
5	查找停电信息	准确找到推送的停电信息	10分	未找到相应停电信息扣10分		

PZ3ZY0202 供电服务指挥系统保电模块应用

一、作业

（一）工器具、材料、设备

1. 工器具：无。

2. 材料：无。

3. 设备：计算机；供电服务指挥系统。

（二）安全要求

无。

（三）操作步骤及工艺要求（含注意事项）

1. 该操作在供电服务指挥系统进行。

2. 本操作均为煤改电保电模块的相关操作。

二、考核

（一）考核场地

微机室。

（二）考核时间

30 min。

（三）考核要点

1. 查找到保电模块，给出3条线路的名称，在供电服务指挥系统保电模块核对是否是煤改电线路。

2. 查询某段时间某单位的煤改电报修工单，并导出至桌面指定位置，计算煤改电报修工单的平均修复时长（单位：h），插入一级分类的饼图。

3. 查询某段时间某单位的煤改电故障停电信息，并导出至桌面指定位置，计算煤改电停电的平均停电时长（单位：h），计算停电台区总和和停电煤改电用户总和。

4. 查询煤改电配变异常情况，统计各单位重载、过载、低电压、三相不平衡数量，导出至桌面指定位置，并查找出过载最大的配变名称及过载率。

三、评分标准

行业:电力工程　　　　　　工种:配电抢修指挥员　　　　　　等级:高级工

编号	PZ3ZY0202	行为领域	专业技能	评价范围		
考核时限	30 min	题型	多项操作	满分	100 分	得分
试题名称	供电服务指挥系统保电模块应用					
考核要点 及其要求	1.查找到保电模块,给出 3 条线路的名称,在供电服务指挥系统保电模块核对是否是煤改电线路。 2.查询某段时间某单位的煤改电报修工单,并导出至桌面指定位置,计算煤改电报修工单的平均修复时长(单位:h),插入一级分类的饼图。 3.查询某段时间某单位的煤改电故障停电信息,并导出至桌面指定位置,计算煤改电停电的平均停电时长(单位:h),计算停电台区总和和停电煤改电用户总和。 4.查询煤改电配变异常情况,统计各单位重载、过载、低电压、三相不平衡数量,导出至桌面指定位置,并查找出过载最大的配变名称及过载率					
现场设备、 工器具、材料	硬件设备:计算机;供电服务指挥系统					
备注	上述栏目未尽事宜					

			评分标准				
序号	考核项目名称	质量要求	分值	扣分标准	扣分 原因	得分	
1	查询煤改电台账	核对正确	30 分	核对错误一项扣 10 分,扣完为止			
2	煤改电工单	操作正确,分析准确	25 分	操作或分析每错一项扣 5~10 分,扣完为止			
3	煤改电故障	操作正确,分析准确	25 分	操作或分析每错一项扣 5~10 分,扣完为止			
4	配变异常	操作正确,分析准确	20 分	操作或分析每错一项扣 10 分,扣完为止			

PZ3ZY0301　投诉工单全过程管控

一、作业

(一)工器具、材料、设备

1.工器具:黑、蓝色签字笔。

2.材料:答题纸。

3.设备:书写桌椅。

(二)安全要求

无。

(三)操作步骤及工艺要求(含注意事项)

正确答题。

二、考核

(一)考核场地

1.技能考场。

2.设置评判桌和相应的计时器。

(二)考核时间

1.30 min。

2.在时限内作业,不得超时。

(三)考核要点

1.考查考生对投诉工单接单分理内容掌握程度。

2.考查考生投诉工单处理注意事项。

3.考查考生对投诉工单被回退内容掌握程度。

书面问题:

1.投诉工单接单分理时限。

2.投诉工单处理内容包含哪些?

3.工单回复被回退的原因有哪些?

答案要点:

1.接单分理:地市、县公司接收客户投诉工单后,应在 2 个小时内完成接单转派或退单,如可直接处理,按照业务处理时限要求完成工单回复工作。(5分)

符合以下条件的,工单接收单位应将工单回退至派发单位,重新派发:

(1)非本单位供电区域内的。(2)国网客服中心记录的客户信息有误或核心内容缺失,接单部门无法处理的。(3)对于业务分类或投诉工单一、二、三级分类错误的。(4)同一客户、同一诉求在业务办理时限内,国网客服中心再次派发的投诉工单。(5)有重要服务事项报备且在有效期内的。(6)有前期同一诉求最终答复的。(7)特殊客户的诉求。

2.投诉处理:承办部门从国网客服中心受理客户投诉(客户挂断电话后)24 h 内联系客户(除保密工单外),4 个工作日内按照有关法律法规、公司相关要求进行调查、处理,答复客户,并反馈国网客服中心。如遇特殊情况,投诉处理时限按上级部门要求的时限办理。工单反馈内容应真实、准确、全面,符合法律法规、行业规范、规章制度等相关要求。对客户反映的营业厅人员服务态度或规范问题不属实的,地市、县公司回单时应提供视频监控影音支撑材料;对客户反映的现场工作人员服务态度问题不属实的,地市、县公司回单时应提供电话录音音频、现场记录仪影音等支撑材料。

3.工单回复审核时发现工单回复内容存在以下问题,应将工单回退:(1)回复工单中未对客户投诉的问题进行答复或答复不全面的。(2)除保密工单外,未向客户反馈调查结果的。(3)应提供而未提供相关 95598 客户投诉处理依据的。(4)承办部门回复内容明显违背公司相关规定或表述不清、逻辑混乱的。(5)其他经审核应回退的。

回访时存在以下问题,应将工单回退:(1)工单填写存在不规范。(2)回复结果未对客户诉求逐一答复。(3)回复结果违反有关政策法规。(4)客户表述内容与承办部门回复内容不一致,且未提供支撑说明。(5)承办部门对 95598 客户投诉属实性认定错误或强迫客户撤诉。

三、评分标准

行业:电力工程　　　　　　　工种:配电抢修指挥员　　　　　　　等级:高级工

编号	PZ3ZY0301	行为领域	专业技能	评价范围	
考核时限	30 min	题型	多项操作	满分	100 分	得分	
试题名称	投诉工单全过程管控				
考核要点及其要求	1.考查考生对投诉工单接单分理内容掌握程度。 2.考查考生投诉工单处理注意事项。 3.考查考生对投诉工单被回退内容掌握程度				
现场设备、工器具、材料	场地:技能考场。				
备注	上述栏目未尽事宜				

评分标准

序号	考核项目名称	质量要求	分值	扣分标准	扣分原因	得分
1	投诉工单接单分理	知识点完整	10 分	时限错误扣 3 分,回退每少一项扣 1 分,扣完为止		
2	投诉处理	知识点完整	40 分	时限错误扣 5 分,扣完为止		
3	投诉工单回退	知识点完整	50 分	每少一条扣 10 分,扣完为止		

PZ3ZY0302　95598 知识全过程管理

一、作业

(一)工器具、材料、设备

1.工器具:黑、蓝色签字笔。

2.材料:答题纸。

3.设备:书写桌椅。

(二)安全要求

无。

(三)操作步骤及工艺要求(含注意事项)

正确答题。

二、考核

(一)考核场地

1.技能考场。

2.设置评判桌和相应的计时器。

（二）考核时间

1.30 min。

2.在时限内作业,不得超时。

（三）考核要点

1.考查考生知识采集发起要求是否掌握。

2.考查考生知识编辑审核要求的掌握程度。

3.考查考生知识审核发布要求的掌握程度。

三、评分标准

行业:电力工程　　　　　工种:配电抢修指挥员　　　　　等级:高级工

编号	PZ3ZY0302	行为领域	专业技能	评价范围		
考核时限	30 min	题型	多项操作	满分	100分	得分
试题名称	95598知识全过程管理					
考核要点及其要求	1.考查考生知识采集发起要求是否掌握。 2.考查考生知识编辑审核要求的掌握程度。 3.考查考生知识审核发布要求的掌握程度					
现场设备、工器具、材料						
备注	上述栏目未尽事宜					

评分标准

序号	考核项目名称	质量要求	分值	扣分标准	扣分原因	得分
1	知识采集发起	知识点完整	30分	每少一项扣10分,扣完为止		
2	知识采集审核	知识点完整	20分	每少一项扣10分,扣完为止		
3	知识采集发布	时限正确	10分	时限错误扣10分		
4	知识采集工单回退	知识点完整	40分	每少一项扣10分,扣完为止		

第四部分

技 师

第7章

理论

▶ 7.1 理论大纲

配电抢修指挥员——技师技能等级评价理论知识考核大纲

等级	考核方式	能力种类	能力项	考核项目	考核主要内容
技师	理论知识考试	基本知识	电工基础	电工基础	复杂直流电路的计算
					复杂交流电路的计算
			电力系统分析	电力系统分析	电力系统计算
			电气识、绘图	电气识、绘图	常用电路图绘制
				电工基础	常用电气设备图识读
		专业知识	配电网基础	电能质量相关规定	功率因数的提高
					供电可靠性的提高
					降低线损的措施
				配电网调度术语	相关开关、刀闸、线路下令调度术语
				配电设备巡视管控	配电设备巡视管控结果数据分析
				配电设备带电检测	配电设备带电检测结果数据分析
				配电设备缺陷消除管控	配电设备管控结果数据应用
			配电运营管控	配电设备在线监测	配电设备运行环境多系统综合在线监测
				配网运行情况诊断分析	配网运行预案编制、督办单制定
				配电台区停电计划管控	配电台区停电计划管控要求
				配电设备异常工况处理指挥	配电设备的设备异动异常工况主动检(抢)修工作单全过程线上操作
			配网抢修指挥	故障报修业务	故障报修工单流程各环节时限要求
					故障报修分类
			非抢工单业务	非抢工单业务	12398、投诉工单分类处理
			业务分析	业务分析	95598全业务分析

续表

等级	考核方式	能力种类	能力项	考核项目	考核主要内容
技师	理论知识考试	专业知识	专业系统应用	供电服务指挥系统	供电服务指挥系统自定义应用
					供电服务指挥系统疑似异常工况变压器基础数据核实
				营销业务应用系统	系统功能综合应用
				用电信息采集系统	用电信息采集系统应用
				PMS 系统	系统功能综合应用
		相关知识	班组管理	班组管理	班组技术及质量管理
			法律法规	法律法规	《营业规则》《95598 业务管理办法》《民法典》电力部分等
			专业素养	职业道德	国家电网公司员工职业道德规范
					沟通技巧
			企业文化	企业文化	国家电网公司企业文化理念

● 7.2 理论试题

7.2.1 单选题

La4A3001 全面质量管理概念是由( )质量经理阿曼德·费根堡姆与 1956 年正式提出来的。

(A)德国大众汽车公司   (B)美国通用汽车公司

(C)德国西门子公司   (D)美国通用电气公司

【答案】 D

La4A3002 我国自( )年后,从日本引进了全面质量管理的思想。

(A)1976   (B)1977   (C)1978   (D)1979

【答案】 C

La4A3003 供电可靠性一般用( )来衡量。

(A)日供电可靠率   (B)周供电可靠率   (C)月供电可靠率   (D)年供电可靠率

【答案】 D

La4A3004 国家电网公司规定城市地区年供电可靠率为( ),农村地区年供电可靠率为( )。

(A)100%,98%   (B)98%,97%   (C)99%,96%   (D)99%,96%

【答案】 D

La4A3005 在复杂的电路中,计算某一支路电流用( )方法比较简单。

(A)支路电流法   (B)叠加原理法   (C)等效电源原理   (D)线性电路原理

【答案】 A

La4A3006 用( )列方程时,所列方程的个数与支路数目相等。

(A)支路电流法 　　(B)等效电流法 　　(C)等效电压法 　　(D)换路定律

【答案】 A

La4A3007 叠加原理可用于线性电路计算,并可算出( )。

(A)电流值与电压值 　　(B)感抗值 　　(C)功率值 　　(D)容抗值

【答案】 A

La4A3008 叠加原理、欧姆定律分别只适用于( )电路。

(A)线性、非线性 　　(B)线性、线性 　　(C)非线性、线性 　　(D)非线性、非线性

【答案】 B

La4A3009 下列说法中,错误的说法是( )。

(A)叠加法适于求节点少、支路多的电路

(B)戴维南定理适于求复杂电路中某一支路的电流

(C)支路电流法是计算电路的基础,但比较麻烦

(D)网孔电流法是一种简便适用的方法,但仅适用于平面网络

【答案】 A

La4A3010 叠加原理适用于( )电路。

(A)线性 　　(B)非线性 　　(C)感性 　　(D)容性

【答案】 A

La4A3011 叠加原理是( )电路的一个重要定理。

(A)线性 　　(B)非线性 　　(C)感性 　　(D)容性

【答案】 A

La4A3012 叠加原理不适用于( )中的电压、电流计算。

(A)交流电路 　　(B)直流电路 　　(C)线性电路 　　(D)非线性电路

【答案】 D

La4A3013 叠加原理可用于线性电路中( )的计算。

(A)电流、电压 　　　　　　(B)电流、功率

(C)电压、功率 　　　　　　(D)电流、电压、功率

【答案】 A

La4A3014 关于电感 L、感抗 X,正确的说法是( )。

(A)L 的大小与频率有关 　　　　(B)L 对直流来说相当于短路

(C)频率越高,X 越小 　　　　　(D)X 值可正可负

【答案】 B

La4A3015 在电阻、电感串联的交流电路中电压超前电流,其相位差在 0 与( )之间。

(A)π 　　(B)2π 　　(C)3π 　　(D)$\pi/2$

【答案】 D

La4A3016 在具有电感和电容的电路中,存在感抗和容抗,在感抗和容抗的作用互相抵消后的差值叫( )。

(A)感抗 (B)容抗 (C)电抗 (D)不确定

【答案】 C

La4A3017 交流电阻和电感串联电路中,用( )表示电阻、电感及阻抗之间的关系。

(A)电压三角形 (B)功率三角形 (C)阻抗三角形 (D)电流三角形

【答案】 C

La4A3018 在串联电路中,流过各串联元件的电流相等,各元件上的电压则与各自的阻抗成( )。

(A)正比 (B)反比 (C)非比例关系 (D)不确定

【答案】 A

La4A3019 瞬时功率在一个周期内的平均值叫( ),求解公式是 $P=UI\cos\varphi$。

(A)无功功率 (B)有功功率 (C)电量 (D)无功负荷

【答案】 B

La4A3020 正弦交流电的平均值等于( )倍最大值。

(A)2 (B)$\pi/2$ (C)$2/\pi$ (D)0.707

【答案】 C

La4A3021 电阻所消耗的功率叫( )。

(A)无功功率 (B)有功功率 (C)电量 (D)无功负荷

【答案】 B

La4A3022 电阻和电容串联的单相交流电路中的有功功率计算公式是( )。

(A)$P=UI$ (B)$P=UI\cos\varphi$ (C)$Q=UR\sin\varphi$ (D)$P=S\sin\varphi$

【答案】 B

La4A3023 由公式 $P=UI\cos\varphi$,可知供电电压越高线损( )。

(A)越大 (B)不变 (C)越小 (D)不确定

【答案】 C

La4A3024 RLC 串联谐振电路总电抗和 RLC 并联谐振电路总电抗分别等于( )。

(A)∞和 0 (B)∞和∞ (C)0 和 0 (D)0 和∞

【答案】 D

La4A3025 并联谐振又称为( )谐振。

(A)电阻 (B)电流 (C)电压 (D)电抗

【答案】 B

La4A3026 三相电动势达到( )的先后次序叫相序。

(A)平均值 (B)瞬时值 (C)有效值 (D)最大值

【答案】 D

La4A3027 三相交流电是由三个最大值相等、角频率相同、彼此相互差（　　）°的电动势、电压和电流的统称。

(A)60　　　　　　(B)90　　　　　　(C)120　　　　　　(D)150

【答案】 C

La4A3028 三角形连接的供电方式为三相三线制,在三相电动势对称的情况下,三相电动势相量之和等于（　　）。

(A)E　　　　　(B)0　　　　　(C)$2E$　　　　　(D)$3E$

【答案】 B

La4A3029 交流 10 kV 母线电压是指交流三相三线制的（　　）。

(A)线电压　　　(B)相电压　　　(C)线路电压　　　(D)设备电压

【答案】 A

La4A3030 对称三相电源三角形连接时,线电压是（　　）。

(A)相电压　　　　　　　　　(B)3 倍的相电压

(C)2 倍的相电压　　　　　　(D)1.732 倍的相电压

【答案】 A

La4A3031 三相交流电路,最大值是有效值的（　　）倍。

(A)$\sqrt{2}$　　　(B)$\sqrt{3}$　　　(C)$1/\sqrt{2}$　　　(D)$1/\sqrt{3}$

【答案】 A

La4A3032 三相四线制电路可看成是由三个单相电路构成的,其平均功率等于各相（　　）之和。

(A)功率因数　　　(B)视在功率　　　(C)有功功率　　　(D)无功功率

【答案】 C

La4A3033 用节点电位法解题的思路是以电路的一组独立节点的节点电位为未知数,按（　　）列方程,并联立求解出节点电位,然后,根据（　　）求出各支路电流。

(A)基尔霍夫电流定律、欧姆定律　　　　(B)基尔霍夫电压定律、欧姆定律

(C)基尔霍夫电压定律、戴维南定律　　　(D)基尔霍夫电流定律、戴维南定律

【答案】 A

La4A3034 在电路的任何一个闭合回路里,回路中各电动势的代数和（　　）各电阻上电压降的代数和。

(A)不确定　　　(B)小于　　　(C)大于　　　(D)等于

【答案】 D

La4A3035 根据戴维南定理,将任何一个有源二端网络等效为电压源时,等效电路的电动势是有源二端网络的开路电压,其内阻是将所有电动势（　　）,所有电流源断路(保留其电源内阻)后所有无源二端网络的等效电阻。

　　　　(A)开路　　　　　　　(B)短路　　　　　　　(C)断路　　　　　　　(D)虚路

【答案】　B

La4A3036　戴维南定理可将任一有源二端网络等效成一个有内阻的电压源,该等效电源的内阻和电动势是(　　)。

(A)由网络的参数和结构决定的

(B)由所接负载的大小和性质决定的

(C)由网络结构和负载共同决定的

(D)由网络参数和负载共同决定的

【答案】　A

La4A3037　交流电路中电流比电压滞后90°,该电路属于(　　)电路。

　　　　(A)复合　　　　　　　(B)纯电阻　　　　　　(C)纯电感　　　　　　(D)纯电容

【答案】　C

La4A3038　交流电路中,若电阻与电抗相等,则电压与电流之间的相位差为(　　)。

　　　　(A)π　　　　　　　　(B)$\pi/2$　　　　　　　(C)$\pi/3$　　　　　　　(D)$\pi/4$

【答案】　D

La4A3039　交流电路中,RLC 串联时,若 $R=5\ \Omega$,$X_L=5\ \Omega$,$X_C=5\ \Omega$,则串联支路的总阻抗是(　　)Ω。

　　　　(A)5　　　　　　　　　(B)10　　　　　　　　　(C)15　　　　　　　　　(D)20

【答案】　A

La4A3040　RLC 串联电路,当电源的频率由低升高,$\omega<\omega_0$ 时(ω_0 为谐振频率),电路呈容性;当 $\omega=\omega_0$ 时,电路呈纯电阻性;当 $\omega>\omega_0$ 时,电路呈(　　)。

　　　　(A)感性　　　　　　　(B)阻性　　　　　　　(C)容性　　　　　　　(D)线性

【答案】　C

La4A3041　在 LC 串联电路中,若 $X_L>X_C$,则电路呈感性;若 $X_L<X_C$,则电路呈容性;若 $X_L=X_C$,则电路呈(　　)。

　　　　(A)感性　　　　　　　(B)阻性　　　　　　　(C)容性　　　　　　　(D)线性

【答案】　D

La4A3042　有一个 RL 串联电路,已知外加电压 220 V,$R=100\ \Omega$,$L=0.5$ H,频率为 50 Hz,那么电路中的电流应是(　　)A。

　　　　(A)0.2　　　　　　　　(B)0.4　　　　　　　　(C)0.6　　　　　　　　(D)0.8

【答案】　D

La4A3043　在纯电阻负载的正弦交流电路中,电阻消耗的功率总是正值,通常用平均功率表示,平均功率的大小等于(　　)最大值的一半。

　　　　(A)瞬时功率　　　　　(B)有功功率　　　　(C)无功功率　　　　(D)总功率

【答案】　A

La4A3044　某一时期内,瞬间负荷的平均值称为平均负荷;平均负荷与(　　)负荷的比值,用来说明负荷的平均程度称负荷率。

(A)最低　　　　　　(B)总　　　　　　(C)最高　　　　　　(D)平均电压

【答案】　C

La4A3045　当系统频率下降时,负荷吸取的有功功率(　　)。

(A)随着下降　　　(B)随着上升　　　(C)不变　　　　　(D)不定

【答案】　A

La4A3046　将一个 100 W 的白炽灯泡分别接入 220 V 交流电源上或 220 V 直流电源上,灯泡的亮度(　　)。

(A)前者比后者亮　　　(B)一样亮　　　(C)后者比前者亮　　(D)都不亮

【答案】　B

La4A3047　有功电流与(　　)产生的功率称为有功功率。

(A)电压　　　　　(B)电量　　　　　(C)电阻　　　　　(D)电功率

【答案】　A

La4A3048　正弦交流电的平均值等于(　　)。

(A)有效值　　　　(B)最大值　　　　(C)峰值的一半　　(D)零

【答案】　D

La4A3049　一台 10 kW 电动机,每天工作 8 h,求一个月(30 天)要用(　　)kW·h 的电。

(A)120　　　　　　(B)240　　　　　　(C)2400　　　　　(D)4800

【答案】　C

La4A3050　关于有功功率和无功功率,错误的说法是(　　)。

(A)无功功率就是无用的功率

(B)无功功率有正有负

(B)在 RLC 电路中,有功功率就是在电阻上消耗的功率

(D)在纯电感电路中,无功功率的最大值等于电路电压和电流的乘积

【答案】　A

La4A3051　负载的有功功率为 P,无功功率为 Q,电压为 U,电流为 I,确定电抗 X 大小的关系式是(　　)。

(A)$X=Q/I^2$　　　(B)$X=Q/I$　　　(C)$X=Q^2/I^2$　　(D)$X=UI^2/Q$

【答案】　A

La4A3052　人们常用"负载大小"来指负载电功率大小,在电压一定的情况下,负载大小是指通过负载的(　　)的大小。

(A)电容　　　　　(B)电抗　　　　　(C)电流　　　　　(D)阻值

【答案】　C

La4A3053　当交流电流 i 通过某电阻,在一定时间内产生的热量与某直流电流 I 在相同时间内

通过该电阻所产生的热量相等,那么就把此直流 I 定为交流电流的(　　)。

(A)最大值　　　　　(B)有效值　　　　　(C)最小值　　　　　(D)瞬时值

【答案】 B

La4A3054 一台三相变压器的线电压是 6600 V,电流是 20 A,功率因数是 0.866,求它的有功功率 P 为(　　)kW。

(A)132　　　　　(B)198　　　　　(C)264　　　　　(D)396

【答案】 B

La4A3055 设 U_m 是交流电压最大值,I_m 是交流电流最大值,则视在功率 S 等于(　　)。

(A)$2U_m I_m$　　　　(B)$U_m I_m$　　　　(C)$0.5U_m I_m$　　　　(D)$U_m I_m$

【答案】 C

La4A3056 (　　)就是电路中电压有效值 U 和电流有效值 I 的乘积,求解公式是 $S=UI$。

(A)有功功率　　　(B)无功功率　　　(C)视在功率　　　(D)平均功率

【答案】 C

La4A3057 功率因数是交流电路中有功功率与视在功率的比值,即功率因数其大小与电路的(　　)性质有关。

(A)负荷　　　　(B)电压　　　　(C)电流　　　　(D)电容

【答案】 A

La4A3058 功率因数是表示电气设备的容量发挥能力的一个系数,其大小为(　　)。

(A)P/Q　　　　(B)P/S　　　　(C)P/X　　　　(D)X/Z

【答案】 B

La4A3059 关于功率因数角的计算,(　　)是正确的。

(A)功率因数角等于有功功率除以无功功率的反正弦值

(B)功率因数角等于有功功率除以无功功率的反余弦值

(C)功率因数角等于有功功率除以无功功率的反正切值

(D)功率因数角等于有功功率除以无功功率的反余切值

【答案】 D

La4A3060 在功率三角形中,功率因数表达式为(　　)。

(A)$\cos\varphi=P/S$　　(B)$\cos\varphi=S/Q$　　(C)$\cos\varphi=P/Q$　　(D)$\cos\varphi=Q/S$

【答案】 A

La4A3061 交流电路中,分别用 P、Q、S 表示有功功率、无功功率和视在功率,而功率因数则等于(　　)。

(A)P/S　　　　(B)Q/S　　　　(C)P/Q　　　　(D)Q/P

【答案】 A

La4A3062 在电路中,纯电阻负载的功率因数为(　　),纯电感和纯电容的功率因数为(　　)。

(A)0,1　　　　(B)1,0　　　　(C)0,0.5　　　　(D)0.5,0

【答案】　B

La4A3063 当电源电压和负载有功功率一定时,功率因数越高,电源提供的电流(　　),线路的电压降就(　　)。

(A)越小,越小　　　　　(B)越小,越大　　　　(C)越大,越小　　　　(D)不变,不变

【答案】　A

La4A3064 在 R、L、C 并联电路中,若以电压源供电,且令电压有效值固定不变,则在谐振频率附近总电流值将(　　)。

(A)比较小　　　　　(B)不变　　　　　(C)比较大　　　　　(D)不确定

【答案】　A

La4A3065 三相电路中,每相负载的端电压叫负载的(　　)。

(A)线电压　　　　　(B)相电压　　　　　(C)线路电压　　　　　(D)设备电压

【答案】　B

La4A3066 无论三相负载是"Y"或"△"连接,也无论对称与否,总功率为:(　　)。

(A)$P=3UI\cos\varphi$　　　　　　　　　(B)$P=P_U+P_V+P_W$

(C)$C=3UI\cos\varphi$　　　　　　　　　(D)$P=UI\cos\varphi$

【答案】　B

La4A3067 三相交流电源作 Y 形连接时,线电压 U_L 与相电压 U_{ph} 的数值关系为(　　)。

(A)$U_L=\sqrt{3}U_{ph}$　　　(B)$U_L=2U_{ph}$　　　(C)$U_L=U_{ph}$　　　(D)$U_L=3U_{ph}$

【答案】　A

La4A3068 对称的三相电源星形连接时,相电压是线电压的(　　)倍。

(A)1　　　　　(B)2　　　　　(C)$\sqrt{3}/3$　　　　　(D)$\sqrt{3}$

【答案】　C

La4A3069 在三相对称的交流系统中,采用三角形连接时。线电流的有效值(　　)相电流的有效值。

(A)等于 1.732 倍　　　　　　　　　(B)等于 1.414 倍

(C)等于　　　　　　　　　　　　　　(D)等于 1.732/3 倍

【答案】　A

La4A3070 对称三相电源三角形连接时,线电流是(　　)。

(A)相电流　　　　　　　　　　　(B)三倍的相电流

(C)两倍的相电流　　　　　　　　(D)1.732 倍的相电流

【答案】　D

La4A3071 三相电源的线电压为 380 V,对称负载 Y 形接线,没有中性线,如果某相突然断掉,则其余两相负载的相电压(　　)。

(A)不相等　　　(B)大于 380 V　　　(C)各为 190 V　　　(D)各为 220 V

【答案】 C

La4A3072 无论三相电路是 Y 接或△接,当三相电路对称时,其总有功功率为(　　)。

(A)$P=3UI\cos\varphi$ 　　　　　　　　　　(B)$P=P_U+P_V+P_W$

(C)$P=\sqrt{3}UI\cos\varphi$ 　　　　　　　　(D)$P=\sqrt{2}UI\cos\varphi$

【答案】 C

La4A3073 有一台三相电阻炉,其每相电阻 $R=8.68\ \Omega$,电源线电压 $U_L=380$ V,如要取得最大消耗总功率,则应采用(　　)接线。

(A)串联 　　　　　(B)并联 　　　　　(C)星形 　　　　　(D)三角形

【答案】 D

La4A3074 三相对称负载的功率 $P=\sqrt{3}UI\cos\varphi$,其中 φ 角是(　　)的相位角。

(A)线电压与线电流之间 　　　　　　　(B)相电压与对应相电流之间

(C)线电压与相电流之间 　　　　　　　(D)相电压与线电流之间

【答案】 B

La4A3075 电阻和电感串联的单相交流电路中的无功功率计算公式是(　　)。

(A)$P=UI$ 　　　　(B)$P=UI\cos\varphi$ 　　　　(C)$Q=UR\sin\varphi$ 　　　　(D)$P=S\sin\varphi$

【答案】 C

La4A3076 无功电流与(　　)产生的功率称为无功功率。

(A)电压 　　　　　(B)电量 　　　　　(C)电阻 　　　　　(D)电功率

【答案】 A

La4A3077 正弦交流电的电压和电流峰值为 U_m 和 I_m,则视在功率有效值是(　　)。

(A)$U_mI_m/2$ 　　　　(B)$U_mI_m/1.414$ 　　　　(C)$1.732U_mI_m$ 　　　　(D)$2U_mI_m$

【答案】 A

La4A3078 有功功率和无功功率之和称为(　　)。

(A)视在功率 　　　　(B)无功功率 　　　　(C)有功功率 　　　　(D)电动率

【答案】 A

La4A3079 (　　)是有功功率与无功功率的几何和。

(A)视在功率 　　　　(B)无功功率 　　　　(C)有功功率 　　　　(D)电动率

【答案】 A

La4A3080 交流电路中常用 P、Q、S 表示有功功率、无功功率、视在功率,而功率因数是指(　　)。

(A)Q/P 　　　　(B)P/S 　　　　(C)Q/S 　　　　(D)P/Q

【答案】 B

La4A3081 功率因数用 $\cos\varphi$ 表示,其公式为(　　)。

(A)$\cos\varphi=P/Q$ 　　　　(B)$\cos\varphi=Q/P$ 　　　　(C)$\cos\varphi=Q/S$ 　　　　(D)$\cos\varphi=P/S$

【答案】 D

La4A3082 三相电路中,线电压为 100 V,线电流为 2 A,负载功率因数为( ),则负载消耗的功率为 277.1 W。

(A)0.6   (B)0.8   (C)1   (D)1.2

【答案】 B

La4A3083 在感性负载交流电路中,采用( )方法可提高电路功率因数。

(A)负载串联电   (B)负载并联电

(C)负载串联电容器   (D)负载并联电容器

【答案】 D

La4A3084 为解决系统无功电源容量不足、提高功率因数、改善电压质量、降低线损,可采用( )。

(A)并联电容   (B)串联电容

(C)串联电容和并联电抗   (D)并联电抗

【答案】 A

La4A3085 电路发生谐振时,电路呈现( )性。

(A)电感   (B)电容   (C)电阻   (D)非线性

【答案】 C

La4A3086 产生串联谐振的条件是( )。

(A)$X_L > X_C$ (B)$X_L < X_C$ (C)$X_L \leqslant X_C$ (D)$X_L + X_C = R$

【答案】 C

La4A3087 RL 串联电路接通直流电源时,表征电感元件中电流增长快慢的时间常数 $\tau = ($)。

(A)RL (B)$1/(RL)$ (C)L/R (D)R/L

【答案】 C

La4A3088 RLC 串联电路中,如把 L 增大一倍,C 减少到原有电容的 $1/4$,则该电路的谐振频率变为原频率 f 的( )。

(A)$1/2$ (B)2 倍   (C)4 倍   (D)1.414 倍

【答案】 D

La4A2089 在 RLC 串联电路中,增大电阻 R,将使( )。

(A)谐振频率降低   (B)谐振频率升高

(C)谐振曲线变陡   (D)谐振曲线变钝

【答案】 D

La4A3090 35～500 kV 的电压,都是指三相三线制的( )。

(A)相电压   (B)线间电压   (C)线路总电压   (D)端电压

【答案】 B

La4A3091 三相四线制低压用电,供电的额定线电压为( )。

(A)220 V   (B)380 V   (C)450 V   (D)10 kV

【答案】 B

La4A3092 所谓对称三相负载就是( )。

(A)三个相电流有效值相等

(B)三个相电压相等且相角位差120°

(C)三个相电流有效值相等,三个相的相电压相等且相位角互差120°

(D)三相负载阻抗相等,且阻抗角相等

【答案】 D

La4A3093 星形连接时三相电源的公共点叫三相电源的( )。

(A)中性点　　　　　(B)参考点　　　　　(C)零电位点　　　　　(D)接地点

【答案】 A

La4A3094 三相电路中流过每相电源或每相负载的电流叫( )。

(A)线电流　　　　　(B)相电流　　　　　(C)工作电流　　　　　(D)额定电流

【答案】 B

La4A3095 三回路供电的用户,失去一回路后应不停电,再失去一回路后,应满足( )用电。

(A)30%～50%　　(B)50%～70%　　(C)70%～80%　　(D)80%～90%

【答案】 B

La4A3096 电压损耗是指线路首端电压和末端电压的( )。

(A)向量差　　　　　(B)代数差　　　　　(C)矢量差　　　　　(D)偏差

【答案】 B

La4A3097 因窃电所产生的线损,在窃电被查明之前,属于( )线损电量。

(A)理论　　　　　(B)管理　　　　　(C)经营　　　　　(D)不明

【答案】 D

La4A3098 在计算复杂电路的各种方法中,最基础的方法是( )法。

(A)支路电流　　　　(B)回路电流　　　　(C)叠加原理　　　　(D)戴维南原理

【答案】 A

La4A3099 交流电的有效值,就是与它的( )相等的直流值。

(A)热效应　　　　　(B)光效应　　　　　(C)电效应　　　　　(D)磁效应

【答案】 A

La4A3100 交流电路中,电阻所消耗的功为( )。

(A)视在功率　　　　(B)无功功率　　　　(C)有功功率　　　　(D)电动率

【答案】 C

La4A3101 在 LC 振荡电路,电容器放电完毕的瞬间:( )。

(A)电场能正在向磁场能转化　　　　　(B)磁场能正在向电场能转化

(C)电场能向磁场能转化刚好完毕　　　　(D)电场能正在向电场能转化

【答案】 C

La4A3102　当频率低于谐振频率时, *RLC* 串联电路呈(　　　)。

(A)感性　　　　　　(B)阻性　　　　　　(C)容性　　　　　　(D)不定性

【答案】　C

La4A3103　我们使用的照明电压为 220 V,这个值是交流电的(　　　)。

(A)有效值　　　　　(B)最大值　　　　　(C)恒定值　　　　　(D)瞬时值

【答案】　A

La4A3104　三相电动势的相序排列序是 A—C—B 的称为(　　　)。

(A)正序　　　　　　(B)负序　　　　　　(C)零序　　　　　　(D)平衡

【答案】　B

La4A3105　正序的顺序是(　　　)。

(A)U、V、W　　　　(B)V、U、W　　　　(C)U、W、V　　　　(D)W、V、U

【答案】　A

Lb4A3001　电力用户用电信息采集系统是对电力用户的用电信息进行(　　　)的系统。

(A)召测　　　　　　(B)存储　　　　　　(C)采集　　　　　　(D)统计

【答案】　C

Lb4A3002　终端的本地通信接口中可有(　　　)路作为用户数据接口,提供用户数据服务功能。

(A)1　　　　　　　 (B)2　　　　　　　 (C)3　　　　　　　 (D)4

【答案】　A

Lb4A3003　某台区 48 户未采集到冻结数据的处理办法是(　　　)。

(A)更换电表　　　　　　　　　　　　(B)重新下发采集任务

(C)更换终端　　　　　　　　　　　　(D)更换 GPRS 模块

【答案】　B

Lb4A3004　供电系统用户供电可靠性指用户得到电力系统供给电能的(　　　)。

(A)能力　　　　　　(B)时间长短　　　　(C)可靠程度　　　　(D)质量

【答案】　C

Lb4A3005　供电可靠性应根据客户(　　　)决定。

(A)用电量　　　　　(B)电压等级　　　　(C)供电方式　　　　(D)用电性质

【答案】　D

Lb4A3006　用户供电可靠性直接体现了配电系统对用户的(　　　)。

(A)保障能力　　　　(B)供电能力　　　　(C)设备维护能力　　(D)承诺

【答案】　B

Lb4A3007　如果有功功率为 *P*,无功功率为 *Q*,视在功率为 *S*,则功率因数的计算公式为(　　　)。

(A)*P*/*S*　　　　　 (B)*Q*/*S*　　　　　 (C)*S*/*P*　　　　　 (D)*S*/*Q*

【答案】　A

Lb4A3008　一台 10 kV、100 kV·A 的三相变压器的功率因数是 0.866,该变压器的有功功率为( )kW。

(A)86.6   (B)115.5   (C)202.1   (D)866

【答案】 A

Lb4A3009 高压配电线路允许的电压损失值为( )%。

(A)5   (B)6   (C)7   (D)10

【答案】 A

Lb4A3010 当功率因数低时,电力系统中的变压器和输电线路的损耗将( )。

(A)减少   (B)增大   (C)不变   (D)不能确定

【答案】 B

Lb4A3011 某线路供电量为 10 000 kW·h,总售电量为 9700 kW·h,则该线路线损率为( )%。

(A)2.8   (B)3   (C)5   (D)7

【答案】 B

Lb4A3012 配电变压器空载或轻载运行时间长,变压器的( )损耗大。

(A)铁耗   (B)固定   (C)可变   (D)铜耗

【答案】 B

Lb4A3013 杆塔两侧档距之和的算术平均值称为该杆塔的( )。

(A)水平档距   (B)垂直档距   (C)代表档距   (D)临界档距

【答案】 A

Lb4A3014 中压架空绝缘线路的线间距离应不小于( )m。

(A)0.3   (B)0.4   (C)0.5   (D)0.7

【答案】 B

Lb4A3015 配电网的经济供电半径,在一定负荷密度下应按( )最低来确定,并进行电压损失校验。

(A)电能损失   (B)功率损失   (C)电压损失   (D)年运行费用

【答案】 D

Lb4A3016 10 kV 配电线路供电半径不宜超过( )km。

(A)2   (B)3   (C)5   (D)10

【答案】 B

Lb4A3017 导线截面的选择应符合配电网发展规划的要求,一般考虑( )年用电负荷的增长情况。

(A)1~5   (B)3~5   (C)5~8   (D)5~10

【答案】 D

Lb4A3018 以下不是导线截面选择的依据是( )。

(A)发热条件   (B)允许电压损耗

(C)机械强度和经济电流密度   (D)导线密度

【答案】 D

Lb4A3019 根据采集发起方式的不同,数据采集任务可以分成( )类。

(A)2 (B)3 (C)4 (D)5

【答案】 B

Lb4A3020 ( )主要用来查询当前终端(主界面终端列表中选型的终端)的各种状态。

(A)A 终端任务设置 (B)B 终端巡测

(C)C 终端调试 (D)D 终端遥信

【答案】 D

Lb4A3021 某采集运维人员,发现一公变台区下 500 户用户,冻结数据采集成功的用户数为 450 户。通过主站实时召测数据,召测成功 48 户,剩余 2 户到现场检查,发现两块电表显示"Err04"错误。该台区 48 户用户未采集到冻结数据的原因可能有( )。

(A)采集器故障 (B)电能表故障

(C)终端丢失采集任务 (D)通信故障

【答案】 C

Lb4A3022 容量大于( )的客户应在计量点安装电能信息采集系统,实现电能信息实时采集与监控。

(A)10 kV·A (B)15 kV·A (C)50 kV·A (D)35 kV·A

【答案】 C

Lb4A3023 每年冰雪季来临前,对配电线路沿线的( )进行通道清理维护。

(A)树(竹) (B)建筑 (C)广告牌 (D)灯塔

【答案】 A

Lb4A3024 供电服务指挥系统配电设备缺陷数据来源( )。

(A)OMS 系统 (B)PMS 系统 (C)DAS 系统 (D)SG186 系统

【答案】 B

Lb4A3025 配电设备危急缺陷处理时限不超过( )h。

(A)12 (B)24 (C)48 (D)7×24

【答案】 B

Lb4A3026 由运检部或专业室根据工作需要至少提前( )下派特殊带电检测任务。

(A)12 h (B)24 h (C)1 天 (D)2 天

【答案】 B

Lb4A3027 各运维单位专工收到特殊带电检测任务,接单后至少提前( )编制、下发检测计划。

(A)6 h (B)12 h (C)18 h (D)24 h

【答案】 C

Lb4A3028 ( )是指用户计量装置在室内时,从用户室外第一支持物至用户室内计量装置

的一段线路。用户计量装置在室外时,从用户室外计量箱出线端至用户室内第一
支持物或配电装置的一段线路。

(A)进户线　　　　　(B)连接线　　　　　(C)低压线　　　　　(D)家用线

【答案】　A

Lb4A3029　客户反映非居民客户产权设备故障,属于(　　)。

(A)客户内部故障　　　　　　　　　(B)低压线路故障

(C)低压计量故障　　　　　　　　　(D)低压端子排故障

【答案】　A

Lb4A3030　客户反映电力井盖或盖板破损、丢失、塌陷等情况,属于(　　)。

(A)紧急消缺故障　　(B)客户误报　　(C)围栏故障　　(D)拉线故障

【答案】　A

Lb4A3031　供电可靠率反映供电系统对用户(　　)的指标。

(A)供电可靠度　　　　　　　　　　(B)停电时间长短

(C)供电时间长短　　　　　　　　　(D)停电频率

【答案】　A

Lb4A3032　用户平均停电次数反映供电系统对用户(　　)的指标。

(A)供电可靠度　　　　　　　　　　(B)停电时间长短

(C)供电时间长短　　　　　　　　　(D)停电频率

【答案】　D

Lb4A3033　某供电公司供电可靠率为99.9037%,用户平均停电时间(　　)h。

(A)6.44　　　　　(B)7.44　　　　　(C)8.44　　　　　(D)9.44

【答案】　C

Lb4A3034　正常运行方式下的电力系统中任一元件无故障或因故障断开,电力系统应能保持
稳定运行和安全供电,这通常称为(　　)准则。

(A)$N-1$　　　　　(B)$N+1$　　　　　(C)$N\times1$　　　　　(D)$N/1$

【答案】　A

Lb4A3035　一台单相电动机,由220 V电源供电,电路中的电流是11 A,功率因数$\cos\varphi=0.83$,
该电动机的有功功率为(　　)kW。

(A)183　　　　　(B)2008　　　　　(C)2420　　　　　(D)2916

【答案】　B

Lb4A3036　某工厂单回供电线路的电压为10 kV,平均负载$P=400$ kW,$Q=260$ kvar,该线路
的功率因数为(　　)。

(A)0.545　　　　　(B)0.65　　　　　(C)0.839　　　　　(D)0.85

【答案】　C

Lb4A3037　某380 V线路,月平均有功功率200 kW,功率因数0.8,该线路月平均视在功率为

（ ）kV・A。

(A)160 　　　　(B)150 　　　　(C)250 　　　　(D)304

【答案】 C

Lb4A3038 一台三相变压器线电压 10 kV,线电流 23 A,当 $\cos\varphi=0.8$ 时,该台变压器的有功功率为（ ）kW。

(A)184 　　　　(B)230 　　　　(C)287.5 　　　　(D)320

【答案】 D

Lb4A3039 在感性负载的两端并联容性设备是为了（ ）。

(A)增加电路无功功率 　　　　(B)减少负载有功功率

(C)提高负载功率因数 　　　　(D)提高整个电路的功率因数

【答案】 D

Lb4A3040 提高功率因数,在设备容量不变的情况下,可（ ）送无功功率（ ）送有功功率。

(A)少,少 　　　　(B)少,多 　　　　(C)多,少 　　　　(D)多,多

【答案】 B

Lb4A3041 某供电所有公变台区 112 台,公变用户 16147 户,专变用户 44 户,已经实现全覆盖,某日当日采集回来公变用户 15378 户,专变 41 户,该所本日采集成功率是（ ）%。

(A)95.22 　　　　(B)95.23 　　　　(C)95.24 　　　　(D)95.25

【答案】 B

Lb4A3042 某供电所有公变台区 112 台,公变用户 16147 户,专变用户 44 户,对其中 106 个公变 15766 户安装智能表实现了采集,专变 44 户已全部安装智能表,该所采集覆盖率是（ ）%。

(A)97.63 　　　　(B)97.64 　　　　(C)97.65 　　　　(D)97.66

【答案】 C

Lb4A3043 采集终端和用户电能表之间的数据通信称为（ ）。

(A)本地通信 　　　　(B)远程通信 　　　　(C)专网通信 　　　　(D)公网通信

【答案】 A

Lb4A3044 定期开展负荷测试,特别重要、重要变压器（ ）个月 1 次。

(A)1/4 　　　　(B)2/4 　　　　(C)1/3 　　　　(D)2/3

【答案】 C

Lb4A3045 定期开展负荷测试,一般变压器（ ）个月 1 次。

(A)1/4 　　　　(B)2/5 　　　　(C)3/6 　　　　(D)4/6

【答案】 C

Lb4A3046 配电设备缺陷需停电处理时,处理时限为不超过一个检修周期,可不停电处理的一般缺陷处理时限不超过（ ）个月。

(A)半　　　　　　　(B)1　　　　　　　(C)2　　　　　　　(D)3

【答案】　C

Lb4A3047　故障报修一级分类共有(　　　)类。

(A)4　　　　　　　(B)5　　　　　　　(C)6　　　　　　　(D)7

【答案】　C

Lb4A3048　高压故障二级分类共有(　　　)类。

(A)4　　　　　　　(B)5　　　　　　　(C)6　　　　　　　(D)7

【答案】　B

Lb4A3049　客户反映35 kV及以上输变电设备故障等情况,属于高压故障报修三级分类中(　　　)类。

(A)35 kV及以上输变电设备　　　　　　(B)架空线路
(C)电缆线路　　　　　　　　　　　　　(D)变压器

【答案】　A

Lb4A3050　某供电公司配电运检四班对某施工队在10 kV华北线34左7♯新装断路器的竣工验收,班长黄某在查看施工队提供的技术数据时,发现断路器三相回路直流电阻为70 $\mu\Omega$,三相对地绝缘电阻为1800 MΩ,本体接地电阻为18 Ω。该断路器三相回路直流电阻与规定的偏差值为(　　　)$\mu\Omega$。

(A)10　　　　　　　(B)20　　　　　　　(C)30　　　　　　　(D)40

【答案】　B

Lb4A3051　某供电公司配电运检四班对某施工队在10 kV华北线34左7♯新装断路器的竣工验收,班长黄某在查看施工队提供的技术数据时,发现断路器三相回路直流电阻为70 $\mu\Omega$,三相对地绝缘电阻为1800 MΩ,本体接地电阻为18 Ω。该断路器三相对地绝缘电阻与规定的偏差值为(　　　)MΩ。

(A)400　　　　　　(B)500　　　　　　(C)600　　　　　　(D)700

【答案】　D

Lb4A3052　临界档距是用来判定导线最大应力出现的(　　　)。

(A)线路档　　　　　(B)最大弧垂　　　　(C)气象条件　　　　(D)最大档距

【答案】　C

Lb4A3053　潮流计算中,负荷节点一般作为(　　　)节点处理。

(A)无源　　　　　　(B)有源　　　　　　(C)PV　　　　　　(D)Vθ

【答案】　B

Lb4A3054　潮流计算采用的快速分解法只适用于(　　　)。

(A)高压网　　　　　(B)中压网　　　　　(C)低压网　　　　　(D)配电网

【答案】　A

Lb4A3055　已知某大客户电能计量装置配备的电流互感器的变比为75 A/5 A,电压互感器变比为 35 000 V/100 V、电能表常数为 1500 imp/（kW·h），现用秒表测 5 imp 为 36 s，该厂的实际负荷是（　　　）。

(A)17500　　　　(B)16500　　　　(C)1750　　　　(D)3510

【答案】 C

Lc4A3001 一般可以从（　　　）等几个环节做好班组技术管理制度的执行与落实工作。

(A)组织环节、计划环节、执行环节、反馈环节

(B)制订环节、执行前环节、执行中环节、执行后环节

(C)组织环节、计划环节、控制环节、反馈环节

(D)编写环节、执行前环节、执行中环节、执行后环节

【答案】 B

Lc4A3002 新技术、新设备、新工艺推广使用的一般流程是（　　　）。

(A)引进、评估、试用及评价、推广使用　　　(B)介绍、测试、试用及评价、推广使用

(C)介绍、评估、应用及评估、推广使用　　　(D)介绍、评估、试用及评价、推广使用

【答案】 C

Lc4A3003 企业的目标称为（　　　）。

(A)战略目标　　　(B)管理目标　　　(C)任务目标　　　(D)工作目标

【答案】 A

Lc4A3004 部门的目标称为（　　　）。

(A)战略目标　　　(B)管理目标　　　(C)任务目标　　　(D)工作目标

【答案】 B

Lc4A3005 班组的目标称为（　　　）。

(A)战略目标　　　(B)管理目标　　　(C)任务目标　　　(D)工作目标

【答案】 D

Lc4A3006 目标按层次分不包括（　　　）。

(A)高层目标　　　(B)部门目标　　　(C)班组目标　　　(D)个人目标

【答案】 D

Lc4A3007 长期目标应保持一定的（　　　）。

(A)稳定性　　　(B)灵活性　　　(C)安全性　　　(D)刺激性

【答案】 A

Lc4A3008 组织中的质量管理是由（　　　）来推动、由（　　　）执行，并在实施过程中由（　　　）参与的一种管理活动。

(A)高层管理者、各级管理者、全体成员

(B)最高领导者、各级管理者、全体成员

(C)最高领导者、中层管理者、全体成员

(D)最高领导者、各级管理者、基层员工

【答案】 B

Lc4A3009 ISO9000 族标准由( )核心标准、( )支持标准及其他有关规范和技术文件组成。

(A)4 个,1 个　　　　(B)5 个,1 个　　　　(C)4 个,2 个　　　　(D)5 个,2 个

【答案】 A

7.2.2 多选题

Lb4B3001 供电服务指挥系统中的工单可能是由( )系统发起的。

(A)国网 95598　　(B)营销 184　　(C)供服指挥　　(D)营销 186

【答案】 AC

Lb4B3002 变电站值班方式有( )。

(A)有人值班　　(B)无人值班　　(C)多人值班　　(D)少人值班

【答案】 ABD

Lb4B3003 PMS2.0 系统中规定检修计划分为( )。

(A)年　　　　(B)月　　　　(C)周　　　　(D)天

【答案】 ABC

Lb4B3004 用电信息采集与监控系统由( )、主站与终端音的通信信道及客户侧的电能表、配电开关等配套设施组成。

(A)主站　　(B)采集器　　(C)终端　　(D)集中器

【答案】 AC

Lb4B3005 ( )是电力企业向用户销售电能产品的最基本的单元,电力网中的电能绝大部分都由无数个这样的台区供给用户。

(A)专用配变台区　(B)公用配变台区　(C)专线台区　(D)考核台区

【答案】 AB

Lb4B3006 在客户发生欠费期间,用电信息采集与监控系统可为电费催收工作提供实时客户的( )。

(A)数据变化　　(B)用电数据　　(C)用电状况　　(D)变化趋势

【答案】 CD

Lb4B3007 主站具备重点客户监测功能,针对重点客户提供用电情况( )功能。

(A)跟踪　　(B)查询　　(C)分析　　(D)统计

【答案】 ABC

Lb4B3008 用电信息采集与监控系统主要实现计量装置的在线监测和用户负荷、( )等重要信息的实时采集。

(A)电压　　(B)电流　　(C)电量　　(D)功率

【答案】 AC

Lb4B3009 全面质量管理的内涵是:( )的质量管理。

    (A)全覆盖   (B)全员参加   (C)全过程   (D)全面

【答案】 BCD

Lb4B3010 电网企业班组质量管理的主要任务包括( )。

    (A)建立质量管理责任制度   (B)贯彻执行质量标准

    (C)加强过程管理   (D)开展各种质量管理活动

【答案】 ABCD

Lb4B3011 电网企业班组技术管理的内容主要有( ),新技术、新设备、新工艺的推广等几个方面。

    (A)建规建制   (B)建立健全技术台账

    (C)技术培训   (D)设备的技术管理

【答案】 ABCD

Lb4B3012 负荷越大的用户或供电可靠性要求( )的用户,恢复供电的目标时间应( )。

    (A)越高,越长   (B)越高,越短   (C)越低,越长   (D)越低,越短

【答案】 BC

Lb4B3013 影响配电网可靠性的主要因素有( )。

    (A)配电设备和线路故障   (B)电网结构不合理

    (C)缺乏运行维护与管理   (D)环境方面

【答案】 ABCD

Lb4B3014 决定导体电阻大小的因素包括( )。

    (A)导体的长度   (B)导体的截面   (C)材料的电阻率   (D)温度的变化

【答案】 ABCD

Lb4B3015 功率因数是电力网供给的占( )的百分数。

    (A)有功功率   (B)视在功率   (C)无功功率   (D)额定功率

【答案】 AB

Lb4B3016 提高功率因数的意义包括( )。

    (A)降低损耗   (B)改善电压质量

    (C)提高设备利用率   (D)增加有功功率

【答案】 ABC

Lb4B3017 各种电气设备都是按额定电压设计和制造的,只有在额定电压下运行,电气设备才能获得最佳的( )。

    (A)效率   (B)效益   (C)性能   (D)品质

【答案】 BC

Lb4B3018 下列属于理论线损的有( )。

    (A)10 kV 导线损耗   (B)10 kV 变压器的铜损

(C)10 kV 变压器的铁损   (D)漏抄产生的线损

【答案】 ABC

Lb4B3019 下列属于不变损耗的有(   )损耗。

(A)变压器的铁芯   (B)电动机绕组

(C)线路导线的电晕   (D)电缆线路的介质

【答案】 ACD

Lb4B3020 当功率因数(   )后线路上的有功损耗将会(   )。

(A)提高,提高   (B)提高,下降   (C)下降,提高   (D)下降,下降

【答案】 BC

Lb4B3021 配电网运行中,下列(   )等因素会影响线损的高低。

(A)超供电半径供电   (B)线路迂回供电

(C)无功补偿容量过大   (D)变压器重载运行

【答案】 ABC

Lb4B3022 配电线路导线在杆塔上的排列方式分为(   )排列。

(A)水平   (B)垂直   (C)星形   (D)三角形

【答案】 ABD

Lb4B3023 配电线路设计选择路径应考虑的因素包括(   )。

(A)施工、运行和维护方便   (B)不占或少占农田

(C)尽量远离道路   (D)避开洼地、冲刷地带

【答案】 ABD

Lb4B3024 配电线路导线截面选择的要求包括(   )要求。

(A)符合发展规划   (B)符合机械强度规定

(C)电压损耗不超允许值   (D)符合最高允许温度

【答案】 ABCD

Lb4B3025 计算电力系统全部(   ),称为潮流计算。

(A)节点电压   (B)节点电流   (C)支路功率   (D)支路有功

【答案】 AC

Lb4B3026 联合接线盒的故障包括(   )。

(A)接线插错端子   (B)电流连接片、电压连接片脱落

(C)端子接触不好   (D)打错方向

【答案】 ABCD

Lb4B3027 下列属于电流互感器合理的配置有(   )。

(A)电流互感器铭牌的额定电压与被测线路的二次电压相对应

(B)电流互感器的误差随负荷电流的变化而变化

(C)电流互感器实际二次负荷在下限负荷至额定负荷范围内

(D)电流互感器额定二次负荷的功率因数应为 0.7～1.0

【答案】　BC

Lb4B3028　智能仪表的特点是(　　)。

(A)高稳定性　　　　(B)高可靠性　　　　(C)低精度　　　　(D)易维护性

【答案】　ABD

Lb4B3029　通常(　　)级仪表作为标准表或用于精密测量。

(A)0.5　　　　(B)1　　　　(C)0.1　　　　(D)0.2

【答案】　CD

Lb4B3030　三表法测量交流阻抗中的三表是指(　　)。

(A)电压表　　　　(B)功率表　　　　(C)相位表　　　　(D)频率表

【答案】　AB

Lb4B3031　供电企业与委托转供户应就(　　)事项签订协议。

(A)专供范围　　　　(B)运行维护　　　　(C)专供容量　　　　(D)产权划分

【答案】　ABCD

Lb4B3032　电力管理部门应将经批准的电力设施(　　)的规划和计划通知城乡建设规划主管部门。

(A)新建　　　　(B)改建　　　　(C)扩建　　　　(D)检修

【答案】　ABC

Lb4B3033　城乡建设规划主管部门应将电力设施的(　　)的规划和计划纳入城乡建设规划。

(A)新建　　　　(B)改建　　　　(C)扩建　　　　(D)拆除

【答案】　ABC

Lb4B3034　供电服务指挥系统中进程查询可以查询(　　)。

(A)流程挂起信息　　(B)流程终止信息　　(C)流程召回信息　　(D)流程催办信息

【答案】　ABCD

Lb4B3035　各类作业人员应被告知其作业现场和工作岗位(　　)。

(A)存在的危险因素　　　　　　　　(B)反事故措施

(C)防范措施　　　　　　　　　　(D)事故紧急处理措施

【答案】　ACD

Lb4B3036　SF6 配电装置发生大量泄漏等紧急情况时,以下做法正确的是(　　)。

(A)立即封堵泄漏点　　　　　　　(B)人员应迅速撤出现场

(C)开启所有排风机进行排风　　　(D)未佩戴口罩人员禁止入内

【答案】　BC

Lb4B3037　正确使用(　　)是工作班成员的安全责任。

(A)施工机具　　　　　　　　　　(B)安全工器具

(C)劳动防护用品 (D)带电作业工器具

【答案】 ABC

Lb4B3038 在电气设备上工作,保证安全的组织措施有( )。

(A)现场勘察制度 (B)工作监护制度

(C)工作间断、转移和终结制度 (D)使用个人安保线

【答案】 ABC

Lb4B3039 现场勘察后,现场勘察记录应送交( )及相关各方,作为填写、签发工作票等的依据。

(A)工作票签发人 (B)工作许可人 (C)工作负责人 (D)施工负责人

【答案】 AC

Lb4B3040 在交流电路中,阻抗包含电阻"R"和电抗"X"两部分,其中电抗"X"在数值上等于( )的差值。

(A)感抗 (B)容抗 (C)电抗 (D)不确定

【答案】 AB

Lb4B3041 当频率变化使 RLC 串联电路发生谐振时,( )不一定达到最大值。

(A)功率 (B)电流 (C)电压 (D)电量

【答案】 ACD

Lb4B3042 在三相交流电路中,( )线和( )线之间的电压称为相电压。

(A)相 (B)零 (C)火 (D)中性

【答案】 AB

Lb4B3043 工作票上应填写使用的接地线( )等随工作区段转移情况。

(A)编号 (B)装拆时间 (C)位置 (D)装设人

【答案】 ABC

Lb4B3044 用电信息采集与监控系统因为具备对客户用电信息的( )基本功能,可实现实时的远程抄表、计量监测和控制跳闸等功能,具备催费业务的辅助技术条件。

(A)集中采集 (B)电量采集 (C)功率定值 (D)负荷控制

【答案】 AD

Lb4B3045 下列( )部位发生故障属于高压架空线路故障。

(A)电杆(塔) (B)导线

(C)绝缘子 (D)柱上隔离开关

【答案】 ABCD

Lb4B3046 下列( )部位发生故障属于高压电缆线路故障。

(A)电缆本体 (B)电缆终端头 (C)电缆中间接头 (D)环网柜

【答案】 ABC

Lb4B3047 下列( )现象属于高压变压器故障。

(A)变压器失窃   (B)着火

(C)高低压端子炸裂   (D)异响

【答案】 ABCD

Lb4B3048 低压故障主要包括( )故障等。

(A)低压架空线路

(B)低压电缆线路

(C)低压设备(含低开关柜分支箱综合配箱)

(D)变压器

【答案】 ABC

Lb4B3049 客户反映接户线熔断、( )、安全距离不足等情况,属于低压故障报修。

(A)绝缘破损   (B)导线断裂   (C)线径过细   (D)接触不良

【答案】 ABD

Lb4B3050 客户内部故障包括( )。

(A)居民客户内部故障   (B)非居民客户内部故障

(C)工厂   (D)公司

【答案】 AB

Lb4B3051 客户反映居民客户产权设备故障,含表后进户线( )、接触不良、安全距离不足等情况属于客户内部故障。

(A)绝缘破损   (B)导线断裂   (C)熔断   (D)被偷

【答案】 ABC

Lb4B3052 非电力故障在95598业务支持系统中的工单分类中,分为( )子类。

(A)客户误报   (B)紧急消缺   (C)恶意电话   (D)电力维护

【答案】 AB

Lb4B3053 客户误报是指客户( )、停限电工作等被采取停电措施的情况下产生的工单情况。

(A)欠费   (B)跳闸   (C)违约用电   (D)窃电

【答案】 ACD

Lb4B3054 计量故障在95598业务支持系统中的工单分类中,有( )子类。

(A)高压计量设备   (B)低压计量设备

(C)用电信息采集设备   (D)充电设备

【答案】 ABC

Lb4B3055 客户反映计量表计( )等情况,属于计量表计故障。

(A)烧毁   (B)丢失   (C)破损   (D)接线端子烧损

【答案】 ABCD

Lb4B3056 用电信息采集设备故障包括( )。

（A）负荷管理控制终端（含开关） （B）用电信息采集装置

（C）电流互感器故障 （D）电压互感器故障

【答案】 AB

Lb4B3057 电能质量故障中电压故障包括（ ）。

（A）电压高 （B）电压低 （C）电压波动 （D）谐波异常

【答案】 ABC

Lb4B3058 提高功率因数实行无功就地平衡原则包括（ ）。

（A）10 kV 配电线路分散补偿

（B）10 kV 配电变压器低压侧无功动态补偿

（C）大型电动机随机补偿

（D）公变台区实行低压线路补偿

【答案】 ABCD

Lb4B3059 以下为降低线损的组织措施有（ ）。

（A）改造不合理的电网结构 （B）开展线损分析

（C）加强计量管理 （D）加强反窃电措施

【答案】 BCD

Lb4B3060 配电网的基本要求主要是供电的（ ）和经济性等。

（A）连续性 （B）可靠性

（C）持久性 （D）合格的电能质量

【答案】 ABD

Lb4B3061 配电网按电压等级的不同分为（ ）配电网。

（A）低压 （B）中压 （C）高压 （D）超高压。

【答】 ABC

Lb4B3062 低压配电网主要采用（ ）组成的混合系统。

（A）三相四线制 （B）单相 （C）三相三线制 （D）三相五线制

【答案】 ABC

Lb4B3063 配电网按线路组成的不同分为（ ）配电网。

（A）地埋 （B）架空

（C）电缆 （D）架空、电缆混合

【答案】 BCD

Lb4B3064 架空配电线路通常由（ ）及拉线、基础和接地装置等部件构成。

（A）杆塔 （B）导线 （C）绝缘子 （D）金具

【答案】 ABCD

Lb4B3065 架空配电线路的绝缘子按照材质分为（ ）绝缘子。

（A）瓷 （B）玻璃 （C）橡皮 （D）合成

【答案】　ABD

Lb4B3066　电缆线路与架空线路相比,具有的优点包括(　　)。

(A)可靠性高　　　　　　　　　　　　(B)占地少

(C)成本低　　　　　　　　　　　　　(D)易于变动和分支

【答案】　AB

Lb4B3067　配电设备带电检测预警督办方式包括(　　)等形式。

(A)提示框(声、框)　(B)短信　　(C)OA　　(D)系统督办单

【答案】　ABCD

Lb4B3068　特殊巡视任务单应明确(　　)等信息,可上传通知文档、照片等附件。

(A)巡视目的　　(B)设备管理单位　(C)巡视时间　　(D)相关要求

【答案】　ABCD

Lb4B3069　配网设备巡视管控是指供电服务指挥中心(配网调控中心)(以下简称指挥中心)对配电线路及设备、供电设施(　　)的计划完整性、计划执行情况等环节进行检查、督办。

(A)周期巡视　　(B)白天巡视　　(C)特殊巡视　　(D)夜间巡视

【答案】　AC

Lb4B3070　巡视计划督办单应包含(　　)等信息。

(A)督办事项　　(B)反馈时限　　(C)单位领导　　(D)单位专责

【答案】　AB

Lb4B3071　到达时间节点采用系统督办单等方式进行督办,预警督办对象包括(　　)。

(A)责任人员　　(B)班组(所)长　(C)专工　　(D)领导

【答案】　ABCD

Lb4B3072　任何单位或个人对(　　)违法行为,均有权向负有安全生产监督管理职责的部门报告或举报。

(A)经济亏损　　(B)事故隐患　　(C)安全生产　　(D)渎职行为

【答案】　BD

Lb4B3073　新闻、广播等单位有对违反安全生产(　　)的行为进行舆论监督的权利。

(A)法律　　　　(B)规范　　　　(C)制度　　　　(D)法规

【答案】　AD

Lb4B3074　建立健全举报制度的内容主要包括(　　)。

(A)健全和完善人民群众来信来访和举报制度

(B)通过报刊、电视、广播等形式宣传安全生产法律知识

(C)对需要落实的整改措施,必须经有关负责人签字落实

(D)大力支持,鼓励和保护群众提出意见、建议和举报的积极性

【答案】　ABCD

Lb4B3075 开关设备断口外绝缘应满足不小于( )相对地外绝缘的要求。

(A)1.15 倍　　　　(B)1.2 倍　　　　(C)1.5 倍　　　　(D)2 倍

【答案】 AB

Lb4B3076 负有安全生产监督管理职责的部门的工作人员,有下列( )行为之一的,将给予降级或撤职的行政处分,构成犯罪的依法追究刑事责任。

(A)对不符合法定安全生产条件的涉及安全生产的事项给予批准

(B)接到举报后不予以取缔的

(C)接到举报后不依法处理的

(D)对不符合法定安全生产条件的涉及安全生产的事项验收通过的

【答案】 ABCD

Lb4B3077 承担安全评价、( )工作的机构,出具虚假证明,构成犯罪的依法追究有关刑事责任。

(A)认证　　　　(B)检测　　　　(C)检验　　　　(D)审计

【答案】 ABC

Lc4B3001 下列关于道德的说法中,正确的有( )。

(A)道德是处理人与人之间关系的特殊性规范

(B)道德是人区别于动物的重要标志

(C)道德是现代文明社会的产物

(D)道德从来没有阶级性

【答案】 AB

Lc4B3002 ( )、爱社会主义是每个公民都应当承担的法律义务和道德责任。

(A)爱祖国　　　　(B)爱人民　　　　(C)爱劳动　　　　(D)爱科学

【答案】 ABCD

Lc4B3003 全面质量管理是一个组织以( )为核心,以( )为中心的管理手段。

(A)质量　　　　(B)全员参与　　　　(C)能效　　　　(D)创新创效

【答案】 AB

Lc4B3004 班组技术管理的任务是为( )地完成班组生产任务提供技术保证。

(A)安全　　　　(B)优质　　　　(C)高效　　　　(D)快速

【答案】 ABC

Lc4B3005 班组技术管理制度的制定分为两个层次分别是( )。

(A)上级管理部门制定　　　　　　　　(B)班组层面制定

(C)车间层面制定　　　　　　　　　　(D)单位层面制定

【答案】 AB

Lc4B3006 供电服务指挥系统中在配变异常工单综合查询中通过条件可以查询出( )。

(A)供电单位　　　(B)PMS 设备编码　(C)业务子类　　　(D)下一环节

【答案】 ABC

Lc4B3007 视在功率是指电路中( )的乘积,它既不是有功功率也不是无功功率。

(A)电流 (B)电压 (C)电感 (D)电抗

【答案】 AB

Lc4B3008 在具有( )的电路中,电压与电流有效值的乘积称为视在功率。

(A)电阻 (B)电抗 (C)电容 (D)电流源

【答案】 AB

Lc4B3009 规定把电压和电流的乘积叫作视在功率,视在功率的单位为( ),单位符号为( )。

(A)伏安 (B)瓦特 (C)V·A (D)W

【答案】 AC

Lc4B3010 危急缺陷是指设备或建筑物发生了直接威胁安全运行并需立即处理的缺陷,否则,随时可能造成( )等事故。

(A)人身伤亡 (B)大面积停电 (C)设备损坏 (D)火灾

【答案】 ABCD

Lc4B3011 采集装置包括( )、采集器等。

(A)负荷管理终端(含通信模块、天馈线) (B)集中器
(C)电能表 (D)表计一体化终端

【答案】 ABD

Lc4B3012 公网信道有( )等方式。

(A)有线通信 (B)无线通信 (C)载波 (D)DDN专网

【答案】 BCD

Lc4B3013 用户电压超过规定范围应采取措施进行调整,调节电压可以采用以下措施( )。

(A)合理选择配电变压器分接头
(B)在低压侧母线上装设无功补偿装置
(C)缩短线路供电半径及平衡三相负荷,必要时在中压线路上加装调压器
(D)减少用电负荷

【答案】 ABC

Lc4B3014 指挥中心对带电检测的( )环节时间节点进行督办。

(A)编制特殊带电检测计划 (B)制定带电检测周期、计划
(C)接收特殊带电检测计划 (D)带电检测计划执行

【答案】 ACD

Lc4B3015 电力网中电压调整的方法有( )。

(A)无功补偿 (B)减少有功负荷
(C)增加有功功率 (D)调节变压器分接开关

【答案】 AD

Lc4B3016 统计线损电量由( )线损电量组成。

(A)理论 (B)管理 (C)经营 (D)不明

【答案】 ABD

Lc4B3017 下列为降低线损的技术措施有( )。

(A)新装配电变压器采用新型节能变压器

(B)无功就地平衡,提高用户功率因数

(C)加大打击窃电力度

(D)变压器三相负荷尽量平衡

【答案】 ABD

Lc4B3018 ( )称为配电线路设计用气象条件的三要素。

(A)风速 (B)气温 (C)湿度 (D)覆冰厚度

【答案】 ABD

Lc4B3019 进行输配电线路机械荷载和应力计算时,主要的气象条件包括( )及覆冰厚度。

(A)空气的最高温度 (B)空气的最低温度 (C)最大风速 (D)最小风速

【答案】 ABC

Lc4B3020 按发热条件选择导线截面积时,通常根据导线允许的长期工作最高温度( )℃和周围环境温度( )℃的条件计算允许电流值。

(A)80 (B)70 (C)25 (D)20

【答案】 BC

Lc4B3021 当线路传输自然功率时,电力传输具有( )特征。

(A)全线路各点电压大小一致 (B)全线路各点电流大小一致

(C)线路任一点功率因数都一样 (D)没有无功损耗传输

【答案】 ABCD

Lc4B3022 国家电网公司的核心价值观是( )。

(A)以客户为中心 (B)专业专注 (C)持续改善 (D)奋进发展

【答案】 ABC

Lc4B3023 国家电网公司的企业精神是( )。

(A)努力超越 (B)追求卓越 (C)奋勇争先 (D)旗帜领航

【答案】 AB

Lc4B3024 国家电网公司企业文化"三落实"是落实( )。

(A)中央精神 (B)核心价值观 (C)党的领导 (D)领导责任

【答案】 ABD

Lc4B3025 根据计划的程序化程度,可以把计划分为( )。

(A)程序性计划 (B)非程序性计划 (C)长期计划 (D)短期计划

【答案】 AB

Lc4B3026 按照计划期限的长短,可以把计划分为(　　)。

(A)中长期计划　　　　(B)短期计划　　　　(C)中期计划　　　　(D)长期计划

【答案】 BCD

Lb4B3027 供电服务指挥系统中客户催办督办流程包含(　　)环节。

(A)业务受理　　　　　　　　　　(B)市(县接单分理)

(C)地市回单审核　　　　　　　　(D)催办督办处理

【答案】 AB

Lc4A3028 组织、团队和个人设定的目标既要具有(　　),又要保证其(　　)和实现的(　　)。

(A)科学性　　　　(B)相关性　　　　(C)独特性　　　　(D)静态性

【答案】 ABD

7.2.3 判断题

La4C3001 国家电网有限公司供电服务"十项承诺":城市电网平均供电可靠率达到 99.9%,居民客户端平均电压合格率达到 98.5%;农村电网平均供电可靠率达到 99.8%,居民客户端平均电压合格率达到 97.5%。(√)

La4C3002 国家电网有限公司供电服务"十项承诺":"95598"电话(网站)、网上国网 App(微信公众号)等渠道受理客户投诉后,24 小时内联系客户,5 个工作日内答复处理意见。(√)

La4C3003 国家电网有限公司供电服务"十项承诺":低压客户平均接电时间:居民客户 5 个工作日,非居民客户 15 个工作日。高压客户供电方案答复期限:单电源供电 15 个工作日,双电源供电 30 个工作日。高压客户装表接电期限:受电工程检验合格并办结相关手续后 5 个工作日。(√)

La4C3004 原则上每日 21:00 至次日 8:00 不得开展回访工作。(√)

La4C3005 如客户确认知晓故障点为其内部资产的,回访满意度默认为不评价。(√)

La4C3006 同一故障点引起的客户报修可以进行工单合并。(√)

La4C3007 在各单位实现营配信息融合,建立准确的"站一线一变一户"拓扑关系的情况下,客服专员可对因同一故障点影响的不同客户故障报修工单进行合并。(√)

La4C3008 各单位在对故障报修工单进行合并操作时,要经过核实、查证,不得随意合并工单。(√)

La4C3009 对不同语种工单不得进行合并操作。(√)

La4C3010 供电单位、供电区域、充电设施产权单位或抢修职责范围派发错误的工单,允许退单。(√)

La4C3011 通过知识库可以确定工单类别,但工单类别选择错误的,允许退单。退单时应注明正确工单分类以及知识库中的参照内容。(√)

La4C3012　变压器并联运行后,在有可能造成变压器过负荷的情况下,变压器不得解列。(√)

La4C3013　若延迟送电,应至少提前 30 min 向国网客服中心报送延迟送电原因及变更后的预计送电时间。(√)

La4C3014　不对称的三相负载中 $U_A+U_B+U_C \neq 0$ 。(√)

La4C3015　三相电路中,线电压为 100 V,线电流 2 A,负载功率因数为 0.8,则负载消耗的功率为 277.1 W。(√)

La4C3016　在负载对称的三相电路中,无论是星形还是三角形连接,当线电压 U 和线电流 I 及功率因数已知时,电路的平均功率为 $P=\sqrt{3}UI\cos\varphi$。(√)

La4C3017　在三相对称电路中,功率因数角是指线电压与线电流之间的夹角。(×)

La4C3018　当所设计线路的实际档距小于临界档距,导线的最大应力发生在最高气温时。(×)

La4C3019　有额定值分别为 220 V、100 W 和 100 V、60 W 的白炽灯各一盏,并联后接到 48 V 电源上,则 60 W 的灯泡亮些。(√)

La4C3020　无功功率就是不做功的功率,所以不起任何作用。(×)

La4C3021　能够在磁场中储存,在电源与负载之间进行往复交换而不消耗的能量称为无功,单位时间内的无功交换量叫无功功率。即在电路中进行能量交换的功率,其求解公式是:$Q=Ur\sin\varphi$。(√)

La4C3022　在交流电路中,视在功率、有功功率和无功功率的关系是:视在功率$(S)^2$＝有功功率$(P)^2$＋无功功率$(Q)^2$ 这个关系与直角三角形三边之间的关系相对应,故称电压三角形。(×)

La4C3023　有功功率 P 占视在功率 S 的比值定义为功率因数,其求解公式:$\cos\varphi=P/S$。(√)

La4C3024　功率因数是有功功率与无功功率的比值。(×)

La4C3025　用户的用电设备在某一时刻实际取用的功率总和,也就是用户在某一时刻对电力系统所要求的功率,称用电负荷;而用电负荷加上同一时刻的线路损失和变压器损失负荷,称为供电负荷。它是发电厂对外供电时所承担的全部负荷。(√)

La4C3026　RLC 串联电路的谐振条件是 $\omega_L=1/\omega_C$。(√)

La4C3027　在电感电容(LC)电路中,发生谐振的条件是容抗等于感抗,用公式表示为 $2\pi fL=2\pi fC$。(×)

La4C3028　LC 串联电路谐振时对外相当于短路(阻抗为零),LC 并联电路谐振时对外相当于开路(阻抗为无限大)。(√)

La4C3029　RLC 串联电路中,电场能量 W_e 与磁场能量 W_m 之和总保持为常量。(×)

La4C3030　在无阻尼 LC 振荡电路中,在电容极板上的电荷放完的瞬间,电路中的电场能全部转变为磁场能。(√)

La4C3031　在 LC 振荡电路中,电容器极板上的电荷达到最大值时,电路中的磁场能全部转变成电场能。(√)

La4C3032 电容器停电操作时应先断开各路出线开关,再拉开电容器开关。(×)

La4C3033 除电容器停电自动放电外,无须进行人工放电。(×)

La4C3034 电容器组允许带电荷合闸。(×)

La4C3035 对于政府相关部门、12398、新闻媒体等渠道反映的问题,由于客户原因导致回复(回访)不成功的,国网客服中心回复(回访)工作应满足:不少于3天,每天不少于3次回复(回访),每次回复(回访)时间间隔不小于2 h。如果确因客户原因回复(回访)不成功的,应注明失败原因,经国网客服中心管理人员批准后,办结工单。(√)

La4C3036 在PMS2.0系统中,图上删除设备后可以回退到删除前的状态。(×)

La4C3037 PMS2.0系统设备停电申请查询功能可以查看设备停电申请单的关联工作任务。(√)

La4C3038 在PMS2.0系统设备台账查询统计页面查询到的设备信息可以导出表格。(√)

La4C3039 PMS2.0系统铭牌更新后需同步修改台账和图形。(√)

La4C3040 PMS2.0系统编制铭牌申请单时,申请单位名称和申请人需要手动填写。(×)

La4C3041 PMS2.0系统中,杆塔属于有铭牌无图形的设备。(×)

La4C3042 国网客服中心在一般诉求业务工单回复(回访)过程中,对工单填写存在不规范、回复结果未对客户诉求逐一答复、回复结果违反有关政策法规、工单填写内容与回复(回访)客户结果不一致,且基层单位未提供有效证明材料或客户对基层单位提供证明材料有异议的,客户要求合理的,填写退单原因及依据后将工单回退至工单提交部门。(√)

La4C3043 国网客服中心在回复(回访)一般诉求业务工单客户过程中,当客户提出新的诉求时,应优先处理原诉求,新的诉求应派发新工单,不应回退原工单。当客户对处理结果不认可时,应解释办结;客户提供新证据时,应派发新工单。(√)

La4C3044 国网客服中心接到省公司、国网电动汽车公司申诉申请后2个工作日内进行认定。(√)

La4C3045 服务申请各子类业务工单处理时限要求:其他服务申请类业务5个工作日内处理完毕并回复工单。(√)

La4C3046 PMS2.0系统设备隐患按级别分可分为一般、严重和危急。(×)

La4C3047 PMS2.0系统中,压力测试记录配置中的检测类型是针对的设备大类。(×)

La4C3048 PMS2.0系统生产检修计划在审核状态,可以直接对排入计划的任务进行操作,包括任务追加、任务修改、任务回池。(×)

La4C3049 PMS2.0系统将周计划取出作为月计划时,对于发布的月计划也可以提取。(×)

Lb4C3001 故障报修工单流转的各个环节均可以进行工单合并,合并后形成主、副工单。(√)

Lb4C3002 合并后的故障报修工单处理完毕后,主、副工单均需回访。(√)

Lb4C3003 故障报修工单归档:国网客服中心应在回访结束后24小时内完成归档工作。(√)

Lb4C3004 因工单内容派发区域、业务类型、客户联系方式等信息错误、缺失或无客户有效信

息,导致接单部门无法根据工单内容进行处理的,允许退单。退单时应注明退单原因及需要补充填写的内容。(√)

Lb4C3005 对系统中已标识欠费停电、违约停电、窃电停电或已发布计划停电、临时停电等信息,但客服专员未经核实即派发的工单,接单部门在注明原因、信息编号(生产类停送电信息必须填写)后退单。(√)

Lb4C3006 催报停送电信息:配网抢修指挥相关班组在收到国网客服中心催报工单后10分钟内,按照要求报送停送电信息。(√)

Lb4C3007 "最终答复"适用情况:因供电企业电力设施(如杆塔、线路、变压器、计量装置、分支箱、充电桩等)的安装位置、安全距离、噪声、计量装置校验结果和电磁辐射引发纠纷,非供电公司产权设备引发纠纷,供电企业确已按相关规定答复处理,但客户诉求仍超出国家或行业有关规定的。(√)

Lb4C3008 重要服务事项报备范围:因系统升级、改造无法为客户提供正常服务,对供电服务造成较大影响的事项。(√)

Lb4C3009 重要服务事项报备内容应包括:申请单位、申报区域、事件类型、事件发生时间、影响结束时间、申请人联系方式、上报内容、应对话术及相关支撑附件。客户资料颗粒度应尽量细化,包括受影响客户名称、联系方式。(√)

Lb4C3010 10 kV配电线路,按允许电压损耗决定导线截面积是其首要条件。(√)

Lb4C3011 用电信息采集与监控系统不具备用户用电档案管理的扩展功能。(×)

Lb4C3012 选择不同的数据类型,终端可召测的数据项列表中的内容也不同。(√)

Lb4C3013 供电服务指挥系统中配变重载是指连续2 h(三个采集点)的最小负载率在70%～90%之间的公变数量。(×)

Lb4C3014 供电服务指挥系统中配变三相不平衡占比是指三相不平衡台区数量/台区规模数量。(√)

Lb4C3015 供电服务指挥系统中已办工作单界面是在业务协同指挥模块下。(√)

Lb4C3016 供电服务指挥系统中用户账号锁定后仍可以登录系统。(×)

Lb4C3017 供电服务指挥系统中可以用任意人员账号添加用户。(×)

Lb4C3018 重大服务事件:客户来电反映敏感用电问题,并表示要向国家级监管机构、政府热线、媒体等有关部门反映的投诉。(√)

Lb4C3019 重大服务事件:半年内同一客户反映因供电企业责任导致同一问题长期得不到解决,发生重复3次及以上的投诉,其中电压质量长时间异常投诉时限为一年内3次。(√)

Lb4C3020 重大服务事件:涉及收费标准、收费项目和农网改造中私立收费项目、擅自更改收费标准和农网改造乱收费的投诉事件;供电企业员工在供电服务过程中,涉及金额5000元及以上乱收费的投诉事件。(√)

Lb4C3021 二维码标签、RFID标签原则上均可选用,根据专业管理部门需求确定标签类型,同

一座变电站或同一线路选用标签类型应统一。（√）

Lb4C3022　采集系统抄表成功后,主站通知台区管理部门,在营销系统修改所属台区户表的抄表方式,由"自动抄表"改为"手工抄表"。（×）

Lb4C3023　"台账"是指在工作中建立和使用的包含时间、数字及相关文字描述内容的表格。（√）

Lb4C3024　自动重合闸重合成功或备用电源自动投入成功,应视为对用户停电。（×）

Lb4C3025　两回路供电的用户,失去一回路后应不停电。（√）

Lb4C3026　提高业务人员技术水平,杜绝各种可能的人为误操作是提高供电可靠性的技术措施。（×）

Lb4C3027　电压调整的目的是使各类用户的电压保持在规定的允许偏离范围内。（√）

Lb4C3028　事故情况下,停电后必须将电容器的断路器合上。（×）

Lb4C3029　事故情况下,电容器的断路器跳闸后可以强送电一次。（×）

Lb4C3030　柱上断路器与隔离开关配合使用进行停电操作时,应先拉隔离开关,再拉断路器开关。（×）

Lb4C3031　一般诉求业务工单回复审核时发现工单回复内容存在以下问题的,应将工单回退:未向客户沟通解释处理结果的(除匿名、保密工单外)。（√）

Lb4C3032　一般诉求业务工单回复审核时发现工单回复内容存在以下问题的,应将工单回退:未对客户提出的诉求进行答复或答复不全面、表述不清楚、逻辑不对应的。（√）

Lb4C3033　登录 PMS2.0 系统电网图形客户端,单击"打开地理图"按钮后就可以直接添加设备画图编辑。（×）

Lb4C3034　客户表示强烈不满,诉求有升级隐患或可能引发服务投诉事件等特殊情况的一般诉求业务工单,办理周期未过半的工单或已催办 2 次的工单,可由国网客服中心派发催办工单,规避服务风险,避免引发舆情事件。（√）

Lb4C3035　95598 业务申诉本着"逐级申诉,逐级负责"的原则,即以地市公司为单位向省公司提出申诉,经省公司审核合格后向国网客服中心和国网营销部申请认定、审核。（√）

Lb4C3036　对已办结的业务可以提出申诉,通过系统流转完成申诉工作,申诉结果以每月 25 日前的认定结果为准。（√）

Lb4C3037　初次申诉,自地市公司发起申诉申请至省营销服务中心完成审核提交不超过 2 个工作日。（√）

Lb4C3038　重大服务事件:国家党政机关、电力管理部门及省级政府部门转办或督办的客户投诉事件。（√）

Lb4C3039　接户线是指用户计量装置在室内时,从低压电力线路到用户室外第一支持物的一段线路。用户计量装置在室外时,从低压电力线路到用户室外计量装置的一段线路。（√）

Lb4C3040 用户平均短时停电时间反映了供电系统配网自动化技术对配电线路切带能力水平。（√）

Lb4C3041 降损应优先采用由电源点向周围辐射式的接线方式进行配网架设。（√）

Lb4C3042 供电服务指挥系统中配变过载是指连续的 2 h 最小负载率在 100% 以上的公变。（√）

Lb4C3043 供电服务指挥系统中配变过载是指连续的 3 h 最小负载率在 100% 以上的公变。（×）

Lb4C3044 杆塔两侧档导线最低点之间的垂直距离称为该杆塔的垂直档距。（×）

Lb4C3045 供电可靠性反映了供电的持续性，是供电质量的另外一个指标。（√）

Lb4C3046 单相配电变压器布点均应遵循三相平衡的原则，按各相间轮流分布，尽可能消除高压三相系统不平衡。（×）

Lb4C3047 电网资产实物"ID"由 24 位十进制数据组成，代码结构由公司代码段、识别码、流水号和校验码四部分构成。（×）

Lc4C3001 编写技术文件条目是班组技术管理的任务之一。（×）

Lc4C3002 古人有云："凡事预则立，不预则废。"可见计划的最主要的特点是预见性。（√）

Lc4C3003 调查报告的针对性强，要针对人们普遍关心的事情或者亟待解决的问题而撰写。（√）

Lc4C3004 质量是指产品或服务的一组固有特性满足标准规定或潜在要求的程度。（√）

7.2.4　计算题

La4D3001 某线圈的电阻 $R=8\ \Omega$，阻抗 $X=X_1\ \Omega$，频率为 50 Hz，则线圈的电感 $L=$____ mH。（X_1 取值范围：9、10、12。）

【答】　计算公式：

$$X_L=\sqrt{Z^2-R^2}=\sqrt{X_1^2-8^2}$$

$$L=\frac{10^3\sqrt{Z^2-R^2}}{\omega}=\frac{10^3\sqrt{X_1^2-8^2}}{2\pi f}=\frac{10^3\sqrt{X_1^2-8^2}}{2\times3.14\times50}$$

La4D3002 有一条额定电压为 10 kV 的架空线路，采用 LJ-35 导线，$L=X_1$ km，则导线的电阻 $R=$____ Ω。已知：LJ-35：$d=7.5$ mm，$s=35$ mm²，$\rho=31.5\ \Omega\cdot$mm²/km（X_1 取值范围：5、10、15。）

【答】　计算公式：

$$r_0=\frac{\rho}{S}=\frac{31.5}{35}=0.9$$

$$R=r_0L=0.9X_1$$

La4D3003 有一条 10 kV 架空电力线路，导线为 LJ-70，导线排列为三角形，线间距离 1 m，线路长 $L=X_1$ km，输送有功功率 $P=1000$ kW，无功功率 $Q=400$ kvar，则线路中的

电压损失 $\Delta U =$ ___V。已知 LJ-70 导线的电阻和电抗为 $r_0 = 0.45\ \Omega/\mathrm{km}$，$X_0 = 0.345\ \Omega/\mathrm{km}$。

（X_1 取值范围：5、10、15。）

【答】 计算公式：

$$R = 0.45L = 0.45X_1$$

$$X = 0.345L = 0.345X_1$$

$$\Delta U = \frac{PR + QX}{U} = \frac{1000 \times 0.45X_1 + 400 \times 0.345X_1}{10} = \frac{588X_1}{10}$$

La4D3004 10 kV 单星形接线电容器，每相电容器容量 $Q = X_1\ \mathrm{kvar}$，当该电容器一相断开，两相接通时，电容器总容量 $Q' =$ ___kvar。

（X_1 取值范围：100、150、200。）

【答】 计算公式：

$$Q' = U^2 \bar{\omega} C = (\sqrt{3}U)^2 \bar{\omega} \frac{1}{2}C = \frac{3}{2} U^2 \bar{\omega} C = \frac{3}{2}Q = \frac{3}{2}X_1$$

La4D3005 用电阻法测一铜线的温度，如果 20℃时线圈电阻 $R_{20} = 0.64\ \Omega$，则温度升至 $t = X_1$℃时的电阻 $R =$ ___Ω。已知 $a = 0.004(1/℃)$

（X_1 取值范围：21、22、25。）

【答】 计算公式：

$$R = R_{20}[1 + a(t - 20)] = 0.64 \times [1 + 0.004(X_1 - 20)]$$

La4D3006 一蓄电池用 $R_1 = 5\ \Omega$ 电阻作外电阻时产生 $I_1 = 0.4\ \mathrm{A}$ 电流，用 $R_2 = 2\ \Omega$ 电阻作外阻时，端电压为 $U_2 = X_1\ \mathrm{V}$，电动势 $E =$ ___V、内阻 $r_0 =$ ___Ω。

（X_1 取值范围：1、1.2、1.6、1.8。）

【答】 计算公式：

$$E = I_1(R_1 + r_0) = \frac{U_2}{R_2}(2 + r_0)$$

$$r_0 = \frac{\dfrac{2U_2}{R_2} - I_1 R_1}{I_1 - \dfrac{U_2}{R_2}} = \frac{\dfrac{2U_2}{2} - 0.4 \times 5}{0.4 - \dfrac{U_2}{2}} = \frac{U_2 - 2}{0.4 - 0.5U_2}$$

$$E = 0.4 \times (2 + \frac{U_2 - 2}{0.4 - 0.5U_2})$$

La4D3007 已知加在 $C = 94\ \mu\mathrm{F}$ 电容器上电压 $U_C = X_1 \sin(103t + 60°)\mathrm{V}$。则电容器的无功功率 $Q_C =$ ___var，U_C 达到最大值时，电容所储存的能量 $W =$ ___J。

（X_1 取值范围：2.6、2.7、2.8、2.9。）

【答】 计算公式：$R_0 = \dfrac{E}{I} - R_1 = \dfrac{6}{2} - X_1 = 3 - X_1$

$$Q_C = U^2 \bar{\omega} C = \left(\frac{U_m}{\sqrt{2}}\right)^2 \times 10^3 \times 94 \times 10^{-6} = 0.047 U_m^2 = 0.047 X_1^2$$

$$W=\frac{1}{2}CU^2=\frac{1}{2}\times 94\times 10^{-6}U_m^2=47\times 10^{-6}U_m^2=47\times 10^{-6}X_1^2$$

La4D3008 某对称三相电路的负载作星形连接时线电压 $U=380$ V,负载阻抗电阻 $R=X_1$ Ω,电抗 $X=X_1$ Ω,则负载的相电流 $I_{ph}=$____A。

（X_1 取值范围:10、11、22。）

【答】 计算公式:

$$I_{ph}=\frac{\dfrac{U}{\sqrt{3}}}{\sqrt{R^2+X^2}}=\frac{\dfrac{380}{\sqrt{3}}}{\sqrt{X_1^2+X_1^2}}=\frac{220}{\sqrt{2}X_1}$$

La4D2009 有一条三相 380 V 的对称电路,负载是星形接线,线电流 $I=X_1$A,功率因数 $\cos\varphi=0.8$,则负载消耗的有功功率 $P=$____kW,无功功率 $Q=$____kvar。

（X_1 取值范围:10、15、20。）

【答】 计算公式:$P=\sqrt{3}UI\cos\varphi=\sqrt{3}\times 380\times 0.8X_1$

$$Q=\sqrt{3}UI\sin\varphi=\sqrt{3}\times 380\times 0.6X_1$$

La4D3010 已知某三相对称负载接在电压 $U=X_1$ V 的三相电源中,其中每相负载的电阻 $R=6$Ω,电抗 $X=8$Ω,则该负载作三角形连接时的相电流 $I_{ph}=$____A,线电流 $I_L=$____A,有功功率 $P=$____kW。

（X_1 取值范围:190、380、760。）

【答】 计算公式:

$$I_{ph}=\frac{U}{\sqrt{R^2+X^2}}=\frac{X_1}{\sqrt{6^2+8^2}}=\frac{X_1}{10}$$

$$I_L=\sqrt{3}\,I_{ph}=\frac{\sqrt{3}\,X_1}{10}$$

$$\cos\varphi=\frac{R}{\sqrt{R^2+X^2}}=\frac{6}{\sqrt{6^2+8^2}}=0.6$$

$$P=3UI\cos\varphi=3\times\frac{X_1^2}{10}\times 0.6\times 10^{-3}$$

La4D3011 某厂供电线路的额定电压是 10 kV,平均负荷 $P=400$ kW,$Q=300$ kvar,若将较低的功率因数 $\cos\varphi$ 提高到 X_1,还需装设补偿电容器的容量 $Q'=$____kvar。

（X_1 取值范围:0.85、0.9。）

【答】 计算公式:

$$Q'=\frac{P}{\cos\varphi}\sqrt{1-\cos\varphi^2}-Q=\frac{400}{X_1}\sqrt{1-X_1^2}-300$$

Ld4D3001 220 kV 容量为 X_1MVA 变压器,电压组合及分接范围为高压 $220\pm 8\times 1.25\%$ kV,低压 121 kV,空载损耗 $P_0=58.5$ kW,空载电流 $I_0\%=0.23\%$,负载损耗 $P=294$ kW,短路阻抗 $U_d\%=7.68\%$,连接组标号为 Yd11,变压器满负荷时自己所消耗的无功功

率为 $Q=$ ____ MvarA。

（X_1 取值范围：120、150、180。）

【答】　计算公式：

$$Q=\Delta Q_0+\Delta Q_d=\frac{I_0\%S_e}{100}+\frac{U_d\%S_e}{100}=\frac{0.23X_1\times10^3}{100}+\frac{7.68X_1\times10^3}{100}$$

Lb4D3002　某 10kV 变电站两台变压器并联运行，变压器 1 容量为 $S_1=500$ kV·A，电压比 10 000/400 V，阻抗电压百分比 $U_{d1}\%=3.5\%$，变压器 2 容量 $S_2=800$ kV·A，电压比 10 000/390 V，阻抗电压百分比 $U_{d2}\%=4\%$，求变压器并列运行时，循环电流值 $I=$ ____ A。

（X_1 取值范围：5、10、20。）

【答】　计算公式：

$$I_1=\frac{S_1}{\sqrt{3}U_1}=\frac{X_1\,10^3}{\sqrt{3}\times400}=\frac{2.5X_1}{\sqrt{3}}$$

$$I_2=\frac{S_2}{\sqrt{3}U_2}=\frac{800\times10^3}{\sqrt{3}\times390}=1184.3$$

$$Z_1=\frac{U_{d1}\%U_1}{I_1}=\frac{3.5\%\times400}{I_1}=\frac{14}{I_1}$$

$$Z_2=\frac{U_{d2}\%U_2}{I_2}=\frac{4\%\times390}{1184.3}=0.01317$$

$$I=\frac{U_2-U_1}{Z_1+Z_2}=\frac{400-390}{\dfrac{14}{I_1}+0.01317}=\frac{10}{\dfrac{14\sqrt{3}}{2.5X_1}+0.01317}$$

Lb4D3003　如图所示，已知 $R_1=8$ Ω，$R_2=3.8$ Ω，电流表 PA1 读数 $I_{A1}=X_{1A}$（内阻 $R_{g1}=0.2$ Ω），PA2 读数 $I_{A2}=9A$（内阻为 $R_{g2}=0.19$ Ω）。则流过电阻 R_1 的电流 $I_1=$ ____ A，流过 R_3 中的电流 $I_3=$ ____ A 和电阻 $R_3=$ ____ Ω。

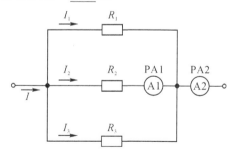

（X_1 取值范围：50、100、150、200、250。）

【答】　计算公式：

$$I_1=\frac{I_{A1}(R_2+R_{g1})}{R_1}=\frac{X_1(3.8+0.2)}{8}=\frac{X_1}{2}$$

$$I_3=I_{A2}-I_{A1}-I_1=9-X_1-\frac{X_1(3.8+0.2)}{8}=9-\frac{3X_1}{2}$$

$$R_3 = \frac{I_{A1}(R_2 + R_{g1})}{I_3} = \frac{X_1(3.8 + 0.2)}{I_3} = \frac{4X_1}{9 - \frac{X_1}{2}}$$

La4D3004 如图所示,已知 $E_1 = X_1$ V,$E_2 = 30$ V,$r_1 = r_3 = r_4 = 5$ Ω,$r_2 = 10$ Ω,则 $U_{bc} = $____ V,$U_{ac} = $____ V。

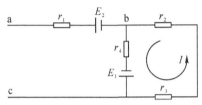

(X_1 取值范围:4、5、8、10。)

【答】 计算公式:

$$I = \frac{E_1}{r_2 + r_3 + r_4} = \frac{300 - 220}{10 + 5 + 5} = \frac{X_1}{20}$$

$$U_{bc} = I r_4 - E_1 = \frac{X_1}{20} \times 5 - X_1 = -\frac{3X_1}{4}$$

$$U_{ac} = E_2 + I r_4 - E_1 = 30 - \frac{3X_1}{4}$$

Lb4D3005 如图所示,已知 $E = X_1$ V,$R_0 = 8$ Ω,则 R_5 上流过的电流 $I_5 = $____ A,总电流 $I = $____ A。

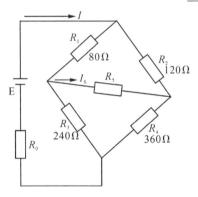

(X_1 取值范围:20、30、40、50、60。)

【答】 计算公式:

$$\frac{R_1}{R_2} = \frac{R_3}{R_4}$$

$$I_5 = 0$$

$$R = \frac{(R_1 + R_3)(R_2 + R_4)}{R_1 + R_3 + R_2 + R_4} = \frac{(80 + 240) \times (120 + 360)}{80 + 240 + 120 + 360} = 192$$

$$I = \frac{E}{R_0 + R} = \frac{X_1}{8 + 192} = \frac{X_1}{200}$$

Lb4D3006 电路如图所示,已知 $R_1 = R_2 = 4$ Ω,电源的电动势 $E = X_1$ V,电池的内阻 $r = 0.2$ Ω,则电流表的读数 $I = $____ A,电压表 PV 的读数 $U = $____ V。

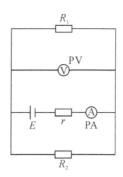

（X_1 取值范围：2.2、3.3、4.4、5.5。）

【答】 计算公式：

$$I = \frac{E}{\dfrac{R_1 R_2}{R_1 + R_2} + r} = \frac{X_1}{\dfrac{4 \times 4}{4 + 4} + 0.2} = \frac{X_1}{2.2}$$

$$U = IR_1 = \frac{4X_1}{2.2} = \frac{2X_1}{1.1}$$

7.2.5 识图题

Lb4E3001 两导线中的电流方向已知，下图中的两导线受力方向是否正确（   ）。

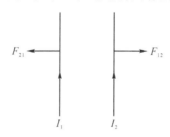

(A)正确   (B)错误

【答案】 A

Lb4E3002 工频交流电源加在电阻和电容串联的电路中，电容两端的电压和流过电容器的电流向量图如下图所示是否正确（   ）。

(A)正确   (B)错误

【答案】 B

Lb4E3003 工频交流电源加在电阻和电感串联的电路中，该回路的总电压和电流的向量图如下图所示是否正确（   ）。

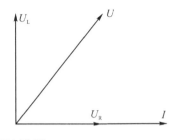

(A)正确 　　　　　　(B)错误

【答案】 B

Lb4E3004　下图中三相变压器的 Y,d11 组别接线图极性是否正确(　　　)。

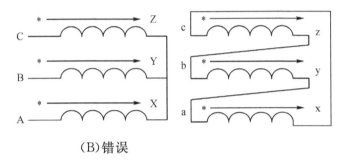

(A)正确 　　　　　　(B)错误

【答案】 A

Lb4E3005　有三台电流互感器二次侧是星形接线,其中 B 相极性相反,下图中表示的电流向量是否正确(　　　)。

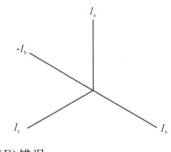

(A)正确 　　　　　　(B)错误

【答案】 A

Lb4E3006　如下图所示的电路中,$R_1 = 75 \ \Omega$,$R_2 = 50 \ \Omega$,$U_{AB} = 120 \ V$,如果把电压表接到 CD 间,则电压表的读数是(　　　)。

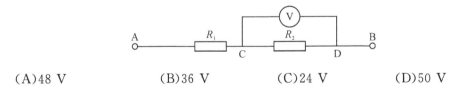

(A)48 V 　　　　　(B)36 V 　　　　　(C)24 V 　　　　　(D)50 V

【答案】 A

Lb4E3007　下图所示为目前综自系统中(　　　)典型回路。

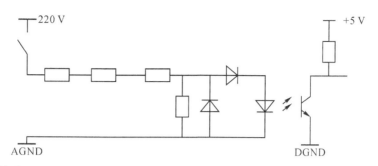

(A)遥控输出　　　　　(B)遥信输入　　　(C)遥测输入　　　(D)遥调输出

【答案】　B

Lb4E3008　下图所示为 IEC104 规约中的(　　　)。

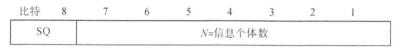

(A)传送原因　　　(B)可变结构限定词(C)类型标识　　　(D)公共地址

【答案】　B

Lb4E3009　中性点非直接接地系统中,当单相(A 相)接地时,其电压相量图是否正确(　　　)。

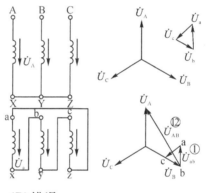

(A)正确　　　　　(B)错误

【答案】　B

Lb4E3010　如下图所示,中性点不接地系统发生单相接地故障时,电压互感器开口三角绕组电压 $3U_p$ 是否正确(　　　)。

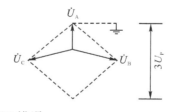

(A)正确　　　　　(B)错误

【答案】　A

Lb4E3011　下图所示为单母线接线方式中 L1 出线停电,其倒闸操作程序 QF2→QS4→QS3 是否正确(　　　)。

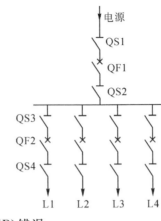

（A）正确 （B）错误

【答案】 A

Lb4E3012 下图为变压器的 Dyn11 接线组别（　　）。

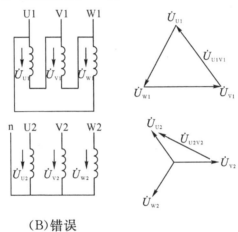

（A）正确 （B）错误

【答案】 A

Lb4E3013 下图为配网地理接线图（　　）。

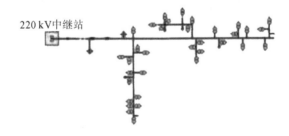

（A）正确 （B）错误

【答案】 B

Lb4E3014 下图中 046 断路器处于分位（　　）。

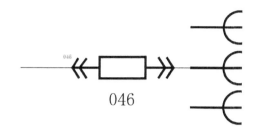

（A）正确 　　　　（B）错误

【答案】 A

Lb4E3015 下图为交流电通过电容器的电压、电流波形图（ 　　 ）。

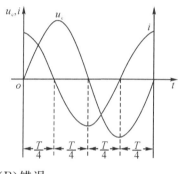

（A）正确 　　　　（B）错误

【答案】 A

7.2.6 简答题

Lb4F3001 什么是客户内部故障？

【答】 客户内部故障指产权分界点客户侧的电力设施故障。

Lb4F3002 什么是非电力故障？

【答】 非电力故障是指供电企业产权的供电设施损坏但暂时不影响运行、非供电企业产权的电力设备设施发生故障、非电力设施发生故障等情况，主要包括客户误报、非供电企业电力设施故障、通信设施故障等。

Lb4F3003 什么情况下线路断路器跳闸不得试送？

【答】 (1)全电缆线路；(2)调度通知线路有带电检修工作时；(3)断路器切断故障次数达到规定时；(4)低频减载保护、系统稳定装置、联切装置及远动装置动作后跳闸的断路器。

Lb4F3004 哪些投诉可以界定为重大投诉？

【答】 符合下列情形之一的客户投诉，可以界定为重大投诉：(1)国家党政机关、电力管理部门、省级政府部门转办的客户投诉事件。(2)地市级政府部门或社会团体督办的客户投诉事件。(3)省级或副省级媒体关注或介入的客户投诉事件。(4)公司规定的质量事件中的六级质量事件。

Lb4F3005 哪些投诉可以界定为重要投诉?

【答】 符合下列情形之一的客户投诉,可以界定为重要投诉:(1)县级政府部门或社会团体督办的客户投诉事件。(2)省会城市、副省级城市外的地市媒体关注或介入的客户投诉事件。(3)客户表示将向政府部门、电力管理部门、新闻媒体、消费者权益保护协会等反映,可能造成不良影响的客户投诉事件。(4)公司规定的质量事件中的七级和八级质量事件。

Lb4F3006 《国家电网有限公司95598客户服务业务管理办法》关于特殊客户的定义是什么?

【答】 特殊客户是指因存在骚扰来电、疑似套取信息、恶意诉求、不合理诉求、窃电或违约用电、拖欠电费等行为记录而被列入差异服务范畴的客户。

Lb4F3007 恶意诉求客户的认定标准是什么?

【答】 已审批通过重要服务事项报备(五)范畴的客户,生效之日起90天后自动恢复。

Lb4F3008 不合理诉求客户的认定标准是什么?

【答】 已归档最终答复的客户,生效之日起90天后自动恢复。

Lb4F3009 窃电或违约用电客户的认定标准是什么?

【答】 365天内营销系统中存在过窃电或违约用电记录的客户,生效之日起365天后自动恢复。

Lb4F3010 拖欠电费客户的认定标准是什么?

【答】 180天内执行过两次及以上欠费停电操作或有过两次及以上违约金记录的情况,生效之日起180天后自动恢复。

Lb4F3011 故障报修到达现场承诺兑现率的指标定义和计算方法是什么?

【答】 指标定义:故障报修在规定时限内到达现场的抢修工单占下派的抢修工单总数的比例。

计算方法:故障报修到达现场承诺兑现率=(1-未兑现到达现场承诺的工单数/已受理派发故障报修工单总数)×100%。

Lb4F3012 地市公司工单接派单及时率的指标定义和计算方法是什么?

【答】 指标定义:地市公司在规定时限内及时接派的工单数,占应及时接派工单总数的比例。

计算方法:地市工单接派单及时率=地市公司工单接派单及时数/地市公司应及时接单总数×100%。

Lb4F3013 重复投诉的指标定义是什么?

【答】 一个月内同一客户、同一电话号码对同一事件重复投诉两次及以上的投诉事件数。

Lb4F3014 调整电压的主要手段?

【答】 (1)调整发电机的励磁电流;(2)投入或停用补偿电容器和低压电抗器;(3)调整变压器分接头位置;(4)调整发电厂间的出力分配;(5)调整电网运行方式;(6)对运行电压低的局部地区限制用电负荷。

Lb4F3015 何谓"计划检修、临时检修、事故检修"?

【答】 计划检修:月计划安排的检修;临时检修:计划外临时批准的检修;事故检修:因设备故障进行的检修。

Lb4F3016 倒闸操作前,值班调度员应重点考虑哪些问题?

【答】 (1)结线方式改变后电网的稳定性、合理性;(2)操作引起的潮流、电压、频率的变化;(3)继电保护及安全自动装置、变压器的中性点是否符合规定;(4)操作对计量装置、通信及自动化系统的影响;(5)电网安全措施和事故预案的落实情况;(6)倒闸操作步骤的正确性、合理性及对相关单位的影响。

Lb4F3017 倒闸操作包括哪些内容?

【答】 (1)电力线路停送电操作;(2)电力变压器停送电操作;(3)电网合环或解环操作;(4)倒换母线操作;(5)旁路母线代路操作;(6)中性点接地方式改变和消弧线圈分头调整。

Lb4F3018 对有关设备核相是如何规定的?

【答】 电气新设备投入运行前应核相;电气设备检修改进后,可能造成相序、相位混乱的,也应核相。是否需要核相,应由施工单位向所属调度机构提出要求。

Lc4F3019 土壤的特性有哪几点?请分别说明。

【答】 土壤的特性主要有以下几点:(1)土壤的容重指的是天然状态下土壤单位体积的重量;(2)地耐力是指单位面积土壤许可的耐压力,其与土壤的种类和状态有关;(3)土壤内摩擦力是指一部分土壤相对另一部分土壤滑动时,土粒与土粒间的摩擦力。

Lb4F3020 系统中发生短路会产生什么后果?

【答】 (1)短路时的电弧、短路电流和巨大的电动力都会缩短电气设备的使用寿命,甚至使电气设备遭到严重破坏;(2)使系统中部分地区的电压降低,给用户造成经济损失;(3)破坏系统运行的稳定性,甚至引起系统振荡,造成大面积停电或使系统瓦解。

Lb4F3021 电源质量对电气安全的影响,主要表现在哪些方向?

【答】 (1)主要表现在供电中断引起设备损坏或人身伤亡;(2)过分的电压偏移对电气设备的损害;(3)波形畸变、三相电压不平衡等对电气设备的损害等方面。

Lb4F3022 在用电系统中可以用作保护线的设施有哪些?

【答】 (1)电缆的导电外层;(2)穿导线用的金属管;(3)母线槽的金属外壳;(4)电缆桥架的金属结构;(5)起重运输设备的钢轨,或其他类似的外露可导电体。

Lb4F3023 什么是绝缘材料的击穿电压、击穿强度?

【答】 (1)绝缘材料被击穿的瞬间所加的最高电压称为材料的击穿电压;(2)绝缘材料所具有的抵抗电击穿的能力,称击穿强度。

Lb4F3024 变压器绕组检修时,其绝缘按受热折旧,可分哪几级类型?

【答】 (1)第一级——有弹性,用手按后,没有残余变形,可评为良好;(2)第二级——坚硬、无弹性,但用手按时不裂缝,可评为合格;(3)第三级——脆弱,用手按时产生微小裂纹或变形,可评为可用;(4)第四级——酥脆,用手按时显著地变形或裂坏,可评为绝缘不合格,必须更换。

Lb4F3025 电网的调度机构分哪几级?

【答】 (1)国家调度机构;(2)跨省、自治区、直辖市调度机构;(3)省、自治区、直辖市调度机构;(4)省市级调度机构;(5)县级调度机构。

Lb4F3026 安装工作中对电焊的电焊钳有哪些基本要求?

【答】 (1)须能牢固地夹着焊条;(2)保证焊钳和焊条接触良好;(3)更换焊条方便;(4)握柄必须用绝缘、耐热材料制成;(5)尽量轻巧、简单。

Lb4F3027 在线路竣工验收时,应提交的资料和文件有哪些?

【答】 (1)竣工图;(2)变更设计的证明文件(包括施工内容);(3)安装技术记录(包括隐蔽工程记录);(4)交叉跨越高度记录及有关文件;(5)调整试验记录;(6)接地电阻实测值记录;(7)有关的批准文件。

Lb4F3028 当安装用的板料局部凹凸不平时,怎样矫正?

【答】 (1)板料凹凸不平的矫正方法与板料的厚度有关;(2)4 mm 以下的板料采用延展法矫正,即见平就打,见凸不动;(3)对 4 mm 以上的厚板料的矫正方法,即凸就打,见平不动。

Lb4F1029 低压系统接地有哪几种形式?

【答】 低压系统接地有以下几种形式:(1)TN 系统,系统有一点直接接地,装置的外露导电部分用保护线与该点连接;(2)TT 系统,系统有一点直接接地,电气装置的外露导电部分接至电气上与低压系统的接地点无关的接地装置;(3)IT 系统,系统的带电部分与大地间不直接连接,而电气装置的外露导电部分则是接地的。

第 8 章

技能操作

▷ 8.1 技能操作大纲

配电抢修指挥员——技师技能等级评价技能知识考核大纲

等级	考核方式	能力种类	能力项	考核项目	考核主要内容
技师	技能操作	专业技能	配网抢修指挥	供服日报编辑、Excel工具应用	工单、停电、配变异常数据进行统计分析，Excel数据分析
				供电服务指挥系统抢修超时工单处置	供电服务指挥系统抢修超时工单筛选
				供电服务指挥系统主动抢修工单处置	供电服务指挥系统主动抢修工单指挥应用
				配网停电计划管控	配网计划管控定义、流程及要求，配电台区停电计划管控要求及相关内容
				抢修工单管理规定	抢修工单要求及相关内容
			配电运营管控	供服系统异常配电变压器查询	供电服务指挥系统疑似异常工况变压器基础数据核实
				电压异常任务单处理	配电变压器过载及异常任务单处置
				配电设备运行环境异常处置	配电设备运行环境异常任务单处理
				配电设备缺陷管控	配电设备缺陷管控要求及相关内容
				配电设备运行环境在线监测	配电设备运行环境在线监测
				配电设备巡视管控	配电设备巡视管控要求及相关内容
				配电线路线损不达标任务单处理	线损检测及主动运检任务单处理
			客户服务指挥	非抢修工单处置	重要服务事项报备全过程管理
			电气图识读	识别常用电气设备图	识别常用电气设备图形符号

▶ 8.2　技能操作项目：专业技能题

PZ4ZY0101　供服日报数据统计编辑

一、作业

（一）工器具、材料、设备

1. 工器具：无。

2. 材料：无。

3. 设备：计算机；供电服务指挥系统。

（二）安全要求

无。

（三）操作步骤及工艺要求（含注意事项）

供电服务指挥系统，内查询：

1. 10 kV 故障停电线路×条，未送电×条。停电超 6 小时×条，为××单位××线路。

2. 受理 95598 抢修工单×张（含已归并、已归档、在途），其中未送电×张，停电超 3 小时×张，为××单位×张。

3. 共发生投诉×件，其中供电质量×件，停送电投诉×件，……

4. 配变异常监测，过载×台，重载×台，低电压×台，三相不平衡×台。

二、考核

（一）考核场地

微机室。

（二）考核时间

30 min。

（三）考核要点

查询供电服务指挥系统，编写日报内容，日报内容如下：

×月×日×时—×月×日×时

1. 10 kV 故障停电线路×条，未送电×条。停电超 6 小时×条，为××单位××线路。

2. 受理 95598 抢修工单×张（含已归并、已归档、在途），其中未送电×张，停电超 3 小时×张，为××单位××张。

3. 共发生投诉×件，其中供电质量×件，停送电投诉×件，……

4. 配变异常监测，过载×台，重载×台，低电压×台，三相不平衡×台。

三、评分标准

行业:电力工程　　　　　工种:配电抢修指挥员　　　　　等级:技师

编号	PZ4ZY0101	行为领域	专业技能	评价范围		
考核时限	30 min	题型	多项操作	满分	100 分	得分
试题名称	供服日报数据统计编辑					

考核要点及其要求	查询供电服务指挥系统,编写日报内容,日报内容如下: ×月×日×时—×月×日×时 1. 10 kV 故障停电线路×条,未送电×条。停电超 6 小时×条,为××单位××线路。 2. 受理 95598 抢修工单×张(含已归并,已归档,在途),其中未送电×张,停电超 3 小时×张,为××单位××张。 3. 共发生投诉×件,其中供电质量×件,停送电投诉×件,…… 4. 配变异常监测,过载×台,重载×台,低电压×台,三相不平衡×台

现场设备、工器具、材料	硬件设备:计算机;供电服务指挥系统
备注	上述栏目未尽事宜

<table>
<tr><td colspan="7" align="center">评分标准</td></tr>
<tr><td>序号</td><td>考核项目名称</td><td>质量要求</td><td>分值</td><td>扣分标准</td><td>扣分原因</td><td>得分</td></tr>
<tr><td>1</td><td>配网故障数据</td><td>数据统计准确无误</td><td>25 分</td><td>数据不准确,错一项扣 5 分,扣完为止</td><td></td><td></td></tr>
<tr><td>2</td><td>报修工单数据</td><td>数据统计准确无误</td><td>25 分</td><td>数据不准确,错一项扣 5 分,扣完为止</td><td></td><td></td></tr>
<tr><td>3</td><td>投诉数据</td><td>数据统计准确无误</td><td>25 分</td><td>数据不准确,错一项扣 5 分,扣完为止</td><td></td><td></td></tr>
<tr><td>4</td><td>配变异常数据</td><td>数据统计准确无误</td><td>25 分</td><td>数据不准确,错一项扣 5 分,扣完为止</td><td></td><td></td></tr>
</table>

PZ4ZY0102　供电服务指挥系统抢修超时工单筛选

一、作业

(一)工器具、材料、设备

1. 工器具:无。

2. 材料:无。

3. 设备:计算机;软件设备:Microsoft Excel 或 WPS 表格,PMS 系统。

(二)安全要求

无。

(三)操作步骤及工艺要求(含注意事项)

1. 进入 PMS 系统,抢修工单查询界面,根据要求选择一段时间内的报修工单,将来源为 95598,状态为已归档的工单导出,另存至桌面,命名为"工单数据表"。

2. 对数据表进行透视,透视到新工作表,行区域按"所属地市"分类,数据区域选择计数,将结果复制/粘贴到 sheet2 并按数量降序排列,插入报修工单供电单位的柱状图。

3.再次对数据表进行透视,透视到新工作表,行区域按"单位"分类,列区域分别按"到达现场用时""工单处理时长"进行透视,字段均选择"平均值",保留小数点后两位小数。

4.筛选出工单处理时长超过 3 小时的工单,并填充为黄色。

二、考核

(一)考核场地

微机室。

(二)考核时间

30 min。

(三)考核要点

1.进入 PMS 系统,抢修工单查询。

2.数据透视表的应用。

3.筛选功能应用。

三、评分标准

行业:电力工程　　　　　　　　工种:配电抢修指挥员　　　　　　　　等级:技师

编号	PZ4ZY0102	行为领域	专业技能	评价范围		
考核时限	30 min	题型	多项操作	满分	100 分	得分
试题名称	供电服务指挥系统抢修超时工单筛选					
考核要点及其要求	1.进入 PMS 系统,抢修工单查询。 2.数据透视表的应用。 3.筛选功能应用					
现场设备、工器具、材料	1.场地:微机室。 2.硬件设备:计算机;软件设备:Microsoft Excel 或 WPS 表格,PMS 系统					
备注	上述栏目未尽事宜					

				评分标准			
序号	考核项目名称	质量要求	分值	扣分标准		扣分原因	得分
1	数据查找导出	准确查找导出	25 分	操作错误每项扣 10 分,扣完为止			
2	透视,图表	按要求操作	25 分	操作错误每项扣 10 分,扣完为止			
3	透视求平均值	按要求操作	25 分	操作错误每项扣 10 分,扣完为止			
4	筛选	按要求操作	25 分	操作错误每项扣 10 分,扣完为止			

PZ4ZY0103　供电服务指挥系统主动抢修指挥应用

一、作业

（一）工器具、材料、设备

1.工器具:无。

2.材料:无。

3.设备:计算机;供电服务指挥系统。

（二）安全要求

无。

（三）操作步骤及工艺要求(含注意事项)

1.查找到抢修指挥模块,进入线路监控界面。

2.查询某条监控信息的线路负荷曲线,下发一条主动抢修工单,拟报送一条停电信息,拟对用户进行短信操作。

3.根据所给信息,新增一条主动抢修工单。

4.在供电服务指挥系统进行停电信息的查询,并导出至指定位置。

5.给定某报修工单编号、用户编号,查找用户所在变台名称、10 kV 线路名称、台区编号及线路编码。

6.查询某时间段敏感用户并导出。

二、考核

（一）考核场地

微机室。

（二）考核时间

30 min。

（三）考核要点

1.抢修指挥模块应用。

2.主动抢修工单发布。

3.停电信息发布。

4.敏感用户导出。

三、评分标准

行业:电力工程　　　　　　工种:配电抢修指挥员　　　　　　等级:技师

编号	PZ4ZY0103	行为领域	专业技能	评价范围		
考核时限	30 min	题型	多项操作	满分	100 分	得分
试题名称	供电服务指挥系统主动抢修指挥应用					
考核要点及其要求	1.抢修指挥模块应用。 2.主动抢修工单发布。 3.停电信息发布。 4.敏感用户导出					
现场设备、工器具、材料	硬件设备:计算机;供电服务指挥系统					
备注	上述栏目未尽事宜					

评分标准

序号	考核项目名称	质量要求	分值	扣分标准	扣分原因	得分
1	进入界面	进入界面	10 分	未正确进入扣 10 分		
2	线路监控	操作正确	30 分	操作或分析每错一项扣 5～10 分,扣完为止		
3	主动工单	主动工单编辑正确	20 分	操作点每错一项扣 5 分,扣完为止		
4	停电信息查询	操作正确	10 分	操作不正确扣 10 分		
5	查找用户信息	操作正确	20 分	查询不到或错误,每项扣 5 分,扣完为止		
6	敏感用户	操作正确	10 分	操作不正确扣 10 分		

PZ4ZY0104　配电台区停电计划管控要求及相关内容

一、作业

(一)工器具、材料、设备

1.工器具:黑、蓝色签字笔。

2.材料:答题纸。

3.设备:书写桌椅。

(二)安全要求

无。

(三)操作步骤及工艺要求(含注意事项)

知识点答题正确。

二、考核

（一）考核场地

1.技能考场。

2.设置评判桌和相应的计时器。

（二）考核时间

1.30 min。

2.在时限内作业，不得超时。

（三）考核要点

考查考生对配电台区停电计划管控要求及相关内容的掌握程度。

书面问题：

1.配电台区停电计划管控的定义。

2.配电台区停电计划管控业务流程。

3.配电台区停电计划管控业务要求。

参考答案：

1.配电台区停电计划管控是供电服务指挥中心（以下简称指挥中心）对配电台区停电计划的执行情况进行检查、督办、评价，并提出考核意见。（10分）

2.管控业务流程：

（1）每周一前，相关班组（所）将隔周所辖配电台区停电周计划提报设备管理单位审核。（10分）

（2）每周二前，设备管理单位将隔周配电台区停电周计划提报市公司运检部。（10分）

（3）每周三前，市公司运检部汇总审查配电台区停电周计划。（10分）

（4）每周四前，市公司运检部组织调控中心等有关单位对配网停电检修计划必要性、合理性以及检修方案等进行审定并发布。遇法定节假日，应在节假日前2个工作日完成周计划发布。（10分）

（5）每周五前，指挥中心对配电台区停电计划备案并维护、发布停电信息，同时触发对执行环节的管控流程。（10分）

（6）周计划周期为下周六开始连续7天计划，送电完成后，设备管理单位及时在系统中录入相关信息。（10分）

（7）供电服务指挥中心对配电台区停电计划执行环节进行督办，并对督办单反馈情况进行评价。（10分）

3.配电台区停电计划管控业务要求

（1）检修计划应坚持"一停多用"原则，在计划提报和平衡阶段，应统筹考虑状态检修、缺陷处理、隐患治理、建设改造、业扩接火等工作内容。（10分）

（2）严控计划检修延期停电和送电。杜绝因管理原因造成的延期停电和送电。因天气等不可抗力原因造成当日停电计划无法执行的,计划申请单位应取得设备管理单位批准并与运检部等主管部室办理计划变更手续。营销部组织客户管理单位做好用户告知工作,指挥中心做好停电信息变更工作。(10分)

三、评分标准

行业:电力工程 工种:配电抢修指挥员 等级:技师

编号	PZ4ZY0104	行为领域	专业技能	评价范围		
考核时限	30分钟	题型	多项操作	满分	100分	得分
试题名称	配电台区停电计划管控要求及相关内容					
考核要点及其要求	考查考生对配电台区停电计划管控要求及相关内容的掌握程度					
现场设备、工器具、材料						
备注	上述栏目未尽事宜					

评分标准

序号	考核项目名称	质量要求	分值	扣分标准	扣分原因	得分
1	配电台区停电计划管控的定义	知识点完整	10分	错、漏知识点每一处扣5分,扣完为止		
2	配电台区停电计划管控业务流程	知识点完整	50分	错、漏知识点每一处扣5分,每错一项扣10分,扣完为止		
3	配电台区停电计划管控业务要求	知识点完整	40分	错、漏知识点每一处扣5分,每错一项扣10分,扣完为止		

PZ4ZY0201　配电设备运行环境异常任务单处理

一、作业

(一)工器具、材料、设备

1. 工器具:黑、蓝色签字笔。

2. 材料:答题纸。

3. 设备:书写桌椅。

(二)安全要求

无。

(三)操作步骤及工艺要求(含注意事项)

正确答题。

二、考核

(一)考核场地

1. 技能考场。

2. 设置评判桌和相应的计时器。

(二)考核时间

1. 30 min。

2. 在时限内作业,不得超时。

(三)考核要点

1. 考查考生对配电设备运行环境异常的了解程度。

2. 考查考生对主动运检任务单生成原因的熟悉程度。

3. 考查考生对配电网设备运行监测的业务类型及内容的掌握程度。

4. 考查考生对重复出现异常工况的处理流程掌握程度。

5. 考查考生对主动运检任务单的跟踪验证工作内容的熟悉程度。

书面问题:

1. 什么是配电设备运行环境异常?

2. 出现什么情形时系统自动生成主动运检任务单?

3. 配电网设备监测业务包括哪几类,具体内容是什么?

4. 对于重复出现异常工况的台区应如何处理?

5. 如何开展主动运检任务单的跟踪验证?

答案要点:

1. 配电设备运行环境异常:配电室温湿度、有害气体超出规定范围。(5分)

2. 出现以下情形时系统自动生成主动运检任务单:

(1)配变过载:配变负载率大于100%且持续2 h以上。(5分)

(2)配变重载:配变负载率介于80%与100%之间且持续2 h以上。(5分)

(3)配变三相不平衡,当月平均负载大于20%,Yyn0接线配变不平衡大于15%、Dyn11接线配变不平衡大于25%,持续1 h,月度累计5天。(5分)

(4)用户低电压:用户电压低于198 V且累计时长48 h以上。(5分)

(5)用户过电压:用户电压高于235.4 V且持续24 h以上。(5分)

(6)配变出口低电压:出口相电压低于204.6 V。(5分)

(7)配变出口过电压:出口相电压高于235.4 V。(5分)

(8)10 kV线损不达标:线路日线损在0~10%范围内为达标,月线损在0~6%范围内为达标。(5分)

(9)运行环境:配电室温湿度、有害气体超出规定范围。(5分)

3. 配电网设备监测内容包括供电能力、电压质量、经济运行、设备运行环境和停电信息共五

类。(5分)

(1)供电能力包括配变轻、重、过载、配变三相不平衡,以及变压器负载状态所处的正常、异常、临界状态;(5分)

(2)电压质量包括客户低(过)电压、配变出口低(过)电压,以及 D 类监测点电压的正常、异常、临界状态;(5分)

(3)经济运行是指 10 kV 线路分线同期线损所处的达标、不达标、临界状态;(5分)

(4)运行环境包括配电网设备温湿度、有害气体等设备运行环境的正常、异常、临界状态;(5分)

(5)停电信息包括配网调控班、95598、12398 及掌上电力 App 等"互联网＋"渠道线上、线下转来的被动停电信息和监测发现的主动停电信息;(5分)

4. 对于重复出现异常工况的台区,规定时限内通过运维手段无法解决的,设备运维管理单位可提报储备项目,经专业部室审批后,生成项目需求工单或问题工单,自动推送至工程管控系统。(10分)

5. 监测指挥班对工单的处理成效进行如下验证:

(1)项目措施处理验证:工程管控系统后评估与销号功能自动推送至供服系统进行验证,通过比对改造后运行数据和问题工单,如仍不达标,则问题始终挂起,监测指挥班进行督办。(5分)

(2)运维措施处理验证:处理后三日内,运行数据不达标或再次出现相同异常数据,则重新生成异常工单,监测指挥班进行督办。(5分)

三、评分标准

行业:电力工程　　　　工种:配电抢修指挥员　　　　等级:技师

编号	PZ4ZY0201	行为领域	专业技能	评价范围			
考核时限	30分钟	题型	多项操作	满分	100分	得分	
试题名称	配电设备运行环境异常任务单处理						
考核要点及其要求	1.考查考生对配电设备运行环境异常的了解程度。 2.考查考生对主动运检任务单生成原因的熟悉程度。 3.考查考生对配电网设备运行监测的业务类型及内容的掌握程度。 4.考查考生对重复出现异常工况的处理流程掌握程度。 5.考查考生对主动运检任务单的跟踪验证工作内容的熟悉程度						
现场设备、工器具、材料	场地:技能考场						
备注	上述栏目未尽事宜						

			评分标准				

序号	考核项目名称	质量要求	分值	扣分标准	扣分原因	得分
1	考查考生对配电设备运行环境异常的了解程度	知识点完整	10分	错、漏知识点每一处扣5分,扣完为止		
2	考查考生对主动运检任务单生成原因的熟悉程度	知识点完整	40分	错、漏知识点每一处扣5分,每错一项扣5分,扣完为止		

序号	考核项目名称	质量要求	分值	扣分标准	扣分原因	得分
3	考查考生对配电网设备运行监测的业务类型及内容的掌握程度	知识点完整	30分	错、漏知识点每一处扣5分,每错一项扣5分,扣完为止		
4	考查考生对重复出现异常工况的处理流程掌握程度	知识点完整	10分	错、漏知识点每一处扣5分,扣完为止		
5	考查考生对主动运检任务单的跟踪验证工作内容的熟悉程度	知识点完整	10分	错、漏知识点每一处扣5分,每错一项扣5分,扣完为止		

PZ4ZY0202　配电设备缺陷管控要求及相关内容

一、作业

（一）工器具、材料、设备

1.工器具:黑、蓝色签字笔。

2.材料:答题纸。

3.设备:书写桌椅。

（二）安全要求

无。

（三）操作步骤及工艺要求(含注意事项)

正确答题。

二、考核

（一）考核场地

1.技能考场。

2.设置评判桌和相应的计时器。

（二）考核时间

1.30 min。

2.在时限内作业,不得超时。

（三）考核要点

考查考生对配电设备缺陷管控要求及相关内容的掌握程度。

书面问题:

1.配电设备缺陷管控的内容及流程。

2.配电设备缺陷消除时限、督办单反馈要求、分析评价要求。

参考答案:

1.(1)管控内容 对消缺作业进行过程监控、对设备管理单位缺陷消除情况进行统计分析;
(10分)按照缺陷分类、处理时限要求对业务部门缺陷处理情况进行监督预警。(10分)

（2）管控流程。

①消缺各环节监督。指挥中心依托供电服务指挥系统对设备管理单位缺陷消除各环节执行情况进行监督，并判定是否进行预警、督办。（10分）

②危急缺陷信息、流程补录。危急缺陷信息流程未及时补录时，设备管理单位应于2个工作日内完成缺陷信息、流程补录工作。（10分）

③消缺各环节预警、督办。指挥中心对设备消缺管控采取预警、督办两种方式。对达到预警时限要求的由系统自动进行预警，预警后仍未完成的由指挥中心派发督办单至相应环节责任人。（10分）

2.（1）缺陷消除实现

危急缺陷处理时限不超过24 h;严重缺陷处理时限不超过一个月;（10分）

一般缺陷需停电处理时，处理时限为不超过一个检修周期，可不停电处理的一般缺陷处理时限不超过三个月。（10分）

（2）督办单反馈

设备管理单位收到指挥中心派发的督办单后，应立即组织人员落实处理，并于1个工作日内反馈处理结果。（10分）

供电服务指挥中心做好督办单归档工作，开展消缺情况分析，记录在月度分析报告。（10分）

（3）分析评价

供电服务指挥中心根据设备管理单位消缺效率及时率和督办反馈整改情况，1个工作日内在供电服务指挥系统完成对设备管理单位综合评价。（10分）

三、评分标准

行业:电力工程　　　　工种:配电抢修指挥员　　　　等级:技师

编号	PZ4ZY0202	行为领域	专业技能	评价范围		
考核时限	30 min	题型	多项操作	满分	100分	得分
试题名称	配电设备缺陷管控要求及相关内容					
考核要点及其要求	考查考生对配电设备缺陷管控要求及相关内容的掌握程度					
现场设备、工器具、材料						
备注	上述栏目未尽事宜					
评分标准						
序号	考核项目名称	质量要求	分值	扣分标准	扣分原因	得分
1	配电设备缺陷管控的内容及流程	知识点完整	50分	错、漏知识点每一处扣5分，每错一项扣10分,扣完为止		
2	配电设备缺陷消除时限、督办单反馈要求、分析评价要求	知识点完整	50分	错、漏知识点每一处扣5分，每错一项扣10分,扣完为止		

PZ4ZY0203 配电设备运行环境在线监测

一、作业

（一）工器具、材料、设备

1. 工器具：黑、蓝色签字笔。

2. 材料：答题纸。

3. 设备：书写桌椅。

（二）安全要求

无。

（三）操作步骤及工艺要求（含注意事项）

正确答题。

二、考核

（一）考核场地

1. 技能考场。

2. 设置评判桌和相应的计时器。

（二）考核时间

1. 30 min。

2. 在时限内作业，不得超时。

（三）考核要点

1. 考查考生对配电设备运行环境监测内容的掌握。

2. 考查考生对配电设备运行环境监测内容的监测途径的掌握。

3. 考查考生对主动运检任务单的处理流程的掌握。

4. 考查考生对工单跟踪验证方法的掌握。

书面问题：

简述配电设备运行环境在线监测内容及获取信息的系统并说明主动运检任务单的流程与跟踪验证方法。

参考答案

1. 配电设备运行环境在线监测内容：包括配电网设备温湿度、SF6 气体压力、有害气体含量等，当设备运行环境状态异常时，按照一定标准和规则生成主动抢修任务单或主动运检任务单，派发至责任单位及其相关班组（必要时同时报送专业部室专责）。（10 分）

2. 配电设备运行环境在线监测信息的获取途径可有：供电服务指挥系统、生产信息管理系统（PMS2.0）、用电信息采集系统、一体化电量与线损管理系统，具备条件的单位可使用配电室综合监控系统、智能台区综合监测系统等开展相关工作。（30 分）

3. 主动运检任务单的流程：当设备运行环境状态异常时，系统生成主动抢修任务单后，监测指挥班按照"五个一"标准化抢修流程派发至抢修班组（所）并跟踪督办；（10 分）责任部门接单后进行现场研判、确定处理方案、运维处理、回复工单;(10分)监测指挥班对工单的处理成效进跟踪验证并对异常数据和工单处理全过程简要总结分析,提出改进措施和考核建议,完成工单审核归档。(20分)

4.监测指挥班对工单的处理成效跟踪验证方法:

(1)项目措施处理验证:工程管控系统后评估与销号功能自动推送至供服系统进行验证,通过比对改造后运行数据和问题工单,如仍不达标,则问题始终挂起,由监测指挥班进行督办。(10分)

(2)运维措施处理验证:处理后三日内,运行数据不达标或再次出现相同异常数据,则重新生成异常工单,由监测指挥班进行督办。(10分)

三、评分标准

行业:电力工程　　　　　工种:配电抢修指挥员　　　　　等级:技师

编号	PZ4ZY0203	行为领域	专业技能	评价范围		
考核时限	30 min	题型	多项操作	满分	100分	得分
试题名称	配电设备运行环境在线监测					
考核要点及其要求	1.考查考生对配电设备运行环境监测内容的掌握。 2.考查考生对配电设备运行环境监测内容的监测途径的掌握。 3.考查考生对主动运检任务单的处理流程的掌握。 4.考查考生对工单跟踪验证方法的掌握					
现场设备、工器具、材料						
备注	上述栏目未尽事宜					

评分标准

序号	考核项目名称	质量要求	分值	扣分标准	扣分原因	得分
1	考查考生对配电设备运行环境监测内容的掌握	知识点完整	10分	表述不规范处可酌情扣2~5分,扣完为止		
2	考查考生对配电设备运行环境监测内容的监测途径的掌握	知识点完整	30分	信息获取途径少一项扣5分,扣完为止		
3	考查考生对主动运检任务单的处理流程的掌握	知识点完整	40分	缺少一个环节至少扣10分,扣完为止		
4	考查考生对工单跟踪验证方法的掌握	知识点完整	20分	跟踪验证方法表述不规范处可酌情扣2~5分,少一项扣10分,扣完为止		

PZ4ZY0204　配电设备巡视管控要求及相关内容

一、作业

（一）工器具、材料、设备

1. 工器具。

2. 材料：书面试卷、黑色中性笔。

3. 设备：答题书桌。

（二）安全要求

无。

（三）操作步骤及工艺要求（含注意事项）

正确答题。

二、考核

（一）考核场地

微机室。

（二）考核时间

30 min。

（三）考核要点

1. 配电设备巡视管控的定义。

2. 综合论述配电设备巡视分类及管控内容。

书面问题：

1. 配电设备巡视管控的定义。

答案：配网设备巡视管控是指供电服务指挥中心（配网调控中心）（以下简称指挥中心）对配电线路及设备、供电设施周期巡视、特殊巡视的计划完整性、计划执行情况等环节进行检查、督办。（10 分）

2. 综合论述配电设备巡视分类及管控内容。

答案：配网设备巡视一般分为两种，周期巡视和特殊巡视。其中特殊巡视包括保电巡视、恶劣天气巡视、迎峰巡视、夜间巡视等。（10 分）

（1）周期巡视管控内容

①依据 Q/GDW 1519—2014《配电网运维规程》，由专业室根据设备类型、巡视对象录入相应巡视周期，责任班组（所）根据巡视周期按时生成巡视计划，巡视计划应包括：巡视设备名称，设备管理单位、班组（所），计划（实际）巡视日期，巡视类型，线路主人、巡视人员等信息。（10 分）

②指挥中心人员在供电服务指挥系统中接收到巡视计划后，一个工作日内对计划完整性、格式、周期进行审核，如巡视计划有问题，对责任班组（所）人员派发督办单进行整改，督办单应包含督办事项、反馈时限等信息。（10 分）

③指挥中心对巡视计划执行情况进行预警督办，在到达时间节点前 3 天进行预警，到达时

间节点采用系统督办单等方式进行督办,预警督办对象包括责任人员、班组(所)长、专工、领导(可选)。(10分)

④相关人员接收各类督办单,在一个工作日内根据督办单督办内容对问题原因、整改措施等通过供电服务系统进行反馈。(10分)

(2)特殊巡视管控内容

①由运检部或专业室根据工作需要至少提前24 h下派特殊巡视任务,任务单应明确巡视目的、设备管理单位、巡视时间、相关要求等信息,可上传通知文档、照片等附件。(10分)

②由运维单位专工接收特殊巡视任务单,接单后至少提前18 h编制特殊巡视计划,巡视计划应包括责任班组(所)、线路设备名称、巡视时间及其他信息。责任班组(所)至少提前12 h接收巡视计划,开展现场巡视。(10分)

③指挥中心对特殊巡视计划的编制、接收进行预警督办,时间节点前1.5 h发起预警,到达时间节点后采用系统督办单等方式进行督办,责任单位应在1个工作日内反馈督办内容。(10分)

④供电服务指挥中心对特殊巡视执行情况进行预警督办,在时间节点前3 h预警,到达时间节点后发起督办单,责任单位应在1个工作日内反馈。(10分)

三、评分标准

行业:电力工程　　　　工种:配电抢修指挥员　　　　等级:技师

编号	PZ4ZY0204	行为领域	专业技能	评价范围	
考核时限	30 min	题型	多项操作	满分	100分	得分	
试题名称	配电设备巡视管控要求及相关内容				
考核要点及其要求	1.配电设备巡视管控的定义。 2.综合论述配电设备巡视分类及管控内容				
现场设备、工器具、材料	书面试卷、黑色中性笔				
备注	上述栏目未尽事宜				

评分标准

序号	考核项目名称	质量要求	分值	扣分标准	扣分原因	得分
1	配电设备巡视管控的定义	完整回答各处要点	10分	错、漏知识点每一处扣5分,扣完为止		
2	综合论述配电设备巡视分类及管控内容	完整回答各处要点	90分	每错一项扣10分,扣完为止		

PZ4ZY0301　重要服务事项报备全过程管理

一、作业

（一）工器具、材料、设备

1. 工器具：黑、蓝色签字笔。

2. 材料：答题纸。

3. 设备：书写桌椅。

（二）安全要求

无。

（三）操作步骤及工艺要求（含注意事项）

正确答题。

二、考核

（一）考核场地

1. 技能考场。

2. 设置评判桌和相应的计时器。

（二）考核时间

1. 30 min。

2. 在时限内作业，不得超时。

（三）考核要点

1. 考查考生对重要服务事项报备范围内容是否掌握。

2. 考查考生对重要服务事项报备发起要求是否掌握。

3. 考查考生对重要服务事项报备审核要求的掌握程度。

4. 考查考生对重要服务事项报备内容的掌握程度。

书面问题：

1. 考察考生重要服务事项报备范围内容是否掌握。

2. 考察考生重要服务事项报备发起要求是否掌握。

3. 考察考生重要服务事项报备审核要求的掌握程度。

4. 考察考生重要服务事项报备内容的掌握程度。

答案要点：

1. 重要服务事项报备范围。

(1)配合军事机构、司法机关、县级及以上政府机构工作，需要采取停限电或限制接电等措施影响供电服务的事项。包括安全维稳、拆迁改造、污染治理、产业结构调整、非法生产治理、紧急避险，以及地市级及以上政府批准执行的有序用电限电等。

(2)因系统升级、改造无法为客户提供正常服务，对供电服务造成较大影响的事项。包括营销业务应用系统、"网上国网"、网上营业厅、充电设施大面积离线、"e充电"App异常等面向客户服务的平台及第三方支付平台。

（3）因地震、泥石流、洪水灾害、龙卷风、山体滑坡，以及经地市级及以上气象台、地市级政府机关部门发布的符合应用级别的预警恶劣天气造成较大范围停电、供电营业厅或第三方服务网点等服务中断，对供电服务有较大影响的事项。

（4）供电公司确已按相关规定答复处理，但客户诉求仍超出国家有关规定的，对供电服务有较大影响的个体重要服务事项。包括青苗赔偿（含占地赔偿、线下树苗砍伐）、停电损失、家电赔偿、建筑物（构筑物）损坏引发经济纠纷，或充电过程中发生的车辆及财物赔偿；因触电、电力施工、电力设施安全隐患等引发的伤残或死亡事件；因醉酒、精神异常、限制民事行为能力的人提出无理要求；因供电公司电力设施（如杆塔、线路、变压器、计量装置、分支箱、充电桩等）的安装位置、安全距离、噪声、计量装置校验结果和电磁辐射引发纠纷，非供电公司产权设备引发纠纷。

（5）因私人问题引起的经济纠纷、个人恩怨、违约用电及窃电用户不满处罚结果，来电反映服务态度和规范可能引起的恶意投诉事项。

（6）因推广"煤改电""三供一业""光伏扶贫"等新业务或其他国网公司、省政府统推项目和重点工作，可能引起的供电服务投诉事项。

2.发起。

（1）地市、县公司范围内的重要服务事项由地市公司填写《重要服务事项报备表》，由地市公司责任部门分管副主任或以上领导审核签字、加盖部门（单位）公章后，在系统中发起并提交省营销服务中心审核。个体重要服务事项报备（第四、第五类）还需提交省公司相关责任部门分管副主任或以上领导审核签字并加盖部门（单位）公章。

（2）省公司范围内的重要服务事项原则上由省营销服务中心负责发起。

3.审核。

省营销服务中心审核：省营销服务中心负责本省重要服务事项审核，对不符合报备管理规定的，回退至属地单位或部门；对符合管理规定的（1）（5）（6）类报备，提交省公司营销部审核；符合报备管理规定的（2）至（4）类重要服务事项，发布使用并提交国网客服中心备案。

省公司营销部审核：省公司营销部负责本省（1）（5）（6）类重要服务事项审核，对不符合报备管理规定的，回退至省营销服务中心；符合管理规定的，发布使用并提交国网客服中心备案。

4.重要服务事项报备内容。

（1）重要服务事项报备内容应包括申请单位、申报区域、事件类型、事件发生时间、影响结束时间、申请人联系方式、上报内容、应对话术及相关支撑附件。客户资料颗粒度应尽量细化，包括受影响客户名称、联系方式、详细地址（小区、街道或村）、户号、设备编号等信息。

（2）报备内容中应简述问题处理过程，如起因、事件发展过程、联系客户处理结果等。

（3）报备内容中应包含国网客服中心受理客户诉求时的参考话术，采用一问一答的形式，问答需涵盖报备事项要点，答复用语文明规范。

（4）附件提供的相关支撑材料应包括重要服务事项的相关证明文件或照片。

（5）报备的起止时间必须准确，时间跨度不应超过3个月，超过需再次报备。

三、评分标准

行业:电力工程　　　　工种:配电抢修指挥员　　　　等级:技师

编号	PZ4ZY0301	行为领域	专业技能	评价范围		
考核时限	30 min	题型	多项操作	满分	100 分	得分
试题名称	重要服务事项报备全过程管理					
考核要点 及其要求	1.考查考生对重要服务事项报备范围内容是否掌握。 2.考查考生对重要服务事项报备发起要求是否掌握。 3.考查考生对重要服务事项报备审核要求的掌握程度。 4.考查考生对重要服务事项报备内容的掌握程度					
现场设备、 工器具、材料	场地:技能考场					
备注	上述栏目未尽事宜					

评分标准

序号	考核项目名称	质量要求	分值	扣分标准	扣分 原因	得分
1	重要服务事项报备范围	知识点完整	30 分	每少一项扣 5 分		
2	重要服务事项报备发起	知识点完整	30 分	每少一项扣 10 分,扣完为止		
3	重要服务事项报备审核	知识点完整	20 分	时限错误扣 10 分,扣完为止		
4	重要服务事项报备内容	知识点完整	20 分	每少一项扣 5 分,扣完为止		